Wissensverarbeitung

Ingo Boersch / Jochen Heinsohn / Rolf Socher

Wissensverarbeitung

Eine Einführung in die Künstliche Intelligenz
für Informatiker und Ingenieure

2. Auflage

Zuschriften und Kritik an:
Elsevier GmbH, Spektrum Akademischer Verlag, Dr. Andreas Rüdinger, Slevogtstraße 3–5, 69126 Heidelberg

Autoren
Dipl.-Inform. Ingo Boersch
Fachhochschule Brandenburg
e-mail: boersch@fh-brandenburg.de

Prof. Dr.-Ing. Jochen Heinsohn
Fachhochschule Brandenburg
e-mail: heinsohn@fh-brandenburg.de

Prof. Dr. Rolf Socher
Fachhochschule Oldenburg/Ostfriesland/Wilhelmshaven
socher@fho-emden.de

Wichtiger Hinweis für den Benutzer
Der Verlag und die Autoren haben alle Sorgfalt walten lassen, um vollständige und akkurate Informationen in diesem Buch zu publizieren. Der Verlag übernimmt weder Garantie noch die juristische Verantwortung oder irgendeine Haftung für die Nutzung dieser Informationen, für deren Wirtschaftlichkeit oder fehlerfreie Funktion für einen bestimmten Zweck. Ferner kann der Verlag für Schäden, die auf einer Fehlfunktion von Programmen oder ähnliches zurückzuführen sind, nicht haftbar gemacht werden. Auch nicht für die Verletzung von Patent- und anderen Rechten Dritter, die daraus resultieren. Eine telefonische oder schriftliche Beratung durch den Verlag über den Einsatz der Programme ist nicht möglich. Der Verlag übernimmt keine Gewähr dafür, dass die beschriebenen Verfahren, Programme usw. frei von Schutzrechten Dritter sind. Die Wiedergabe von Gebrauchsnamen, Handelsnamen, Warenbezeichnungen usw. in diesem Buch berechtigt auch ohne besondere Kennzeichnung nicht zu der Annahme, dass solche Namen im Sinne der Warenzeichen- und Markenschutz-Gesetzgebung als frei zu betrachten wären und daher von jedermann benutzt werden dürften. Der Verlag hat sich bemüht, sämtliche Rechteinhaber von Abbildungen zu ermitteln. Sollte dem Verlag gegenüber dennoch der Nachweis der Rechtsinhaberschaft geführt werden, wird das branchenübliche Honorar gezahlt.

Bibliografische Information der Deutschen Nationalbibliothek
Die Deutsche Nationalbibliothek verzeichnet diese Publikation in der Deutschen Nationalbibliografie; detaillierte bibliografische Daten sind im Internet über http://dnb.dn-b.de abrufbar.

Planung und Lektorat: Dr. Andreas Rüdinger, Bianca Alton
Herstellung: Katrin Frohberg
Umschlaggestaltung: SpießDesign, Neu-Ulm
Satz: Autorensatz
Druck und Bindung: Krips b.v., Meppel

Printed in The Netherlands

ISBN 978-3-8274-1844-9

Aktuelle Informationen finden Sie im Internet unter www.elsevier.de und www.elsevier.com

Vorwort zur zweiten Auflage

Die erste Auflage des Lehrbuchs *Wissensverarbeitung – Eine Einführung* ist inzwischen vergriffen. Das Ziel des Buchs, als Einführung in die wichtigsten Begriffe und Methoden der Wissensverarbeitung und auch als Grundlage in der Lehre zu dienen, wurde erreicht. An vielen Hochschulen – Fachhochschulen wie Universitäten – wurde das Buch als eine, manchmal auch als die Basis für Lehrveranstaltungen zur Wissensverarbeitung und zur Künstlichen Intelligenz verwendet. Die vielen Rückmeldungen von Lehrenden und Studierenden und die weitgehend positive Resonanz haben uns veranlasst, eine korrigierte, aktualisierte und erweiterte Neuauflage herauszugeben.

Neben Korrekturen und Aktualisierungen sind die wichtigen und zukunftsträchtigen Themen Evolutionäre Algorithmen und künstliche neuronale Netze jeweils als Kapitel in das Buch neu aufgenommen. Dies unterstreicht die zunehmenden Synergien von Informatik, Biologie und Medizin. Bei diesen lernfähigen Ansätzen werden Wissensrepräsentationen nicht mehr vom Menschen erstellt, sondern aus Datenmengen oder in Experimenten automatisch erzeugt. Die Darstellung führt den Leser von den Grundlagen der Backpropagation-Netze, der selbstorganisierenden Karten, der Genetischen Algorithmen und des Genetischen Programmierens bis zur praktischen Anwendbarkeit.

Außerdem gibt es nun die Internetseite `www.intelligente-systeme.de` mit vorlesungsbegleitenden Unterlagen, Lösungen der Übungsaufgaben und weiteren ergänzenden Informationen zu den einzelnen Themen.

Wir freuen uns über die Erweiterung des Autorenkreises um Ingo Boersch, der bereits bei der Erstellung der ersten Auflage wertvolle Hinweise geliefert hatte. Den Mitarbeitern des Spektrum-Verlags, insbesondere Frau Alton und Herrn Dr. Rüdinger, danken wir für die unverändert gute und vertrauensvolle Zusammenarbeit.

Brandenburg und Emden, im Februar 2007

Ingo Boersch

Jochen Heinsohn

Rolf Socher

Vorwort

Im Zeitalter der Informationstechnologien und der intelligenten Systeme hat das Thema Wissensverarbeitung einen wichtigen Stellenwert in der Informatik erhalten. Das vorliegende Lehrbuch zu diesem Thema entstand im Rahmen unserer Lehrtätigkeit an den Universitäten Kaiserslautern und Saarbrücken sowie an der Fachhochschule Brandenburg und der Fachhochschule Ostfriesland in Emden. Die dabei verwendeten Materialien wurden im Wesentlichen in unseren Lehrveranstaltungen zu den Themengebieten Angewandte Logik, Wissensverarbeitung, Künstliche Intelligenz und Soft Computing entwickelt und erprobt. Das Buch deckt etwa zwei dreistündige Vorlesungen zu diesem Themenkomplex ab.

Das Buch bietet eine in sich abgeschlossene Einführung in die wichtigsten Begriffe und Methoden der Wissensverarbeitung. Es richtet sich an Studierende der Informatik und angrenzender Gebiete sowie an Praktiker im Bereich der Künstlichen Intelligenz. Die Lektüre des Buches setzt ein mathematisches Grundverständnis und die Vertrautheit mit einer Programmiersprache voraus.

Um den Umfang des Buches in Grenzen zu halten und seinen einführenden Charakter zu wahren, konnten einige wichtige Themen wie neuronale Netze sowie Sprach- und Bildverarbeitung nicht berücksichtigt werden. Zu diesen Themen gibt es jedoch bereits umfangreiche Literatur.

Wir danken allen, die bei der Entstehung dieses Buches direkt oder indirekt mitgeholfen haben. Viele wertvolle Hinweise und Anregungen haben wir von unseren Studierenden sowie von den Kollegen im Arbeitskreis „KI an Fachhochschulen" der Gesellschaft für Informatik erhalten. Für das Korrekturlesen wesentlicher Teile des Manuskripts und die konstruktive Kritik danken wir Ingo Boersch (FH Brandenburg), Jürgen Cleve (FH Wismar), Frank Klawonn (FH Ostfriesland) und Bernd Owsnicki-Klewe (FH Hamburg). Den Mitarbeitern des Spektrum-Verlags, Frau Alton und Herrn Dr. Botz, danken wir für die gute und vertrauensvolle Zusammenarbeit.

Unserer besonderer Dank gebührt unseren Ehefrauen Alena und Ute für deren Verständnis und Ermutigung zu diesem Projekt. Wir hoffen, dass unsere Kinder Franziska und Thomas sowie Judith und Mirjam nicht zu sehr darunter gelitten haben.

Brandenburg und Emden, im November 1998

Jochen Heinsohn

Rolf Socher-Ambrosius

Inhaltsverzeichnis

Abbildungsverzeichnis

Tabellenverzeichnis

1 Einführung

Übersicht

1.1   Wissen und Information

Was ist Wissen?

Daten, Information und Wissen, diese Begriffe haben in den letzten Jahren große Verbreitung gefunden. Unsere Gesellschaft wird oft als Informations- oder auch Wissensgesellschaft bezeichnet, und Wissen und Information gelten als der Rohstoff der Zukunft. Auf der anderen Seite wird über die Informationsflut geklagt, der wir alle uns täglich ausgesetzt sehen. Stanisław Lem beschreibt in seinem Buch „Robotermärchen" (Lem 73) die Geschichte der Kosmonauten Trurl und Klapaucius. Die beiden werden von Mäuler gefangen genommen, einem Räuber mit Diplom, dem der Sinn nicht nach Gold und Silber, sondern nach den Schätzen des Wissens steht. Die Kosmonauten konstruieren für Mäuler eine Maschine, einen Dämon zweiter Ordnung, der am laufenden Band „wertvolle" Informationen ausspuckt, z. B. dass die Tochter des Königs Petricius aus Labaudien Garbunda hieß und wie viele Elektronenhüllen ein Termionoliumatom besäße, wenn ein solches Atom möglich wäre usw. Als der diplomierte Räuber nach mehreren Stunden Lesen merkt, dass ihm diese Informationen gar nichts nutzen, sind Trurl und Klapaucius schon über alle Berge.

    Ähnlich wie der diplomierte Räuber in Lems Geschichte haben wir heute Zugriff auf riesige Mengen an Informationen, es wird jedoch immer schwieriger, das herauszufinden, was in einer konkreten Situation wichtig ist. Die Geschichte verdeutlicht auch den Unterschied zwischen den Begriffen *Information* und *Wissen*. Wissen ist Information, die in einer bestimmten Situation für eine bestimmte Person sinnvoll verwendet werden kann, Information also, die einen Nutzen bringt. Im Rahmen dieses Buches handelt es sich bei diesen Situationen um Aufgaben oder Probleme, die zu lösen sind. Wissen wird also in diesem Buch verstanden als Information, die zur (effizienten) Lösung eines Problems verwendet werden kann. Ein kleines Beispiel möge diesen Sachverhalt verdeutlichen: Wenn ich einen Freund anrufen will, dann kann ich seine Telefonnummer im Telefonbuch nachschlagen. Ich kann also das im Telefonbuch dargestellte Wissen dazu benutzen, eine Aufgabe zu lösen. Anstatt das Telefonbuch Seite für Seite durchzusehen, kann ich mein Wissen, dass die Namen im Telefonbuch alphabetisch angeordnet sind, dazu benutzen, um diese Aufgabe sehr viel schneller zu bewältigen.

Die Verwendung von Wissen zur Problemlösung

Ein sehr schönes Beispiel für den Einsatz von Wissen zur Problemlösung ist die Aufgabe, einen nach der Cäsar-Methode (Bauer 94) verschlüsselten deutschen Text zu knacken. Die Cäsar-Methode besteht darin, jeden Buchstaben des Klartextes mit einem festen Schlüssel Δ (zyklisch) zu verschieben. Ist zum Beispiel $\Delta = 3$, so wird aus dem Buchstaben a ein d, aus b wird e und aus x wird a. Um einen mit dieser Methode verschlüsselten Text, etwa

ROBJVSMROXQVEOMUGEXCMRJEWUKEPNSOCOCLEMROC

zu knacken, kann man alle 26 verschiedenen Verschiebungen ausprobieren. Das Problem lässt sich jedoch weniger zeitraubend lösen, wenn man die Häufigkeitsverteilung der Buchstaben a bis z in deutschen Texten kennt. Oft reicht es sogar aus, zu wissen, dass der Buchstabe e in deutschen Texten am häufigsten auftritt. Im obigen Beispiel kann man etwa vermuten, dass der in diesem Text häufigste Buchstabe, nämlich das o, dem e entspricht. Daraus ergibt sich 10 als Wert des Schlüssels.

Wir werden in diesem Buch noch viele weitere Beispiele für den Einsatz von Wissen zur Problemlösung kennenlernen. An den hier vorgestellten Beispielen lässt sich erkennen, dass das Wissen umso nützlicher zur Lösung einer Aufgabe ist, je spezifischer es die Struktur des Problembereichs ausnutzt. Umgekehrt wird es dadurch in seiner Verwendung eingeschränkt auf den jeweiligen, möglicherweise kleinen, Problembereich. Das Wissen der statistischen Häufigkeitsverteilung der Buchstaben in deutschen Texten nutzt nur dann zur Problemlösung, wenn es sich um eine nach der Cäsar-Methode codierte Geheimbotschaft in deutscher Sprache handelt. Handelt es sich dagegen um die Verschlüsselung eines englischen Textes, so hilft das Wissen um die Häufigkeit der Buchstaben in deutschen Texten nicht weiter. Dieses Problem lässt sich jedoch mit dem allgemeinen Wissen bzw. der Kenntnis der Problemlösungsmethode lösen, denn das spezielle Wissen um die Buchstabenverteilung in englischen Texten lässt sich leicht beschaffen. Ist dagegen die Botschaft nicht nach dem Cäsar-Prinzip verschlüsselt, so hilft die genannte Problemlösungsmethode nicht weiter.

Das Wissen um die Häufigkeitsverteilung von Buchstaben, das uns helfen kann, verschlüsselte Texte zu entschlüsseln, ist ein Beispiel für das sogenannte *heuristische* Wissen (siehe dazu Kapitel 2). Heuristisches Wissen kann dazu verwendet werden, Probleme, die in der Regel nur durch Probieren zu lösen sind, effizienter zu lösen. Es gibt jedoch im Allgemeinen keine *Garantie* für eine schnellere Problemlösung bei der Verwendung heuristischen Wissens. Selbst wenn man davon ausgehen kann, dass ein nach der Cäsar-Methode codierter Text in deutscher Sprache vorliegt, kann insbesondere bei kürzeren Texten die Buchstabenverteilung im Klartext so stark von der Statistik abweichen, dass das Vergleichen der Häufigkeitsverteilungen keinen Vorteil bringt.

Die Repräsentation von Wissen

Eine der ersten und gleichzeitig wichtigsten Fragen, die sich beim Einsatz von Wissen zur Problemlösung stellen, ist die der formalen Darstellung des Wissens im Computer. Im Allgemeinen gibt es sehr viele verschiedene Arten, Wissen darzustellen. Eine spezielle Art der Darstellung kann nicht als „richtig" oder „falsch" bezeichnet werden, sondern es geht darum, ob diese Wahl der Darstellung problemadäquat ist, das heißt, ob sie gut geeignet ist, Probleme zu lösen. Die Erfahrung zeigt nämlich, dass eine geschickte Wahl der Repräsentation entscheidend zur Problemlösung beitragen kann.

Die Formalisierung von Wissen ist eine Form der Abstraktion, das heißt, bestimmte „wichtige" Teile oder Eigenschaften der Anwendungsdomäne werden dargestellt, andere, „unwichtige" dagegen nicht. Die Bestimmung der wichtigen bzw. der unwichtigen Teile ist ein Problem, für das es keine allgemeine Lösung gibt. Als Beispiel mag das Kannibalen-Missionare-Problem dienen.

Beispiel 1.1
Drei Missionare und drei Kannibalen müssen auf ihrem Weg durch den Urwald einen Fluss überqueren. Dazu steht ein Boot zur Verfügung, das jedoch höchstens zwei Personen befördern kann. Sind die Kannibalen zu irgendeinem Zeitpunkt der Überquerung an einem Ufer in der Überzahl, so nutzen sie diese Gelegenheit, um die Missionare an diesem Ufer zu verspeisen. Wie kommen die Missionare und Kannibalen an das andere Ufer, ohne dass Missionare gefressen werden?

Zur Problemlösung ist es offenbar wichtig zu wissen, wie viele Kannibalen und wie viele Missionare sich zu einem bestimmten Zeitpunkt an den beiden Ufern (links und rechts) befinden. Dabei reicht die Angabe der Zahlen k_{links} (Anzahl der Kannibalen am linken Ufer) und m_{links} aus, denn die Größen k_{rechts} und m_{rechts} lassen sich daraus leicht berechnen. Oft wird allerdings eine weitere Information vergessen, die zur Problemlösung unabdingbar ist. Ohne Kenntnis der Position des Bootes kann keine Überfahrt stattfinden. Folgende Größen werden also zur Repäsentation eines Problemzustandes benötigt: k_{links}, m_{links} und p_{boot}. Diese drei Größen reichen andererseits auch aus, um die Situation vollständig zu beschreiben. ∎

Die Qualität einer Repräsentation kann unabhängig vom konkreten Problem unter anderem nach den folgenden allgemeinen Kriterien beurteilt werden.

- *Vollständigkeit*: Stellt die Repräsentation alle Mittel, die zur Problemlösung gebraucht werden, zur Verfügung?
- *Abstraktion*: Ist die Darstellung frei von unwichtigen Details? Beim Kannibalen-Missionare-Beispiel sind etwa die Farbe des Bootes oder die Tiefe des Flusses zur Problemlösung irrelevant, sollten daher auch nicht repräsentiert werden.
- *Ökonomie*: Werden die Ausdrucksmittel sparsam eingesetzt? Um den Zustand „Am linken Ufer befinden sich mehr Kannibalen als Missionare" darzustellen, könnte man formulieren: „$k_{links} = 3$ und $m_{links} = 2$ oder $k_{links} = 3$ und $m_{links} = 1$ usw.". Dieser Sachverhalt lässt sich sehr viel ökonomischer ausdrücken durch $k_{links} > m_{links}$.
- *Freiheit von Redundanz*: Gibt es mehrere sprachliche Elemente, die dasselbe auf verschiedene Weise ausdrücken? Beim Kannibalenproblem könnte man zusätzlich zu k_{links}, m_{links} auch die Größen k_{rechts} und m_{rechts} darstellen. Dies würde dem Prinzip der Abstraktion nicht widersprechen, denn es sind ja keine unwichtigen Details. Dennoch ist diese doppelte Darstellung nicht nur unnötig, sondern kann auch gefährlich sein, denn durch solche Redundanzen können sich Widersprüche ergeben, wenn etwa beispielweise die Größe k_{links} im Lauf der Problemlösung geändert wird, die Größe k_{rechts} jedoch nicht entsprechend angepasst wird.
- *Transparenz*: Ist die Darstellung verständlich?
- *Erweiterbarkeit*: Kann die Repräsentation um neue Erkenntnisse erweitert werden?

Dies sind allgemeine Richtlinien, die im Einzelfall durchaus infrage gestellt werden können. In bestimmten Fällen kann es beispielsweise sinnvoll sein, anscheinend irrelevante Eigenschaften zu modellieren, um dadurch die Problemlösung zu vereinfachen. Oft lassen sich auch nicht alle Prinzipien gleichermaßen realisieren, beispielsweise kann das Prinzip der Transparenz mit dem Prinzip der Ökonomie in Konflikt geraten.

Deklaratives und prozedurales Wissen

Man kann die Art der Repräsentation von Wissen in zwei grundlegende Klassen einteilen. In einem Sortierprogramm beispielsweise ist das Wissen um die Eigenschaften von Ordnungen und sortierten Listen implizit im Algorithmus dargestellt. Man nennt diese implizite Art der Wissensdarstellung *prozedurales Wissen*. Ähnliches gilt für mathematische Algorithmen, wie etwa das Newtonverfahren zur Nullstellenbestimmung, und generell für alle Arten von Algorithmen. Es gilt aber auch genauso für das Wissen, das uns befähigt, zu laufen, Fahrrad zu fahren oder zu schwimmen.

Das Wissen, das in konventionellen Programmen in Form von Daten, Tabellen oder Datenbanken ausgedrückt ist, ist dagegen auf explizite Art repräsentiert. Man nennt diese Art der Wissensdarstellung *deklaratives Wissen*. Wissen, das auf diese Art dargestellt ist, ist flexibel, denn es lässt sich im Allgemeinen leichter ändern als ein Algorithmus. Deklaratives Wissen kann auch im Allgemeinen leichter an andere Problembereiche angepasst werden als prozedurales Wissen. Schließlich ist explizites Wissen leichter der Introspektion zugänglich als implizites Wissen, das heißt, ein System „weiß, was es weiß", es kann also beispielsweise Fragen über sein Wissen beantworten.

Bei konventionellen Programmen wird das Wissen in Form von Daten (explizites bzw. deklaratives Wissen) und von Algorithmen (implizites bzw. prozedurales Wissen) dargestellt, wobei der Schwerpunkt eindeutig auf der Seite der Algorithmen liegt. Bei wissensbasierten Systemen liegt der Schwerpunkt dagegen auf dem deklarativen Wissen. Hier wird nicht unterschieden zwischen Daten und Algorithmen, sondern zwischen „Wissen" und „Problemlösung". Der Unterschied in der Wissensrepräsentation zwischen konventionellen und wissensbasierten Systemen lässt sich also ganz grob folgendermaßen darstellen:

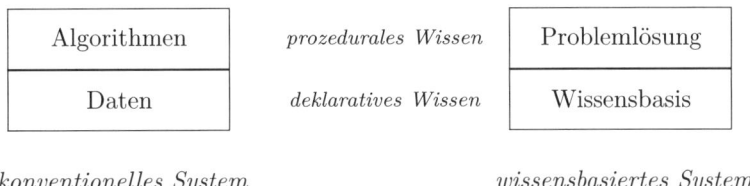

Von der Art der Wissensrepräsentation her gesehen entspricht die Wissensbasis eines wissensbasierten Systems den Daten in konventionellen Systemen, denn beide sind explizit dargestellt. Ebenso entspricht der Problemlösungsteil den Algorithmen, denn hier handelt es sich jeweils um implizites Wissen. Der Unterschied besteht darin, dass die Wissensbasis sehr viel mehr umfasst als die Daten auf der Seite der konventionellen Programme. Ein großer Teil des algorithmischen Wissens ist in wissensbasierten Systemen deklarativ dargestellt. Wie kann aber algorithmisches Wissen deklarativ dargestellt werden? Das folgende Programm, das das maximale Element einer Zahlenliste findet, soll diese Möglichkeit erläutern:

Beispiel 1.2
Ein Programm, das in einer konventionellen Programmiersprache, etwa Pascal, Fortran oder C, geschrieben ist, enthält genaue Anweisungen, *wie* das maximale Element gefunden werden soll. Es beschreibt also, *wie etwas getan werden soll*. Ein Programm, das in einer deklarativen Programmiersprache, etwa Prolog, geschrieben ist, beschreibt, *was getan werden soll*. Der Programmierer spezifiziert dabei im Wesentlichen, was eine geordnete Liste ist. Den Rest erledigt der Interpreter. Ein solches Prolog-Programm kann beispielsweise folgendermaßen aussehen:

```
maxliste(X,L) :-
    member(X,L),
    \+ (member(Y,L), Y > X).
```

Die Prozedur `maxliste` besteht im Wesentlichen aus einer formale Beschreibung davon, was es heißt, dass X das maximale Element der Liste L ist. Sie führt zwei Bedingungen dafür auf, nämlich:

- X ist ein Element von L
- Es gibt kein Element Y von L, das größer als X ist

■

Am Beispiel der Programmiersprache Prolog, die selbst als ein einfaches wissensbasiertes System angesehen werden kann, lässt sich also der Aufbau wissensbasierter Systeme gut verdeutlichen. Die Wissensbasis enthält das oben gezeigte Prologprogramm selbst als deklaratives Wissen. Der Problemlösungsteil ist der Prologinterpreter.

In vielen wissensbasierten Systemen ist das Wissen in der Wissensbasis in der Form von Regeln dargestellt. Liest man die Klauseln eines Prologprogrammes von rechts nach links, so passt auch das Prologsystem in dieses Schema der regelbasierten Systeme. Die Wissensbasis eines regelbasierten Systems ist in gewissem Sinne ein nicht deterministisches Programm, denn sie gibt Regeln an, sagt aber nicht, wie (also beispielsweise in welcher Reihenfolge) diese Regeln anzuwenden sind. Dieser Part wird von der Problemlösungskomponente übernommen, die meistens verschiedene Möglichkeiten der Regelinterpretation zur Verfügung stellt. Wir werden uns in Kapitel 6 eingehend mit diesem Thema befassen.

Im nächsten Abschnitt werden Expertensysteme als vielleicht prominentestes und aus historischer Sicht sicherlich wichtigstes Beispiel für wissensbasierte Systeme genauer vorgestellt. Die heutige Entwicklung im Bereich wissensbasierter Systeme geht allerdings weg von den isolierten Expertensystemen hin zur Integration wissensbasierter Komponenten in konventionelle Systeme, so dass zwar der Begriff „Expertensysteme" weniger verwendet wird, aber dennoch viele ihrer Bestandteile in Applikationen ab einer bestimmten Komplexität enthalten sind.

1.2 Expertensysteme

Architektur von Expertensystemen

Ein Expertensystem ist im Wesentlichen ein wissensbasiertes System, das zusätzlich zu der Wissensbasis und der Problemlösungskomponente über weitere Komponenten verfügt, die in erster Linie der Benutzerinteraktion dienen. Im Folgenden wollen wir eine typische Architektur für Expertensysteme vorstellen, die sich recht natürlich aus der Trennung zwischen Wissen und Problemlösungsstrategie ergibt. Zunächst sollen die wesentlichen Komponenten eines Expertensystems beschrieben werden.

Was zeichnet einen menschlichen Experten aus? Wie gestaltet sich die Kommunikation zwischen dem Fachmann, etwa einem Arzt oder Automechaniker, und dem Kunden, der mit seinem Problem zu ihm kommt? Der Kunde stellt folgende Erwartungen an den Experten:

- Der Experte verfügt über Fachwissen in einem bestimmten Gebiet.
- Er kann Probleme in seinem Gebiet lösen.
- Er kann seine Vorgehensweise und Problemlösungen erklären. Gerade in den Bereichen der medizinischen oder technischen Diagnose ist eine Problemlösung nur dann etwas wert, wenn sie dem Benutzer auch erklärt werden kann.
- Er eignet sich aus der Erfahrung oder aus Lehrbüchern neues Fachwissen an, das heißt, er kann lernen.
- Er ermittelt im Dialog mit dem Kunden das fallspezifische Wissen, das heißt, das Wissen um das konkrete Problem, das der Kunde gelöst haben möchte.

Aus diesen Anforderungen ergibt sich auch der Aufbau eines Expertensystems. Die wesentlichen Komponenten lassen sich in dem in Abb. 1.1 dargestellten Architekturmodell anordnen. Im Folgenden sollen die einzelnen Komponenten dieses Modells kurz vorgestellt werden. Wir beginnen mit dem Steuerungssystem:

- Die *Problemlösungskomponente* (auch Inferenzkomponente genannt). Diese ist der Kern eines wissensbasierten Systems. Sie interpretiert das Expertenwissen zur Lösung des vom Benutzer spezifizierten Problems. Sie erzeugt eine Problemlösung und reicht diese Lösung und den Lösungsweg an die Erklärungskomponente weiter.
- Die *Interviewerkomponente*. Sie führt den Dialog mit dem Benutzer, liest Messdaten ein und erzeugt so das fallspezifische Wissen. Diese Funktionen werden durch Standardprozeduren der grafischen Oberfläche realisiert.
- Die *Erklärungskomponente*. Insbesondere bei Aufgaben der medizinischen oder technischen Diagnose reicht die Darlegung der Problemlösung allein oft nicht aus, der Kunde erwartet darüber hinaus meist auch eine Erklärung zur Vorgehensweise oder zum Lösungsweg. Je gravierender eine Entscheidung ist, desto größer ist im Allgemeinen auch die Skepsis gegenüber der Software, und entsprechend wichtig ist die Erklärbarkeit. Besonders wenn die Diagnose eher unerwartet ist, wird der Kunde oder Patient wissen wollen, wie das System die dargebotene Diagnose gefunden hat. Kann er diesen Lösungsweg dann selbst nachvollziehen, so wird er im Allgemeinen zufrieden sein. Es ist die Aufgabe der Erklärungskomponente eines Expertensystems, den von der Problemlösungskomponente gefundenen Lösungsweg zu erklären. Die Erklärungskomponente macht also die Vorgehensweise des Systems transparent, gibt dem Benutzer eine Begründung für die vorgeschlagene Problemlösung und hilft dem Experten, Fehler im System zu finden.
- Die *Wissenserwerbskomponente*. Sie dient dem Aufbau und der Wartung des Expertenwissens. Es gibt verschiedene Techniken des Wissenserwerbs:
  - Mündliche Befragung eines Experten (Interviewtechnik),
  - direkte Formulierung des Wissens durch den Experten selbst,

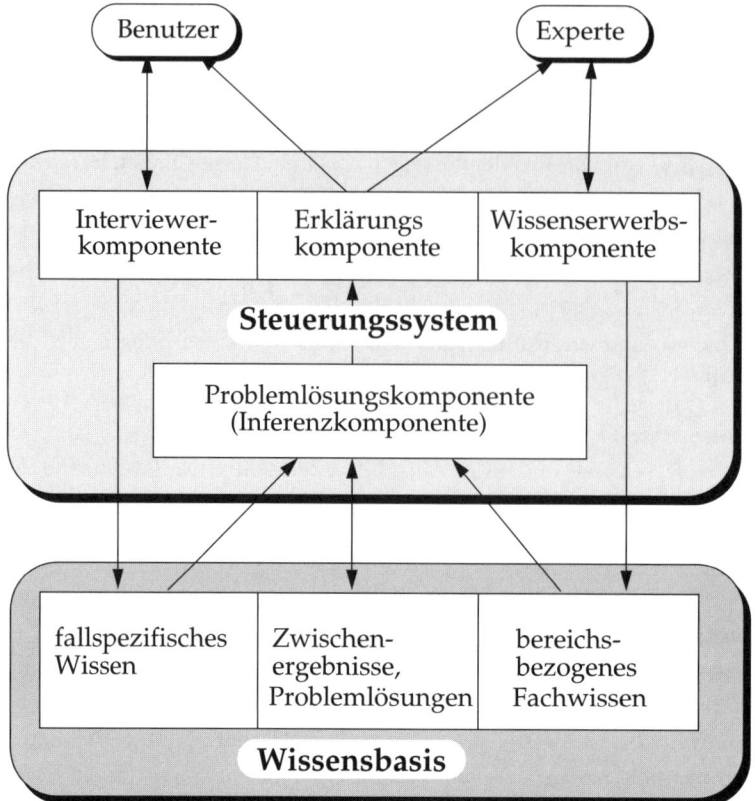

Abb. 1.1: Architektur von Expertensystemen

   – automatischer Wissenserwerb durch Falldaten oder aus der Literatur.

Der Wissenserwerb ist eine der schwierigsten Aufgaben bei der Entwicklung eines Expertensystems. Die verschiedenen Methoden und Techniken sind derart umfangreich, dass sich hier ein eigenes Fachgebiet des „Knowledge Engineering" herausgebildet hat.

Als Nächstes sollen die Komponenten der Wissensbasis erläutert werden.

- Das *Expertenwissen* wird vom Experten beigesteuert. Hier handelt es sich um Wissen aus dem Problembereich, es wird daher auch *bereichsspezifisches Wissen* genannt. Dieses Wissen hat oft die Form von Regeln, kann aber auch mit anderen Methoden, wie objektorientierten Strukturen oder Constraints dargestellt werden.
- Das *fallbezogene Wissen* wird vom Benutzer beigesteuert. Dieses Wissen bezieht sich im Gegensatz zum bereichsspezifischen Wissen auf einen konkreten Anwendungsfall aus dem Problembereich. Es liegt meist in Form von Fakten vor.
- *Zwischenergebnisse und Problemlösungen* werden von der Problemlösungskomponente erzeugt.

Man kann das Wissen auch unterscheiden nach Faktenwissen, also fallspezifischem Wissen oder Zwischenergebnissen, und Ableitungswissen (auch Regelwissen genannt), dies ist Expertenwissen. Eine weitere Form des Wissens ist das Steuerungswissen (auch Kontrollwissen oder strategisches Wissen genannt). Hierbei handelt es sich um Wissen, das die Inferenzkomponente steuert, etwa in Form von heuristischen Regeln. Es legt zum Beispiel fest, in welcher Reihenfolge die Regeln ausgewählt und angewendet werden. In vielen Sprachen lässt sich dieses Wissen nicht deklarativ formulieren. Es hat meist großen Einfluss auf die Performanz des Systems.

Faktenwissen und Ableitungswissen werden auch unter dem Begriff direktes Wissen, bzw. *Objektwissen* zusammengefasst, das Steuerungswissen wird auch mit dem Begriff indirektes Wissen bzw. *Metawissen* bezeichnet.

Die eben vorgestellte Architektur von Expertensystemen mit ihrer Trennung in Wissensbasis und Problemlösungskomponente hat einen großen Vorteil: Oft unterscheiden sich Expertensystemanwendungen nur im Anwendungsbereich, nicht aber in den verwendeten Problemlösungsmethoden. In diesem Fall ist es leicht möglich, eine sogenannte *Expertensystemschale* (engl. *expert system shell*) – also das Steuerungssystem – mit verschiedenen Wissensbasen zu koppeln. Man könnte also eine Schale für Diagnostiksysteme mit einer Wissensbasis für medizinische Anwendungen, aber auch mit einer Wissensbasis für technische Anwendungen koppeln.

Anwendungen und Problemlösungstypen

Ein Expertensystem ist, genau wie ein menschlicher Experte, nur auf einem bestimmten Gebiet kompetent. Es ist also kein allgemeines Problemlösungsprogramm. Traditionelle Anwendungsgebiete für Expertensysteme sind

- Diagnose (in Medizin und Technik)
- Datenanalyse (Erkennung akustischer Sprache, Identifizierung chemischer Strukturen anhand von Massenspektrometerdaten)
- Beratung (Anlageberatung, Finanzberatungssysteme, Managementsysteme)
- Konfiguration (Computeranlagen, Schaltkreisentwurf, Hi-Fi-Geräte)
- Überwachung (Produktionssicherung, Überwachung von Kraftwerken)
- Planung (Versuchsplanung molekulargenetischer Experimente, chemische Synthese, Finanzplanung, Produktionsplanung)

Die Unterschiede zwischen den Anwendungsgebieten liegen oft nur in den Wissensinhalten, die Wissensrepräsentation und die Problemlösungsmethoden sind für viele Anwendungsgebiete sehr ähnlich. Anhand der verwendeten Problemlösungsmethode kann man die beiden folgenden Problemlösungstypen unterscheiden:

- *Diagnose* (Klassifikation, Selektion). Hier wird die Lösung aus einer Menge vorgegebener Alternativen ausgewählt. Es handelt sich um analytische Systeme.

- *Konstruktion* (Konfigurierung, Planen). Hier wird die Lösung aus einer Menge vorge-gebener Bausteine zusammengesetzt. Es handelt sich um synthetische Systeme.

Potenziale und Grenzen des Einsatzes von Expertensystemen

Die Entwicklung der Expertensystemtechnik als Teil der Künstlichen Intelligenz (KI) hat in Deutschland seit Ende der 70er-Jahre des vergangenen Jahrhunderts große Hoffnungen (und auch Befürchtungen) geweckt. Diese Erwartungen haben sich zum großen Teil zer-schlagen. Viele der in der Anfangszeit in der Praxis eingesetzten Systeme stellten sich als Misserfolge heraus. Heute ist es ruhig geworden um das Fachgebiet, man sieht alles sehr viel nüchterner. Expertensysteme erheben nicht mehr den Anspruch, menschliche Exper-ten komplett ersetzen zu können. Vielmehr betrachtet man sie als nützliche Werkzeuge zur Unterstützung von Fachleuten. Expertensysteme können dort ihre Stärke ausspielen, wo Menschen aufgrund der Komplexität der Probleme überfordert sind.

Folgende Probleme ergeben sich beim Einsatz von Expertensystemen:

- Ein Expertensystem bezieht sich immer nur auf ein festgelegtes Wissensgebiet. Im Ge-gensatz zum menschlichen Experten kann es aber die Grenzen seines Wissens nicht selbst erkennen. Ein menschlicher Experte kann im Allgemeinen abschätzen, in wel-chen Fällen seine Kompetenz nicht mehr ausreicht, ein Expertensystem kann dies nicht. Der Einsatz von Expertensystemen in sicherheitskritischen Bereichen kann aus diesem Grund problematisch sein.

- Menschliche Experten verfügen neben dem Fachwissen stets auch über Alltagswissen, das sie auch – meist unbewusst – für Problemlösungen heranziehen. Bisher gibt es noch kaum Ansätze, Alltagswissen zu formalisieren, um es für Expertensysteme verfügbar zu machen.

- In vielen Fällen ist es sehr schwer, das Wissen eines Experten explizit zu machen. Dies hängt mit dem stillschweigenden Wissen (engl. *tacit knowledge*) zusammen, also mit der Verflechtung von Wissen und Können. Wir alle beherrschen beispielsweise die Grammatik der deutschen Sprache, sind aber meist nicht in der Lage, die Regeln der deutschen Grammatik explizit zu machen. Es handelt sich hier also um das Problem des Wissenserwerbs.

- Die ersten Expertensysteme waren meist Diagnosesysteme im medizinischen Bereich. Der medizinische Sektor ist allerdings sowieso schon sehr technisiert und damit „ent-menschlicht". In Anbetracht dieser Entwicklung ist die weitere Computerisierung durch Einsatz medizinischer Expertensysteme auch kritisch zu sehen. Anwendungen der Expertensystemtechnik in der Medizin spielen heute nur eine marginale Rolle. Diagnosesysteme werden in erster Linie im technischen Bereich eingesetzt.

- Wenn für herkömmliche Softwaresysteme die formale Spezifikation und Verifikation schon ein sehr schwieriges Unterfangen ist, so ist sie für Expertensysteme nahezu unmöglich.

Historisches

In den 60er-Jahren des letzten Jahrhunderts entstand der Begriff „Künstliche Intelligenz". Damals wurde versucht, einen allgemeinen Problemlöser (engl. *general problem solver*, (Newell & Simon 61)) zu entwerfen, der beispielsweise Standardintelligenztests oder Rätselaufgaben lösen konnte. Die Forschung konzentrierte sich damals auf das Suchproblem (siehe auch Kapitel 2) und auf die Entwicklung effizienter Suchstrategien.

Seit etwa 1970 wurde der Misserfolg des allgemeinen Ansatzes deutlich. Es wurde klar, dass vernünftige Ergebnisse nur bei Beschränkung auf ein bestimmtes Gebiet erzielt werden konnten. Unter Hinwendung auf bereichsspezifische Lösungen entstanden die ersten Expertensysteme:

- MYCIN ist ein medizinisches System zur Diagnose bakterieller Infektionskrankheiten. Es entstand an der Stanford University (Shortliffe 76).
- DENDRAL ist ein System zur Analyse der Molekülstruktur organischer Substanzen aus Massenspektrogrammen (Lindsay et al. 80).
- XCON ist ein System zum Konfigurieren von Computersystemen (McDermott 82). Dieses Programm wurde von J. McDermott und anderen entwickelt und lange Jahre bei der Firma Digital Equipment Corporation eingesetzt. Es stellte einen der ersten großen kommerziellen Erfolge von Expertensystemen dar.

Alle diese Systeme waren regelbasiert (siehe Kapitel 6). Die meisten von ihnen enthielten außerdem Mechanismen zur Behandlung von Unsicherheit (siehe Kapitel 8).

In den 80er-Jahren erkannte man, dass sich viele der bisherigen Systeme lediglich im Expertenwissen, also dem zu modellierenden Anwendungsbereich, unterschieden, aber gleiche Wissensrepräsentation und Problemlösungsmethoden verwendeten. Daraufhin erfolgte eine Hinwendung zu Expertensystemschalen für bestimmte Problemlösungstypen. Diese Werkzeuge sind nun meist hybrid, das heißt, sie bieten verschiedene Wissensrepräsentationsformalismen an, außer den Regeln etwa noch objektorientierte Darstellungen oder Constraints (siehe Kapitel 3).

Aktuell gewinnt eine spezielle Form einer Beschreibungslogik (Untermenge der Prädikatenlogik, siehe Kapitel 5) an Bedeutung, die versucht, das in Webseiten gespeicherte Wissen für Computer verständlich zu machen und damit Inferenzen darüber zu ermöglichen – das *Semantic Web*. Viele der in diesem Buch behandelten Aspekte, wie Unsicherheit, Vagheit, Zeitabhängigkeit und Inkonsistenz, können dazu beitragen, die heute noch beschränkten Möglichkeiten des Semantic Web zu erweitern.

1.3   Integrierte Wissensverarbeitung in Intelligenten Systemen

Intelligente Systeme

Reine KI-Systeme, wie sie beispielsweise in Form der Expertensysteme im vorangehenden Abschnitt vorgestellt wurden, sind bereits seit Langem eher in den Hintergrund getreten. Von viel größerer Bedeutung ist heute die Integration der Wissensverarbeitung in herkömmliche Software oder technische Systeme. Dabei sind die Methoden der Wissensverarbeitung oft nach außen unsichtbar, tragen aber wesentlich zum Erfolg des jeweiligen Produkts bei. Je nach dem Umfang, in dem man in einem solchen System Aspekte menschlicher Intelligenz nachgebildet hat, bezeichnet man sie auch als *Intelligente Systeme*.

Auch das Bundesministerium für Bildung und Forschung misst dem Thema „Intelligente Systeme" eine große Bedeutung zu: „Die Beherrschbarkeit integrierter, intelligenter Systeme ist eine wichtige Voraussetzung für zahlreiche Produkte und Produktionsprozesse. Ziel sollte die Konzeption und Entwicklung von Systemen sein, die sich in komplexen, dynamischen Umgebungen angepasst verhalten können. Es ist Wert zu legen auf Robustheit und Skalierbarkeit. Vernetzte Systeme müssen beherrschbar gemacht werden." (aus dem Förderprogramm IT-Forschung 2006)

Methoden der Wissensverarbeitung spielen in Intelligenten Systemen eine wichtige Rolle. Die Leistungsfähigkeit eines Gesamtsystems hängt aber von vielen Komponenten und ihrem gelungenen Zusammenspiel ab. Das Gleiche gilt auch für die Integration der Informatik in Systeme der Technik, Medizin und Wirtschaft. Brauer und Münch charakterisieren in (Brauer & Münch 96) die Informatik als potenzielle Kooperationspartnerin für jede Wissenschaft und jede Art praktischer Tätigkeiten. Ihre Ergebnisse werden allerdings häufig erst in Verbindung mit konkreten Produkten praktisch nutzbar. Nach außen sind oft nur die technischen Geräte (Kraftfahrzeuge, Haushaltsgeräte oder Flugzeuge) oder Anlagen (Fabriken, Mobilfunknetze) sichtbar, dagegen wird der hohe Softwareanteil jedoch leicht übersehen und die Bedeutung der Informatik unterschätzt. In gleicher Weise gilt dies für das in diesem Buch behandelte Spezialgebiet der Informatik, die Wissensverarbeitung. Der Einzug von Wissensverarbeitung in Gegenstände unserer täglichen Umgebung wird hierbei als *Umgebungsintelligenz* (engl. *ambient intelligence*, auch *ubiquitous computing*) bezeichnet.

Für autonome mobile Systeme, also intelligente Roboter, ist heute ein enormes Marktpotenzial absehbar. Der Einsatzbereich solcher Systeme reicht von der Weltraumtechnik – als Beispiel seien die 2004 auf dem Mars gelandeten Rover genannt – bis hin zur Medizin, dem Haushalt und der Freizeit. Bereits heute gibt es Servicroboter auf vielen Gebieten: fahrerlose Transportsysteme, Museumsführer, Putz- und Tankroboter, autonome Systeme in menschenfeindlichen Umgebungen (beispielsweise zur Minenräumung) und Kanalroboter. Auch im Softwarebereich existieren ähnliche Vorstellungen und Absichten: Selbstständig agierende Programme, sogenannte „Agenten", führen beispielsweise Suche nach Information im Internet durch.

Solche autonomen mobilen Systeme nehmen über verschiedenartige Sensoren wie Kameras, Schall- oder Infrarotsensoren ihre Umgebung wahr und nehmen über Effektoren wie Radantrieb oder Greifwerkzeuge selbstständig Einfluss auf diese Umwelt. Die einfachsten Systeme dieser Art sind nach einem behaviouristischen Prinzip aufgebaut, das heißt, sie handeln nach einfachen Reflexen: Wer beim Autofahren vor sich ein Bremslicht aufleuchten sieht, tritt automatisch auf das Bremspedal. Trotz der Einfachheit dieses Prinzips lassen sich damit Systeme bauen, die zu relativ komplexen, zielgerichteten Aktionen fähig sind. Rodney Brooks (Brooks 86) hat mit dem Subsumtionsprinzip ein sehr leistungsfähiges geschichtetes Architekturmodell für solche Reflexagenten entwickelt.

Für viele komplexe Aufgaben reicht das Reaktionsprinzip jedoch nicht aus. Die Sensoren liefern im Allgemeinen nur einen Ausschnitt aus der Umgebung. Ein Agent muss also in der Lage sein, fehlende Sensordaten selbst zu erschließen. Dazu muss er sich ein Modell seiner Umwelt aufbauen, das heißt, sein Wissen von der Umwelt geeignet repräsentieren. Weiterhin muss er fähig sein, die Auswirkung seiner Aktionen auf die Umwelt vorherzusehen.

Das Wissen des Agenten ist naturgemäß unvollständig, denn er kann immer nur einen Teil seiner Umgebung wahrnehmen. Dennoch ist es wichtig für ihn, Rückschlüsse über den Zustand der Umgebung und die Auswirkung seiner eigenen Aktionen ziehen zu können. Die Daten, die von den Sensoren geliefert werden, sind in den meisten Fällen höchst ungenau und unsicher, der Agent muss also auch die Fähigkeit besitzen, solche unsicheren Informationen zu verarbeiten. Schließlich muss der Agent, um seine Ziele zu realisieren, Handlungspläne aufstellen, die auch den dynamischen Zustand der Umwelt berücksichtigen, gegebenenfalls sind Aktionen rückgängig zu machen.

Am Beispiel der intelligenten autonomen Systeme lassen sich also viele Prinzipien der Wissensverarbeitung, die wir im voliegenden Buch detailliert behandeln, aufzeigen. Andere wichtige Eigenschaften intelligenter Systeme, insbesondere die Sprach- und Bildverarbeitung, konnten dagegen in diesem Buch nicht berücksichtigt werden, denn dies hätte den Rahmen des Buches gesprengt. Zu diesen Aspekten der Künstlichen Intelligenz gibt es jedoch auch ausgezeichnete Literatur.

Gliederung des Buches

Hauptgegenstand des Buches sind die nachfolgenden Themengebiete:

- Die Aufgabe der *Wissensrepräsentation* umfasst die adäquate Modellierung und Darstellung des Wissens über den jeweiligen Anwendungsbereich. Dazu gehören auch das Wissen über die aktuelle Situation bzw. den aktuellen Zustand, in dem sich ein System zu einem bestimmten Zeitpunkt befindet, sowie die Repräsentation von Aktionen, deren Ausführung beispielsweise ein mobiles System ein Ziel erreichen lässt. Die Spanne der einsetzbaren Methoden ist dabei groß und reicht von deklarativer Programmierung bis zu objektorientierten und hierarchischen Ansätzen (Owsnicki-Klewe et al. 03). Da sich der Aspekt der Wissensrepräsentation auch stark an der Art der betrachteten Anwendung und der Art der Problemlösung orientiert, werden wir darauf im Kontext der einzelnen Kapitel eingehen.

- Viele Aufgaben, die von intelligenten Systemen zu lösen sind, lassen sich auf eine Suche in einem Zustandsraum zurückführen. Daher spielen effiziente *Suchverfahren* eine bedeutende Rolle als grundlegende Methode der Künstlichen Intelligenz. Ein einfaches Beispiel für ein Suchproblem ist die Pfadplanung, bei der ein System den (kostengünstigsten) Weg von einem Startpunkt zu einem Ziel finden soll und nur wenige der vielen alternativen Strecken zum Ziel führen. Einfache Suchverfahren wie die klassische Tiefen- oder Breitensuche, die kein zusätzliches Wissen aus dem Anwendungsbereich nutzen, scheitern im Allgemeinen aufgrund der exponentiellen Größe des Suchraums. Oftmals lässt sich jedoch Wissen über die konkrete Anwendung dazu verwenden, um Schätzungen über die Erfolgsaussichten eines Lösungskandidaten abzugeben, und auf diese Weise die Suche deutlich zu beschleunigen. Diese Art von Wissen, die auch heuristisches Wissen genannt wird, ist von grundlegender Bedeutung für intelligente Systeme. Auch für Probleme der kombinatorischen Optimierung lassen sich heuristische Methoden gewinnbringend einsetzen. In Kapitel 2 werden wir auf die Verwendung heuristischen Wissens zur Problemlösung eingehen.

- *Constraintprobleme* sind eine wichtige und praktisch bedeutsame Klasse von Suchproblemen, deren spezielle Struktur mit den in Kapitel 2 behandelten Verfahren nur unzureichend repräsentiert werden kann. Es handelt sich dabei um Probleme, bei denen Variablen Werte zuzuordnen sind, unter Beachtung von bestimmten Beschränkungen, die Beziehungen zwischen den Variablen ausdrücken. Constraintgraphen gestatten es, die Beziehungen zwischen den Variablen explizit zu repräsentieren und sind daher für diese Problemklasse weitaus besser geeignet als die Darstellung mit einem Suchbaum. Wir werden in Kapitel 3 Methoden vorstellen, Constraints in einem Graphen zu propagieren. Auf diese Weise können in vielen Fällen ganze Teile des Suchbaumes entfernt werden, in denen die Variablenbeschränkungen verletzt sind, und die daher keine Aussicht auf Erfolg der Suche bieten.

- Die natürliche Evolution hat mit den Lebewesen hervorragend angepasste Systeme entwickelt, die in ihrer Eleganz und Leistungsfähigkeit technischen Lösungen in vielen Bereichen überlegen sind. *Evolutionäre Algorithmen* setzen die Grundprinzipien der natürlichen Evolution ein, um Problemlösungen für schwierige Suchprobleme in riesigen Suchräumen zu finden. Ein wesentlicher Teilaspekt ist hierbei die Kombination schon gefundener guter Lösungen zu noch besseren. Die Grundlagen der Evolutionären Algorithmen werden im Kapitel 4 besprochen und die zwei wichtigen Methoden Genetische Algorithmen und Genetisches Programmieren näher beleuchtet.

- Die *Logik* gehört zu den ältesten und am besten erforschten Methoden der Wissensverarbeitung. In Kapitel 5 stellen wir die Aussagenlogik und die Prädikatenlogik vor und beschreiben, wie sie sich im Rahmen der Wissensverarbeitung einsetzen lassen. *Prolog* ist eine Programmiersprache, die sich an einer Teilmenge der Prädikatenlogik orientiert und mit der sich direkt und einfach Fakten, Regeln und Anfragen bearbeiten und Beweise führen lassen.

Die klassische Logik ist in erster Linie für (mathematische) Anwendungen gedacht, bei denen das Wissen vollständig, widerspruchsfrei, zeitlich konstant und nicht mit Unsicherheit behaftet ist. Für die Anwendungen wissensbasierter Systeme, die wir in diesem Buch im Auge haben, ist die Ausdruckskraft der klassischen Logik allerdings zu stark eingeschränkt. Sie dient jedoch als Grundlage für viele Erweiterungen, mit denen auch unvollständiges, unsicheres und dynamisches Wissen behandelt werden kann und die zum Teil in diesem Buch vorgestellt werden.

- Auf die Darstellung von Wissen in Form von *Regeln* sind wir bereits im Kontext der Expertensysteme eingegangen. Regeln können jedoch in vielen unterschiedlichen Varianten auftreten, beispielsweise in Form einer logischen Implikation oder auch als eine mit Unsicherheit oder Ausnahmen behaftete Regel. Auf die unterschiedlichen Möglichkeiten der Regelinterpretation und der Konfliktlösungsstrategien werden wir in Kapitel 6 eingehen.

- In vielen Anwendungsbereichen für intelligente Systeme ist das Wissen *unvollständig*, das heißt, es fehlen bestimmte Informationen, die man eigentlich bräuchte, um eine Schlussfolgerung zu ziehen oder einen Handlungsplan aufzustellen. Trotzdem sind wir als Menschen in der Lage, auch bei fehlendem Wissen plausible Schlüsse zu ziehen. Wir treffen dazu einfach Annahmen über das fehlende Wissen. Dabei ist es allerdings wichtig, dass man bereit ist, Schlüsse, die aufgrund falscher Annahmen getroffen wurden, wieder zu revidieren. In Kapitel 7 werden wir zwei verschiedene Systeme zur Begründungsverwaltung vorstellen, deren Aufgabe es ist, das Wissen in einer Wissensbasis aufgrund von Revisionen auf effiziente Weise zu aktualisieren.

- Die in den Kapiteln 8 und 9 eingeführten Methoden des Soft Computing sind geeignet, *unsichere und vage Daten* zu verarbeiten. Dieser Aspekt spielt bei der Informationsaufnahme aus der Umwelt und der Repräsentation der gewonnenen Daten eine wesentliche Rolle, da von einem intelligenten System trotz unsicherer Informationen Entscheidungen und konkrete Handlungen erwartet werden. Auf diesem Gebiet hat die Informatik eine große Menge geeigneter Methoden entwickelt, die eine intelligente Sensordatenverarbeitung gestatten und Unsicherheit menschlicher Experten modellieren. Dazu gehören beispielsweise die auf der Wahrscheinlichkeitstheorie basierenden Bayesschen Netze und die Dempster-Shafer-Theorie. Diese Verfahren haben rein intuitiv motivierte Methoden wie beispielsweise die der Sicherheitsfaktoren verdrängt. Weiterhin führen wir Zadehs Fuzzy-Logik ein, die die Verarbeitung vagen bzw. unpräzisen Wissens ermöglicht.

- Wissensrepräsentationen können nicht nur manuell, sondern durch Methoden des Maschinellen Lernens auch automatisch erstellt werden. Je nach Rückmeldung, die das lernende System erhält, werden drei Lernparadigmen unterschieden – diese werden im

Kapitel 10 vorgestellt. Eine besondere vom biologischen Vorbild inspirierte Form der trainierbaren Wissensrepräsentationen stellen die *künstlichen neuronalen Netze* dar. Wir erläutern im Kapitel 10 die Backpropagation-Netze, bei denen durch Zeigen von Beispielen interne Repräsentationen der zu lernenden Konzepte erstellt werden, und die selbstorganisierenden Karten, die sich zum Gruppieren von Datensätzen eignen.

■ Das Wissen über *zeitliche Zusammenhänge* spielt in vielen Anwendungen eine wichtige Rolle. Häufig sind nur einige zeitliche Zusammenhänge explizit bekannt und weitere sollen abgeleitet werden. Ebenfalls kann es wichtig sein, eine Inkonsistenz zeitlichen Wissens feststellen zu können. In Kapitel 11 stellen wir die von Allen eingeführte Zeitlogik vor, bei der das Wissen mit Zeitintervallen und Relationen zwischen den Intervallen dargestellt wird. Der Konsistenztest für eine solche zeitliche Wissensbasis ist ein Beispiel für die Anwendung der in Kapitel 3 untersuchten Constraintverfahren.

■ *Handlungsplanung* gehört zu den Kernaufgaben autonomer mobiler Systeme. In Kapitel 12 stellen wir den klassischen STRIPS-Planer vor, der zwar für komplexere konkrete Anwendungen ungeeignet ist, jedoch als Basis für viele erfolgreiche Erweiterungen dient. Während einfache Planer wie beispielsweise der historische STRIPS-Planer für Lehrzwecke gut geeignet sind, werden an reale Planer weitaus höhere Anforderungen gestellt. Reaktive Planung bedeutet beispielsweise, dass ein System adäquat auf unvorhergesehene – und damit in dem erstellten Plan a priori nicht erfassbare – Ereignisse reagieren kann. Wir werden darauf in Kapitel 12 zurückkommen.

Gegenstand des nachfolgenden Kapitels sind *Suchverfahren*, die nicht ohne Grund den Anfang machen: Während nach einem ersten oberflächlichen Blick auf die Strukturierung des Buches das Thema Suche relativ schnell und losgelöst vom übrigen Stoff abgehandelt zu sein scheint, taucht es in Wirklichkeit aber in vielen der nachfolgenden Kapitel direkt oder indirekt immer wieder auf. So können beispielsweise Beweise der Logik auf Suchverfahren zurückgeführt werden, die Abarbeitung von Regelsystemen entspricht der Erstellung von Suchbäumen, und Planen mithilfe des am Ende des Buches eingeführten STRIPS-Planers bedeutet Suche eines Weges vom Ausgangszustand zu einem Zielzustand.

2 Suchverfahren

Übersicht

2.1   Einführung

Sehr viele Herausforderungen für die natürliche Intelligenz lassen sich auf Suchprobleme zurückführen. So bedeutet das Studieren die Suche eines Weges von der Immatrikulation zum Bachelor- oder Masterabschluss, mögliche Wege werden durch die Studienordnungen meist indirekt beschrieben. Der Bau eines Gebäudes bedeutet für die Architektin die Suche eines (Planungs-)Weges vom leeren Baugrundstück zum fertigen Haus. Hier werden mögliche Wege u. a. durch Vorgaben des Bauherren und durch Bauvorschriften beeinflusst. Die Eigenschaften und Lösungsverfahren von Suchproblemen sind daher von grundlegender Bedeutung für die gesamte künstliche Intelligenz. In diesem Abschnitt sollen die Eigenschaften von Suchproblemen anhand von zwei Beispielen erläutert werden.

Das Wegeproblem

Gegeben ist eine Landkarte mit Städten und Straßen, die diese Städte miteinander verbinden. Gesucht ist ein Weg von einem gegebenen Startort zu einem Zielort (siehe Abbildung 2.1). Dabei sind verschiedene Problemstellungen möglich:

- Gefragt ist nur, ob das Ziel überhaupt vom Startpunkt aus erreichbar ist.
- Gesucht ist ein konkreter Weg vom Start zum Ziel.

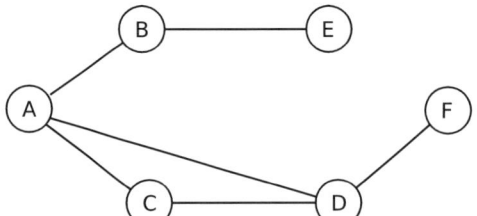

Abb. 2.1: Das Wegeproblem: Suche nach einem Weg von A nach F

- Gesucht ist ein optimaler Weg vom Start zum Ziel, etwa in Bezug auf die Gesamtstrecke, die Gesamtzeit oder die anfallenden Reisekosten.

Das Wissen zu diesem Problem lässt sich mit einem Graphen darstellen, dessen Knoten den Städten und dessen Kanten den Straßen entsprechen. Die Kanten des Graphen können auch markiert sein (etwa mit Entfernungsangaben). Im einfachsten Fall, in dem nur gefragt ist, ob das Ziel vom Startpunkt aus erreichbar ist, besteht die Problemlösung einfach aus einer Antwort „Ja" oder „Nein". In den anderen Fällen jedoch, in denen ein konkreter Weg vom Start zum Ziel oder sogar ein optimaler Weg gesucht ist, besteht die Problemlösung aus einem Weg, also einer Folge von Städten. Ist etwa A der Startort und F der Zielort, so ist (A, C, D, F) eine Lösung des Wegeproblems. Eine andere Lösung wäre der Weg (A, D, C, A, D, F). Im Allgemeinen jedoch sind Wege, die Zyklen enthalten, als Problemlösung unbrauchbar. Noch viel unangenehmer ist, dass durch solche zyklischen Wege die Suchprozedur leicht in Endlosschleifen geraten kann. Wir gehen im Folgenden davon aus, dass beim Wegeproblem *Pfade*, also zyklenfreie Wege gesucht sind.

Bei der Erzeugung der Lösungskandidaten lässt sich die Zyklenfreiheit dadurch garantieren, dass man nur diejenigen Nachfolger eines Knotens erzeugt, die nicht zu zyklischen Wegen führen. Beispielsweise hat dann der Knoten, der den Pfad (A, D, C) repräsentiert, keinen Nachfolger, denn die einzigen Kandidaten (A, D, C, A) und (A, D, C, D) sind zyklisch. Zyklische Wege können somit von der Suchprozedur gar nicht erst erzeugt werden. Technisch lässt sich dies dadurch lösen, dass man eine Stadt X an einen vorhandenen Weg w nur dann anhängt, wenn X im Weg w nicht vorkommt.

Das Wissen kann mithilfe eines Suchbaumes repräsentiert werden (siehe Abbildung 2.2), dessen Knoten Pfade vom Startpunkt aus darstellen. Ein Knoten im Suchbaum ist genau dann eine Lösung des Problems, wenn er einen Pfad vom Startpunkt A zum Zielpunkt F repräsentiert. Dies ist der Fall für die beiden markierten Knoten in Abbildung 2.2.

Bei dieser Form der Darstellung ist es allerdings nicht unbedingt nötig, wie in Abbildung 2.2 jeden Knoten mit einem ganzen Pfad zu markieren. Eine solche Darstellungsweise könnte nämlich sehr aufwendig werden. Es reicht aus, jeden Knoten des Suchbaums mit einer Stadt und mit einem Verweis auf seinen direkten Vorgänger zu markieren. Dabei können verschiedene Knoten des Suchbaums mit derselben Stadt markiert sein. Auf

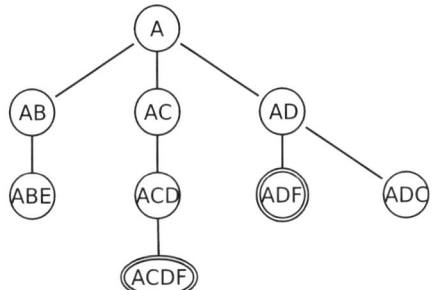

Abb. 2.2: Transformation des Graphen aus Abbildung 2.1 in einen Baum

diese Weise lässt sich zu jedem Knoten k eindeutig der entsprechende Pfad von der Wurzel zu k rekonstruieren. Bei dieser Art der Darstellung ist es allerdings aufwendiger, die Wege auf Zyklenfreiheit zu prüfen (siehe Aufgabe 2.6).

Wichtig für die Problemlösung ist die Kenntnis der Nachfolger eines Knotens im Suchbaum. Bei dem vorliegenden Problem lässt sich die Nachfolgerrelation explizit durch die Kanten des Graphen darstellen.

Das Weinkrügeproblem

Ein weiteres Beispiel, das zunächst ganz unterschiedlich aussieht, ist das *Weinkrügeproblem*:

> Ein Weinhändler hat drei Krüge, einen von 9 Liter, einen von 7 Liter und einen von 4 Liter Inhalt. Auf den Krügen sind keine Litermarkierungen angebracht. Der 9-Liter-Krug ist mit Wein gefüllt, die anderen sind leer. Die Krüge sollen so umgefüllt werden, dass der 9-Liter-Krug sechs Liter und der 4-Liter-Krug drei Liter enthält.

Zunächst kann man das Problem statisch mit Systemzuständen beschreiben. Dabei ist offenbar nur wichtig, welcher Krug wie viel Wein enthält. Man kann den momentanen Problemzustand durch ein Tripel (n, s, v) beschreiben, wobei n den Inhalt des 9-Liter-Krugs angibt, s den des 7-Liter-Krugs und v den des 4-Liter-Krugs. Der Startzustand wird damit dargestellt durch $(9, 0, 0)$, der Zielzustand durch $(6, 0, 3)$. Durch Füllen des 4-Liter-Krugs gelangt man aus dem Startzustand in den Folgezustand $(5, 0, 4)$ usw.

Auch dieses Problem lässt sich durch einen Suchbaum (ohne zyklische Wege) darstellen, dessen Knoten Folgen von Problemzuständen darstellen. Ein Teil dieses Suchbaums ist in Abbildung 2.3 dargestellt. Da die Anzahl der Zustände in diesem Problem offenbar endlich ist, ist auch der dazugehörige Suchbaum endlich, vorausgesetzt natürlich, dass zyklische Wege nicht zugelassen sind.

In der Implementierung wird ein Zustand dargestellt durch ein Feld der Form z, wobei z[i] den aktuellen Inhalt von Krug i beschreibt. Die Kanten dieses Suchbaumes entsprechen *Übergängen* zwischen den einzelnen Zuständen. Im Wesentlichen gibt es dabei

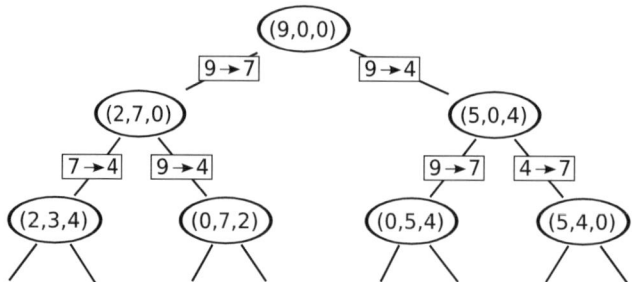

Abb. 2.3: Teil des Suchbaums für das Weinkrügeproblem

sechs verschiedene *Übergangsoperatoren*, die den verschiedenen Umschüttvorgängen entsprechen: Umschütten vom 9-Liter-Krug in den 7-Liter-Krug, vom 9-Liter-Krug in den
4-Liter-Krug usw. Wir geben eine Funktion umschuetten(i,j,z) an, die den Vorgang
des Umschüttens von Krug i in Krug j beschreibt. Sie berechnet zu einem gegebenen
Zustand z den Zustand z', der durch den Zustandsübergang aus z entsteht. Dabei ist zu
beachten, dass der Eingabezustand z mit dem Ausgabezustand z' identisch sein kann,
dies ist beim Umschütten von Krug X in Krug Y dann der Fall, wenn X leer oder Y voll
ist. Die Funktion umschuetten benutzt ein globales Feld maxinhalt = [9,7,4], das das
Fassungsvermögen der Krüge angibt.

Algorithmus 2.1 (Das Problem der Weinkrüge)

```
global maxinhalt := [9,7,4]

function umschuetten(i,j,z)
    z1 := z;
    umfuellmenge := min(z1[i],maxinhalt[j]-z1[j]);
    z1[i] := z1[i]-umfuellmenge;
    z1[j] := z1[j]+umfuellmenge;
    return z1.
```

2.2 Problemrepräsentation mit Zuständen und Operatoren

In den beiden Beispielen aus Abschnitt 2.1 und ebenso in anderen Beispielen wie etwa dem Schachspiel lässt sich das Problem statisch repräsentieren durch

- *Zustände*, die das Wissen zu einem beliebigen Zeitpunkt der Lösungssuche darstellen. Beim Wegeproblem sind dies Wege bzw. Pfade, beim Weinkrugproblem der Inhalt der drei Krüge, und beim Schachspiel sind das die Stellungen auf dem Schachbrett.
- *Zustandsübergangsoperatoren*, die die Übergänge von einem Zustand zu einem anderen beschreiben. Beim Wegeproblem sind dies die Kanten, beim Weinkrugproblem die Umschüttvorgänge und beim Schachspiel die Spielzüge. Die Operatoren werden meistens nur indirekt angegeben, das heißt, durch eine Funktion, die zu einem gegebenen Zustand einen Nachfolgezustand berechnet. Daraus lässt sich auch leicht eine Funktion konstruieren, die zu einem gegebenen Zustand die Menge aller seiner Nachfolgezustände berechnet.
- die Angabe eines *Startzustands* und eines oder mehrerer *Zielzustände*. Sicher sind auch Suchprobleme mit mehreren Startzuständen denkbar; wir wollen uns hier jedoch auf den Fall eines einzigen Startzustands beschränken. Der Startzustand lässt sich stets *explizit* angeben, beim Weinkrügeproblem ist dies die Ausgangsverteilung, beim Wegeproblem der Startort und beim Schachspiel die Anfangsaufstellung. Der Zielzustand lässt sich im Allgemeinen nur *implizit* beschreiben, nämlich durch ein Testprädikat, das einen gegebenen Zustand prüft, ob er eine Lösung darstellt. Ein typisches Beispiel ist das Schachspiel, bei dem die Zielzustände, nämlich die Gewinnstellungen, nur indirekt durch die Mattbedingung beschrieben werden.

Wir haben in Abschnitt 2.1 gesehen, dass sich solche Probleme auch durch *Suchbäume* darstellen lassen. Die Knoten des Suchbaums sind mit den Zuständen markiert, die Kanten entsprechen den Zustandsübergangsoperatoren. Die Wurzel des Suchbaums entspricht dem Startzustand, die Zielknoten sind die Zielzustände. Die Berechnung der Nachfolger eines Knotens k wird auch oft als *Expansion* des Knotens k bezeichnet.

Wir werden in Kapitel 5 sehen, dass auch eine der wichtigsten Beweismethoden der Logik, die Widerlegung einer Klauselmenge mittels Resolution auf ein Suchproblem herausläuft.

Wie beim Schachspiel gibt die statische Repräsentation des Problems nur die „Spielregeln" an, sagt aber nichts darüber aus, wie man spielen muss, um zu gewinnen. Es ist wichtig, die statische Repräsentation von solchen strategischen Überlegungen freizuhalten und präzise zwischen der Beschreibung der Spielregeln einerseits und der Gewinnstrategie andererseits zu unterscheiden. Beispielsweise beschreiben die Operatoren beim Problem der Weinkrüge alle möglichen Umschüttungen, nicht nur die zur Lösung erforderlichen.

Algorithmus 2.2 (Die Basisfunktionen beim Weinkrügeproblem)

```
function start()
   return knoten([9,0,0],[]).

function ziel?(k)
   return (k.status = [6,0,3]).

function expand(k)
   kinder := [];
   for i = 1 to 3
      for j = 1 to 3 and j != i
         status1 := umschuetten(i,j,k.status);
         pfad1 := append(k.pfad,k);
         if (forall k1 in k.pfad) status1 != k1.status
            then insert(cons_knoten(status1,pfad1),kinder);
   return kinder;
```

Grundlagen der Implementierung

Die Implementierung der Suchverfahren in den nachfolgenden Abschnitten verwendet die Datenstruktur knoten mit den Komponenten status und pfad. Die Komponente status gibt den Zustand an, mit dem der Knoten markiert ist, die Komponente pfad enthält die Liste der Vorgängerknoten. Die Konstruktorfunktion cons_knoten(status,pfad) erzeugt einen neuen Knoten mit den durch die Parameter gegebenen Komponenten. Die Datenstruktur knoten stellt folgende Funktionen zur Verfügung:

- start(), liefert den Wurzelknoten des Suchbaums,
- ziel?(k), liefert true, wenn der Knoten k ein Zielknoten ist, und
- expand(k) liefert die Liste derjenigen Nachfolger des Knotens k, die nicht in dem Pfad zum Knoten k vorkommen. Dabei gehen wir davon aus, dass jeder Knoten nur endlich viele Nachfolger hat, denn ansonsten würde die Prozedur expand nicht terminieren.

Algorithmus 2.2 stellt eine Implementierung dieser drei Basisfunktionen für das Weinkrügeproblem vor.

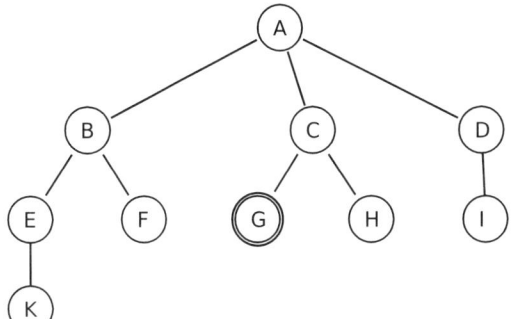

Abb. 2.4: Suchbaum mit Startknoten A und Zielknoten G

2.3 Uninformierte Suchverfahren

Im vorigen Abschnitt haben wir eine Methode kennengelernt, um eine Klasse von Problemen durch Angabe von Zuständen und Zustandsübergangsoperatoren zu formalisieren. In diesem und den folgenden Abschnitten werden einige Verfahren zur Lösung dieser Probleme vorgestellt. Im Gegensatz zu den heuristischen Verfahren, die im nächsten Abschnitt besprochen werden, verfügen die hier vorgestellten Algorithmen über keine Zusatzinformation zur Problemstellung. Daher werden sie auch als *uninformierte Suchverfahren* bezeichnet.

Wir haben bereits gesehen, dass ein solches Problem allgemein aufgefasst werden kann als das Problem, einen bestimmten Zielknoten in einem Suchbaum zu finden. Die Knoten des Suchbaumes repräsentieren dabei je nach Problemstellung entweder einzelne Zustände oder ganze Wege bzw. Pfade.

Ausgehend von der Wurzel des Baumes kann man nun die Knoten sukzessive expandieren, das heißt, ihre Nachfolgeknoten berechnen. Anschließend wird man von den Nachfolgern aus weiterarbeiten, so lange, bis man das Ziel gefunden hat. Man führt dabei eine Liste der Knoten, die gerade in Bearbeitung sind. Eine solche Liste wird meist *Agenda* (engl. *open list*) genannt.

Der in Abbildung 2.4 gezeigte Suchbaum soll dazu dienen, die beiden grundlegenden Möglichkeiten der Suche, die *Tiefensuche* und die *Breitensuche*, zu erläutern. Der Startknoten ist A, der Zielknoten ist G.

2.3.1 Tiefensuche

Zu Beginn der Suche wird eine Agenda gebildet, die den Startknoten A als einziges Element enthält. Im ersten Schritt wird der Knoten A expandiert, und anschließend werden dessen Nachfolger B, C und D anstelle von A in die Agenda eingefügt (Schritt 2 in Tabelle 2.1). Hat man keine Information darüber, welcher dieser drei Knoten der

Tab. 2.1: Agenda bei der Tiefensuche

Schritt	Agenda
1	A
2	B, C, D
3	E, F, C, D
4	K, F, C, D
5	F, C, D
6	C, D
7	G, H, D

vielversprechendste ist, so spielt die Reihenfolge, in der diese Knoten eingeordnet werden, keine Rolle.

In Schritt 3 wird das erste Element der Agenda, der Knoten B, aus der Liste entfernt und expandiert. Bei der Tiefensuche werden die Nachfolger E und F am Anfang der Agenda eingefügt. Danach ist E der nächste aktuelle Knoten. Er wird aus der Liste entfernt und expandiert. Dessen Nachfolger K wird am Anfang der Agenda eingefügt und ist nun selbst der nächste aktuelle Knoten. K selbst hat keinen Nachfolger und ist auch kein Zielknoten. Nachdem K aus der Liste gelöscht ist, ist F an der Reihe. Auch F hat keine Nachfolger und wird gelöscht. Schließlich ist C an der Reihe und wird expandiert. Die Nachfolger G und H werden am Anfang eingefügt. Der aktuelle Knoten G ist ein Zielknoten, und damit endet die Suche.

Die Agenda arbeitet bei der Tiefensuche offenbar nach dem LIFO-Prinzip (*last in – first out*).

Verfolgt man in diesem Beispiel den jeweils aktuellen Knoten, so ist zu erkennen, dass diese Form der Suche einen Ast des Suchbaums so weit wie möglich in die Tiefe verfolgt (etwa $A - B - E - K$), das heißt, so weit, bis ein Blattknoten angetroffen wird (siehe auch Abb. 2.5). Ist dieser Blattknoten kein Zielknoten, so setzt die Suche zurück zum

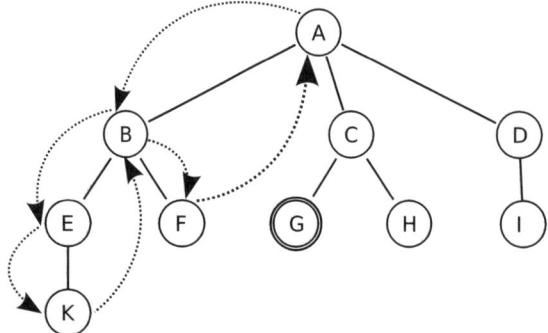

Abb. 2.5: Verlauf der Tiefensuche

Tab. 2.2: Agenda bei der Breitensuche

Schritt	Agenda
1	A
2	B, C, D
3	C, D, E, F
4	D, E, F, G, H
5	E, F, G, H, I
6	F, G, H, I, K
7	G, H, I, K

letzten Knoten, an dem eine Alternative möglich war (im Beispiel die Alternative $B-F$) und untersucht diesen Pfad so weit wie möglich in die Tiefe. Diese Strategie, Verfolgen eines Pfades in die Tiefe, und gegebenenfalls Rücksetzen bis zum letzten Auswahlpunkt heißt *Tiefensuche* (engl. *depth-first search*). Das Rücksetzen zum letzten Auswahlpunkt wird auch als *Backtracking* bezeichnet.

2.3.2 Breitensuche

Wie verläuft die Suche, wenn die Nachfolger eines Knotens stets am Ende der Agenda einsortiert werden? Die Antwort gibt Tabelle 2.2. In Schritt 3 werden die Nachfolger von B, die Knoten E und F, am Ende einsortiert. Nächster aktueller Knoten ist C usw. Bei der Breitensuche arbeitet die Agenda nach dem FIFO-Prinzip (*first in – first out*).

Verfolgt man in diesem Beispiel den jeweils aktuellen Knoten, so sieht man, dass der Suchbaum Schicht für Schicht durchlaufen wird (siehe auch Abb. 2.6). Man spricht in diesem Fall von *Breitensuche* (engl. *breadth-first search*).

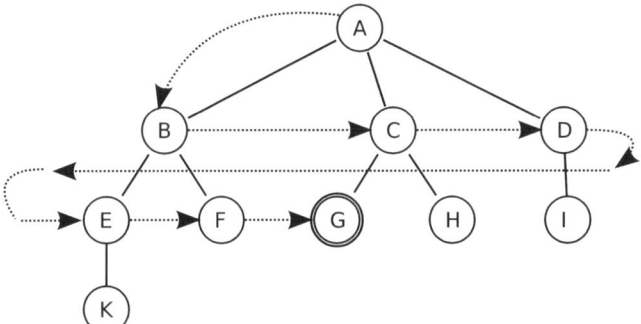

Abb. 2.6: Verlauf der Breitensuche

Algorithmus 2.3 (Programme zur Tiefensuche und zur Breitensuche)

```
function tiefensuche()
   agenda := [start()];
   while agenda ≠ []
      aktknoten := delete_first(agenda);
      if ziel?(aktknoten) then return aktknoten;
      agenda := append(expand(aktKnoten) , agenda);
   return „keine Loesung gefunden".

function breitensuche()
   agenda := [start()];
   while agenda ≠ []
      aktknoten := delete_first(agenda);
      if ziel?(aktknoten) then return aktknoten;
      agenda := append(agenda , expand(aktKnoten)) ;
   return „keine Loesung gefunden".
```

Die Implementierung der Tiefen- und Breitensuche

Im Folgenden wird eine Implementierung der beiden Suchverfahren beschrieben. Die Suchprozedur initialisiert zunächst die Agenda mit dem Startknoten des Suchbaumes. Anschließend wählt sie in einer Schleife jeweils das erste Element der Agenda, also den aktuellen Knoten, aus, expandiert ihn und fügt dessen Nachfolger am Anfang (Tiefensuche) bzw. am Ende (Breitensuche) der Agenda ein. Diese Schleife wird so lange durchlaufen, bis das aktuelle Element ein Zielknoten ist oder bis die Agenda leer ist. Im letzteren Falle konnte keine Lösung gefunden werden.

2.3.3   Eigenschaften der Tiefen- und Breitensuche

Die beiden wichtigsten Eigenschaften eines Suchverfahrens sind die *Korrektheit* und die *Vollständigkeit*. Ein Suchverfahren heißt *korrekt*, wenn die Antwort, die es liefert, tatsächlich eine Lösung des Problems ist, d. h. wenn es keine falschen Lösungen liefert. Ein Suchverfahren heißt *vollständig*, wenn es jede Lösung findet – vorausgesetzt natürlich, dass eine solche überhaupt existiert.

Die Korrektheit der bisher behandelten Suchverfahren beruht offensichtlich allein auf der korrekten Implementierung der Booleschen Funktion `ziel?`, ist also unabhängig vom benutzten Suchverfahren. Die Vollständigkeit hängt dagegen vom Suchverfahren ab.

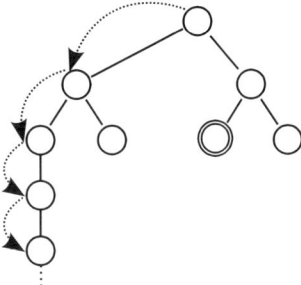

Abb. 2.7: Tiefensuche terminiert nicht

Vollständigkeit

Die Breitensuche durchläuft den Suchbaum systematisch Schicht für Schicht, das heißt, zunächst werden alle Knoten der Tiefe 1 expandiert, danach alle Knoten der Tiefe 2 usw. Nehmen wir an, unser Suchproblem hat eine Lösung, und der Zielknoten befindet sich in der Tiefe n. Dann wird dieser Knoten irgendwann auch der aktuelle Knoten sein, vorausgesetzt dass jeder Knoten nur endlich viele Nachfolger hat, was wohl in der Praxis keine Einschränkung darstellt. Wenn es also einen Zielknoten gibt, so findet die Breitensuche ihn auch. Die Breitensuche ist daher vollständig. Man kann dies auch so formulieren: Jeder Knoten des Suchbaums kommt irgendwann einmal an die Reihe, es sei denn, die Lösung ist schon gefunden. Man spricht auch von einem *fairen* Suchverfahren.

Im Gegensatz zur Breitensuche ist die Tiefensuche im Allgemeinen nicht vollständig. Hat der Suchbaum einen unendlichen Ast, so besteht die Gefahr, dass die Tiefensuche diesen Ast immer weiter in die Tiefe verfolgt und somit nicht terminiert (siehe Abb. 2.7). Ist der Suchbaum dagegen endlich, so ist die Tiefensuche fair. Trotzdem kann es auch in diesem Fall vorteilhafter sein, Breitensuche zu verwenden. Liegt etwa der Zielknoten in sehr geringer Tiefe des Suchbaumes, so findet ihn die Breitensuche relativ schnell, während die Tiefensuche möglicherweise viel Zeit damit verschwendet, Teile des Suchbaumes zu durchlaufen, in denen die Lösung nicht zu finden ist.

Tab. 2.3: Eigenschaften der Tiefensuche, Breitensuche und schrittweisen Vertiefung

	Tiefensuche	**Breitensuche**	**Schrittw. Vert.**
Art der Agenda	Keller	Schlange	Keller
Vollständigkeit	nein	ja	ja
Optimalität	nein	ja	ja
Zeit	$O(b^t)$	$O(b^t)$	$O(b^t)$
Speicherplatz	$O(bt)$	$O(b^t)$	$O(bt)$

Optimalität

Bei vielen Suchproblemen ist nicht nur irgendeine Lösung gesucht, sondern eine (in einem noch zu definierenden Sinne) *optimale* Lösung. Bei der Suche nach einer Zugverbindung von einer Stadt A zu einer Stadt B ist meistens die schnellste Verbindung gefragt, manchmal auch die billigste oder diejenige, bei der man am wenigsten umsteigen muss. Beim Weinkrügeproblem liegt es nahe, die Lösung zu suchen, die die wenigsten Umschüttungen erfordert. Diese Lösung lässt sich auch beschreiben als diejenige, die in der geringsten Tiefe des Suchbaums (also am nächsten zur Wurzel) liegt.

Das Finden einer in diesem Sinne optimalen Lösung ist ein weiteres Qualitätskriterium für Suchverfahren. Die Breitensuche ist in diesem Sinne offensichtlich optimal, die Tiefensuche dagegen nicht. Für das Wegeproblem aus Abbildung 2.1 etwa bedeutet dies: Die Breitensuche findet den Weg mit den wenigsten Zwischenstationen, nämlich den Weg (A, D, F). Dies bedeutet allerdings nicht unbedingt, dass dies auch der in Bezug auf die Fahrstrecke kürzeste Weg ist, denn die Entfernungen zwischen den Städten sind ja nicht bekannt. Wir werden in Abschnitt 2.5 noch genauer auf dieses Thema eingehen.

Algorithmische Komplexität

Ein weiteres Kriterium zur Beurteilung von Suchverfahren ist deren Komplexität. Man geht dabei im Allgemeinen vom Verhalten im ungünstigsten Fall (*worst-case analysis*) aus. Wir legen bei dieser Analyse einen (endlichen) Suchbaum der Tiefe t mit einer konstanten *Verzweigungsrate* b zugrunde, das heißt, jeder Knoten hat b direkte Nachfolger. Dies ist eine stark idealisierende Annahme, die jedoch die Berechnung sehr vereinfacht. Der gesamte Baum hat somit

$$1 + b + b^2 + \ldots + b^t = O(b^t)$$

Knoten. Wir nehmen weiterhin an, dass alle Zielknoten in der Tiefe t liegen.

Der ungünstigste Fall für die Tiefen- ebenso wie für die Breitensuche ist der Fall, dass der Zielknoten auf dem äußerst rechten Ast des Suchbaums liegt. Sowohl die Tiefen- als auch die Breitensuche muss in diesem Fall alle Knoten des Suchbaums expandieren. Beide Verfahren haben also im ungünstigsten Fall eine Laufzeit von $O(b^t)$. Dies ist auch nicht verwunderlich, denn das allgemeine Suchproblem ist NP-vollständig, es ist also kein Algorithmus bekannt, der das Problem in polynomialer Zeit löst.

Betrachtet man dagegen einen „durchschnittlichen" Suchbaum, so schneidet die Tiefensuche besser ab als die Breitensuche. Für die Breitensuche gibt es nur ungünstige Fälle, denn gleich, wo der Zielknoten liegt, stets muss der gesamte Suchraum bis zur Tiefe t durchsucht werden. Für die Tiefensuche beträgt der Aufwand dagegen im günstigsten Fall $O(t)$. Dieser Fall tritt dann ein, wenn der Zielknoten auf dem äußerst linken Ast des Suchbaums liegt. Im mittleren Fall expandiert die Tiefensuche den halben Suchbaum, also $b^t/2$ Knoten. Die Tiefensuche schneidet also unter den genannten Voraussetzungen

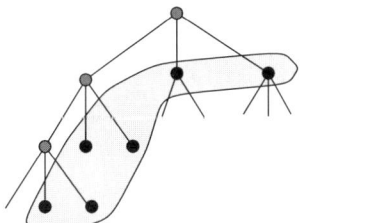 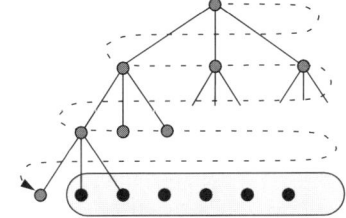

Abb. 2.8: Agenda für Tiefensuche (links) und Breitensuche (rechts)

an den Aufbau des Suchbaums nie schlechter ab als die Breitensuche. Man sollte aber nicht vergessen, dass diese Analyse nur für den idealen Fall eines ausgewogenen Baumes gilt. Im Einzelfall kann die Breitensuche durchaus besser als die Tiefensuche abschneiden, wie wir bereits bei der Analyse der Fairness gesehen haben.

Die Speicherplatzkomplexität eines Suchverfahrens ist durch die maximale Länge der Agenda gegeben. Die Agenda der Tiefensuche ist dann am längsten, wenn der linke Ast des Suchbaumes ganz durchlaufen ist. Die Suche hat dann alle Knoten in diesem Ast expandiert, also sind deren jeweiligen direkten Nachfolger in der Agenda gespeichert (in Abbildung 2.8 schraffiert gezeichnet), dies sind $t \cdot (b-1) = O(bt)$ Elemente.

Die Agenda der Breitensuche ist ebenfalls dann am längsten, wenn die Suche gerade in der Tiefe t angekommen ist. Dann sind alle $O(b^t)$ Elemente der Schicht t in der Agenda gespeichert. Beispielsweise hat die Agenda der Breitensuche bei einer Verzweigungsrate $b = 10$ bereits bei einer Tiefe von $t = 6$ eine Million Elemente. Selbst wenn jeder Knoten nur zehn Byte belegt, entspricht dies einem Speicherbedarf von 10 Megabyte, während die Tiefensuche unter denselben Bedingungen nur 600 Byte benötigt. Der Hauptnachteil der Breitensuche gegenüber der Tiefensuche ist also ihr enormer Speicherplatzbedarf.

2.3.4 Schrittweise Vertiefung

Die schrittweise Vertiefung versucht, die Vorteile der Tiefensuche – nämlich deren geringen Speicherplatzbedarf – mit den Vorteilen der Breitensuche – nämlich deren Vollständigkeit – zu verbinden. Das Prinzip ist sehr einfach: Damit die Tiefensuche nicht in einen unendlich tiefen Ast gerät, kann man eine Beschränkung für die maximale Tiefe m, in die der Algorithmus sucht, angeben. Knoten mit einer Tiefe größer als m werden dann nicht expandiert, der gesamte Suchbaum wird also nur bis zur Tiefe m durchsucht. Dieses Verfahren, das *tiefenbeschränkte Suche* genannt wird, ist jedoch nicht fair: Liegen alle Lösungsknoten in einer Tiefe größer als m, so kann keine Lösung gefunden werden. Das Prinzip der *schrittweisen Vertiefung* beruht einfach darauf, mit der tiefenbeschränkten Suche sukzessive alle Tiefenbeschränkungen auszuprobieren, und zwar so lange, bis die Lösung gefunden ist. Das heißt, zuerst wird der Suchbaum mit Tiefensuche bis zur

Tiefe 1, dann bis zur Tiefe 2, dann bis zur Tiefe 3 usw. abgesucht. Dieses Verfahren ist vollständig, denn jeder Knoten der Tiefe t wird im t-ten Iterationsschritt expandiert.

Zunächst sieht es so aus, als würde die schrittweise Vertiefung sehr viel Zeit verschwenden, denn sehr viele Knoten müssen immer wieder expandiert werden. Dennoch lässt sich einfach zeigen, dass die Zeitkomplexität im ungünstigsten Fall genauso wie bei der Tiefensuche und der Breitensuche $O(b^t)$ beträgt. Im durchschnittlichen Fall verhält sich die Zeitkomplexität der schrittweisen Vertiefung ähnlich wie die der Breitensuche, also eher ungünstig verglichen mit der Tiefensuche. Die Speicherplatzkomplexität dieser Methode nimmt dagegen offensichtlich denselben günstigen Wert wie bei der Tiefensuche, nämlich $O(bt)$ an. Zur Implementierung dieses Verfahrens siehe Aufgabe 2.7.

Tabelle 2.3 fasst die Eigenschaften der drei Suchverfahren zusammen.

2.4 Heuristische Suche

Tiefen- und Breitensuche sind bei größeren Suchbäumen im Allgemeinen sehr zeitaufwendig. Suchprobleme mit sehr großen Suchbäumen, beispielsweise das Schachspiel, lassen sich mit diesen Verfahren praktisch überhaupt nicht mehr lösen. Eine erschöpfende Suche aller Stellungen des Schachspiels mittels Breitensuche würde selbst mit der besten theoretisch möglichen Rechnerleistung Zeiten erfordern, die das Alter des Universums übersteigen.

Bessere Ergebnisse lassen sich erzielen, wenn Information darüber vorliegt, wie *Erfolg versprechend* ein bestimmter Knoten ist. Es ist die Situation, die man aus Brettspielen, etwa dem Schachspiel, kennt: Da es im Allgemeinen praktisch unmöglich ist, alle Nachfolgestellungen zu berechnen, beschränkt man sich auf die aussichtsreichsten Züge. Ein Schachspieler geht dabei so vor, dass er in einer bestimmten Stellung alle möglichen Züge in Betracht zieht und die daraus entstandenen Brettstellungen bewertet. Züge, die zu einer schlecht bewerteten Stellung führen, wird er verwerfen, Züge, die zu einer guten Stellung führen, wird er dann weiter in die Tiefe verfolgen. Eine entscheidende Rolle spielt also die Bewertung, die der Schachspieler vornimmt. Hier fließen Wissen und Erfahrung des Schachspielers ein: Einfache Bewertungsverfahren stützen sich nur auf den Wert der eigenen und gegnerischen Figuren, komplexere Verfahren beziehen die Dynamik des Schachspiels mit ein.

Eine *Heuristik* ist also ganz allgemein ein Verfahren, das die Knoten des Suchbaums bewertet. Kriterium dieser Bewertung ist eine Schätzung der Entfernung des Knotens zu einem Zielknoten. Man nennt eine solche Bewertung auch eine *heuristische Funktion*. In der Praxis ordnet man den Knoten meist eine Zahl zu, die die Entfernung des Knotens zu einem Zielknoten ausdrücken soll. Je niedriger der heuristische Wert eines Knotens, desto besser ist der Knoten, Zielknoten haben den Wert 0.

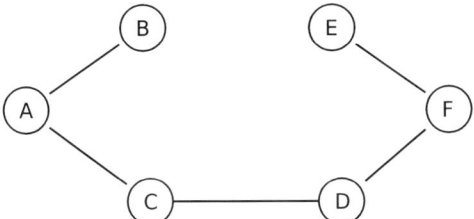

Abb. 2.9: Gesucht ist ein Weg von A nach E. Die Luftlinienheuristik führt in die Irre. Nur der Umweg über C führt zum Ziel.

Im Allgemeinen gibt die Verwendung einer Heuristik keine Garantie für eine effizientere Problemlösung, denn es handelt sich schließlich nur um eine Schätzung und nicht um eine exakte Kenntnis der Entfernung eines Knotens zum Zielknoten. In vielen praktischen Fällen wird man mit der Verwendung einer Heuristik bessere Resultate erzielen als mit der reinen Tiefen- oder Breitensuche, aber in bestimmten Fällen kann es durchaus vorkommen, dass die Heuristik keinen nennenswerten Effekt erzielt oder sogar schlechter abschneidet als die uninformierte Tiefensuche. Es ist daher im Einzelfall immer zu bedenken, ob der zusätzliche Aufwand, der durch die Berechnung der heuristischen Funktion entsteht, durch eine größere Effizienz der Suche gerechtfertigt wird.

Ein typisches Beispiel für eine heuristische Funktion beim Wegeproblem ist die Luftlinienentfernung zum Zielort. Je näher der betreffende Ort am Zielort liegt, desto besser wird er bewertet. Im Allgemeinen wird die Luftlinienentfernung recht gut mit der tatsächlichen Distanz zum Zielort übereinstimmen, die sich durch die vorhandenen Straßen ergibt. Im Einzelfall, etwa bei unerwarteten Hindernissen, kann es jedoch durchaus sein, dass nur ein Umweg zum Ziel führt. In Abbildung 2.9 ist A der Startort und E der Zielort. Aufgrund der Luftlinienentfernung würde man von A aus den Weg nach B einschlagen. Tatsächlich jedoch ist der Umweg über C die einzige Möglichkeit, zum Ziel zu kommen.

Ein Suchverfahren, das eine heuristische Bewertungsfunktion zur Auswahl der zu expandierenden Knoten benutzt, heißt *heuristisches Suchverfahren* oder auch *informiertes Suchverfahren*. Die bisher behandelten Suchverfahren, die keine heuristische Funktion verwenden, heißen *uninformierte Suchverfahren*.

Es gibt im Wesentlichen zwei Möglichkeiten, die heuristische Information bei der Suche zu nutzen: Zum einen kann man schlecht bewertete Knoten ganz verwerfen und stattdessen nur die besseren Alternativen bearbeiten, zum anderen kann man schlechte Knoten vorläufig von der weiteren Bearbeitung zurückstellen und erst dann untersuchen, wenn alle besseren Alternativen abgearbeitet sind. Die erste Möglichkeit geht offensichtlich auf Kosten der Fairness, denn das Beispiel aus Abb. 2.9 zeigt, dass der scheinbare Umweg über C, der aufgrund einer schlechten Bewertung verworfen wurde, der einzige Weg zum Ziel ist.

```
5 4
6 1 8
7 3 2
```

```
1 2 3
8   4
7 6 5
```

Startzustand   Zielzustand **Abb. 2.10:** Das Schiebepuzzle

2.4.1 Heuristische Funktionen

Definition 2.1
Eine *heuristische Funktion* ist eine Funktion h, die jedem Knoten k im Suchbaum eine nicht negative Zahl $h(k)$ zuordnet. Diese Zahl gibt eine Schätzung für die Entfernung des Knotens k zum nächsten Zielknoten an. Ist k ein Zielknoten, so ist $h(k) = 0$. ◆

Wie findet man eine „nützliche" heuristische Funktion für ein bestimmtes Suchproblem? Und was bedeutet nützlich in diesem Zusammenhang? Dafür gibt es keine allgemeine Antwort. Wir werden im Folgenden für eine konkrete Problemstellung verschiedene heuristische Funktionen angeben und deren Qualität diskutieren. Es soll jedoch betont werden, dass es kein allgemeines Rezept zur Konstruktion einer heuristischen Funktion gibt.

Beispiel 2.1
Das *Schiebepuzzle* ist ein bekanntes Beispiel zur Verwendung von Heuristiken. Die Plättchen in Abb. 2.10 können horizontal oder vertikal in Richtung auf die freie Stelle bewegt werden. Die Aufgabe besteht darin, in der Ausgangsstellung die Plättchen sukzessive so lange zu verschieben, bis die Zielstellung erreicht wird.

In jeder Stellung gibt es mindestens zwei und höchstens vier Schiebemöglichkeiten. Wenn wir von durchschnittlich drei Möglichkeiten ausgehen, so ergibt dies einen Suchbaum der Verzweigungsrate 3. Bei einem typischen Lösungsweg der Länge 20 ergibt dies eine Gesamtmenge von 3^{20}, also etwa 3,5 Milliarden Knoten im Suchbaum. Dies ist mit reiner Tiefensuche oder Breitensuche nicht mehr zu bewältigen.

Um die Entfernung eines Zustands vom Zielzustand zu schätzen, gibt es die beiden folgenden Möglichkeiten:

- $h_1(z)$ ist die Anzahl der Plättchen im Zustand z, die nicht an der richtigen Stelle liegen. Je kleiner diese Zahl ist, desto mehr Plättchen liegen schon richtig. Ist z der Startzustand in Abb. 2.10, so ist $h_1(z) = 7$, im Zielzustand hat h_1 den Wert 0.

- $h_2(z)$ ist die Summe der Entfernungen aller Plättchen von ihrer jeweiligen Zielposition. Die Entfernung eines einzelnen Plättchens zur Zielposition wird dabei durch die Anzahl der Züge angegeben, die notwendig wären, wenn das Plättchen frei ziehen könnte. Es handelt sich also um die Summe der horizontalen und vertikalen Entfernung zum Ziel. Für das Dreierplättchen ergibt sich eine Distanz von 3, für das Fünferplättchen eine Distanz von 4. Insgesamt ergibt sich für den Startzustand z eine Bewertung von $h_2(z) = 2 + 3 + 3 + 2 + 4 + 2 + 0 + 2 = 18$, für den Zielzustand ergibt sich wieder der Wert 0.

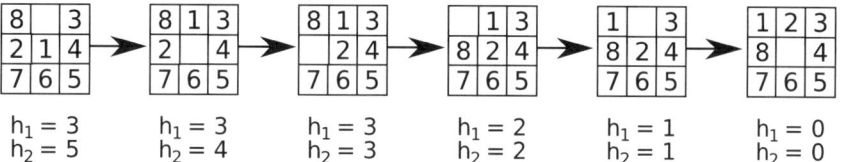

Abb. 2.11: Vergleich der Bewertungen h_1 und h_2 für das Schiebepuzzle

Beide Funktionen, h_1 und h_2, beruhen auf einer Schätzung, wie nahe der gegebene Zustand am Zielzustand ist. Im Allgemeinen werden beide Schätzungen recht gute Ergebnisse liefern, aber in Einzelfällen kann der Schätzwert ähnlich wie beim Wegeproblem auch völlig in die Irre führen.

Der Vergleich der beiden heuristischen Funktionen zeigt, dass die Funktion h_2 stärker differenziert und damit eine etwas genauere Schätzung abgibt als h_1. Dies ist in Abb. 2.11 gut zu erkennen: Die Funktion h_2 kann aufgrund ihrer Bewertung Zustände unterscheiden, die von h_1 gleich bewertet werden. Im Allgemeinen ist eine Schätzung umso brauchbarer, je mehr Zustände sie unterschiedlich bewertet. Umgekehrt ist eine Schätzung, die alle Zustände gleich bewertet, völlig unbrauchbar. ∎

2.4.2 Bestensuche

Sinn der heuristischen Funktion ist es, die vielversprechenden Knoten bevorzugt zu expandieren und die Expansion der anderen zurückzustellen. Es ist also nahe liegend, die Knoten des Suchbaumes nach ihrer Bewertung zu ordnen, so dass die besten in der Agenda ganz vorne stehen und zuerst expandiert werden. Man nennt dieses heuristische Suchverfahren deshalb auch *Bestensuche* (engl. *best-first search*). Die Bestensuche ist also eine mögliche Form der heuristischen Suche.

Die Bestensuche beruht auf dem gleichen Prinzip wie die Breitensuche und die Tiefensuche. Sie verwendet ebenfalls eine Agenda, in der die neu erzeugten Knoten eingefügt werden. Diese werden im Unterschied zu den uninformierten Suchverfahren nach ihrem heuristischen Wert einsortiert, so dass die besten Knoten ganz am Anfang stehen und bevorzugt expandiert werden.

Als Beispiel betrachten wir noch einmal den Suchbaum aus Abb. 2.4, mit dem Unterschied, dass die einzelnen Knoten bewertet sind. Tabelle 2.4 gibt den Verlauf der Bestensuche unter Verwendung der folgenden Bewertung an: $h(A) = 9, h(B) = 4, h(C) = 5, h(D) = 6, h(E) = 7, h(F) = 8, h(G) = 0, h(H) = 2$.

Die Implementierung der Bestensuche

Die Implementierung der Bestensuche unterscheidet sich somit von der Tiefen- bzw. Breitensuche nur durch das sortierte Einfügen der Nachfolger eines Knotens. Wir setzen dabei

Tab. 2.4: Agenda bei der Bestensuche. Die Knoten sind zusammen mit ihren Werten angegeben.

Schritt	Agenda
1	A:9
2	B:4, C:5, D:6
3	C:5, D:6, E:7, F:8
4	G:0, H:2, D:6, E:7, F:8

voraus, dass die Datenstruktur `knoten` einen zusätzlichen Parameter `wert` besitzt, der die heuristische Bewertung des Knotens angibt. Dieser Wert wird einmal bei Erzeugung des Knotens berechnet und dann zusammen mit dem Knoten abgespeichert. Die Prozedur `merge(x,y)` sortiert die Elemente der unsortierten Liste `y` in die bereits sortierte Liste `x` ein. Hierfür bietet sich als Datenstruktur etwa eine *priority queue* an.

Eigenschaften der heuristischen Suche

Die Frage nach der Fairness lässt sich bei der Bestensuche nicht wie bei der Tiefen- und der Breitensuche pauschal beantworten, denn sie hängt von der verwendeten Heuristik ab. Abbildung 2.12 zeigt links ein Beispiel, in dem die Bestensuche den Zielknoten C nicht finden kann, denn die unendlich vielen Knoten $A_1, A_2, \ldots$ mit der Bewertung 2 hindern das Suchverfahren daran, den Knoten B mit dem Wert 3 zu expandieren. Diese heuristische Funktion führt also nicht zu einem fairen Suchalgorithmus. Der rechte Suchbaum in Abb. 2.12 zeigt dagegen eine faire Bewertung. Irgendwann übersteigt der Wert des Knotens A_i den Wert des Knotens B, und dann „ist der Bann gebrochen".

Aus diesem Beispiel ergibt sich ein Kriterium, das ausreichend ist, um die Fairness einer heuristischen Funktion zu garantieren:

Algorithmus 2.4 (Programm zur Bestensuche)

```
function bestensuche()
    agenda := [start()];
    while agenda ≠ []
        aktknoten := delete_first(agenda);
        if ziel?(aktknoten) then return aktknoten;
        agenda := merge(expand(aktKnoten),agenda);
    return fehler.
```

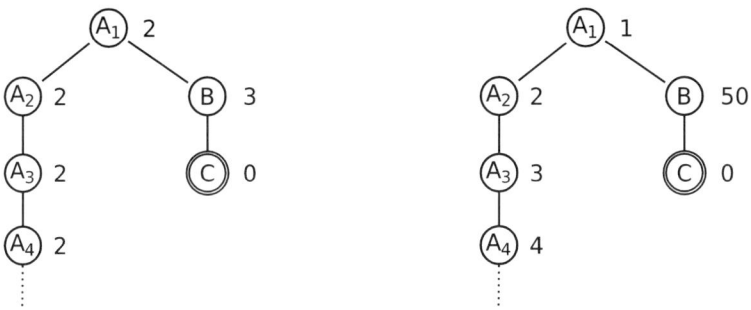

Abb. 2.12: Unfaire (links) und faire (rechts) heuristische Funktion

Definition 2.2 (Fairness einer heuristischen Funktion)
Eine heuristische Funktion h heißt *fair*, wenn es zu jedem $n \geq 0$ nur endlich viele Knoten k gibt mit $h(k) \leq n$. ◆

Möchte man die Effizienz eines Suchverfahrens messen, so ist die Zahl der Knoten, die bei einem bestimmten Problem bis zur Lösungsfindung expandiert werden, sicherlich ein gutes Maß. Diese Zahl ist natürlich stark abhängig von dem gegebenen Problem und dabei insbesondere von der Tiefe der Lösung im Suchbaum. In der Praxis hat sich ein Maß bewährt, das diese Lösungstiefe mit einbezieht. Es handelt sich dabei um die *effektive Verzweigungsrate*. Dieser Wert hängt zwar immer noch vom gegebenen Suchproblem ab, variiert aber nicht stark, wenn man sich auf Instanzen desselben Problems, beispielsweise verschiedene Ausgangspositionen beim Schiebepuzzle, beschränkt. Es handelt sich dabei um einen Maßstab dafür, wie stark bei der Bestensuche mit Verwendung von h der Suchbaum gegenüber der Breitensuche verkleinert wird. Der folgenden Berechnung liegt die (stark vereinfachende!) Annahme zugrunde, dass alle Zielknoten in der Tiefe t liegen. Ist die Anzahl der Knoten, die von dem Suchverfahren expandiert wird, gleich m, so ist die effektive Verzweigungsrate r definiert als die Verzweigungsrate, die ein gleichmäßiger Baum der Tiefe t mit m Knoten hätte. Es ergibt sich also die folgende Gleichung für r:

$$m = 1 + r + r^2 + \ldots + r^t.$$

Der optimale Wert für r wäre demnach $r = 1$, denn dies würde bedeuten $m = t + 1$, und damit wäre die Anzahl m der expandierten Knoten gleich der Tiefe der Lösung. Je näher also der Wert eines Suchverfahrens dem Wert 1 kommt, umso effizienter arbeitet das Verfahren. Tabelle 2.5, entnommen aus (Russel & Norvig 04), zeigt die effektive Verzweigungsrate für das Schiebepuzzle in Abhängigkeit von der Lösungstiefe. Dabei wurden zu jeder Lösungstiefe jeweils 100 Ausgangsstellungen zufällig erzeugt und daraus ein Mittelwert für die Verzweigungsrate bei folgenden Suchverfahren ermittelt: die schrittweise Vertiefung sowie die Bestensuche einmal mit Verwendung der Funktion h_1 und einmal mit Verwendung der Funktion h_2. Es ist zu erkennen, dass die Verwendung einer guten Heuristik die Suche gegenüber den uninformierten Suchverfahren deutlich beschleunigt.

Tab. 2.5: Vergleich der effektiven Verzweigungsrate für folgende Suchverfahren: die schrittweise Vertiefung (SV) sowie die Bestensuche (BS) einmal mit Verwendung der Funktion h_1 und einmal mit Verwendung der Funktion h_2. Die linke Spalte gibt die Lösungstiefe t an.

t	**SV**	**BS** (h_1)	**BS** (h_2)
2	2,45	1,79	1,79
4	2,87	1,48	1,45
6	2,73	1,34	1,30
8	2,80	1,33	1,24
10	2,79	1,38	1,22
12	2,78	1,42	1,24
14	2,83	1,44	1,23

2.5   Optimierungsprobleme

2.5.1   Der A*-Algorithmus

Bei vielen Suchproblemen gibt es mehrere Lösungen, die sich in ihrer Qualität unterscheiden. So gibt es beispielsweise beim Wegeproblem meist mehrere Wege vom Startpunkt zum Ziel, in der Praxis ist man oft an dem Weg mit der kürzesten Fahrstrecke oder der kürzesten Fahrzeit interessiert. Im folgenden Abschnitt wollen wir ein Verfahren vorstellen, um optimale Lösungen von Suchproblemen zu finden.

Möchte man etwa beim Wegeproblem einen Weg mit kürzester Fahrstrecke finden, so benötigt man die Information über die Streckenlängen der einzelnen Verbindungen zwischen den Städten. Die Gesamtstrecke für einen Weg vom Start zum Ziel ergibt sich dann aus der Summe der Einzelstrecken. Wird das Problem als Suchbaum dargestellt, so entprechen die Knoten des Suchbaums Pfaden im Originalgraphen. Die Knoten des Suchbaumes müssen daher mit den entsprechenden Längenangaben der jeweiligen Gesamtstrecken markiert werden. Der entsprechende markierte Suchbaum ist in Abbildung 2.13 rechts dargestellt.

Allgemein ist bei dieser Form von Suchproblemen jedem Knoten k im Suchbaum ein positives Gewicht $g(k)$ zugeordnet. Man spricht dabei auch oft von einer *Kostenfunktion*. Wie beim Wegeproblem ist es auch meistens der Fall, dass die Knotengewichte auf dem Weg von der Wurzel zu einem Blattknoten monoton wachsen. Dies bedeutet Folgendes:

Definition 2.3 (monotone Kostenfunktion)
Eine Kostenfunktion g heißt (streng) *monoton*, wenn $g(k_1) < g(k_2)$ gilt für alle Knoten k_1, k_2, so dass k_1 ein Vorgänger von k_2 ist.   ◆

Die im Folgenden besprochenen Verfahren setzen alle eine monotone Kostenfunktion voraus. Die Kostenfunktion ist ebenso wie die im vorigen Abschnitt behandelte heuris-

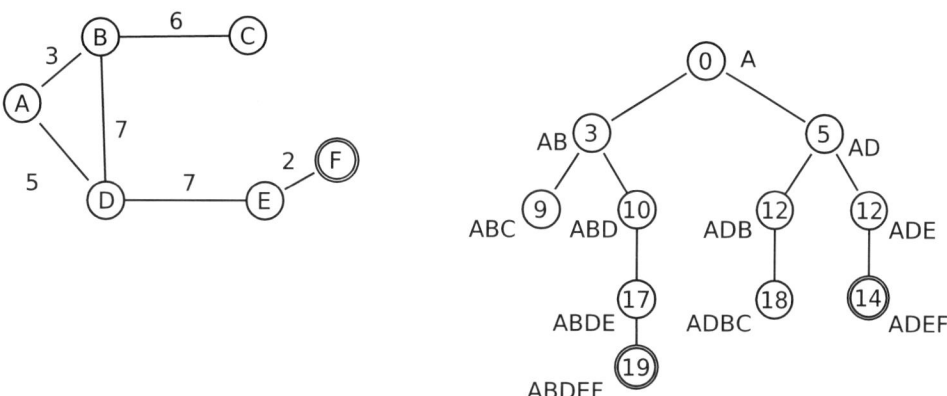

Abb. 2.13: Landkarte mit Streckenangaben (links) und entsprechender Suchbaum mit Knoten-markierungen (rechts)

tische Funktion eine Gewichtung der Knoten. Sie sollte aber auf keinen Fall mit dieser verwechselt werden. Die Kostenfunktion $g(k)$ gibt die *tatsächlichen* Kosten an, die entstanden sind, um vom Start zu dem Knoten k zu gelangen, während die heuristische Funktion $h(k)$ die *geschätzte* Entfernung des Knotens k zum Zielpunkt angibt. Außerdem gilt für heuristische Funktionen die Bedingung $h(z) = 0$, falls z ein Zielknoten ist, was für die Kostenfunktion im Allgemeinen nicht gilt.

Die Gleiche-Kosten-Suche

Wir haben bereits gesehen, dass die Breitensuche unter mehreren Lösungen diejenige Lösung findet, die die geringste Tiefe im Suchbaum besitzt. Dies ist eine optimale Lösung, wenn man die Zahl der Lösungsschritte als Kostenfunktion nimmt. Die Breitensuche findet diese Lösung, weil sie diejenigen Knoten bevorzugt expandiert, die in der geringsten Tiefe liegen. Es liegt nahe, die Breitensuche so anzupassen, dass sie für eine beliebige Kostenfunktion eine optimale Lösung findet. Dies geschieht einfach dadurch, dass man die Breitensuche so modifiziert, dass sie diejenigen Knoten bevorzugt expandiert, die am wenigsten kosten. Man nennt ein solches Verfahren auch *Gleiche-Kosten-Suche* (engl. *uniform-cost search*). Offenbar ist dieses Verfahren identisch mit der Bestensuche, mit dem Unterschied, dass es statt einer heuristischen Funktion eine Kostenfunktion verwendet. Da die Kostenfunktion monoton ist, kann es zu jedem $n \geq 0$ offenbar nur endlich viele Knoten k mit $g(k) \leq n$ geben. Also findet die Gleiche-Kosten-Suche stets eine Lösung, das heißt, es handelt sich um eine faire Suchstrategie, und sie findet auch stets die optimale Lösung zuerst. Tabelle 2.6 zeigt den Verlauf der Gleiche-Kosten-Suche für das Beispiel aus Abb. 2.13.

Im Wegeproblem aus Abb. 2.13 gibt es zwei Knoten AD und ABD, die beide Wege von A nach D darstellen. Da der Weg AD billiger als ABD ist, lohnt es sich nicht,

Tab. 2.6: Agenda bei der Gleiche-Kosten-Suche für das Beispiel aus Abb. 2.13

Schritt	Agenda
1	A:0
2	AB:3, AD:5
3	AD:5, ABC:9, ABD:10
4	ABC:9, ABD:10, ADB:12, ADE:12
5	ABD:10, ADB:12, ADE:12
6	ADB:12, ADE:12, ABDE:17
7	ADE:12, ABDE:17, ADBC:18
8	ADEF:14, ABDE:17, ADBC:18

den Weg ABD weiterzuverfolgen, denn alle weiteren Wege, die mit ABD beginnen, sind jeweils teurer als die entsprechenden Wege, die mit AD beginnen. Dies bedeutet, dass die Suche den kompletten Teilbaum, der im Knoten ABD wurzelt, ignorieren kann. Die gleiche Argumentation gilt für die beiden Wege ADB und AB, daher braucht auch der Teilbaum, der in ADB wurzelt, nicht durchsucht zu werden.

Allgemein bedeutet dies Folgendes für das Suchverfahren: Gibt es zwei Knoten k und k', die zwei Wege zum selben Zustand repräsentieren, und ist $g(k) < g(k')$, so kann der Knoten k' aus der Agenda gelöscht werden. Man sagt in diesem Fall, der Knoten k' ist *redundant*. Wir nennen dieses Verfahren die *verbesserte Gleiche-Kosten-Suche*. Tabelle 2.7 zeigt den Verlauf der Suche für das Beispiel aus Abb. 2.13. Im Vergleich mit Tabelle 2.6 zeigt sich, dass die Löschung redundanter Knoten zum einen eine Beschleunigung der Suche bewirkt, zum anderen auch die durchschnittliche Länge der Agenda deutlich reduziert. Die letztere Eigenschaft ist in Anbetracht der Diskussion um die Speicherplatzkomplexität der Breitensuche nicht zu unterschätzen.

Das Beispiel aus Abb. 2.13 zeigt, dass die Kosten eines Knotens oft nur ein ungenaues Maß dafür abgeben, wie groß die tatsächlichen Kosten zum Ziel werden. So erscheint der

Tab. 2.7: Agenda bei der verbesserten Gleiche-Kosten-Suche mit Löschung redundanter Knoten

Schritt	Agenda
1	A
1	A:0
2	AB:3, AD:5
3	AD:5, ABC:9
4	ABC:9, ADE:12
5	ADE:12
6	ADEF:14

Weg nach B zunächst günstiger zu sein als der Weg nach D, da er billiger ist. Tatsächlich jedoch ist D schon sehr viel näher am Ziel, denn die Reststrecke von D aus ist viel geringer als die Reststrecke von C aus. Es ist daher sinnvoll, die Kostenfunktion mit einer heuristischen Funktion zu verknüpfen, also zu den tatsächlichen Kosten eines Knotens die geschätzten Restkosten zu addieren.

Der A*-Algorithmus

Der *A*-Algorithmus* wurde erstmals in (Hart et al. 68) beschrieben und beruht auf ähnlichen Ideen wie die aus der Operations Research bekannten *Branch-and-Bound-Verfahren*. Es handelt sich dabei im Wesentlichen um eine verbesserte Gleiche-Kosten-Suche unter Verwendung einer Funktion f, die folgendermaßen definiert ist:

$$f(k) = g(k) + h(k),$$

wobei $g(k)$ die tatsächlichen Kosten vom Start zum Knoten k angibt und $h(k)$ die geschätzten Kosten vom Knoten k zum Ziel. Es gilt also insbesondere $h(z) = 0$, und damit erfüllt h tatsächlich das Kriterium einer heuristischen Funktion. Weiterhin muss die Funktion h noch die folgende Bedingung erfüllen: Sie darf niemals die Kosten zum Ziel *überschätzen*, das heißt, der Wert $h(k)$ eines Knotens k muss immer kleiner oder gleich den tatsächlichen Kosten von k zum nächsten Ziel sein. Dies ist zum Beispiel für die Luftlinienheuristik der Fall, denn die Luftlinie ist stets die kürzeste Entfernung zwischen zwei Orten. Ebenso gilt dies offensichtlich für die beiden Heuristiken h_1 und h_2 beim Schiebepuzzle.

Da wir die tatsächlichen Kosten, um von einem Knoten k zu einem Zielknoten z zu gelangen, mit $g(z) - g(k)$ angeben können, lässt sich die Bedingung an die Schätzfunktion folgendermaßen formulieren:

Definition 2.4 (Zulässigkeit der Schätzfunktion)
Eine Schätzfunktion h heißt *zulässig*, wenn sie die Kosten, um von einem Knoten k zum Ziel zu kommen, niemals überschätzt, das heißt, wenn für jeden Knoten k und für jeden Zielknoten z, der von k aus erreichbar ist, die folgende Ungleichung gilt:

$$h(k) \leq g(z) - g(k)$$

♦

Es lässt sich leicht sehen, dass der A*-Algorithmus tatsächlich optimal ist. Wir zeigen dazu, dass der A*-Algorithmus niemals einen nicht optimalen Zielknoten als Lösung finden kann. Sei z ein optimaler Zielknoten. Nehmen wir an, die Agenda enthält einen nicht optimalen Zielknoten z'. Wir zeigen, dass z' niemals an erster Stelle der Agenda stehen kann und daher auch nicht als Lösung gefunden werden kann. Wegen $h(z') = 0$ gilt für den Zielknoten z'

$$f(z') = g(z') + h(z') = g(z').$$

Die Agenda muss auf jeden Fall noch einen Knoten k enthalten, von dem aus das optimale Ziel z erreichbar ist. Aus der Zulässigkeit von h folgt nun:

$$f(k) = g(k) + h(k) \leq g(k) + g(z) - g(k) = g(z) < g(z') = f(z').$$

Dies zeigt, dass $f(k) < f(z')$ gilt und daher der Knoten k vor dem Knoten z' in der Agenda steht. Der nicht optimale Zielknoten z' kann also niemals als Lösung gefunden werden, das heißt, der A*-Algorithmus findet stets eine optimale Lösung.

Die in diesem Abschnitt vorgestellten heuristischen Verfahren stellen eine wesentliche Verbesserung gegenüber den uninformierten Verfahren der Tiefen- und Breitensuche dar. Da diese Algorithmen jedoch von der Breitensuche abgeleitet sind, haben sie dieselbe ungünstige Speicherplatzkomplexität. In der Praxis zeigt sich, dass dieser Nachteil bei Problemen mit größeren Suchbäumen den Vorteil der effizienteren Suche wieder wettmacht. Es wurden daher Verbesserungen des A*-Algorithmus entwickelt, die eher aus der Methode der schrittweisen Vertiefung abgeleitet sind und deren günstige Speicherplatzkomplexität mit den Vorteilen der Verwendung einer heuristischen Funktion kombinieren. Solche Verfahren sind zum Beispiel in (Russel & Norvig 04) beschrieben.

2.5.2 Kombinatorische Optimierung

Bei den im vorigen Abschnitt behandelten Problemen geht es darum, einen Weg zu einer Lösung zu finden, und zwar auf eine solche Weise, dass die Lösung möglichst kostengünstig oder in einem anderen Sinne optimal ist. Es gibt eine in der Praxis sehr wichtige Klasse von Optimierungsproblemen, bei denen die Suche nach dem Weg zu einer Lösung keine Rolle spielt. Bei diesen Problemen ist die gesamte Information, die zur Lösungsfindung benötigt wird, bereits in den Zuständen enthalten. Ein Problem dieser Art ist etwa das Kartenfärbungsproblem, bei dem der Weg zur korrekten Färbung unwichtig ist. Probleme dieser Art lassen sich mit dem Generate-and-Test-Verfahren lösen, allerdings auf sehr ineffiziente Weise. Ein anderes Problem aus der industriellen Anwendung besteht darin, Löcher in möglichst kurzer Zeit in eine Platine zu bohren. Die Stellen, an denen die Löcher gebohrt werden sollen, sind mit n vorgegebenen Punkten $p_1, \ldots, p_n$ markiert (siehe (Dueck et al. 93)). Es soll also der Gesamtweg, den der Bohrkopf zurücklegt, minimiert werden. Dieses Problem ist eine Variante des sehr bekannten Problems des Handlungsreisenden (engl. *traveling salesman problem*): Ein Vertreter soll mehrere Kunden besuchen und am Schluss wieder an seinen Ausgangsort zurückkehren, wobei die zurückgelegte Gesamtstrecke minimal sein soll. Die Lösungskandidaten lassen sich auf einfache Weise aufzählen: Es sind einfach alle $n!$ Anordnungen der Punkte $p_1, \ldots, p_n$. Jede dieser Anordnungen ist per definitionem schon eine Lösung, es geht nur noch darum, eine optimale Lösung zu finden. Eine Reihe von anderen, praktisch sehr bedeutsamen Optimierungsproblemen fällt in diese Klasse: die optimale Auslegung von Strom- oder Wasserleitungsnetzen, die Anordnung elektronischer Schaltkreise auf einem Chip (VLSI-

Layout), das Scheduling, also die Erstellung von Stundenplänen oder Fahrplänen, und schließlich die Verschnittminimierung bei Glas-, Holz- oder Blechschnitten. Wir wollen zunächst ein konkretes Beispiel etwas näher betrachten.

Das 0/1-Rucksackproblem

Bei diesem Problem geht es darum, Waren aus einer Menge M in einen Rucksack zu packen. Die Ware $a \in M$ hat ein Gewicht $g(a)$ und einen Wert $w(a)$. Der Rucksack selbst hat ein Höchstgewicht G. Die Waren sind so in den Rucksack zu packen, dass ihr Gesamtwert W maximal ist, aber das Höchstgewicht des Rucksacks nicht überschritten wird. Es ist also eine Teilmenge K der Warenmenge M zu finden, so dass

$$\sum_{a \in K} g(a) \quad \leq \quad G \quad \text{und}$$

$$\sum_{a \in K} w(a) \quad = \quad W \quad \text{ist maximal}$$

Allgemein lassen sich kombinatorische Optimierungsprobleme beschreiben durch eine endliche Menge P von Punkten (oder Lösungskandidaten) und eine *Kosten- oder Gewinnfunktion* $f : P \to \mathbb{R}$, die jedem Punkt $p \in P$ seine Kosten oder seinen Gewinn $f(p)$ zuordnet. Handelt es sich um eine Kostenfunktion, so ist diese zu minimieren, während eine Gewinnfunktion zu maximieren ist. Da das Maximieren von f dasselbe bedeutet wie das Minimieren von $-f$, beschränken wir uns im Folgenden auf Maximierungsprobleme. Man kann sich dies sehr anschaulich als eine hügelige Landschaft vorstellen, wobei die Höhe jedes Punktes dem Wert der Gewinnfunktion an diesem Punkt entspricht. Die Aufgabe besteht also darin, den höchsten Gipfel des Gebirges zu finden. Da es sich bei solchen Problemen um diskrete Zustandsmengen handelt, sind die klassischen Verfahren der Optimierung, die auf der Stetigkeit und Ableitbarkeit der Zielfunktion beruhen, für kombinatorische Optimierungsprobleme nicht anwendbar.

Man könnte versucht sein, eines der im vorigen Abschnitt behandelten Verfahren, etwa den A*-Algorithmus, anzuwenden. Bei dem Rucksackproblem handelt es sich um eine Maximierungsaufgabe, und wenn wir den A*-Algorithmus anwenden wollen, müssen wir das Problem also in ein Minimierungsproblem für die Kostenfunktion $c = -W$ transformieren. Packt man die Waren w_i der Reihe nach in den Rucksack, so stellt man fest, dass die Kostenfunktion nicht monoton wachsend ist, sondern im Gegenteil monoton fallend. Damit ist eine wichtige Voraussetzung zur Anwendung des A*-Algorithmus verletzt. Für die meisten anderen der oben erwähnten Probleme gilt genau dasselbe.

Die meisten kombinatorischen Optimierungsprobleme sind NP-vollständig, man kann also nicht auf einen Algorithmus hoffen, der ein solches Problem in polynomialer Zeit löst. Tatsächlich ist das Finden eines globalen Maximums der Zielfunktion in den meisten Fällen derart aufwendig, dass man sich meist mit suboptimalen Lösungen, die nur geringfügig unter dem globalen Maximum liegen, begnügt.

Der Übergang zwischen Optimierungsproblemen, bei denen eine optimale Lösung gesucht wird, und Problemen wie dem Kartenfärbungsproblem, bei denen eine beliebige Lösung gesucht wird, ist fließend, denn auch das Kartenfärbungsproblem lässt sich als Minimierungsproblem betrachten, wenn wir etwa die Anzahl der „Fehlbelegungen", das heißt der Länderpaare, die die Bedingung verletzen, als die zu minimierende Funktion wählen. In diesem Fall ist der optimale Wert gleich 0.

Das Bergsteigerprinzip

Die bekannten Verfahren der kombinatorischen Optimierung beruhen alle auf demselben Prinzip: Sie „wandern" im Lösungsraum umher und versuchen dabei, möglichst zielgerichtet den höchsten Gipfel zu finden. Es ist nahe liegend, das *Bergsteigerprinzip* (engl. *hill climbing*) anzuwenden: „Gehe immer nur bergauf" bzw. „gehe niemals bergab". Dabei handelt es sich offensichtlich um ein lokales Verfahren, denn es werden jeweils nur Punkte aus der unmittelbaren Nachbarschaft des aktuellen Punktes in Betracht gezogen. Es macht zwar keinen Sinn, von der Stetigkeit der Gewinnfunktion zu sprechen, aber man kann im Allgemeinen wenigstens davon ausgehen, dass sich bei einer kleinen Änderung des aktuellen Zustandes der Wert der Zielfunktion nicht allzu stark ändert. Für ein konkretes Problem muss also festgelegt werden, was es bedeutet, dass zwei Zustände benachbart sind. Für das Rucksackproblem kann man beispielsweise zwei „Füllungen" als benachbart ansehen, wenn die eine aus der anderen durch Hinzufügen oder Entfernen einer Ware entsteht. Im Prinzip ist die Festlegung der Nachbarschaftsbeziehung willkürlich, es ist nur darauf zu achten, dass ein Punkt nicht zu viele Nachbarn hat, damit es sich auch wirklich um ein lokales Verfahren handelt.

Der Bergsteigeralgorithmus lässt sich formal folgendermaßen darstellen:

- Wähle einen Startpunkt x.
- Solange möglich:
  - Wähle einen Punkt y aus der Nachbarschaft von x mit $f(y) > f(x)$.
  - $x := y$.
- Gib x als Lösung zurück.

Diese Wanderung endet allerdings in den meisten Fällen auf einem lokalen Maximum. Bildlich gesprochen, ist die Gefahr groß, dass man in der Nähe eines kleinen Hügels startet, diesen immer weiter bis zu seinem Gipfel hinaufwandert, dabei aber das eigentliche Ziel verpasst. Der Grund für dieses Verhalten ist darin zu sehen, dass man von einer einmal erreichten Höhe nicht mehr heruntersteigen darf. Aus diesem Grund wurden Verbesserungen des Bergsteigerverfahrens entwickelt, die unter bestimmten Bedingungen auch ein Absteigen erlauben.

Toleranzschwellenverfahren

Beim *Toleranzschwellenverfahren* (engl. *threshold accepting*) wählt man eine nicht negative Zahl T, die Toleranzschwelle. Anstelle der Bergsteigerregel „gehe niemals bergab" verwendet man die Regel „gehe niemals um mehr als T Stufen bergab". Damit ist es möglich, von einem nicht allzu steilen lokalen Gipfel wieder herunterzusteigen. Im Laufe des Verfahrens wird der anfänglich große Wert von T allmählich auf null abgesenkt, das Toleranzschwellenverfahren nähert sich so dem Bergsteigen an.

Das Toleranzschwellenverfahren lässt sich formal folgendermaßen darstellen:

- Wähle einen Startpunkt x, eine Toleranzschwelle $T > 0$ und einen Absenkungsfaktor $k > 1$.
- Solange möglich:
  - Wähle einen Punkt y aus der Nachbarschaft von x, so dass $f(y) > f(x) - T$.
  - $x := y$.
  - Sind über mehrere Iterationen keine Verbesserungen aufgetreten, so setze $T := T/k$.

- Gib x als Lösung zurück.

Das Toleranzschwellenverfahren ist ein sehr einfaches Verfahren, das aber für viele praktisch relevante Probleme erstaunlich gute Resultate liefert. Dies mag daran liegen, dass bei diesen Problemen steile lokale Gipfel, auf denen das Verfahren hängen bleibt, selten vorkommen.

Der Sintflut-Algorithmus

Ein zweites einfaches und ebenfalls sehr erfolgreiches Verfahren zur Lösung kombinatorischer Optimierungsprobleme ist der sogenannte Sintflut-Algorithmus (Dueck et al. 93). Statt der Toleranzschwelle gibt es dabei einen globalen Wasserstand W, der allmählich ansteigt. Der Wanderer darf bei seinem Weg zum Gipfel niemals überflutetes Gelände betreten. Dies führt zu folgendem Algorithmus:

- Wähle einen Startpunkt x und einen Steigungsfaktor $k > 0$.
- Setze $W := 0$.
- Solange möglich:
  - Wähle einen Punkt y aus der Nachbarschaft von x mit $f(y) > W$.
  - $x := y$.
  - $W := W + k$.

- Gib x als Lösung zurück.

Simuliertes Ausglühen

Die Idee zu diesem Verfahren kommt aus der Metallurgie. Beim Ausglühen wird das
Material lange Zeit erhitzt und dann langsam abgekühlt. Im heißen Metall können sich
die Atome im Kristallgitter relativ frei bewegen, bei zunehmender Abkühlung sinkt deren Bewegungsfreiheit. Übertragen auf unser Bild vom Bergsteigen bedeutet dies, dass
der Bergsteiger zu Beginn des Verfahrens beliebige Bewegungsfreiheit hat, auch bergab
zu laufen. Im Lauf der Zeit nimmt diese ab, und die Wahrscheinlichkeit, bergab zu gehen, wird immer kleiner. Der Algorithmus des simulierten Ausglühens (engl. *simulated
annealing*) wurde zuerst in (Kirkpatrick et al. 83) beschrieben.

- Wähle einen Startpunkt x, eine Anfangstemperatur $t > 0$, einen Abkühlungsfaktor
  $k > 1$ und einen Abbruchwert $\epsilon > 0$.
- Solange $t > \epsilon$:
  - Wähle einen Punkt y aus der Nachbarschaft von x.
  - $\delta := f(y) - f(x)$.
  - Ist $\delta > 0$, so setze $x := y$.
  - Andernfalls: Wähle eine Zufallszahl $r \in (0, 1)$. Ist $r < e^{\delta/t}$, so setze $x := y$.
  - $t := t/k$.
- Gib x als Lösung zurück.

Aufgrund der großen praktischen Bedeutung der kombinatorischen Optimierungsprobleme wurde eine Reihe weiterer Algorithmen zu deren Lösung entwickelt. Die beiden
wichtigsten sind die Verfahren, die neuronale Netze verwenden (siehe Kapitel 10), sowie
die Methode der genetischen Algorithmen (siehe Kapitel 4).

2.6   Zusammenfassung

Suchprobleme lassen sich repräsentieren durch Zustände und Operatoren, die Übergänge
zwischen den Zuständen ermöglichen. Unter den Zuständen gibt es einen ausgezeichneten
Startzustand sowie eine Testfunktion, die erkennt, ob ein bestimmter Zustand ein Zielzustand ist. Zusätzliches Wissen, das sich mit diesem Modell darstellen lässt, sind die mit
einem Operator verbundenen Kosten (die Kostenfunktion) sowie die Aussichten, von einem bestimmten Knoten aus das Ziel zu erreichen (die heuristische Funktion). Zustände
und Operatoren werden grafisch durch eine Baumstruktur, den Suchbaum, repräsentiert.
Das Suchproblem stellt sich somit dar als das Problem, einen Pfad von der Wurzel zu
einem Zielknoten des Suchbaums zu finden.

Uninformierte Suchverfahren versuchen, dieses Ziel ohne zusätzliches heuristisches Wissen zu erreichen. Die Tiefensuche verfolgt einen Ast des Suchbaums so weit wie möglich
in die Tiefe und muss gegebenenfalls zurücksetzen, um alternative Pfade zu erkunden.

Die Breitensuche sucht den Suchbaum schichtenweise ab. Hauptvorteil der Breitensuche gegenüber der Tiefensuche ist ihre Vollständigkeit, Hauptnachteil die ungünstige Speicherplatzkomplexität. Das Verfahren der schrittweisen Vertiefung versucht, die Vorteile beider Methoden zu kombinieren.

Informierte Suchverfahren benutzen als Zusatzinformation eine Bewertung der Zustände, die eine Schätzung für die Qualität eines Zustands angibt. Diese heuristische Funktion wird verwendet, um gezielt in Richtung derjenigen Zustände zu steuern, die näher am Ziel liegen. Die Bestensuche wählt unter allen aktuell verfügbaren Knoten denjenigen mit dem günstigsten heuristischen Wert aus. Die Vollständigkeit der Bestensuche hängt von der Fairness der verwendeten heuristischen Funktion ab. Die Verwendung einer heuristischen Funktion gibt keine Garantie für eine effizientere Problemlösung, aber sie verbessert das durchschnittliche Laufzeitverhalten eines Suchverfahrens.

Bei einem Optimierungsproblem ist nicht ein beliebiger Zielknoten gesucht, sondern einer mit einem minimalen Wert der Kostenfunktion. Die Gleiche-Kosten-Suche expandiert jeweils den billigsten Knoten in der Agenda. Ein Knoten, der dasselbe Zwischenziel erreicht wie ein anderer Knoten, jedoch mit größeren Kosten, wird als redundant bezeichnet und kann gelöscht werden. Diese Löschung redundanter Knoten kann die Effizienz der Gleiche-Kosten-Suche bezüglich Zeit- und Speicherplatzaufwand deutlich verbessern.

Der A*-Algorithmus verwendet die Funktion $f(k) = g(k) + h(k)$, wobei g eine Kostenfunktion und h eine heuristische Funktion ist. Wenn die heuristische Funktion die Kosten niemals überschätzt, dann ist der A*-Algorithmus optimal, das heißt, er findet stets eine kostengünstigste Lösung.

Bei einem kombinatorischen Optimierungsproblem handelt es sich um die Aufgabe, das Maximum einer diskreten, reellwertigen Funktion über einem endlichen Kandidatenraum zu finden. Sehr viele praktisch bedeutsame Probleme fallen in diese Klasse. Die vorgestellten Lösungsansätze beruhen auf einem geschickten Wandern im Lösungsraum in der Hoffnung, irgendwann auf einem Gipfel zu landen. Das Bergsteigerverfahren verwendet die Regel „Gehe stets bergauf". Hier besteht die Gefahr, auf einem lokalen Maximum hängenzubleiben. Verschiedene Verbesserungen des Bergsteigerverfahrens erlauben es, unter bestimmten Bedingungen von einem lokalen Gipfel herunterzusteigen, etwa um eine maximale Differenz (Toleranzschwelle), bis auf ein bestimmtes Niveau (Sintflutalgorithmus) oder mit einer bestimmten Wahrscheinlichkeit (simuliertes Ausglühen). Diese Algorithmen sind im Allgemeinen relativ effizient, finden aber oft nur suboptimale Lösungen.

2.7 Aufgaben

Aufgabe 2.1 (Das Affe-Bananen-Problem)
Ein Affe befindet sich in einem Raum in der Nähe der Tür, in dessen Mitte eine Banane an der Decke hängt. Der Affe möchte die Banane gerne herunterholen und verspeisen,

aber seine Arme sind dazu zu kurz. Am Fenster steht eine Kiste, und wenn der Affe auf der Kiste steht, kommt er mit den Armen an die Decke. Wie kommt der Affe zur Banane?

a) *Formulieren Sie die Problemzustände ähnlich wie beim Weinkrügeproblem. Hinweis: Die wesentlichen Merkmale zur Beschreibung eine Zustandes sind*

- *die (horizontale) Position des Affen im Raum (an der Tür, am Fenster oder in der Mitte),*
- *die vertikale Position des Affen (auf dem Boden oder auf der Kiste),*
- *die (horizontale) Position der Kiste im Raum,*
- *die Information, ob der Affe die Banane hat.*

b) *Formulieren Sie die Zustandsübergangsoperatoren.*

c) *Zeichnen Sie den Suchbaum für das Problem (ohne zyklische Wege).*

d) *Schreiben Sie die Prozeduren* `start()`*,* `ziel?(k)` *und* `expand(k)`*.*

Aufgabe 2.2 (Das Missionare-Kannibalen-Problem)

a) *Formulieren Sie die Problemzustände für das Missionare-Kannibalen-Problem (Beispiel 1.1) ähnlich wie beim Weinkrügeproblem. Hinweis: Die wesentlichen Merkmale zur Beschreibung eine Zustandes sind*

- *die Anzahl der Kannibalen auf der linken Seite,*
- *die Anzahl der Missionare auf der linken Seite,*
- *die Position des Boots.*

b) *Formulieren Sie die Zustandsübergangsoperatoren.*

c) *Zeichnen Sie den Suchbaum für das Problem (ohne zyklische Wege).*

d) *Schreiben Sie die Prozeduren* `start()`*,* `ziel?(k)` *und* `expand(k)`*.*

Aufgabe 2.3

a) *Formulieren Sie die Problemzustände und implementieren Sie die Prozeduren* `start()`*,* `ziel?(k)` *und* `expand(k)` *für das Schiebepuzzle aus Beispiel 2.1.*

b) *Schreiben Sie ein Programm zur Bestensuche und wenden Sie es auf das Schiebepuzzle an. Verwenden Sie die Heuristiken h_1 und h_2 aus Beispiel 2.1.*

c) *Erstellen Sie eine vergleichende Statistik, wie viele Knoten des Suchbaums jeweils bei Verwendung der beiden Heuristiken expandiert werden.*

Aufgabe 2.4

Konstruieren Sie ein einfaches Beispiel, das zeigt, dass der A*-Algorithmus bei nicht unterschätzender heuristischer Funktion nicht funktioniert.

Aufgabe 2.5

Konstruieren Sie ein einfaches Beispiel, das zeigt, dass der A*-Algorithmus bei nicht monotoner Kostenfunktion nicht funktioniert.

Aufgabe 2.6

a) *Implementieren Sie eine Datenstruktur zur Darstellung eines Suchbaums, dessen Knoten Wege in einem Graphen darstellen (siehe z. B. Abbildung 2.2). Verwenden Sie dabei die Darstellung, die jedem Knoten des Suchbaums eine Stadt, einen Verweis auf den Vorgängerknoten und einen Verweis auf die Liste der benachbarten Städte zuordnet.*

b) *Implementieren Sie eine Funktion* weg, *die zu einem Knoten k im Suchbaum den dazugehörigen Weg von der Wurzel zu k berechnet und als Wert zurückgibt.*

c) *Implementieren Sie eine Funktion* nachfolger, *die zu einem Knoten im Suchbaum die Liste aller Nachfolgeknoten berechnet und als Wert zurückgibt. Dabei dürfen keine zyklischen Wege möglich sein.*

Aufgabe 2.7

Implementieren Sie das Suchverfahren der schrittweisen Vertiefung aus Abschnitt 2.3.4.

Aufgabe 2.8

Beweisen Sie, dass das Weinkrugproblem mit dem Startzustand $(9, 0, 0)$ und dem Zielzustand $(3, 3, 3)$ keine Lösung besitzt.

Aufgabe 2.9

Bei einigen Suchproblemen kann die Suche sowohl vom Startzustand zu einem Zielzustand als auch umgekehrt von einem Zielzustand zurück zu einem Startzustand erfolgen. Beispielsweise könnte man beim Weinkrügeproblem mit dem Zielzustand beginnen und rückwärts eine Folge möglicher Umschüttungen konstruieren, bis man schließlich zum Ausgangszustand kommt. Entsprechendes gilt zum Beispiel auch für das Problem der Missionare und Kannibalen (Aufgabe 2.2).

Bei der zweiseitigen Suche *(engl.* bidirectional search*) handelt es sich um ein Suchverfahren, das gleichzeitig eine Vorwärts- und eine Rückwärtssuche durchführt, in der Hoffnung, dass sich die beiden irgendwann in der Mitte treffen.*

a) *Ist für die jeweilige Suche in einer Richtung die Tiefensuche oder Breitensuche angebracht? Warum?*

b) *Ist die zweiseitige Suche vollständig?*

c) *Geben Sie an, welche Basisfunktionen zu den Funktionen* start(), ziel?(k) *und* expand(k) *dazukommen müssen, um die zweiseitige Suche zu implementieren.*

d) *Implementieren Sie die zweiseitige Suche.*

e) *Die Vorwärts- und die Rückwärtssuche für ein bestimmtes Problem habe einen Suchbaum mit konstantem Verzweigungsgrad b, das heißt, jeder Knoten außer den Blattknoten hat genau b Nachfolger. Wie viele Knoten muss die zweiseitige Suche expandieren, wenn die Lösung in Tiefe t liegt?*

3 Constraints – Propagierung von Beschränkungen

3.1   Constraintprobleme

Darstellung von Constraintproblemen

Es gibt eine bestimmte Klasse von Suchproblemen, die sich mit wirkungsvolleren Verfahren behandeln lassen als mit den in Kapitel 2 vorgestellten Suchverfahren. Als Beispiel betrachten wir das sogenannte *Färbeproblem*. Dabei geht es darum, jedem Land auf einer Landkarte eine Farbe so zuzuordnen, dass keine zwei benachbarten Länder dieselbe Farbe haben. Abbildung 3.1 zeigt eine Landkarte mit fünf Ländern A, B, C, D und E, die mit den Farben Rot, Blau, Gelb und Orange gefärbt werden soll. Eine mögliche Lösung ist die Zuordnung

$$\{A \leftarrow \text{blau}, B \leftarrow \text{gelb}, C \leftarrow \text{rot}, D \leftarrow \text{orange}, E \leftarrow \text{gelb}\}$$

Ein weiteres bekanntes Problem aus dieser Klasse ist das *n-Damen-Problem*. Es handelt sich dabei um die Aufgabe, n Damen so auf einem $n \times n$-Schachbrett aufzustellen, dass keine Dame eine andere bedroht. Abbildung 3.2 zeigt eine Lösung des Problems für $n = 4$.

Diese Lösung kann durch die Zuordnung

$$(a \leftarrow 2, b \leftarrow 4, c \leftarrow 1, d \leftarrow 3)$$

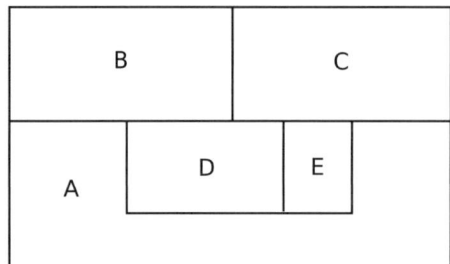

Abb. 3.1: Das Färbeproblem

dargestellt werden. Es ist offensichtlich, dass in einer korrekten Lösung in jeder Spalte a, b, c, d des Schachbretts genau eine Dame steht. Die Aufgabe besteht also darin, eine *zulässige* Zuordnung der Zahlen $1, 2, 3, 4$ zu den Spalten a, b, c, d zu finden, also eine Zuordnung, die die Bedingung des Problems erfüllt.

Man bezeichnet derartige Probleme als *Zuordnungsprobleme*, *Beschränkungsprobleme* oder auch *Constraintprobleme* (engl. *constraint satisfaction problem*). Allgemein handelt es sich bei einem Zuordnungsproblem um die Aufgabe, allen Objekten aus einer gegebenen Menge Werte aus einem festen Wertebereich zuzuordnen, so dass gewisse Beschränkungen oder Restriktionen erfüllt sind. Die Objekte sind die *Variablen* des Zuordnungsproblems. Die Menge der Variablen wird mit $\mathcal{V}$ bezeichnet. Dabei ist die Menge $\mathcal{V}$ stets endlich. Die Wertebereiche können endliche oder unendliche Mengen sein. Wir gehen im Folgenden stets von endlichen Wertebereichen aus. Die Klasse der Zuordnungsprobleme hat einige charakteristische Eigenschaften:

- Der Suchbaum ist endlich, seine Tiefe beträgt $|\mathcal{V}|$.
- Falls der Suchbaum nur zulässige Knoten enthält, sind die Zielknoten genau die Knoten der Tiefe $|\mathcal{V}|$.
- Die Zustandsübergangsoperatoren sind jeweils Belegungen einer Variablen mit einem Wert.
- Die Zustandsübergangsoperatoren sind vertauschbar, d. h., es spielt keine Rolle, ob zuerst die Variable x mit dem Wert v belegt wird und dann die Variable y mit dem Wert w oder umgekehrt.

Definition 3.1 (Constraintproblem)

Ein *Constraintproblem* besteht aus folgenden Komponenten:

- Eine endliche Menge $\mathcal{V}$ von *Variablen*.

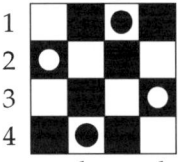

Abb. 3.2: Eine Lösung des Vier-Damen-Problems

- Zu jeder Variablen $v \in \mathcal{V}$ ein endlicher *Wertebereich* $\mathcal{D}(v)$, oft auch *Domäne* (engl. *domain*) genannt. Sind die Wertebereiche aller Variablen identisch, so wird dieser gemeinsame Wertebereich mit $\mathcal{D}$ bezeichnet.

- Eine endliche Menge $\mathcal{C}$ von *Beschränkungen*, auch *Constraints* genannt. Dies sind Formeln, die von den Variablen des Problems abhängen. Ein Constraint heißt n-stellig, wenn es von n Variablen abhängt. Die Menge der Variablen, die im Constraint c vorkommen, wird mit $\mathcal{V}(c)$ bezeichnet.

♦

In den folgenden Beispielen werden wir – falls nicht anders angegeben – die Konvention anwenden, die Variablen mit den Buchstaben x, y, z, w zu bezeichnen.

Es ist zu beachten, dass nicht notwendigerweise alle Constraints von allen Variablen abhängen. In den beiden bisherigen Beispielen waren alle Beschränkungen zweistellig. Einstellige Constraints können durch eine entsprechende Einschränkung der Wertebereiche dargestellt werden. Beispielsweise lässt sich das 4-Damen-Problem durch folgende Symmetriebetrachtung vereinfachen: Jede Lösung, bei der die Dame in der ersten Spalte auf Platz 3 oder 4 steht, ist symmetrisch zu einer Lösung, bei der die erste Dame auf Platz 2 (bzw. 1) steht. Man kann daher ohne Beschränkung der Allgemeinheit die Felder 3 und 4 für die erste Dame ausschließen. Dies kann zwar durch die Constraints $a \neq 3, a \neq 4$ ausgedrückt werden, einfacher ist es jedoch, den Wertebereich der Variablen a entsprechend anzupassen: $\mathcal{D}(a) = \{1, 2\}$. Wir werden daher im Folgenden auf die gesonderte Behandlung einstelliger Constraints verzichten. Constraintprobleme, die nur zweistellige Constraints enthalten, nennt man auch *binäre Constraintprobleme*. Im Folgenden sollen ausschließlich binäre Constraintprobleme betrachtet werden. Die vorgestellten Verfahren sind jedoch mit kleineren Modifikationen auch für beliebige Constraintprobleme anwendbar.

Definition 3.2 (Markierung)
Eine *Markierung* einer Menge C von Constraints ist eine Zuordnung σ der Form:

$$\{x \leftarrow \sigma(x) | x \in \mathcal{V}(C), \sigma(x) \in \mathcal{D}(x)\}.$$

Ist c ein Constraint und σ eine Markierung, so bezeichnet $\sigma(c)$ das Ergebnis der Ersetzung aller Variablen x durch $\sigma(x)$.

Eine Markierung σ heißt eine *Lösung* von C, falls $\sigma(c)$ für jedes Constraint $c \in C$ eine wahre Formel ist. Mit $L(C)$ wird die Menge aller Lösungen der Constraintmenge C bezeichnet.

♦

Beispiel 3.1
Für das Färbeproblem ergibt sich folgendes Beschränkungssystem:

$$
\begin{aligned}
\mathcal{V} &= \{a, b, c, d, e\} \\
\mathcal{D} &= \{rot, blau, gruen, orange\} \\
\mathcal{C} &= \{a \neq b, a \neq c, a \neq d, a \neq e, b \neq c, b \neq d, c \neq d, c \neq e, d \neq e\}
\end{aligned}
$$

Die Markierung

$$\sigma = \{a \leftarrow rot, b \leftarrow blau, c \leftarrow gruen, d \leftarrow orange, e \leftarrow blau\}$$

ist eine Lösung des Constraintproblems.   ∎

Beispiel 3.2

Für das Vier-Damen-Problem ergibt sich folgendes System (die Variablen x_1, x_2, x_3, x_4 bezeichnen die Spalten a, b, c und d):

$$\begin{aligned}
\mathcal{V} &= \{x_1, x_2, x_3, x_4\} \\
\mathcal{D} &= \{1, 2, 3, 4\} \\
\mathcal{C} &= \{c_{ij} | i, j = 1, 2, 3, 4, i \neq j\} \text{ , wobei} \\
c_{ij} &= (x_i \neq x_j \wedge |x_i - x_j| \neq |i - j|)
\end{aligned}$$

Die Constraints beschreiben die Bedingungen, dass keine zwei Damen in derselben Reihe, in derselben Hauptdiagonalen oder in derselben Nebendiagonalen stehen dürfen. Die Markierung $\sigma = \{x_1 \leftarrow 2, x_2 \leftarrow 4, x_3 \leftarrow 1, x_4 \leftarrow 3\}$ ist offenbar eine Lösung des Constraintproblems.   ∎

Das Prinzip der Constraintpropagierung besteht darin, lokale Lösungen, d. h. Lösungen einzelner Constraints, zu einer globalen Lösung zu kombinieren. Wir nehmen im Folgenden an, dass ein Algorithmus vorhanden ist, der zu einem einzelnen Constraint die Menge aller Lösungen bestimmen kann. Ein einzelnes Constraint c kann dann durch die Menge $L(c)$ aller seiner Lösungen repräsentiert werden.

So lässt sich beispielsweise das Constraint

$$c_{12} = \{x_1 \neq x_2 \wedge |x_1 - x_2| \neq |1 - 2|\}$$

aus Beispiel 3.2 darstellen durch die Menge

$$\begin{aligned}
L(c_{12}) = \ &\{\{x_1 \leftarrow 1, x_2 \leftarrow 3\}, \{x_1 \leftarrow 1, x_2 \leftarrow 4\}, \{x_1 \leftarrow 2, x_2 \leftarrow 4\}, \\
&\{x_1 \leftarrow 3, x_2 \leftarrow 1\}, \{x_1 \leftarrow 4, x_2 \leftarrow 1\}, \{x_1 \leftarrow 4, x_2 \leftarrow 2\}\}
\end{aligned}$$

Eine kompakte Repräsentation dieser Menge bietet die sogenannte *charakteristische Matrix* $M := M(x_1, x_2)$:

x_1 \ x_2	1	2	3	4
1	0	0	1	1
2	0	0	0	1
3	1	0	0	0
4	1	1	0	0

Dabei sind die Zeilenindizes jeweils mit den Werten aus $\mathcal{D}(x_1)$, die Spaltenindizes mit den Werten aus $\mathcal{D}(x_2)$ beschriftet. Ferner ist $M_{i,j} = 1$ genau dann, wenn $\{x_1 \leftarrow i, x_2 \leftarrow j\} \in L(c)$ gilt.

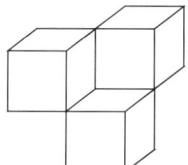 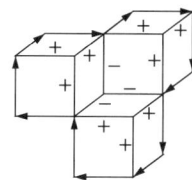 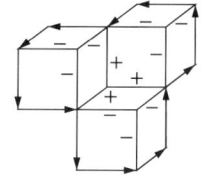

Abb. 3.3: Kantenmarkierungsproblem. Außenkanten sind mit →, konvexe Innenkanten mit +, konkave Innenkanten mit − markiert.

Definition 3.3 (Charakteristische Matrix eines Constraints)
Seien x und y Variablen mit $\mathcal{D}(x) = \{w_1, \ldots, w_n\}$, $\mathcal{D}(y) = \{v_1, \ldots, v_m\}$. Ferner sei C die Menge aller Constraints über der Variablenmenge $\{x, y\}$. Die *charakteristische Matrix* $M := M(x, y)$ ist definiert durch

$$M_{i,j} = 1 \text{ gdw. } \{x \leftarrow w_i, y \leftarrow v_j\} \in L(C)$$

♦

Anwendungen

Die Klasse der Constraintprobleme enthält viele praktisch bedeutsame Probleme. Das erste Beschränkungsproblem, das als solches formuliert und von D. Waltz (Waltz 75) mit Constrainttechniken gelöst wurde, ist das *Kantenmarkierungsproblem*, ein Teilproblem, das bei der Bilderkennung auftritt. Nach einer Reihe von Vorverarbeitungsschritten der Bildverarbeitung kann irgendwann eine Linienzeichnung angefertigt werden. Abbildung 3.3 zeigt ein Beispiel. Um daraus Objekte erkennen zu können, müssen die Linien danach klassifiziert werden, ob sie Randkanten (→), konvexe Innenkanten (+) oder konkave Innenkanten (−) eines Objekts darstellen. Die Problemvariablen sind die Objektkanten, die Wertebereiche bestehen jeweils aus den drei Markierungen →, +, −, und die Beschränkungen entstehen dadurch, dass bestimmte Kombinationen von Markierungen aufeinandertreffender Kanten ausgeschlossen sind.

Die wohl bekanntesten und wichtigsten Constraintprobleme sind im Bereich der Ressourcenzuteilung und des Scheduling zu finden, etwa die Produktionsplanung oder die Erstellung von Stundenplänen für Schulen, bei denen jeder Unterrichtseinheit unter Beachtung zahlreicher Randbedingungen ein Raum und eine Zeit zugeteilt werden muss.

Die Allgemeinheit des Ansatzes und die relative Effizienz der Constraintlösungstechniken haben zur Entwicklung von Programmiersprachen geführt, die auf der Basis einer logischen Programmiersprache, etwa Prolog, Constraintverfahren für bestimmte Problemklassen bereitstellen (siehe etwa (Frühwirth & Abdennadher 97)).

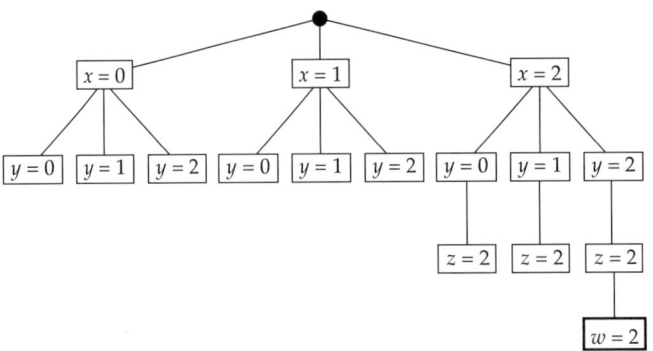

Abb. 3.4: Suchbaum für das Problem $x + z = 4, y + w = 4$. Variablen werden in der Reihenfolge x, y, z, w belegt.

Constraintnetze

Im Prinzip lassen sich Constraintprobleme mit den in Kapitel 2 vorgestellten Suchverfahren lösen. Das folgende Beispiel zeigt jedoch eine Schwäche der Suchbaumdarstellung.

Beispiel 3.3
Sei $n > 0$. Das folgende Gleichungssystem ist über dem Bereich $\mathcal{D} = \{0, 1, \ldots, n\}$ zu lösen:

$$x + z = 2n$$
$$y + w = 2n$$

Zur Lösung des Problems kann man die Variablen der Reihe nach mit Werten aus $\mathcal{D}$ belegen, so dass das Gleichungssystem nicht verletzt wird. Abbildung 3.4 zeigt für $n = 2$ den Suchbaum, der entsteht, wenn die Variablen in der Reihenfolge x, y, z, w belegt werden, Abbildung 3.5 zeigt den Suchbaum bei der Reihenfolge x, z, y, w. Für beliebiges n wächst die Anzahl der Knoten des ersten Suchbaumes mit n^2, die Anzahl der Knoten des zweiten Baums mit $2n$. ■

Das Beispiel zeigt, dass die Anzahl der Knoten des Suchbaums von der Reihenfolge, in der die Variablen belegt werden, abhängt. Wählt man eine ungünstige Reihenfolge, so wird die Suche unnötig aufwendig, ganz gleich, mit welchem Suchverfahren man arbeitet. Die wesentliche Beobachtung in Beispiel 3.3 besteht darin, dass die Gleichungen nur Beziehungen zwischen x und z sowie zwischen y und w festlegen. Dagegen stehen die Variablen x, z mit den Variablen y, w in keinerlei Beziehung. Eigentlich handelt es sich um *zwei* Suchprobleme, die unabhängig voneinander gelöst werden könnten. Die Information über die Beziehungen zwischen den Variablen des Constraintproblems kann also von großem Nutzen für die Problemlösung sein. Die Problemdarstellung mit Suchbäumen

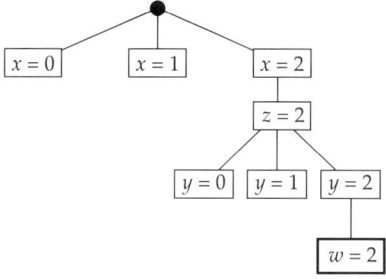

Abb. 3.5: Suchbaum für das Problem $x + z = 4, y + w = 4$. Variablen werden in der Reihenfolge x, z, y, w belegt.

gestattet eine solche explizite Repräsentation jedoch nicht. Wir werden im Folgenden mit der Methode der *Constraintnetze* eine adäquatere Repräsentation für Constraintprobleme kennenlernen.

Ein *Constraintnetz* (engl. *constraint net*) ist ein Graph, dessen Knoten den Variablen eines binären Constraintproblems entsprechen und dessen Kanten mit Beschränkungen markiert sind. Abbildung 3.6 zeigt die Constraintnetze für das Färbeproblem sowie für das Gleichungssystem aus Beispiel 3.3. Im letzteren Fall macht die grafische Darstellung sofort deutlich, dass es sich tatsächlich um zwei unabhängige Probleme handelt.

Ein Constraintnetz heißt zusammenhängend, wenn jedes Paar von Knoten durch einen Pfad verbunden ist. Das Constraintnetz aus Beispiel 3.3 ist offenbar nicht zusammenhängend, es zerfällt in die zwei Teilnetze. Das Beispiel verdeutlicht, dass sich die verschiedenen Komponenten eines nicht zusammenhängenden Problems unabhängig voneinander lösen lassen. Im Folgenden werden daher nur zusammenhängende Netze betrachtet werden.

3.2 Heuristiken für Constraintprobleme

Constraintprobleme lassen sich mit den bekannten uninformierten Suchverfahren lösen. Da die Tiefe des Suchbaums bei Constraintproblemen endlich ist, kann die Tiefensuche

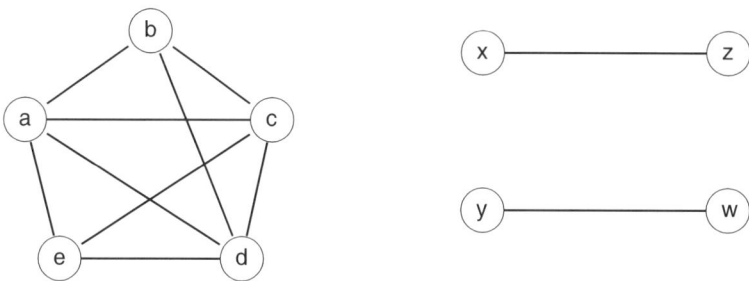

Abb. 3.6: Constraintnetze für das Färbeproblem und für das Problem aus Beispiel 3.3

angewandt werden, denn es besteht ja keine Gefahr, in unendlich tiefe Äste des Suchbaums zu fallen. In diesem Abschnitt wird sich herausstellen, dass es für Constraintprobleme spezielle Heuristiken gibt, von denen einige anhand eines konkreten Beispiels, nämlich des n-Damen-Problems, vorgestellt werden sollen.

In Kapitel 2 stehen heuristische Funktionen im Kontext der Bestensuche. Für Constraintprobleme ist die Bestensuche aufgrund ihrer ungünstigen Speicherplatzkomplexität weniger gut geeignet. Hier bietet sich folgender Mittelweg zwischen der speicherplatzintensiven Bestensuche und der uninformierten Tiefensuche an: Man sortiert nur die Nachfolger des jeweiligen aktuellen Knotens anstatt der gesamten Agenda. Es handelt sich damit um eine Form der Tiefensuche, bei der die Liste der Nachfolger des aktuellen Knotens sortiert und dann am Anfang der Agenda eingefügt wird. Auf diese Weise bleibt die günstige Speicherplatzkomplexität der Tiefensuche erhalten.

Eine heuristische Funktion ordnet jedem Zustand eines Suchproblems eine Zahl als Maß für die Entfernung des Zustands zu einem Zielzustand zu. Je kleiner diese Zahl ist, desto „besser“, das heißt, desto näher am Ziel, ist der Zustand. Bei Zuordnungsproblemen sind in jedem Schritt zwei Entscheidungen zu treffen: (1) Welche Variable soll als Nächste belegt werden, und (2) mit welchem Wert soll die Variable belegt werden? Für beide Entscheidungen gibt es jeweils eine Heuristik.

Wir betrachten zunächst am Beispiel des Sechs-Damen-Problems die Frage, mit welchem Wert eine gegebene Variable belegt werden soll. In Abb. 3.7 sind eine Stellung s_0 und zwei mögliche Nachfolgestellungen s_1 und s_2 für die Belegung der Spalte c dargestellt. Die bedrohten Felder sind jeweils durchgekreuzt. Offenbar ist Stellung s_1 aussichtsreicher als Stellung s_2, denn in Stellung s_1 sind sechs Felder für die noch zu platzierenden drei Damen frei, in Stellung s_2 dagegen nur fünf Felder. Der heuristische Wert $h(s)$ einer Stellung s ist also offenbar definiert als die Anzahl der bedrohten Felder in den noch zu besetzenden Spalten. Je kleiner diese ist, umso aussichtsreicher ist die Stellung. Allgemein lässt sich diese Methode als *Heuristik des minimalen Konflikts* (auch Heuristik des minimal einschränkenden Wertes, engl. *least constraining value heuristics*) für beliebige Zuordnungsprobleme folgendermaßen formulieren:

Heuristik des minimalen Konflikts: Der heuristische Wert einer Belegung ist gleich der Anzahl der Nicht-Konflikte, die die Belegung mit den noch zu markierenden Variablen erzeugt.

Allgemein lässt sich dies unter Verwendung der charakteristischen Matrix folgendermaßen realisieren. Wir erstellen die Matrizen $M(c, d), M(c, e)$ und $M(c, f)$:

c \\ d	1	3
1	0	1
6	1	1

c \\ e	3	5
1	0	1
6	1	1

c \\ f	1	3	5	6
1	0	1	1	1
6	1	0	1	0

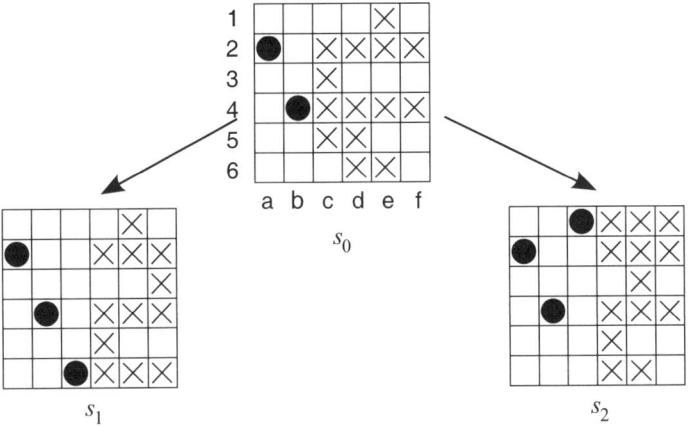

Abb. 3.7: Mögliche Nachfolgestellungen der Stellung s_0. Bedrohte Felder sind markiert.

Der heuristische Wert der Belegung $c \to 1$ ergibt sich aus der Summe der Nullen in der ersten Zeile über alle drei Matrizen, der Wert der Belegung $c \to 6$ aus der Summe der Nullen in der zweiten Zeile.

Definition 3.4 (Heuristik des minimalen Konflikts)
Der heuristische Wert der Belegung $v \to k$ ist folgendermaßen definiert:

$$h(v \to k) = \sum_{u \in W} \sum_{i \in \mathcal{D}(u)} 1 - M(v, u)_{k,i}$$

Dabei ist

$$W = \{u \in \mathcal{V} | u \neq v \text{ und } |\mathcal{D}(u)| > 1\}$$

$\blacklozenge$

Als Nächstes betrachten wir die Auswahl der zu belegenden Variablen. In Stellung s_2 in Abb. 3.7 ist es sinnvoll, als Nächstes die Dame in Spalte d oder e zu setzen, denn dafür gibt es jeweils nur eine Möglichkeit, dagegen gibt es für Spalte f drei Möglichkeiten. Allgemein ist es besser, Belegungen, die eine (größere) Auswahl beinhalten, so weit wie möglich nach hinten zu verschieben und „erzwungene" Belegungen vorzuziehen. Auf diese Weise lassen sich Backtrackingschritte vermeiden.

Allgemein lässt sich diese Methode als *Heuristik der maximal eingeschränkten Variablen* (engl. *most constrained variable heuristics*) für beliebige Zuordnungsprobleme folgendermaßen formulieren:

Definition 3.5 (Heuristik der maximal eingeschränkten Variablen)
Der heuristische Wert der Variablen v ist folgendermaßen definiert:

$$h(v) = |\mathcal{D}(v)|$$

$\blacklozenge$

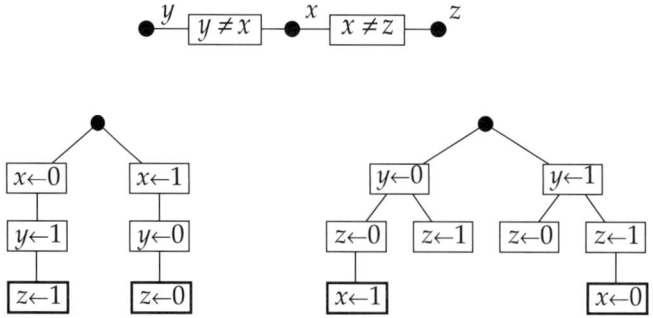

Abb. 3.8: Constraintnetz und zwei verschiedene Suchbäume für das Problem $x \neq y, x \neq z$ aus Beispiel 3.4, mit verschiedenen Variablenreihenfolgen

Die beiden vorgestellten Heuristiken lassen sich auf die folgende Weise miteinander kombinieren. Zunächst wird die nächste zu belegende Variable mit der Heuristik der maximal eingeschränkten Variablen ausgewählt, anschließend wird für diese Variable ein Wert mit der Heuristik des minimalen Konflikts bestimmt.

Neben der Heuristik der maximal eingeschränkten Variablen, die die Variablen dynamisch im Lauf des Suchprozesses ordnet, gibt es auch die Möglichkeit, die Variablen statisch vor dem Beginn der Suche zu ordnen und im Verlauf der Suche diese Reihenfolge unverändert zu lassen. Diese Verfahren nutzen die Struktur des Constraintgraphen aus. Das folgende Beispiel verdeutlicht die Idee eines solchen Verfahrens.

Beispiel 3.4
Gegeben sei das Constraintproblem $\{x \neq y, x \neq z\}$ mit $\mathcal{D} = \{0, 1\}$. Es gibt sechs Möglichkeiten, die Reihenfolge der Variablen zu wählen. Abbildung 3.8 zeigt den Suchbaum jeweils bei der Reihenfolge y, z, x und bei der Reihenfolge x, y, z. Es ist zu erkennen, dass die Reihenfolge x, y, z eine *backtrackingfreie Suche* ermöglicht, während bei der anderen Reihenfolge Backtracking nötig sein kann. ∎

Das Beispiel zeigt, dass es günstiger ist, zuerst solche Variablen zu belegen, die mit den meisten anderen Variablen durch Kanten verbunden sind. In der Terminologie der Graphentheorie sind das die Knoten mit dem größten Grad. Diese Heuristik heißt *minimale Breitenordnung* (engl. *minimal width ordering*). Für einen beliebigen Constraintgraphen lässt sich diese minimale Breitenordnung der Variablen folgendermaßen finden: Beginnend mit dem ganzen Graphen und einer leeren Ergebnisliste wählt man jeweils einen Knoten k des Graphen mit geringstem Grad. Dieser Knoten und alle Kanten, die mit ihm inzident sind, werden entfernt, und der Knoten k wird an den Anfang der Ergebnisliste eingefügt. Algorithmus `min_breite(V,E)` zeigt den genauen Ablauf. Dabei ist V die Knotenmenge, E die Kantenmenge.

Zusammenfassend lässt sich zu den Heuristiken zur Bestimmung der günstigsten Reihenfolge der Variablen Folgendes sagen: Die Heuristik der minimalen Breite ist in solchen

---

Algorithmus 3.1 (Sortieren der Knoten eines Graphen nach ihrem Grad)

```
function min_breite(V,E)
    result := [];
    while V ≠ []
        waehle k in V sodass grad(k) minimal;
        V := V-[k];
        E := E-[e in E | inzident(e,k)];
        result := insert(k,result);
    return result.
```

Fällen sinnvoll, in denen die Knoten des Constraintgraphen unterschiedliche Grade aufweisen. Beim n-Damen-Problem ist jeder Knoten mit allen anderen Knoten verbunden, alle Knoten haben also denselben Grad $n-1$. In diesem Fall nutzt die Heuristik der minimalen Breite überhaupt nichts. Die Heuristik der maximal eingeschränkten Variablen ist demgegenüber in solchen Fällen angebracht, in denen die Constraints stark einschränkend sind, so dass sich die Belegung einer Variablen signifikant auf die Wertebereiche anderer Variablen auswirkt. Es ist aber auch durchaus möglich, die beiden Heuristiken zu kombinieren, etwa indem zunächst versucht wird, die maximal eingeschränkte Variable zu finden. Gibt es dafür mehrere Möglichkeiten, so entscheidet die minimale Breite.

3.3 Die Propagierung von Constraints

Wir betrachten als weiteres Constraintproblem das Ungleichungssystem

$$x > y,\ y > z,\ z > w$$

mit dem gemeinsamen Wertebereich $\mathcal{D} = \{1,2,3,4\}$. Abbildung 3.9 zeigt den Suchbaum, der entsteht, wenn die Variablen in der Reihenfolge x, y, z, w belegt werden.

Wir betrachten nun den Verlauf, den die Tiefensuche in diesem Beispiel nimmt. Nach dem Knoten $\{x \leftarrow 1\}$, der sich als Sackgasse herausstellt, werden die beiden Knoten $\{x \leftarrow 2\}$ und $\{x \leftarrow 2, y \leftarrow 1\}$ besucht. Auch dieser Knoten stellt sich als Sackgasse heraus. Als Nächstes werden die beiden Knoten $\{x \leftarrow 3\}$ und $\{x \leftarrow 3, y \leftarrow 1\}$ besucht. Dies ist ein überflüssiger Aufwand, denn die Zuordnung $\{y \leftarrow 1\}$ kommt nicht für eine Lösung infrage, völlig unabhängig von der Wahl des Wertes für x. Derselbe Aufwand wird sogar noch einmal betrieben beim Besuch des Knotens $\{x \leftarrow 4, y \leftarrow 1\}$.

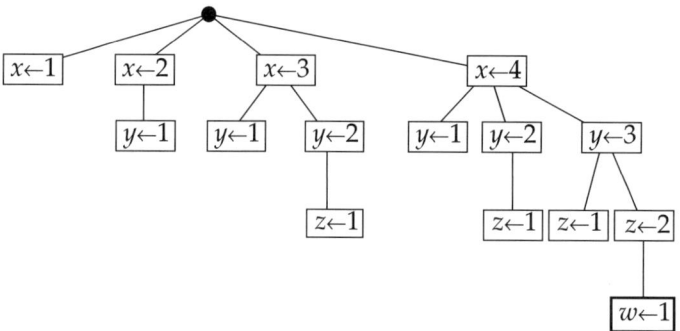

Abb. 3.9: Suchbaum für das Problem $x > y$, $y > z$, $z > w$

Der Suchbaum enthält mehrere Äste, die alle aus demselben Grund scheitern, nämlich der Unverträglichkeit der Zuordnung $\{y \leftarrow 1\}$ mit der Variablen z. Das heißt, es ist nicht möglich, eine Zuordnung $\{z \leftarrow z_0\}$ zu finden, die sich mit der Zuordnung $\{y \leftarrow 1\}$ verträgt. Entsprechendes gilt für die beiden Äste, die die Zuordnung $\{z \leftarrow 1\}$ beinhalten, denn diese Wahl verträgt sich nicht mit der Variablen w. Die entsprechenden Äste des Suchbaums können offenbar abgeschnitten werden, um so den Suchbaum klein zu halten und unnötige Suchschritte zu vermeiden.

Das Verfahren der *Constraintpropagierung* nutzt diese Vereinfachungsmöglichkeiten aus. Wir betrachten zunächst die Variable x. Da die Zuordnung $x \leftarrow 1$ sich mit keiner Belegung für y verträgt, ohne die Bedingung $x > y$ zu verletzen, kann im ersten Schritt der Wert $x = 1$ aus $\mathcal{D}(x)$ gestrichen werden. Dies lässt sich auch an der Matrix der Beschränkung $x > y$ erkennen:

$$
\begin{array}{c|cccc}
 & y & & & \\
x & 1 & 2 & 3 & 4 \\
\hline
1 & 0 & 0 & 0 & 0 \\
2 & 1 & 0 & 0 & 0 \\
3 & 1 & 1 & 0 & 0 \\
4 & 1 & 1 & 1 & 0 \\
\end{array}
$$

Da die Zeile 1 nur Nullen enthält, kann der Wert $x = 1$ gestrichen, das heißt aus dem Wertebereich von x gelöscht werden.

Entsprechend kann der Wert $y = 4$ aus $\mathcal{D}(y)$ gelöscht werden. Nun hat sich der Wertebereich von y geändert, dies wirkt sich auf das Constraint $y > z$ aus. Die Matrix von $y > z$ nimmt damit folgende Form an:

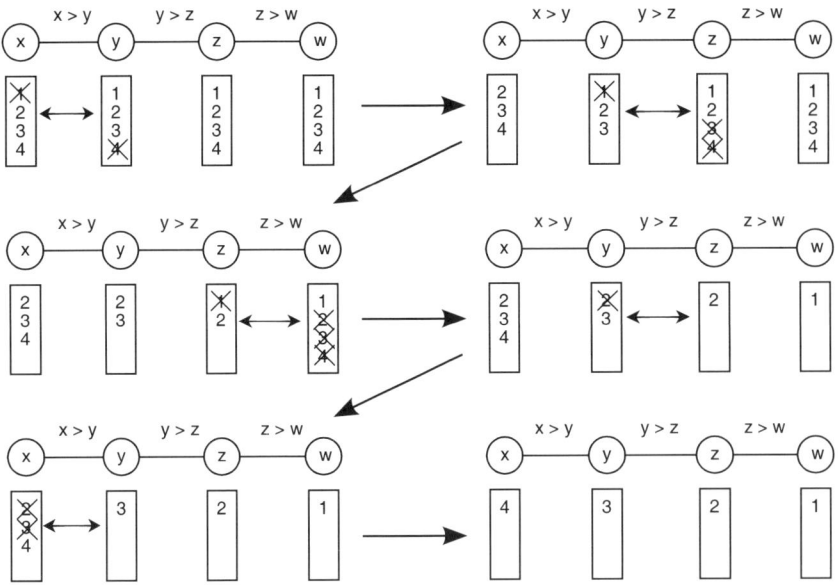

Abb. 3.10: Ablauf der Propagierung von Beschränkungen

y \ z	1	2	3	4
1	0	0	0	0
2	1	0	0	0
3	1	1	0	0

In dieser Matrix enthalten jeweils Zeile 1 sowie die Spalten 3 und 4 nur Nullen, also können die Belegungen $y = 1, z = 3, z = 4$ gelöscht werden. Von dieser Änderung sind die Variablen y und z und damit die Constraints $x > y$ und $z > w$ betroffen. Wir wählen (willkürlich) das zweite Constraint aus und erhalten die folgende Matrix:

z \ w	1	2	3	4
1	0	0	0	0
2	1	0	0	0

In dieser Matrix können die Zeile 1 sowie die Spalten 2, 3 und 4 gestrichen werden. Damit bleibt nur noch die Belegung $\{z \leftarrow 2, w \leftarrow 1\}$ übrig. In den nächsten Schritten werden diese Änderungen wieder zu den Variablen x und y zurückpropagiert, bis nur noch eine einzige Belegung übrig bleibt, die dann auch die Lösung des Problems darstellt. Abb. 3.10 zeigt den weiteren Ablauf der Propagierung von Beschränkungen.

In diesem Beispiel führt das Löschen von Werten aus den Wertebereichen der Variablen zu einer wahren Kettenreaktion, an deren Ende das Problem bereits ohne jegliche Suche gelöst ist: Für jede Variable bleibt nur noch ein einziger Wert übrig, und genau diese Zuordnung stellt die Lösung des Ungleichungssystems dar. Der Suchbaum wird also vollständig bis auf einen einzigen Ast, nämlich den, der die Lösung repräsentiert, beschnitten. Dies ist allerdings eher ein glücklicher Zufall, denn im Allgemeinen wird es eher so sein, dass nach Beendigung der Propagierung noch mehrere Äste im Suchbaum vorhanden sind. In diesem Fall muss nach der Propagierung doch noch eine Suche, jedoch in einem viel kleineren Suchraum, durchgeführt werden. Als Beispiel kann hier eine Modifikation des obigen Beispiels der Ungleichungen $x > y, y > z, z > w$ dienen, bei dem der Wertebereich gegeben ist durch $W = \{1, 2, 3, 4, 5\}$ (siehe Aufgabe 3.7).

Andererseits kann es auch vorkommen, dass die Propagierung letztendlich *alle* Äste des Suchbaums abschneidet. Dies bedeutet, dass mindestens eine Variable einen leeren Wertebereich besitzt. Als Beispiel kann hier wieder das Ungleichungssystem $x > y, y > z, z > w$ dienen, mit dem Unterschied, dass alle Variablen den Wertebereich $\{1, 2, 3\}$ besitzen (siehe Aufgabe 3.7). Das Ungleichungssystem ist offenbar unlösbar über dem angegebenen Bereich.

Die Aufgabe bei einem Constraintproblem besteht darin, eine Belegung der Variablen zu finden, die *konsistent* mit allen Beschränkungen ist. Es handelt sich dabei um einen *globalen* Begriff von Konsistenz. Die Löschung von Werten aus den Wertebereichen der Variablen geschieht aufgrund einer *lokalen* Eigenschaft, denn es wird jeweils eine Menge von Variablen geprüft, die über ein Constraint zusammenhängen. Ziel der Constraintpropagierung ist es, eine solche lokale Konsistenz, auch *Kantenkonsistenz* genannt, herzustellen.

Definition 3.6 (Kantenkonsistenz)
Ein zweistelliges Constraint $c := c(x, y)$ heißt *konsistent*, wenn die Matrix $M(c)$ weder eine Nullzeile noch eine Nullspalte enthält. Ein Constraintproblem heißt *kantenkonsistent*, wenn jedes zweistellige Constraint konsistent ist.   ◆

Die Propagierung von Constraints hat das Ziel, ein kantenkonsistentes Constraintproblem zu erzeugen. Gelingt dies nicht, wie in dem Beispiel des Ungleichungssystems $x > y, y > z, z > w$ mit dem gemeinsamen Wertebereich $\{1, 2, 3\}$, so ist das Problem unlösbar. Gelingt es dagegen, ein kantenkonsistentes System zu erzeugen, so folgt daraus zwar nicht zwingend, dass das Problem lösbar ist, aber es besteht wenigstens die Hoffnung, dass der Aufwand der Suche wesentlich geringer wird.

Unter bestimmten Voraussetzungen über die Struktur des Constraintgraphen ist die Kantenkonsistenz ausreichend, um eine *backtrackingfreie Suche* zu garantieren.

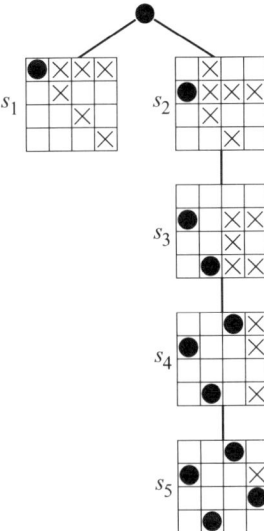

Abb. 3.11: Kombination von Tiefensuche und Constraintpropagierung beim Vier-Damen-Problem

Satz 3.1

Sei P ein kantenkonsistentes Constraintproblem. Wenn der Constraintgraph von P ein Baum ist, dann ist die Tiefensuche mit der durch Algorithmus `min_breite` *(Algorithmus 3.1) erzeugten Ordnung auf der Variablenmenge $\mathcal{V}$ backtrackingfrei.*

Zum Schluss soll am Beispiel des Vier-Damen-Problems noch das Zusammenspiel zwischen Tiefensuche, Heuristiken und Constraintpropagierung gezeigt werden. In der Ausgangsstellung des Problems, also bei leerem Schachbrett, ist die Constraintpropagierung noch wirkungslos, denn keine der Matrizen M_{xy} hat eine Nullzeile oder -spalte. Die Tiefensuche startet mit der Belegung $a \leftarrow 1$. In Abb. 3.11 ist in Zustand s_1 zu erkennen, dass das Feld $(c, 2)$ verboten ist, denn es verträgt sich mit keiner der noch übrig gebliebenen Belegungen der Spalte d. Ebenso ist das Feld $(c, 4)$ verboten, denn es verträgt sich mit keiner noch möglichen Belegung der Spalte b. Damit ist der mögliche Wertebereich der Variablen c leer geworden, das heißt, die ursprüngliche Belegung $a \leftarrow 1$ führt nicht zum Erfolg. Im nächsten Schritt wird also per Backtracking die Belegung $a \leftarrow 2$ vorgenommen. In Stellung s_2 ist zu erkennen, dass aufgrund des Prinzips der maximal eingeschränkten Variablen die Belegung $b \leftarrow 4$ erzwungen ist. Ebenso sind auch die weiteren Belegungen $c \leftarrow 1$ sowie $d \leftarrow 3$ erzwungen, und damit ist die Lösung mit nur einem Backtrackingschritt gefunden.

3.4 Zusammenfassung

Constraintprobleme sind spezielle Suchprobleme. Gesucht ist eine Belegung von endlich vielen Variablen mit Werten aus einer endlichen Wertemenge, so dass bestimmte Randbedingungen (Constraints) erfüllt sind. Die durch die Constraints definierten Beziehungen zwischen den Variablen lassen sich mit einem Constraintgraphen repräsentieren.

Für Constraintprobleme gibt es spezielle Heuristiken, etwa die Heuristik der maximal eingeschränkten Variablen, die besagt, dass diejenige Variable mit den geringsten Auswahlmöglichkeiten als Nächstes belegt wird oder die Heuristik des minimalen Konflikts, die denjenigen Wert für eine Zuordnung zu einer Variablen bevorzugt, der die wenigsten Konflikte mit den Belegungen der anderen Variablen erzeugt.

Durch die Untersuchung der Beziehungen zwischen jeweils zwei Knoten des Constraintgraphen können eventuell bestimmte Werte aus den Wertebereichen dieser Variablen gelöscht werden. Das Verfahren der Constraintpropagierung beruht darauf, solche Änderungen der Wertebereiche durch das Constraintnetz zu propagieren, um die Wertebereiche der Variablen und somit auch den Suchraum zu verkleinern.

3.5   Aufgaben

Aufgabe 3.1
Warum ist die Tiefensuche für das n-Damen-Problem besser geeignet als die Breitensuche?

Aufgabe 3.2
Bestimmen Sie eine mögliche minimale Breitenordnung für das Constraintproblem mit den Variablen $\{x, y, z, w, u\}$ und den Constraints $x \neq y$, $x \neq z$, $x \neq w$, $x \neq u$, $y \neq u$ und $u \neq w$. Ist die Suche damit backtrackingfrei?

Aufgabe 3.3
In der folgenden „Rechnung" sind die Buchstaben so durch die Ziffern 0 bis 9 zu ersetzen, dass die Rechnung aufgeht. Verschiedene Buchstaben entsprechen verschiedenen Ziffern:

```
  SEND
+ MORE
-----
 MONEY
```

a) *Formulieren Sie das Problem als Constraintproblem, das heißt: Geben Sie die Variablen, die Wertebereiche der Variablen sowie die Beschränkungen an. Codieren Sie dabei die einstelligen Beschränkungen direkt in die Wertebereiche.*
b) *Lösen Sie das Problem.*

Aufgabe 3.4 (Für Sudoku-Spieler)

Untersuchen Sie die bekannten Techniken zur Lösung von Sudoku-Problemen (hidden subset, naked subset, X-Wing-Technik etc.), ob sie sich als Constraintpropagierungstechniken interpretieren lassen.

Aufgabe 3.5

Beim diesjährigen Borzer Fußball-Dorfpokal spielten die vier örtlichen Vereine, Kickers Borz (KB), Union Borz (UB), Eintracht Borz (EB) und Dynamo Borz (DB) ein Rundenturnier. Bei dem gesamten Turnier wurden keine Eigentore geschossen. Leider druckte der Borzer Kurier am nächsten Tag von der Abschlusstabelle nur folgendes Fragment:

	KB	*UB*	*EB*	*DB*	*Punkte*	*Tore*
KB	–			*3:1*	*5*	*4:?*
UB		–	*0:1*			
EB			–			*2:?*
DB				–		*4:6*

Folgende Tatsachen sind außerdem bekannt:

- *Bei keinem Spiel wurden mehr als vier Tore geschossen.*
- *Jeder Verein hat genau ein Spiel gewonnen.*
- *Beim Spiel UB gegen DB wurden insgesamt zwei Tore geschossen.*

a) *Formulieren Sie das Problem als Constraintproblem, das heißt: Geben Sie die Variablen, die Wertebereiche der Variablen sowie die Beschränkungen an. Codieren Sie dabei die einstelligen Beschränkungen direkt in die Wertebereiche.*

b) *Zeichnen Sie den Constraintgraphen.*

c) *Lösen Sie das Problem, das heißt, füllen Sie die offenen Stellen in der Abschlusstabelle aus. Beachten Sie dabei, dass die Tabelle antisymmetrisch ist, beispielsweise steht bei EB:UB eine 1:0.*

Aufgabe 3.6

In dieser Aufgabe ist ein Raumbelegungsplan für Vorlesungen zu finden. Zur Verfügung stehen die Vorlesungsblöcke 1 (8 bis 9:30 Uhr), 2 (10 bis 11:30 Uhr) und 3 (12 bis 13:30 Uhr) sowie die Räume V1, V2 und L1. Prof. Socher hält die Vorlesungen Prolog 1 und Prolog 2 sowie das Prolog-Praktikum, und Prof. Heinsohn hält die Vorlesung Logik und das dazugehörige Praktikum. Folgende Beschränkungen sind einzuhalten:

- *Die Vorlesung Prolog 2 darf nicht vor Prolog 1 liegen.*
- *Praktika dürfen nicht vor den entsprechenden Vorlesungen liegen und können nur im Raum L1 stattfinden.*

a) *Formulieren Sie das Problem als Constraintproblem, das heißt: Geben Sie die Variablen, die Wertebereiche der Variablen sowie die Beschränkungen an. Codieren Sie dabei die einstelligen Beschränkungen direkt in die Wertebereiche.*

b) *Zeichnen Sie den Constraintgraphen.*

c) *Lösen Sie das Problem, das heißt, erstellen Sie einen vollständigen Raumbelegungsplan.*

Aufgabe 3.7

Führen Sie die Propagierung von Beschränkungen für das Beispiel $\{x > y, y > z, z > w\}$ durch mit folgenden Modifikationen:

a) *Alle Variablen haben den Wertebereich $\{1, 2, 3, 4, 5\}$.*

b) *Alle Variablen haben den Wertebereich $\{1, 2, 3\}$.*

4 Evolutionäre Algorithmen

Übersicht

Evolutionäre Algorithmen (kurz *EA*) lösen Probleme der kombinatorischen Optimierung durch eine gerichtete, zufällige Suche nach dem Vorbild der Evolution. Hierbei werden Aspekte der natürlichen Evolution wie Selektion und Reproduktion imitiert. Die Suche erfolgt im Zustandsraum, wobei jedem Zustand über eine Bewertungsfunktion seine *Fitness* zugeordnet ist, die seine Qualität im Hinblick auf die „ideale" Lösung bewertet. Im Verlauf der Suche wird schrittweise versucht, Zustände mit immer größerer Fitness im Zustandsraum zu finden – bis zu einer ausreichend guten oder einer optimalen Lösung. Über die Fitness wird somit das *Suchziel* definiert, das nicht wie bei der Wegsuche in einem speziellen Zustand, sondern in einem Zustand mit einer möglichst hohen Fitness besteht. Je nach Fitnessdefinition können EA zur Optimierung, automatischen Konstruktion oder im Bereich des „Künstlichen Lebens" eingesetzt werden.

Wir werden in diesem Kapitel zum Anfang die Grundlagen der natürlichen und künstlichen Evolution vorstellen. Dazu gehört ein Blick in die Evolution von Lebewesen und die wesentlichen Begriffe des Geno- und Phänotyps. Die Umsetzung des Evolutionsgedankens auf dem Computer führt uns zur künstlichen Evolution, d. h. zu den Evolutionären Algorithmen. Deren vier Strömungen weisen im Ablauf und in wichtigen Teilaspekten wie Fitnessbestimmung und Selektionsvarianten große Übereinstimmungen auf und werden daher gemeinsam vorgestellt. Zwei Algorithmenklassen, die Genetischen Algorithmen und das Genetische Programmieren, werden im Hauptteil nacheinander mit ihren Besonderheiten und Anwendungsmöglichkeiten näher erläutert.

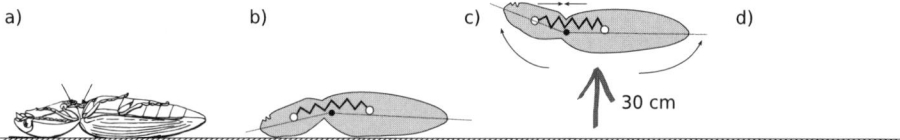

Abb. 4.1: Schnellkäfer a) Insekt b) auf dem Rücken: Katapultmuskel gespannt, Bewegung blockiert c) Spreizbolzen gibt Muskel frei, Käfer schnellt in die Luft d) Käfer sucht das Weite, nach (Greguss 76)

4.1 Evolution

„We animals are the most complicated things in the known universe." (Dawkins 86)

Purzelt ein Schnellkäfer (Abb. 4.1a) von einem Grashalm und landet auf dem Rücken, kann er sich durch Emporschnellen aus der gefährlichen Lage befreien (Abb. 4.1b, c). Auf ihn wirkt dabei eine Beschleunigung, die über hundertmal höher ist als die maximal vom Mensch zu ertragene (15 g). Beispiele für derartige Höchstleistungen und Anpassungen finden wir allerorts in der Natur. Nach der heute allgemein akzeptierten *Synthetischen Evolutionstheorie* sind die erstaunlichen Fähigkeiten von Lebewesen Ergebnis eines sehr lange und ständig laufenden biologischen Evolutionsprozesses. Die Grundprinzipien der heutigen Evolutionstheorie (Darwinistisches Modell) sind noch keine 150 Jahre alt und auch heute noch Gegenstand der Diskussion.

4.1.1 Biologische Evolution

Lebewesen einer Art sind nicht identisch, sondern weisen individuelle Besonderheiten auf, die sich einerseits auf ihre erlebte Lebensumwelt, andererseits auf ihr Erbmaterial zurückführen lassen. Begrenzte Ressourcen, wie Raum und Nahrung, zwingen die Lebewesen zur Konkurrenz. Hierbei stehen Individuen, die ähnliche Bedürfnisse haben, in stärkerer Konkurrenz, insbesondere Vertreter der gleichen Art. Minimale Unterschiede können sich als hilfreich erweisen und die Vermehrungsrate positiv beeinflussen – eine bessere Tarnung, effizientere Energienutzung, die beeindruckendere Werbung um Partner. Dieses Konzept von Charles Darwin wird als *survival of the fittest* bezeichnet: Individuen, die mit den Lebensbedingungen am besten zurechtkommen, haben eine größere Überlebenschance und erzeugen mehr Nachkommen.

Durch Ansammeln hilfreicher Modifikationen über viele Generationen ändern sich die Arten, überflüssige Organe werden rückgebildet oder anderweitig genutzt, neue Organe gebildet. Verhaltensweisen, die sich als lebenswichtig erweisen, gehen ins Erbgut über und werden fest genetisch codiert als Reflexe und angeborene Verhaltensmuster (genetische Assimilation). Ob eine Modifikation hilfreich ist oder nicht, hängt von der dynamischen

Umwelt und insbesondere von gleichzeitig lebenden Individuen ab. Man könnte sagen, die Natur züchtet Lebewesen mit sich ständig ändernden Zielen. Durch den Generationen überspannenden Entwicklungsprozess sind Arten nicht nur in der Lage, sich passiv an ändernde Umweltbedingungen anzupassen, sie *erhalten* auch aktiv die zu ihnen passende Umwelt (Regelung) und gestalten sie in eine für sie günstige Richtung um.

Genotyp und Phänotyp

Die Erbinformation von Lebewesen befindet sich in der DNS in den Chromosomen jedes Zellkerns. Die DNS ist ein Code zur Beschreibung der *Proteinsynthese*. Der Code besteht aus 4 Zeichen (Basen Adenin (A), Guanin (G), Cytosil (C), Thymin (T)), wobei immer drei Zeichen (z. B. GCA) eine Aminosäure adressieren. 61 Codeworte bilden Aminosäuren, drei sind Stopzeichen. Eine Sequenz von Aminosäuren stellt ein Protein dar. Der genetische Code ist universell gültig, d. h., alle Organismen übersetzen die Basensequenzen in gleicher Weise. Das Genmaterial eines Individuums wird als *Genotyp* bezeichnet, das Lebewesen als *Phänotyp*. Somit unterliegt direkt nur der Phänotyp der Auslese, der Genotyp ist eine passive Datenstruktur. Diese Bezeichnungen werden auch in der künstlichen Evolution übernommen, die Zeichenkette „$(\&(inv5198)(miny(+circ5198)))$" ist beispielsweise ein Genotyp, der den Phänotyp (ein farbiges Muster) in Abb. 4.3b erzeugt.

Der *Lamarckismus* vertritt die These, dass im Laufe des Lebens erworbene Veränderungen erblich sein können. Allerdings gibt es bis heute keinen Beweis für die Vererbung umweltindizierter phänotypischer Variation, aber auch keinen Beweis der Unmöglichkeit des Rückfließens von Informationen vom Phäno- zum Genotyp. Der *Darwinismus* erklärt den Artenwandel durch das blinde Wirken der Mutation und die Auslese durch die Umwelt. Darwin war Lamarckist.

Nach Darwin genügen vier Bedingungen für das Auftreten von Evolution:

a) Vermehrung von Individuen einer Population
b) Veränderungen, die die Vermehrungsrate beeinflussen
c) Vererbbarkeit der Veränderungen
d) Begrenzte Ressourcen

Die Evolutionsbedingungen sind nicht nur bei Lebewesen, sondern auch in vielen anderen Systemen erfüllt, z. B. bei technischen Produkten, Standards, Gesellschaftssystemen, Meinungen, in der Mode – so dass Evolutionsprozesse fast überall beobachtbar sind.

4.1.2 Künstliche Evolution

Die Natur ist der beste Baumeister – die Anwendung von Evolutionsprinzipien zur Entwicklung technischer Lösungen begann Ende der 50er-Jahre. Zu den initialen Arbeiten und heutigen Strömungen der EA zählen die

Tab. 4.1: Evolutionäre Algorithmen

Jahr	Erfinder	Methode	Individuen
1965	Fogel, Owens und Walsh	Evolutionäre Programmierung	Automaten
1965	Rechenberg, Schwefel	Evolutionsstrategien	Vektoren reeller Zahlen
1975	Holland	Genetische Algorithmen	Bitvektoren fester Länge
1992	Koza	Genetisches Programmieren	Bäume

- Evolutionäre Programmierung (EP),
- Evolutionsstrategien (ES),
- Genetische Algorithmen (GA) und das
- Genetische Programmieren (GP).

Einen detaillierten Überblick über Historie und Richtungen bietet (Bäck et al. 97). Die genannten vier Methoden unterscheiden sich im Wesentlichen in der Repräsentation der Individuen (Tabelle 4.1). Wir beginnen mit den Gemeinsamkeiten aller EA (Ablauf, Fitness und Selektion) und betrachten danach GA und GP etwas genauer.

Alle EA-Methoden verwenden das gleiche Ablaufschema nach Abbildung 4.2: Evolutionsobjekte der Natur sind Lebewesen und Arten, bei der künstlichen Evolution werden *Problemlösungen* als Individuen repräsentiert. Aus einer zufällig oder mit Vorwissen erzeugten Anfangspopulation von Lösungen werden durch Fitnessevaluation, Selektion und Reproduktion über mehrere Generationen neue modifizierte Lösungen erstellt. Die Initalisierung der Population und die genetischen Operatoren sind naturgemäß abhängig von der Repräsentation der Individuen und werden deshalb in den Abschnitten zu GA und GP einzeln vorgestellt. Fitness und Selektion werden allgemein für EA erläutert.

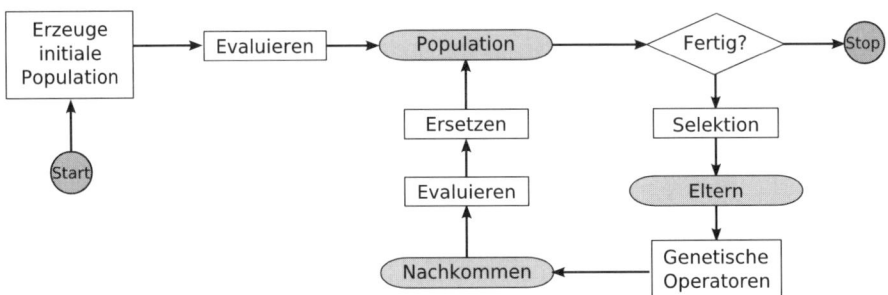

Abb. 4.2: Ablauf eines Evolutionären Algorithmus

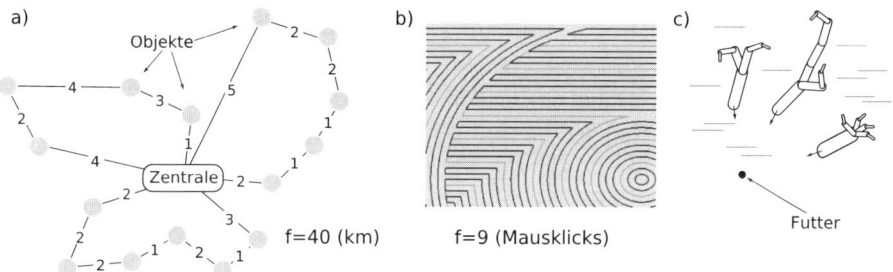

Abb. 4.3: Fitness aus Beispiel 4.1 a) berechenbar b) interaktiv c) implizit

Fitness

Die Fitnessbestimmung (engl. *evaluation*) bewertet eine Lösung bezüglich des Optimierungsziels. Evolutionäre Algorithmen gehören damit zum Lernparadigma des *Bestärkenden Lernens* (Abschnitt 10.1.1). Über die Fitnessbestimmung werden die gewünschten Lösungseigenschaften kodiert. Wir unterscheiden drei Arten der Fitness:

- *berechenbare Fitness(-funktion)*: häufigste Form, z. B. Weglänge, Strömungswiderstand,
- *interaktive Fitness(-funktion)*: Menschen beurteilen subjektiv die Güte eines Individuums, z. B. durch Betrachten,
- *implizite Fitness*: Individuen konkurrieren in einem künstlichen Ökosystem. Die Fitness wird nicht als skalare Größe berechnet, sondern drückt sich als Überlebens- und Reproduktionwahrscheinlichkeit aus (Artificial Life, Koevolution).

Eine Fitness*funktion* wird mit f bezeichnet.

Beispiel 4.1 (Arten der Fitness)
Ein Wachschutzunternehmen verfügt über drei Wachmänner und bewacht 15 Objekte. Welche Objekte sind in welcher Reihenfolge von welchen Wachmännern zu besuchen, damit die Gesamtweglänge möglichst klein wird? Abb. 4.3a zeigt einen Lösungskandidaten, dessen Fitness einfach als Summe der Wege *berechnet* wird. Die Grafik in Abb. 4.3b wurde vom Programm *imogene* (von H. Davis) erzeugt und mit acht anderen Grafiken dem Nutzer präsentiert. Dieser vergibt *interaktiv* Fitnesspunkte durch Mausklicks und entwickelt so Individuen nach seinen subjektiven Vorlieben. Die Swimbots in Abb. 4.3c kämpfen in dem vom Programm *genepool* (von J. Ventrella) simulierten Ökosystem um Futter und Partner. Die Selektion setzt ein, sobald die wachsende Anzahl der Individuen die Futterressourcen verknappt. Nach wenigen Minuten entwickeln sich flinke, elegante Schwimmer. ∎

In der Natur unterliegt der Genotyp (das Erbgut) nicht direkt der Selektion, sondern erst der aus dem Genotyp gewachsene Phänotyp (das Lebewesen) muss sich im Überlebenskampf behaupten. Dieser Aspekt kann von Repräsentationen abgebildet werden, die

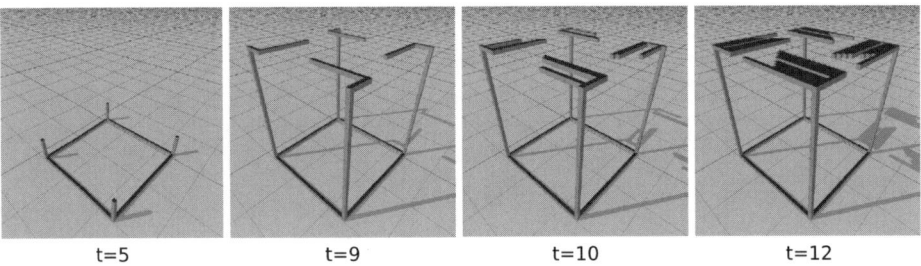

| t=5 | t=9 | t=10 | t=12 |

Abb. 4.4: Wachsende Tische aus (Hornby & Pollack 01)

einen *Entwicklungsprozess des Chromosoms* vor der Fitnessbestimmung erlauben. Wir finden diesen Ansatz beispielsweise bei der Evolution von Lindenmayer-Grammatiken (Abb. 4.4), die über eine Menge von Produktionsregeln eine Bauanleitung für dreidimensionale Strukturen erstellen. Nicht nur Wachstum, auch *Lernen (Optimieren)* kann vor der Fitness-Evaluation erlaubt werden, so dass Individuuen mit *Lernpotenzial* begünstigt werden. Die Nutzung dieses als *Baldwin-Effekt* bezeichneten Vorgangs ist eine mächtige Erweiterung der EA. Die *lamarckistische* Variante legt zusätzlich das optimierte Individuum anstelle des Original-Individuums ab.

Im einfachen Fall kann die Fitness durch eine eindeutige Berechnung ohne weitere Informationen aus dem Individuum abgeleitet werden, wie z. B. die Routenlänge in Abb. 4.3a. Enthält die Fitnessbestimmung jedoch Parameter und/oder stochastische Anteile, so wird ein Individuum mit mehreren Testbeispielen (engl. *fitness cases*) evaluiert, und die Einzelergebnisse werden zur Fitness zusammengefasst.

Beispiel 4.2 (Funktionsregression)

Gegeben seien n Stützstellen $(x_1, y_1), ..., (x_n, y_n)$ einer unbekannten kubischen Funktion $y(x) = ax^3 + bx^2 + cx + d$. Die vier Parameter des Polynoms werden gesucht und als Chromosom kodiert: (a, b, c, d). Die Bewertung eines konkreten Chromosoms C kann nun an einer Stelle x_i als Fehler e_i zum gegebenen Wert y_i berechnet werden, beispielsweise $e_i = |y_C(x_i) - y_i|$. Die Stützstellen sind somit die fitness cases. Zur Bestimmung der Fitness des Chromosoms wird der Fehler für alle Stützstellen (x_i, y_i) ermittelt und geeignet zusammengefasst, beispielsweise $e(C) = e_1 + e_2 + ... + e_n$. Da ein kleiner Fehler eine hohe Fitness darstellen soll, wird als Fitness $f(C) = 1/e(C)$ verwendet. ∎

Beispiel 4.3 (Wandfolgen mit Roboter)

Ein Roboter folgt einer Wand, indem er zu den mit Sonar gemessenen Entfernungswerten mit einem Fuzzy-Regler die Motorbefehle berechnet. Die Fuzzy-Regeln seien unveränderlich, die trapezförmigen Fuzzy-Sets sollen mit künstlicher Evolution optimiert werden. Die Lage der Fuzzy-Sets wird als Chromosom kodiert, z. B. die vier charakteristischen Punkte eines Trapezes. In einem Testbeispiel wird der Roboter in einer zufälligen Position an einer zufällig geformten Wand gestartet und die erzeugte Fahrkurve bewertet. Die Wertung ist nur eine grobe Schätzung der Fitness und kann durch Wiederholung (*fitness cases*) verbessert werden. Ein ausführliches Beispiel zur Optimierung von Fuzzy-Reglern mit Evolutionären Algorithmen ist in (Gerdes et al. 04, 194 ff.) zu finden. ∎

Die Bestimmung der Fitness über Testbeispiele ist zeitintensiv, da jedes Individuum in jeder Generation mit jedem Testbeispiel bewertet wird. Insbesondere problematisch ist hierbei eine Kopplung der Fitnessbestimmung an die reale Zeit, z. B. beim Bewegungslernen mit realen Robotern. Mögliche Lösungsansätze sind:

- Speichern aller Individuen und ihrer Fitness, Neuberechnung nur bei neuen Individuen
- Beginnen mit grober Fitness (z. B. wenige Testbeispiele), später feiner
- Zufällige Auswahl von Testbeispielen zur Evaluation
- Schätzen der Fitness durch Modellierung der Fitnessfunktion

Viele Applikationen definieren mehrere, oft einander widersprechende Lösungsanforderungen. Die Repräsentation erfolgt durch mehrere Fitnessfunktionen $f_1(C), ..., f_n(C)$, die jeweils zu optimieren sind. Dieser Anwendungsfall wird als *Mehrzieloptimierung* bezeichnet. In der Regel existiert kein Chromosom C, für das alle Fitnessfunktionen gleichzeitig einen optimalen Wert annehmen. Zur Lösung eignen sich folgende Ansätze (Fonseca & Fleming 95):

- *Zufällige Anwendung einer der Fitnessfunktionen*
- *Summe gewichteter Fitnessfunktionen*

$$fitness(C) = \sum_{i=1}^{n} w_i f_i(C) \quad \text{mit} \quad \sum_{i=1}^{n} w_i = 1.$$

Die Wichtungen w_i legen die relative Wichtigkeit der Fitnessfunktionen f_i fest. Dieser Ansatz ist intuitiv und bei EA und anderen Optimierungsverfahren einfach umsetzbar, problematisch ist allerdings die Bestimmung der Wichtungen w_i.

- *Pareto-Optimierung:* Ein Individuum dominiert ein anderes, wenn es in allen Einzel-Fitnesswerten mindestens gleich, in einem Einzel-Fitnesswert jedoch besser ist. Alle *nicht dominierten Individuen* stellen gute Lösungen dar und sollten im Evolutionsprozess erhalten werden. Für die rangbasierte Selektion (s. u.) nach dieser Idee existieren mehrere intuitive Ansätze (Haupt & Haupt 04), beispielsweise erhalten alle nicht dominierten Chromosomen den Rang 1 und werden aus der Population entfernt, alle nun nicht dominierten Chromosomen erhalten den Rang 2 und werden entfernt usw. Bei der Pareto-Optimierung ist keine Festlegung der relativen Wichtigkeit der Fitnessfunktionen nötig, und es wird die besondere Eigenschaft der EA – eine *Menge von Lösungen* zu hüten – genutzt. Ein Anwendungsbeispiel (Alcalá et al. 06) wendet die Pareto-Optimierung zur Evolution von Fuzzy-Regelmengen an, um Regelmengen mit kleinem Fehler *und* wenigen Regeln zu erhalten.

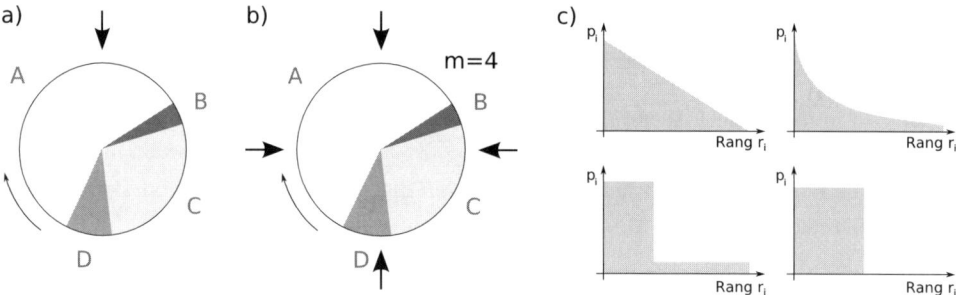

Abb. 4.5: Selektionsvarianten a) Roulette b) Stochastic Universal Sampling c) Rangbasiert

Selektion

Die Fitness f_i eines Individuums i entscheidet über seine Wahrscheinlichkeit p_i am Reproduktionsprozess teilzunehmen. O. B. d. A. gehen wir von der Fitnessmaximierung aus, andernfalls ist vorher $f_i := -f_i$ oder $f_i := 1/f_i$ zu setzen. Hierbei werden im Wesentlichen die folgenden Selektionsvarianten verwendet:

Roulette Die Selektionswahrscheinlichkeit ist proportional zur Fitness, genauer gesagt ist sie gleich dem Anteil der Fitness des Individuums an der Fitness der Population:

$$p_i = \frac{f_i}{\sum_{j=1}^{n} f_j}.$$

Abbildung 4.5a zeigt eine Veranschaulichung als Glücksrad, dessen Sektorengröße proportional zur Fitness ist.

Beim Roulette entspricht die Zusammensetzung der nächsten Generation oft nicht der nach den Fitnesswerten erwarteten Verteilung, da geringe Unterschiede in der Fitness durch den Zufallsprozess überdeckt werden. Eine Verbesserung liefert eine Modifikation des Roulette-Verfahrens – das *Stochastic Universal Sampling*, bei dem gleichzeitig m Individuuen gewählt werden, indem m Punkte äquidistant angeordnet und nur die Lage des Startpunktes zufällig bestimmt wird (Abb. 4.5b).

Rangbasierte Selektion Die Individuen werden nach Fitness geordnet, und nur ihre Position in der Liste (Rang r_i) wird zur Fitnessberechnung verwendet: $p_i = g(r_i)$. Für g kann eine *lineare* oder *Exponentialfunktion* verwendet werden. Andere rangbasierte Verfahren sind die *Greedy Overselection* nach (Koza 92), bei der die Population in zwei Gruppen geteilt und mit 80 % Wahrscheinlichkeit ein Individuum aus der besseren und mit 20 % aus der schlechteren Gruppe gewählt wird. Den stärksten Selektionsdruck liefert das Verfahren der *Abschneideselektion* (engl. *truncation selection*), das nur die k besten Individuen auswählt. Abbildung 4.5c zeigt die Bestimmung der Selektionswahrscheinlichkeit aus dem Rang für die vier genannten rangbasierten Verfahren. Mit rangbasierter Selektion kann die Dominanz einer

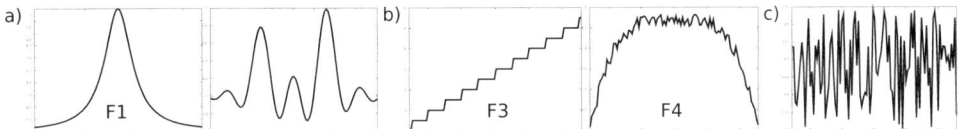

Abb. 4.6: Fitnesslandschaft a) einfach für EA und Bergsteigerverfahren b) wenig Rauschen, kleine Plateaus – noch geeignet für EA c) zufällig – EA-Annahme verletzt

Lösung in der Population vermieden werden, da die absoluten Fitnessunterschiede keine Rolle spielen. Praktisch könnte die Bestimmung der eigentlichen Fitness sogar entfallen und bei interaktiver Fitnessfunktion durch Ordnen ersetzt werden.

Turnierselektion Aus der Population wird eine „Turniergruppe" von k Individuen zufällig ausgewählt und in dieser das beste Individuum bestimmt. Das schlechteste Individuum der Population hat hierbei keine Chance. Mit steigender Turniergröße k wächst der Selektionsdruck.

$(\mu + \lambda)$- **und** (μ, λ)-**Strategie** Diese Selektionsvariante stammt von den Evolutionsstrategien und erzeugt aus μ Eltern zunächst λ Nachkommen. Je nach Strategie werden die μ besten Individuen aus der Menge der Eltern und Nachkommen (Plus-Strategie) bzw. nur aus den Nachkommen (Komma-Strategie) selektiert und in die nächste Generation übernommen. Die Parameter steuern den Selektionsdruck.

Vorteilhaft ist die Kombination der Selektionsvarianten mit der *Elite-Strategie*, bei der das beste Individuum stets in die nächste Generation übernommen wird. Wird die Elite-Strategie nicht verwendet, sollte die bisher beste Lösung extern gespeichert werden.

Die letzen drei der vier genannten Selektionsvarianten erlauben die Steuerung des Selektionsdruckes (engl. *selection intensity*) über Parameter. Ein starker Selektionsdruck treibt die Population wie eine Herde Schafe die Berge hinauf, lässt dabei aber eventuell nicht genügend Zeit, um die Gegend nach höheren Bergen zu erkunden. Wir finden hier den im Abschnitt 10.1.1 vorgestellten Konflikt *Exploitation vs. Exploration* wieder, der in allen Algorithmen des Reinforcement-Lernens vorkommt. Eine Lösung ist ein im Laufe der Evolution ansteigender Selektionsdruck.

Evolution als Suche und Optimierung

Evolution ist ein nicht deterministisches, heuristisches Suchverfahren: Durch die Verwendung von Zufallsprozessen (z. B. bei der Selektion und Mutation) kann theoretisch jeder Teil des Suchraums irgendwann be*sucht* werden. Als Heuristik zur Steuerung der Suche im Suchraum wird hierbei angenommen, dass ähnliche Individuen (die z. B. durch wenige genetische Operationen auseinander vorgehen) oft ähnliche Fitnesswerte besitzen, insbesondere gelte: *Fitte Eltern erzeugen oft fitte Nachkommen.*

Ein EA sucht bevorzugt in der Nähe schon gefundener fitter Lösungen. Der Raum aller möglichen Lösungen zusammen mit ihren Fitnesswerten kann für kleine Dimensionalität des Lösungsraumes als *Fitness-Landschaft* veranschaulicht werden. Die Fitness-Landschaft ist abhängig von der Kodierung des Genotyps, den genetischen Operatoren und der Fitnessbestimmung. Abb 4.6a zeigt einfache Fitnesslandschaften, deren Optimum durch viele einfache Verfahren, wie Bergsteigerverfahren (engl. *hill climbing*, siehe auch S. 42), gefunden werden kann. Abb 4.6b zeigt Landschaften, in der deterministische Suchalgorithmen nur schwer das globale Optimum finden, EA aber anwendbar sind. Erfüllt ein Suchraum die Annahme der Ähnlichkeit der Fitnesswerte benachbarter Individuen nicht (Abb. 4.6c), so entartet der EA zur zufälligen Suche. Die Funktionen F1, F3 und F4 der Abbildung sind übliche Testfunktionen für EA aus (De Jong 75, 196 ff.).

Fassen wir die Besonderheiten der Evolutionären Algorithmen zusammen:

1. *als Suchalgorithmus:*

    a) Parallele Suche an vielen Stellen des Suchraumes

    b) Kombination von Lösungen zu neuen Lösungen

    c) Heuristik (Suche in der Nähe guter Lösungen)

    d) Nicht deterministisch

2. *als Algorithmus:*

    a) Anytime-Algorithmus, d. h., die Lösungsqualität wächst mit der Berechnungszeit

    b) Domänenunabhängigkeit

    c) Parallelisierbarkeit

Insbesondere die Eigenschaften 1a) und 1b) heben die EA von anderen Verfahren der kombinatorischen Optimierung wie simuliertem Ausglühen und Sintflutalgorithmus ab. Nachdem nun die Grundlagen und Gemeinsamkeiten aller Evolutionären Algorithmen behandelt wurden, besprechen wir in den nächsten Abschnitten zwei konkrete Algorithmen – die Genetischen Algorithmen und das Genetische Programmieren.

4.2 Genetische Algorithmen

Die Genetischen Algorithmen (kurz *GA*) als eine Form der EA wurden 1975 von John Holland (Holland 75) entwickelt. Mögliche Problemlösungen werden als Bitvektoren fester Länge kodiert und der Selektion, Mutation und Crossover unterworfen. Abbildung 4.7 zeigt den Ablauf eines *Simplen Genetischen Algorithmus* (kurz *SGA*). Zu Beginn wird eine vorgegebene Menge zufälliger Individuen erzeugt (die erste Generation) und für jedes die Fitness bestimmt. Der eigentliche Evolutionszyklus besteht aus einer äußeren Schleife bis zum Abbruchkriterium und einer inneren zum Auffüllen der nächsten Generation. Dazu werden zwei Individuen aus der alten Generation selektiert und mittels Crossover und nachfolgender Mutation zwei Nachkommen gebildet. Crossover wird

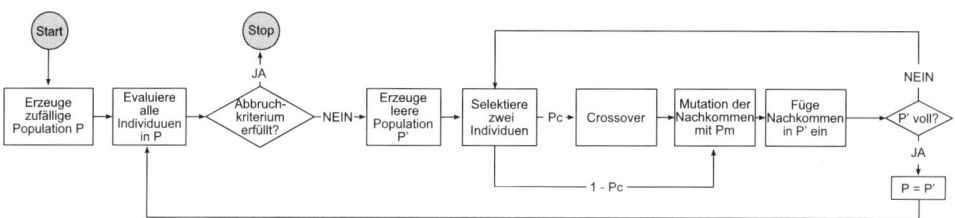

Abb. 4.7: Simpler Genetischer Algorithmus

nicht zwingend, sondern nur mit einer Crossover-Wahrscheinlichkeit P_c angewendet, die Stärke der Mutation wird durch die Mutationsrate P_m gesteuert. Der SGA verwendet eine *generationenbasierte* Arbeitsweise, bei der nach dem Aufbau der neuen Generation die alte komplett ersetzt wird ($P = P'$). Im Gegensatz dazu werden bei der *steady-state*-Arbeitsweise neue Individuen erzeugt und durch Ersetzungsselektion in die Population eingefügt. Ein GA endet, wenn eine festgelegte Generationenanzahl oder Mindestqualität erreicht wurde oder keine Verbesserung mehr eintritt.

Wie eine Problemlösung als Individuum eines GA repräsentiert wird, wie die genetischen Operatoren Crossover und Mutation arbeiten und wofür GA verwendet werden, erfahren wir auf den nächsten Seiten.

4.2.1 Kodierung

Oft besteht eine Problemlösung aus einer endlichen Menge von numerischen (ganzzahligen oder reellen) und nominalen Parametern – einem Parametervektor.

Beispiel 4.4

Ein Algorithmus zur Bildvorverarbeitung einer Objekterkennung vor bekanntem Hintergrund besteht aus folgenden Schritten, die jeweils Parameter aufweisen:

a) Differenzbild aller Farbkanäle zum Hintergrundbild: Parameter keine
b) Zusammenfassen der Differenzbilder: nominaler Parameter $p_1 \in \{MAX, SUM\}$
c) Binarisierung mit Schwellwert: numerischer Parameter $p_2 \in [10, 50]$
d) Mehrmaliger Medianfilter: numerischer Parameter $p_3 \in [1, 10]$
e) Bestimmung des Segmentes mit der größten Fläche: Parameter keine
f) Prüfen der Mindestgröße des Segmentes: numerischer Parameter $p_4 \in [100, 200]$

Eine mögliche Problemlösung besteht aus einer konkreten Belegung der vier Parameter (p_1, p_2, p_3, p_4). Fitness ist die Anzahl richtig segmentierter Bilder aus einer Bildfolge.

∎

Zur Anwendung des GA ist dieser Parametervektor als *Bitvektor* der Länge l zu kodieren. Dazu werden die einzelnen Parameter als Bitvektor kodiert und verkettet. Der

Tab. 4.2: Binär- und Gray-Code

dez	binär	Gray	dez	binär	Gray	dez	binär	Gray	dez	binär	Gray
0	0000	0000	4	0100	0110	8	1000	1100	12	1100	1010
1	0001	0001	5	0101	0111	9	1001	1101	13	1101	1011
2	0010	0011	6	0110	0101	10	1010	1111	14	1110	1001
3	0011	0010	7	0111	0100	11	1011	1110	15	1111	1000

Suchraum $\Phi = \{0,1\}^l$ ist somit die Menge aller Bitvektoren $x = (x_1, x_2, ..., x_l)$ der Länge l. Der Bitvektor ist der Genotyp und die Interpretation des Bitvektors als Parametervektor der Phänotyp. Auf den Genotyp wirken die genetischen Operatoren Mutation und Crossover, anhand des Phänotyps wird die Fitness bestimmt und selektiert.

Ganzzahlige Parameter werden im *Binärcode* oder *Gray-Code* abgelegt, für s verschiedene Werte werden die üblichen $log_2(s)$ Bits benötigt.

Binärcode Darstellung der ganzen Zahl als Dualzahl (Tabelle 4.2). Allerdings können benachbarte Werte im Phänotyp sehr verschiedene Kodierungen im Genotyp aufweisen. Beispielsweise unterscheiden sich die Binärwörter von 7 und 8 um vier Bitstellen (Hamming-Abstand). Da Mutation und Crossover somit schwer aus einer 7 eine 8 erzeugen können, spricht man bei der Binärkodierung von *Hamming-Klippen*.

Gray-Code Im Gray-Code unterscheiden sich benachbarte Binärwörter in genau einem Bit. Der Gray-Code löst die Probleme der Hamming-Klippen: ähnliche Phänotypen haben bei dieser Kodierung ähnliche Genotypen. Zur Erzeugung des Gray-Codes wird der Parameter zuerst binär als x^{bin} kodiert und dann x^{Gray} wie folgt berechnet:

$$x_i^{Gray} = \begin{cases} x_i^{bin} & \text{wenn } i = 1, \\ x_{i-1}^{bin} \oplus x_i^{bin} & \text{sonst.} \end{cases}$$

$\oplus$ ist die Addition modulo 2 und i der Index der Bitstelle (i=1 sei links). Das Dekodieren erfolgt nach

$$x_i^{bin} = \bigoplus_{j=1}^{i} x_j^{Gray}.$$

Im praktischen Einsatz liegen leichte Vorteile aufseiten des Gray-Codes, manche Probleme lassen sich mit Binär-Kodierung einfacher lösen. Tabelle 4.2 zeigt beide Codes.

Reelle Parameter werden ebenfalls als Bitvektoren kodiert und so diskretisiert. Die Anzahl der nötigen Bits für die Darstellung einer reellen Zahl im Intervall $[a, b]$ mit einer Kodierungsgenauigkeit ϵ beträgt $log_2((b - a)/\epsilon)$.

Neben der Kodierung der Parametervektoren *als Bitvektor* kann der Parametervektor auch *direkt* als Individuum verwendet werden, z. B. ein Array von Integer- oder Float-Werten. Genetische Operatoren auf *Bitebene* sind dann nicht anwendbar, sondern nur Operatoren auf *Parameterebene* (Tab. 4.3).

Sind die einzelnen Parameter voneinander abhängig, so sind nicht alle kodierbaren Parametervektoren auch zulässige Lösungen. Werden beispielsweise Städterundreisen beim Problem des Handlungsreisenden als Permutationen der Städte A bis D repräsentiert, so ist der Vektor (A, D, B, C) ein gültiger Lösungskandidat, (A, A, A, D) jedoch nicht. Die Kodierung einer Reihenfolge oder eines Pfades wird als *Permutationskodierung* bezeichnet und verlangt spezielle *permutationserhaltende* genetische Operatoren. Die permutationserhaltenden Operatoren stellen sicher, dass aus gültigen Lösungen wieder nur gültige Lösungen entstehen.

4.2.2 Genetische Operatoren

Auf selektierte Individuen werden genetische Operatoren angewandt, um neue Lösungskandidaten durch Variation und Kombination zu erzeugen. Je nach Anzahl der beteiligten Eltern unterscheiden wir

- Ein-Elter-Operatoren: *Mutation*
- Zwei-Elter-Operatoren: *Crossover*
- Mehr-Elter-Operatoren

Die *Mutation* erzeugt eine zufällige Variante eines Individuums und spielt damit die Rolle der *Innovation* im GA. Bei der Standardmutation wird jedes Bit eines Individuums mit einer bestimmten Wahrscheinlichkeit negiert:

$$(\mathbf{1}, 1, 1, 0, \mathbf{0}, 0, 1, 1, 1) \xrightarrow{standard\ mutation} (\mathbf{0}, 1, 1, 0, \mathbf{1}, 0, 1, 1, 1)$$

Die Bitmutations-Wahrscheinlichkeit wird als *Mutationsrate* bezeichnet und steuert den Anteil der innovativen Individuen in einer Population. Übliche Werte liegen um *1/Vektorlänge*. Mutationsoperatoren können auf der *Bitebene* oder der *Parameterebene* angewendet werden. Werden folgende Mutationsoperatoren auf Parameterebene angewendet, so sind sie *permutationserhaltend*:

Tausch (Austausch zweier Gene)	$(1, \mathbf{2}, 3, \mathbf{4}, 5, 6)$	$\xrightarrow{swap}$	$(1, \mathbf{4}, 3, \mathbf{2}, 5, 6)$
Verschieben (eines Teilstrings)	$(1, \mathbf{2,3,4}, 5, 6)$	$\xrightarrow{displace}$	$(1, 5, \mathbf{2,3,4}, 6)$
Inversion (Umdrehen eines Teilstrings)	$(1, \mathbf{2,3,4}, 5, 6)$	$\xrightarrow{inversion}$	$(1, \mathbf{4,3,2}, 5, 6)$
Permutation (Mischen eines Teilstrings)	$(1, \mathbf{2,3,4}, 5, 6)$	$\xrightarrow{scramble}$	$(1, \mathbf{3,4,2}, 5, 6)$

Nur auf der Parameterebene anwendbare Mutationen, wie die *Integer-Mutation*, wählen zufällig Parameter im Chromosom und ändern diese um einen zufälligen Wert. Tabelle 4.3 listet die erwähnten Operatoren.

Der *Crossover*-Operator kombiniert zwei Eltern zu zwei Nachkommen und kann somit gute Ansätze verschiedener Individuen in einem Individuum zusammenführen. Der SGA verwendet das *1-Punkt-Crossover*, bei dem die Eltern am gleichen zufälligen Index i zerschnitten und die Endstücke getauscht werden (Abb. 4.8a). Beim *2-Punkt-Crossover* wird

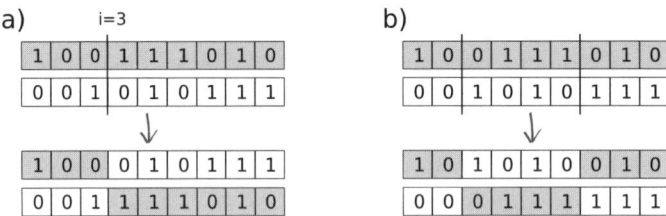

Abb. 4.8: Crossover-Varianten a) 1-Punkt-Crossover b) 2-Punkt-Crossover

zweimal geschnitten und das Mittelstück getauscht (Abb. 4.8b), das *n-Punkt-Crossover* verallgemeinert diese Idee auf alternierendes Tauschen und Nichttauschen von Teilstücken zwischen n Schnitten. Eine weitere Verallgemeinerung stellt das *Uniforme Crossover* dar, bei welchem für jedes Bit im ersten Nachkommen mit der Wahrscheinlichkeit p entschieden wird, von welchem Elter es stammt. Der zweite Nachkomme bekommt das Bit vom anderen Elter. Seien $p = 0.5$ und zwei Eltern v_1 und v_2 mit

$$v_1 = (\underline{0}, \underline{0}, \underline{1}, \underline{0}, \underline{0}, \underline{0}, 1, 1, \underline{0}, \underline{1}, \underline{0}, \underline{0}, \underline{1}) \text{ und } v_2 = (1, 1, 1, 0, 1, 1, 0, 0, 0, 1, 0, 0, 0)$$

gegeben, so könnte folgendes Nachkommenpaar entstehen:

$$v_1' = (\underline{0}, \underline{0}, \underline{1}, 0, 1, \underline{0}, 0, 0, 0, \underline{1}, 0, 0, \underline{1}) \text{ und } v_2' = (1, 1, 1, \underline{0}, \underline{0}, 1, \underline{1}, \underline{1}, \underline{0}, 1, 0, \underline{0}, 0).$$

Die bisher vorgestellten Crossover-Varianten sind auf Bit- und Parameterebene anwendbar. Nur auf Parameterebene anwendbar ist das *Arithmetische Crossover*, welches die Nachkommen v_1', v_2' als Linearkombination der Eltern v_1, v_2 erzeugt:

$$v_1' = a v_1 + (1 - a) v_2 \text{ und } v_2' = (1 - a) v_1 + a v_2 \quad (a \text{ zufällig}).$$

Zu den auf der Parameterebene *permutationserhaltenden* Crossover-Operatoren gehören das *Partially Matched Crossover* (kurz PMX), das *Ordered Crossover* (kurz OX) und das *Cycle Crossover* (kurz CX).

Beim *PMX-Crossover* wird ein Teilstück eines Elter kopiert und versucht, die Reihenfolge und Position so vieler Gene wie möglich vom anderen Elter zu übernehmen. Ein Teilstück wird an zufälliger Stelle aus den Eltern v_1, v_2 in die Nachkommen v_1', v_2' getauscht:

$$v_1 = (1, 2, 3, |4, 5, 6, 7, |8, 9) \quad \rightarrow \quad v_1' = (x, x, x, |1, 8, 7, 6, |x, x)$$
$$v_2 = (4, 5, 2, |1, 8, 7, 6, |9, 3) \quad \rightarrow \quad v_2' = (x, x, x, |4, 5, 6, 7, |x, x)$$
$$(x \text{ bedeutet 'noch unbekannt'})$$

Durch den Tausch verliert v_1' eine 4 und erhält eine 1. Bekäme nun v_1' die restlichen Gene aus v_1, so wäre die 1 doppelt enthalten, aber dafür keine 4 – deshalb wird die alte 1 durch die 4 ersetzt. Implizit werden somit durch den Tausch Ersetzungsregeln für

Tab. 4.3: Genetische Operatoren beim GA

Operator	anwendbar auf der		permutations-
	Bitebene	Parameterebene	erhaltend
Standardmutation	x		
Tausch, Verschieben, Inversion, Permutation	(x)	x	x
Integer-Mutation		x	
1-, 2-, n-Punkt-Crossover	x	x	
Uniformes Crossover	x	x	
Arithmetisches Crossover		x	
PMX, OX, CX-Crossover		x	x

die verbleibenden Gene definiert: $1 \leftrightarrow 4, 5 \leftrightarrow 8, 6 \leftrightarrow 7$ und $7 \leftrightarrow 6$. Beim Kopieren der restlichen Gene von v_1 nach v_1' (bzw. von v_2 nach v_2') wird eine eventuell vorhandene Ersetzungsregel angewendet. Das erste x in v_1' wird so durch 4 (Regel $1 \leftrightarrow 4$) ersetzt, das zweite x durch 2 (keine Regel) usw. Es entstehen zwei korrekte Nachkommen:

$$v_1' = (4, 2, 3, |1, 8, 7, 6, |5, 9) \text{ und } v_2' = (1, 8, 2, |4, 5, 6, 7, |9, 3)$$

Mehrstufige Ersetzungen werden bis zum Ende angewendet:

$$v_1 = (1, |2, 3, 4, |5) \quad \rightarrow \quad v_1' = (4, |3, 5, 1, |2)$$
$$v_2 = (2, |3, 5, 1, |4) \quad \rightarrow \quad v_2' = (5, |2, 3, 4, |1)$$
$$\text{mit } 2 \leftrightarrow 3 \leftrightarrow 5, 1 \leftrightarrow 4$$

Tabelle 4.3 fasst die erwähnten genetischen Operatoren zusammen.

Mutation oder Crossover?

Ein GA nur mit Crossover (ohne Mutation) führt zur Verarmung des Genmaterials und zur Konvergenz auf wenige Individuen, denn im Laufe der Evolution verloren gegangene Parameterwerte können nicht mehr erzeugt werden. Ein GA nur mit Mutation (ohne Crossover) funktioniert durchaus. Er verzichtet aber auf die Kombinationsgabe des Crossover. Gerade das Crossover wird jedoch im Allgemeinen als der wesentliche Operator zur Erzeugung besserer Lösungen angesehen. Wie es scheint mit Berechtigung, wenn man den Erfolg der geschlechtlichen Fortpflanzung relativ zur ungeschlechtlichen bei Lebewesen bedenkt. Die Genetischen Algorithmen betonen stark die Rolle des Crossover, bei Evolutionsstrategien dominiert die Mutation. In der Praxis bietet sich die Verwendung beider Operatoren an.

Tab. 4.4: Anwendungsbeispiele Genetischer Algorithmen

Problemklasse	Beispiel
Parameteroptimierung	Finden eines Parametervektors zur Optimierung einer gegebenen Funktion, z. B. Design von Antennen, Form optischer Linsen, Düsen, Parameter einer PID-Steuerung usw.
Packprobleme	Befüllen weniger Container mit Waren, Aufteilung von Komponenten auf integrierten Schaltkreisen, Parkettierungsprobleme
Wegplanung	Routenplaner, Handlungsreisende, Transportoptimierung
Zuweisungsprobleme	Raum- und Stundenpläne, Maschinenbelegung, Investitionsplanung, Lagerplatzoptimierung
Planungsprobleme	Arbeitspläne, Ablaufpläne, Auftragsreihenfolge, Strategien

4.2.3 Anwendung

Genetische Algorithmen lösen kombinatorische Optimierungsprobleme durch Suche im Raum der Lösungskandidaten. Wegen des Implementierungsaufwandes sollten auch alternative Lösungsmöglichkeiten geprüft werden: analytische Lösung, vollständige Enumeration des Suchraumes, blinde Suche, Bergsteigerverfahren, simuliertes Ausglühen, Constraintpropagierung und andere. Die Vielfalt praktischer Optimierungsaufgaben ist riesig, eine kleine Auswahl zeigt Tabelle 4.4.

Beispiel 4.5 (Phantombilder durch interaktive Fitness)
Das Programm EvoFIT (Frowd & Hancock 07) repräsentiert menschliche Gesichter durch einen Parametervektor. Einem Zeugen werden 18 zufällige Gesichter vorgelegt, aus denen er sechs wählt. Aus diesen wird mittels genetischer Operatoren die nächste Generation erzeugt. Abbildung 4.9 zeigt ein Crossover künstlicher Gesichter. Da ein Gesicht in seiner Gesamtheit auf uns wirkt, werden auf diese Art schneller und bessere Phantombilder erzeugt als mit der klassischen Methode, bei der einzelne Gesichtskomponenten gewählt werden. ∎

a) 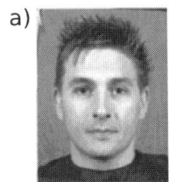  b) 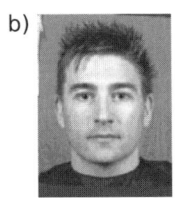  c)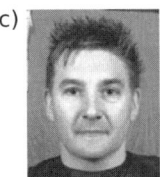

Abb. 4.9: Evolution künstlicher Gesichter aus (Frowd & Hancock 07) a) Eltern b) Nachkommen nach Crossover c) Nachkommen nach Crossover und Mutation

Beispiel 4.6 (Diophantische Gleichung)
Gesucht sind die ganzen Zahlen $x_1, ..., x_4$, die folgende diophantische Gleichung erfüllen:

$$1x_1 + 2x_2 + 3x_3 + 4x_4 = 42 \quad (x_i \in \mathbb{Z}).$$

Zur Lösung mit GA werden die Lösungskandidaten als Parametervektor (x_1, x_2, x_3, x_4) kodiert. Die Fitness sei $f = 1/(|1x_1 + 2x_2 + 3x_3 + 4x_4 - 42|)$. Weiterhin wird Roulette, Integer-Mutation und 1-Point-Crossover verwendet. Die Populationsgröße M sei 25, der Abbruch erfolge bei Lösung oder nach 50 Generationen. Ein 100-zeiliges C-Programm liefert nach wenigen Generationen die Lösung, z. B. $(11, 6, 1, 4)$ oder $(3, 4, 9, 1)$.

Was wurde versäumt? Es wurden keine alternativen Lösungswege geprüft, denn für lineare diophantische Gleichungen existiert eine analytische Lösung. Diese führt zur Lösungsmenge der Gleichung: x_2, x_3, x_4 beliebig aus $\mathbb{Z}$, $x_1 = 42 - 2x_2 - 3x_3 - 4x_4$. ■

4.3 Genetisches Programmieren

Genetische Algorithmen des vorigen Abschnitts setzen die Kodierung der Lösungsstruktur in einem Bit- oder Parametervektor *fester* Länge voraus. Diese oft gewünschte Reduktion des Suchraumes wird jedoch problematisch, wenn über die Struktur der Lösung wenig bekannt ist.

Beispiel 4.7
Im Regressions-Beispiel 4.2 sind die Koeffizienten einer kubischen Funktion zu bestimmen, hierbei wird die Struktur der Funktion – kubisches Polynom – als gegeben angenommen. Ist diese Form im Vorfeld nicht bekannt, so lautet die Aufgabe: Finde eine Funktion *beliebiger Struktur*, die die Stützstellen optimal annähert. Wir bezeichnen diese Problemklasse als *Symbolische Regression*. Resultat könnte ein einfacher exponentieller Funktionsausdruck sein, der die Stützpunkte besser als jedes kubische Polynom approximiert. ■

Auch John Koza, Erfinder des Genetischen Programmierens (kurz *GP*), motiviert diesen zusätzlichen Freiheitsgrad der Suche: *„The size, shape, and structural complexity should be part of the answer produced by a problem solving technique – not part of the question"* (Koza 92). Werden zusätzlich noch Steuerstrukturen, wie Verzweigungen und Schleifen, im Individuum repräsentiert, gelangt man zur Grundidee des Genetischen Programmierens, zur *Evolution von Programmen*. Ein Programm kann repräsentiert werden als (Abbildung 4.10):

- *Symbolischer Ausdruck*, z. B. Präfixnotation, funktionale Sprache (Baumstruktur)
- *Zustandautomat*, z. B. Zustandsübergangsmatrix (Graphstruktur)
- *Befehlssequenz*, z. B. Maschinencode (Lineare Struktur (Brameier & Banzhaf 07))

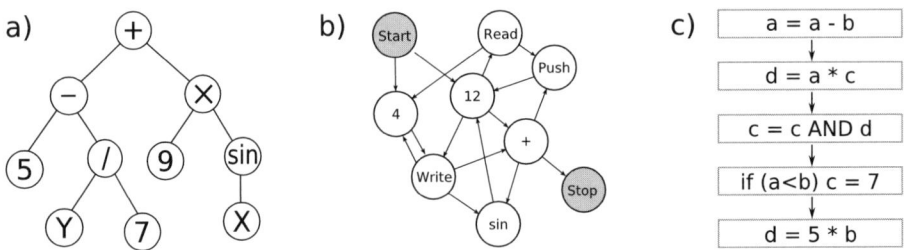

Abb. 4.10: Repräsentationen von Programmen a) Symbolischer Ausdruck b) Zustandsgraph c) Befehlssequenz

Symbolische Ausdrücke werden durch einen Interpreter rekursiv abgearbeitet und verwenden so indirekt den Stack des Interpreters zur Speicherung von Zwischenergebnissen. Man bezeichnet diese Art der Speicherung als *lokalen Speicher*. Implementierungsvarianten für Interpreter in C++ stellt (Keith & Martin 94) vor. Automaten und Befehlssequenzen verfügen über explizite Zugriffsfunktionen auf indizierten Speicher oder Stackoperationen. Es wird also *globaler Speicher* verwendet. Globaler Speicher ermöglicht die Kommunikation weit entfernter Code-Abschnitte des Individuums.

Kann ein Programm die Umgebung wahrnehmen, beispielsweise durch Sensorabfragen oder Leseoperationen, so wird seine Ausführung in der Regel mehrmals wiederholt (*fitness cases*). Wir stellen im Folgenden das Genetische Programmieren nach Koza mit Symbolischen Ausdrücken vor.

Der Algorithmus des GP entspricht weitgehend dem des SGA (Abb. 4.7) mit dem Unterschied, dass die selektierten Individuen nur *einem* genetischen Operator unterworfen werden:

- mit der Wahrscheinlichkeit p_m der Mutation,
- mit der Wahrscheinlichkeit p_c dem Crossover,
- mit der Wahrscheinlichkeit p_r der Reproduktion (einfaches Kopieren).

4.3.1   Struktur der Individuen

Ein symbolischer Ausdruck (engl. *S-expression*, meist ein LISP-Ausdruck) ist eine Baumstruktur, bestehend aus *Funktionen und Terminalen*. Abb. 4.10a zeigt ein Beispiel, in eindeutiger *Präfix-Notation* lautet es $(+(-5(/Y7))(\times 9(\sin X)))$. Terminale stellen die Eingaben des Programms dar: Konstanten, Variablen und Funktionen ohne Parameter (z. B. Sensorabfragen). Sie bilden die Blätter des Baumes, die restlichen Knoten sind Funktionen.

Die Funktions- und Terminalmenge müssen gemeinsam zwei Eigenschaften aufweisen: *Abgeschlossenheit* (engl. *closure*) und *Mächtigkeit*. Abgeschlossenheit besteht, wenn jede Funktion als jedes Argument jedes Terminal und Funktionsergebnis akzeptiert, zu

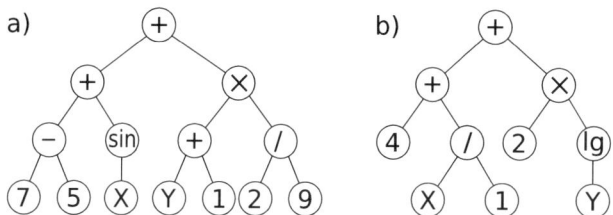

Abb. 4.11: Baumstrukturen der Tiefe 4 konstruiert mit a) FULL-Methode b) GROW-Methode

beachten z. B. bei Division durch null. Mächtigkeit bedeutet, dass mögliche Lösungen darstellbar sind. Die Funktionsmenge kann alle vorstellbaren Funktionen enthalten, beispielsweise:

- Logische Funktionen: UND, ODER, NICHT, ...
- Algebraische Funktionen: PLUS, MINUS, MUL, DIV, SQRT, POTENZ
- Transzendente Funktionen: SIN, COS, TAN, ..., EXP, LOG, ...
- Kontrollstrukturen: IF, PROGN, GOTO, WHILE, REPEAT, ...

und auch Funktionen mit Seiteneffekten:

- Speicherzugriffe: Lesen, Schreiben im indizierten Speicher
- Ausgabefunktionen: MOTOR, PRINT, SLEEP(!)
- und viele andere

Funktionen mit Seiteneffekten verlassen die logische Grundlage der funktionalen Programmierung (das λ-Kalkül), so dass für Eindeutigkeit die *Reihenfolge der Abarbeitung* des Symbolischen Ausdrucks definiert werden muss.

Die erste Generation wird mit zufälligen Bäumen vorgegebener Tiefe gefüllt. Diese können mit zwei Methoden erzeugt werden. Bei der *FULL-Methode* werden dem Baum beginnend vom Wurzelknoten Funktionssymbole hinzugefügt und die Zweige in der Zieltiefe durch ein Terminal abgeschlossen (Abb. 4.11a). Die *GROW-Methode* erlaubt das Beenden eines Zweiges durch ein Terminal schon vor der Zieltiefe (Abb. 4.11b).

Zur Erzeugung der initialen Population von Bäumen wird in der Regel die *Ramped Half-and-Half*-Methode verwendet, die nacheinander für alle Baumtiefen von 2 bis zu einer Maximaltiefe t_{max} jeweils eine gleiche Anzahl Bäume nach der FULL- und der GROW-Methode erzeugt.

4.3.2 Genetische Operatoren

Wie bei Genetischen Algorithmen werden Ein- und Zwei-Elter-Operatoren unterschieden:

- Mutation und
- Crossover.

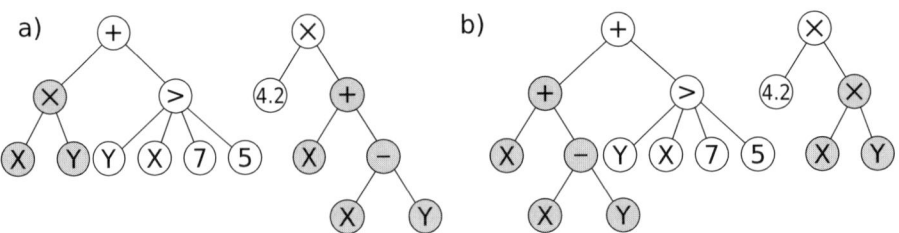

Abb. 4.12: Crossover symbolischer Ausdrücke a) Eltern b) Nachkommen

Die *Punktmutation* wählt einen zufälligen Knoten und ersetzt ihn durch einen zufällig erzeugten Knoten mit gleicher Stelligkeit (Argumentanzahl). Die *Baummutation* wählt einen zufälligen Teilbaum des Individuums und ersetzt ihn durch einen wie bei der Initialisierung zufällig erzeugten Baum. Mutation wird wenig verwendet ($P_m < 5\,\%$), da Symbole selten verloren gehen.

$$(\text{SUB } (\underline{\text{ADD}}\ a\ b)\ c) \quad \xrightarrow{\text{Punktmutation}} \quad (\text{SUB } (\underline{\text{MUL}}\ a\ b)\ c)$$

$$(\text{SUB } (\underline{\text{ADD}\ a\ b})\ c) \quad \xrightarrow{\text{Baummutation}} \quad (\text{SUB } (\underline{\text{MUL } (\text{DIV}\ b\ 3)\ 7})\ c)$$

Beim *Crossover* (Abb. 4.12) werden zufällige Teilbäume in den Eltern gewählt und getauscht. Wird dabei die maximale Baumtiefe überschritten, werden die Nachkommen verworfen. In Analogie zum manuellen Programmieren entspricht Crossover dem Kopieren von bewährtem Programmcode.

Die Idee wiedernutzbarer Unterprogramme setzen zwei Erweiterungen des GP um: Bei der Methode der *Automatisch Definierten Funktionen (ADF)* verfügen Individuen über eigene Funktionsdeklarationen, die ebenfalls evolviert werden. Bei der Methode der *Kapselung* werden Teilbäume als Funktionen in eine globale Funktionsbibliothek ausgelagert und erweitern die für alle Individuen verfügbare Funktionsmenge.

Beim GP kann ein bestimmtes Programmverhalten durch *viele verschiedene* Individuen erzeugt werden oder in anderen Worten: Ein Phänotyp kann durch viele Genotypen repräsentiert werden. Deshalb hält die Evolution der Genotypen unvermindert an, auch wenn sich das Verhalten und die Fitness der erfolgreichen Programme nicht mehr ändern. Neutrale Mutationen fügen dem Individuum nicht erreichbare, scheinbar unnütze Codeabschnitte (*Introns*) hinzu. Introns schützen für das Verhalten wichtige Codeabschnitte (*Exons*) vor der Zerstörung durch genetische Operatoren, da sie Mutations- und Crossoverpunkte durch ihre relative Größe auf sich ziehen. Dies führt zum sogenannten *Bloat-Effekt:* Die durchschnittliche Größe der Individuen steigt unaufhörlich ohne Verbesserung der durchschnittlichen Fitness.

Der Effekt tritt nicht nur beim GP, sondern stets bei der Evolution von Strukturen *variabler Größe* ohne Ressourcenbeschränkung auf. Oft sinkt anfangs die Individuengröße, um dann nach wenigen Generationen unbegrenzt zu wachsen. Wird der Bloat-Effekt

Tab. 4.5: Anwendungsbeispiele des Genetischen Programmierens

Anwendungsfeld	Evolution von Programmen zur
Steuerung	Hindernisvermeidung, Sensordatenfusion
Computing	Parallelisierung von Code
Semantische Signalanalyse	Muster- und Objekterkennung
Klassifikation	Unfallerkennung auf Autobahnen
Computergrafik	Bewegung künstlicher Lebewesen
Architektur	Konstruktion statischer Strukturen
Data Mining	Merkmalsauswahl, Regelinduktion
Elektrotechnik	Schaltungsentwicklung und -Aufteilung
Modellbildung und Prognose	Fondsverwaltung
Optimierung	Warenbestellung und -Einlagerung
Kunst	Komposition und Malerei

beobachtet, wird oft keine Fitnessverbesserung mehr erfolgen. Zur Vermeidung des Bloat-Effektes werden

- zu große durch genetische Operatoren erzeugte Individuen verworfen oder
- der Fitness ein Strafterm für große Individuen zugefügt.

Der Bloat-Effekt ist so stark, dass die Wahl der Parameter der Gegenmaßnahmen (z. B. maximale Baumtiefe) starken Einfluss auf den Verlauf des Algorithmus hat. Eine Beschränkung der Individuen ist noch aus einem zweiten Grund wichtig: wie bei neuronalen Netzen tritt der Effekt des Overfitting auf (siehe auch Abschnitt 10.3.4), bei dem zu große Strukturen ihre Generalisierungsfähigkeit verlieren und nur auf den Testbeispielen funktionieren.

4.3.3 Anwendung

Wie bei GA sind vor Anwendung des GP einfachere alternative Algorithmen zu prüfen. Genetisches Programmieren eignet sich insbesondere bei *unbekannter Struktur oder Komplexität der Lösung* (Tab. 4.5). Koza postuliert GP als *Automatische Erfindungsmaschine* und demonstriert in jüngsten Veröffentlichungen das Nach- und Neuerfinden patentierter elektronischen Schaltungen (Koza et al. 05). Eine umfangreiche Referenzliste von GP-Applikationen findet sich in (Banzhaf et al. 98).

Zur Beschreibung einer GP-Anwendung eignet sich das *Koza-Tableau* (Abb. 4.6).

Tab. 4.6: Koza-Tableau – ein Beispiel

Parameter	Wert
Ziel:	Entwickle ein Spielprogramm, das gegen eine Minimax-Strategie der Tiefe 4 im NIMM-Spiel mit 3 Reihen aus je 20 Steinen gewinnt
Menge der Terminale:	Ganzzahlen von 0 bis 20
Menge der Funktionen:	WENN-KLEINER, ADD, SUB, STEINE-IN
Fitnessfunktion:	Summe der Gewinnpunkte aus je 10 zufälligen Spielen mit und ohne ersten Zug abzüglich Knotenanzahl/100
Populationsgröße:	512
Crossover-Wahrscheinlichkeit:	90 %
Mutations-Wahrscheinlichkeit:	0,5 %
Selektion:	Roulette
Abbruchkriterium:	keines
Maximale Generationenzahl:	150
Maximale Baumtiefe:	200
Elite-Strategie:	ja
Maximale Mutationstiefe:	20

4.4   Zusammenfassung

Evolutionäre Algorithmen sind domänenunabhängige Verfahren zur Lösung kombinatorischer Optimierungsprobleme. Aus der Problemdomäne sind vier *Zutaten* zu definieren:

- Repräsentations-Schema (Kodierung)
- Fitnessbestimmung
- Parameter des Verfahrens: Populationsgröße, Selektionsstrategie u.v.a.
- Abbruchkriterium

EA eignen sich insbesondere zur Lösung „schwieriger" Probleme mit wenig Vorwissen, bei denen andere Algorithmen versagen, z. B. bei nicht linearen, diskontinuierlichen oder multikriteriellen Zielfunktionen und bei fehlendem Prozessmodell. Speziell Genetisches Programmieren entwickelt Lösungen bei unbekannter Lösungsstruktur. Evolutionäre Algorithmen sind außerdem bei Fitness-Landschaften anwendbar, die für z. B. das Bergsteigerverfahren problematisch sind.

Im vorliegende Kapitel haben wir die Anwendung des Evolutionsgedankens zur Lösung von Problemen aus der Biologie heraus motiviert und die Arten und Aspekte von EA besprochen. Jeder EA läuft nach einem ähnlichen Schema ab und entwickelt eine Population von Lösungskandidaten zu immer fitteren Individuen. Die Fitnessbestimmung und die Auswahl fitter Individuen kann auf verschiedene Arten erfolgen. Zu GA und GP wurde jeweils die Struktur der Individuen, die speziellen genetischen Operatoren und die Anwendbarkeit, aber auch problematische Effekte wie Hamming-Klippen und Aufblähen dargestellt.

Künstliche Evolution kann nicht nur erfolgreich auf Parametervektoren oder Syntaxbäume, sondern auf beliebige Datenstrukturen angewendet werden, für die genetische Operatoren und Fitness definierbar sind: Lindenmayer-Systeme, kontextfreie Grammatiken, Regelmengen und viele andere. Andere populationsbasierte Optimierungsansätze verwenden Ameisenkolonien (Dorigo et al. 96) und Partikelschwärme (Parsopoulos & Vrahatis 02).

4.5 Aufgaben

Aufgabe 4.1 (Evolution)

a) *Finden Sie Evolutionsbeispiele außerhalb der Biologie. Identifizieren Sie jeweils Genotyp, Phänotyp, genetische Operatoren und Fitnessbestimmung.*

b) *Wie hängt der Begriff „Schönheit" mit Evolution zusammen?*

c) *Nennen Sie die vier hinreichenden Bedingungen für Evolution.*

d) *Wie hat sich der lange Giraffenhals aus Sicht des Lamarckismus und aus Sicht des Darwinismus entwickelt? Stellen Sie die Kausalketten dar.*

Aufgabe 4.2 (Fitness)

a) *Welche Fitness-Landschaften sind für das Bergsteigerverfahren problematisch?*

b) *Finden Sie Anwendungen für interaktive Fitness, z. B. auch mit mehreren Bewertern. Welche Anwendungsindizien weist das Anwendungsfeld auf?*

Aufgabe 4.3 (Rucksackproblem)

Gegeben sei das Rucksackproblem aus dem Kapitel Suchverfahren (Abschnitt 2.5.2).

a) *Entwickeln Sie einen Genotyp, der eine Rucksackbelegung repräsentiert. (Tipp: eine Ware ist im Rucksack oder nicht).*

b) *Wie lautet die Fitnessfunktion des Rucksackproblems?*

c) *Formulieren Sie eine Funktion, die die Höchstgewichtsforderung mit einem stetigen Übergang von „erlaubt" nach „verboten" darstellt.*

d) *Welche Varianten zur Fitness und Selektion existieren für diese Mehrzieloptimierung?*

e) *Finden Sie weitere Anwendungsbeispiele für Mehrzieloptimierung.*

Aufgabe 4.4 (Pareto-Front)

Die Menge der nicht dominierten Lösungen bezeichnet man als Pareto-Menge. *Die zugehörigen Punkte im Raum der Fitnesswerte bilden die* Pareto-Front – *vorstellbar als Teil der Außenkante der Fitnesswerte aller Lösungen. Zwei Fitnessfunktionen f_1 und f_2 sind zu minimieren. Bestimmen Sie die Pareto-Front (Skizze und Formel), wenn die möglichen Fitnesswerte beschrieben sind durch:*

a) *einen Kreis $1^2 = (f_1 - 2)^2 + (f_2 - 2)^2$*

b) *ein achsenparalleles Rechteck von $(1,1)$ bis $(2,3)$*

c) $f_2 \geq 1/f_1$ *und* $f_1 > 0$

d) *eine Gerade* $f_2 = 2f_1 + 1$ *und* $f_1 \geq 2$

e) *Für die Evolution ist eine breite Besetzung der Pareto-Front durch Individuen günstig. Wie könnte die Fitnessbestimmung dies berücksichtigen?*

Aufgabe 4.5 (Kodierung GA)

a) *Kodieren Sie die ganze Zahl 47 im Binär- und Graycode.*

b) *Welcher Dezimalzahl entspricht der Code 1010101, wenn er als Binär- oder Graycode interpretiert wird?*

c) *Führen Sie ein PMX-Crossover folgender Eltern an den gekennzeichneten Stellen durch:* $(1, 2 \mid 3, 4, 5, 6 \mid 7, 8, 9)$ *und* $(8, 4 \mid 1, 5, 9, 3 \mid 6, 2, 7)$.

Aufgabe 4.6 (Selektion)

Gegeben sei eine Population von zehn Individuen, benannt $i = 1, ..., 10$ *mit den Fitnesswerten* $f_1, ..., f_{10}$: $200, 40, 29, 25, 21, 17, 13, 9, 5$ *und* 1. *Berechnen Sie die Selektionswahrscheinlichkeiten der beiden besten und schlechtesten Individuen bei:*

a) *Rouletteselektion*

b) *Rangbasierter Selektion mit linearer Funktion, so dass* $p_{best} = 2 \cdot p_{worst}$. *Durch die Vorsortierung gilt* $r_i = i$. *(Tip:* $p_i = m \cdot r_i + n$ *und* $\sum_{i=1}^{10} p_i = 1$).

c) *Vergleichen Sie die Selektionsstrategien.*

Aufgabe 4.7 (Baustoffe)

Ein Baustoffunternehmen beliefert von einem Depot aus mit drei LKW $\{a, b, c\}$ *seine 20 Kunden* $\{A, ..., T\}$. *Alle Entfernungen zwischen Kunden untereinander und dem Depot sind bekannt. Die Gesamtfahrstrecke soll möglichst klein sein.*

a) *Entwickeln Sie einen Genotyp zur Kodierung eines Fahrplans. (Tipp: Verwenden Sie ein Routentrennzeichen)*

b) *Welche genetischen Operatoren sind anwendbar?*

c) *Zeigen Sie exemplarisch eine Mutation und ein Crossover.*

d) *Welche alternativen Algorithmen zur Problemlösung sind anwendbar?*

Aufgabe 4.8 (Zeichenketten-Brüter)

Individuen eines Zeichenketten-Brüters sind Zeichenketten definierter Länge. Fitnessfunktion sei die Anzahl übereinstimmender Zeichen mit der Zeichenkette „Das ist ein guter Tag". Die initiale Population bestehe aus $M = 50$ *zufälligen Zeichenketten. Jedes Individuum, das die bisher beste Fitness verbessert, ist mit Generationsnummer auszugeben. Verwenden Sie Rouletteselektion, 1-Punkt-Crossover und als Mutation die zufällige Änderung eines Zeichens.*

a) *Schreiben Sie ein entsprechendes Programm.*

b) *Die Anzahl von Generationen bis zur korrekten Lösung ist eine Zufallsvariable. Bestimmen Sie mit 5 Versuchen den Mittelwert dieser Generationenanzahl.*

c) *Stellen Sie den Mittelwert für Mutationsraten von $0,1\%$ bis 2% in Promilleschritten mit je fünf Versuchen grafisch dar.*

d) *Angenommen, wir erweitern den Zeichenketten-Brüter auf zwei Zielstrings und die Fitness sei die Anzahl der übereinstimmenden Zeichen mit dem einen oder anderen Zielstring. Die Strings haben die Länge l, und das Alphabet besteht aus k Zeichen. Wie viele Zeichenketten haben maximale Fitness? (Tipp: Ihre Antwort enthält die Anzahl s übereinstimmender Zeichen der Zielstrings) Wie groß ist deren Anteil an allen möglichen Zeichenketten bei $k = s = 2$?*

Aufgabe 4.9 (GP-Strukturen)

Bei bekannter Stelligkeit aller Funktionen können in der Präfix-Notation die Klammern entfallen. Welches Ergebnis ergibt der folgende Ausdruck in Präfix-Notation:

a) *(+ * 5 SQRT + 8 8 − 9 / 15 3)*

b) *Stellen Sie den Ausdruck als Baum dar.*

c) *Geben Sie die Präfixnotation für Abbildung 4.11a und b an.*

d) *Welcher der folgenden Ausdrücke ist ein Terminal: 4, X, π, analog8()?*

e) *Geben Sie drei Beispiele für Introns an.*

f) *Nennen Sie drei Repräsentationen des Genetischen Programmierens.*

Aufgabe 4.10 (GP-Ablauf)

a) *Wie werden Populationen von Syntaxbäumen initialisiert?*

b) *Wozu dient der Interpreter beim Genetischen Programmieren?*

c) *Erläutern Sie den Bloat-Effekt und Gegenmaßnahmen.*

Aufgabe 4.11 (GP-Seiteneffekte)

Konstruieren Sie ein einfaches Individuum mit Funktionen mit Seiteneffekten und zeigen Sie die Abhängigkeit des Ergebnisses von der Abarbeitungsreihenfolge. Das Ergebnis sei:

a) *die Wirkung auf die Umwelt*

b) *das Funktionsergebnis des Wurzelknotens*

Aufgabe 4.12 (Konservativität)

Ein Crossover-Operator heißt konservativ, wenn identische Eltern Nachkommen identisch zu den Eltern erzeugen. Prüfen Sie die Konservativität der Operatoren

a) *1-Punkt, 2-Punkt- und Uniformes Crossover bei Genetischen Algorithmen*

b) *Crossover beim Genetischen Programmieren*

Aufgabe 4.13 (GP-Entwurf)

Entwerfen Sie eine Funktions- und Terminalmenge zur Evolution folgender Strukturen und geben Sie jeweils ein Individuum an:

a) *einer Booleschen Funktion*

b) *eines Klassifikators, der Katzen in Haus- und Wildkatzen gliedert*

c) *eines Polynoms*

d) *eines Wandfolgeprogramms für Roboter*

e) *eines dreidimensionalen Körpers aus Zylindern*

f) *einer Schaltung aus Widerständen und Kondensatoren*

Aufgabe 4.14 (GP-Interpreter)

Gegeben sei folgender einfacher GP-Interpreter mit Präfix-Notation und Rekursion:

```
0:   #include <stdio.h>
1:   char chrome[10] = "+*24*56";
2:   int idx = -1;
3:   int EvalNextArg() {
4:     idx++;
5:     if (chrome[idx] == '+')        return EvalNextArg() + EvalNextArg();
6:     else if (chrome[idx] == '*')   return EvalNextArg() * EvalNextArg();
7:     else return chrome[idx]-'0';
8:   }
9:   int main() {
10:    printf("Erg = %d\n",EvalNextArg());
11: }
```

a) *Leiten Sie Baumdarstellung und Wert des symbolischen Ausdrucks in* chrome *ab.*

b) *Erläutern Sie die Arbeitsweise des Interpreters.*

c) *Warum wird in Zeile 7 subtrahiert? Ist der implizite cast problematisch?*

d) *Wo wird vor Abarbeitung der zweiten Multiplikation das Ergebnis der ersten Multiplikation zwischengespeichert, um später addiert zu werden?*

e) *Warum enthält die Repräsentation keine Klammern?*

f) *Nennen Sie zwei verschiedene Genotypen mit gleichem Phänotyp.*

g) *Sind die Funktions- und Terminalmenge abgeschlossen?*

h) *Erweitern Sie den Interpreter um Subtraktion und Division.*

Aufgabe 4.15 (Crossover in Präfixnotation)

Für ein Crossover in Präfix-Notation sind Teilbäume zu finden. Hierzu ein Algorithmus aus (Keith & Martin 94): Beginnend an einer beliebigen Stelle nach rechts wandernd ist die Stelligkeit jedes Symbols minus eins zu addieren. Wenn die Summe irgendwann -1 ergibt, ist ein Teilbaum gefunden. Ein Beispiel: Wir beginnen an dem zweiten „" im Ausdruck aus Aufgabe 4.14a, die nächsten Elemente ergeben $1 + (-1) + (-1) = -1$ und tatsächlich ist (* 5 6) ein kompletter Teilbaum.*

a) *Prüfen Sie die Formel für alle sieben Teilbäume in Abb. 4.11a (außer Blätter).*

b) *Finden Sie den Teilbaum am Knoten „*" in: (+ * SQRT X – 5 sin 5 8)*

c) *Zeichnen Sie den Syntax-Baum und prüfen Ihr Ergebnis.*

d) *Führen Sie ein Crossover von (+ * X Y > Y X 7 5) und (* 4.2 + X – X Y) mit den Crossoverpunkten „*" bzw. „+" ohne Zeichnen der Bäume aus.*

e) *Zeichnen Sie die Nachkommen und vergleichen Sie mit Abb. 4.12b*

5 Wissensverarbeitung mit Logik

Übersicht

5.1 Einführung

Die Logik spielt in der Informatik eine wichtige Rolle. Die Spanne der Anwendungen reicht von der Digitaltechnik und dem Schaltungsentwurf über Anfragesprachen bei Datenbanksystemen und Programmverifikation bis hin zu dem Gebiet der Wissensverarbeitung. Auf diesem Gebiet findet die Logik Verwendung beim Schlussfolgern in Expertensystemen, der Logikprogrammierung (Prolog) und dem automatischen Beweisen. Gegenstand der Logik ist die *Darstellung* von Wissen durch Formeln eines geeigneten Logikkalküls und die *Herleitung* von neuem Wissen auf der Basis geeigneter Schlussregeln.

In Abschnitt 5.2 werden zunächst die wichtigsten Begriffe und Methoden der formalen Logik anhand der *Aussagenlogik* eingeführt. Die Ausdruckskraft dieser logischen Sprache ist jedoch für viele Anwendungen im Bereich der wissensbasierten Systeme nicht ausreichend. Wir werden dann in Abschnitt 5.3 mit der Prädikatenlogik erster Stufe eine Erweiterung der Aussagenlogik kennenlernen, die die Basis vieler Anwendungen im Bereich der Wissensverarbeitung darstellt. Gegenstand von Abschnitt 5.4 sind konkrete Anwendungen der Logik im Rahmen der Wissensverarbeitung, insbesondere der logischen Programmierung. Die Grenzen der hier eingeführten „Standardlogiken" werden in Abschnitt 5.5 diskutiert.

5.2 Aussagenlogik

5.2.1 Syntax und Semantik

Grundbestandteil der Aussagenlogik ist die *Aussage* (engl. *proposition*). Eine Aussage ist ein Satz, der wahr oder falsch sein kann. Beispiel für Aussagen sind etwa:

> A = „Berlin ist die Hauptstadt von Deutschland"
> B = „Mein Auto ist grün"

Aussagen können mit logischen Operatoren (den sogenannten *Junktoren*) zu komplexeren Formeln verknüpft werden, beispielsweise „Mein Auto ist grün *und* Berlin ist die Hauptstadt von Deutschland". Der Wahrheitswert einer solchen zusammengesetzten Formel hängt offenbar nur von den Wahrheitswerten ihrer Bestandteile ab. Man unterscheidet entsprechend auch *atomare Formeln*, dies sind Aussagen, also Formeln ohne Junktoren, und *zusammengesetzte Formeln*. Wir verwenden für Aussagen die Großbuchstaben $A, B, \ldots$, für allgemeine Formeln die Großbuchstaben $F, G, \ldots$

Definition 5.1 (Syntax der Aussagenlogik)
Die Syntax der Aussagenlogik ist folgendermaßen definiert:

a) Jede atomare *Formel* ist eine Formel.
b) Für alle Formeln F und G sind auch die *Konjunktion* $(F \wedge G)$, die *Disjunktion* $(F \vee G)$ und die *Implikation* $(F \Rightarrow G)$ Formeln.
c) Für jede Formel F ist auch die *Negation* $(\neg F)$ eine Formel.   ♦

Es gibt zahlreiche weitere logische Junktoren, die im Bereich der Digitaltechnik beim Schaltungsentwurf von Bedeutung sind, wie etwa die Äquivalenz ($\Leftrightarrow$), die Antivalenz, auch XOR genannt ($\oplus$), sowie die NAND- und NOR-Junktoren. Alle diese Operatoren lassen sich sich jedoch auf die bereits eingeführten Junktoren Negation, Disjunktion und Konjunktion zurückführen (vgl. dazu auch Aufgabe 5.2).

Die Syntax der Logik legt ausschließlich die äußere Form der logischen Formeln fest, sagt aber nichts aus über deren Bedeutung bzw. Interpretation. Die Bedeutung einer Formel ist im Wesentlichen ihr Wahrheitswert. Dieser wird festgelegt durch die folgende Definition.

Definition 5.2 (Semantik der Aussagenlogik)
Eine *Interpretation* $\mathcal{I}$, (oft auch *Bewertung* genannt) ist eine Abbildung der atomaren Aussagen auf die Wahrheitswerte 1 (*wahr*) und 0 (*falsch*). Die Semantik von zusammen-

gesetzten Aussagen wird in Abhängigkeit von der Interpretation ihrer atomaren Teilaussagen durch folgende Wahrheitstafeln definiert:

$$\begin{array}{c|c} A & \neg A \\ \hline 0 & 1 \\ 1 & 0 \end{array} \qquad \begin{array}{cc|c|c|c} A & B & A \vee B & A \wedge B & A \Rightarrow B \\ \hline 0 & 0 & 0 & 0 & 1 \\ 0 & 1 & 1 & 0 & 1 \\ 1 & 0 & 1 & 0 & 0 \\ 1 & 1 & 1 & 1 & 1 \end{array} \qquad (5.1)$$

Diese Tabelle ist folgendermaßen zu lesen: Ist beispielsweise $\mathcal{I}(A) = 1$ und $\mathcal{I}(B) = 0$, so ist $\mathcal{I}(A \vee B) = 1$ usw. Im Kontext der Wissensverarbeitung ist insbesondere die *logische Implikation* $F \Rightarrow G$ von Bedeutung, da man sie auch als Darstellung von Abhängigkeiten in Form einer Expertenregel – bestehend aus einer Prämisse und einer Konklusion – verwenden kann. So besagt eine bekannte Bauernregel:

„Wenn die Schwalben tief fliegen, dann wird das Wetter schlecht."

Diese Regel könnte in der logischen Form „die Schwalben fliegen tief $\Rightarrow$ das Wetter wird schlecht" geschrieben werden. Tabelle (5.1) zeigt, dass die Implikation $A \Rightarrow B$ stets dann wahr ist, wenn A falsch ist. Man kann das auch so ausdrücken, dass aus etwas Falschem Beliebiges gefolgert werden kann (lat. *ex falso quodlibet*). Nicht wahr ist die Regel nur dann, wenn trotz tief fliegender Schwalben das Wetter gut ist (Zeile drei der Wahrheitstafel).

Bindungs- bzw. *Vorrangregeln* der logischen Junktoren geben an, auf welche Weise bei komplexen logischen Formeln auf Klammern verzichtet werden kann. Im Wesentlichen wird die folgende Festlegung getroffen: Negation vor Konjunktion, Konjunktion vor Disjunktion, Disjunktion vor Implikation. So entspricht die Formel

$$(\neg((A \vee (\neg B)) \wedge ((\neg A) \vee ((\neg B) \wedge (\neg(\neg C))))))$$

der Formel

$$\neg((A \vee \neg B) \wedge (\neg A \vee \neg B \wedge \neg\neg C)).$$

In einigen Fällen kann es aus Gründen der Übersichtlichkeit sinnvoll sein, trotz gültiger Vorrangregeln Klammern zu setzen.

Beispiel 5.1 (Semantik zusammengesetzter Aussagen)
Gegeben seien die Formeln

$$(A \vee B) \wedge \neg C$$
$$A \vee \neg A$$
$$A \wedge \neg A$$

Tab. 5.1: Einige aussagenlogische Tautologien

$(F \wedge (F \Rightarrow G)) \Rightarrow G$	Tautologie vom Modus Ponens
$F \vee \neg F$	Tautologie vom ausgeschlossenen Dritten
$(F \wedge G) \Rightarrow F$	Tautologie der Und-Elimination
$F \Rightarrow (F \vee G)$	Tautologie der Oder-Introduktion

Die Semantik dieser Formeln lässt sich durch sukzessives Auswerten der Teilformeln unter Berücksichtigung der Vorrangregeln bestimmen:

A	B	C	$A \vee B$	$\neg C$	$(A \vee B) \wedge \neg C$
0	0	0	0	1	0
0	0	1	0	0	0
0	1	0	1	1	1
0	1	1	1	0	0
1	0	0	1	1	1
1	0	1	1	0	0
1	1	0	1	1	1
1	1	1	1	0	0

A	$\neg A$	$A \vee \neg A$
0	1	1
1	0	1

A	$\neg A$	$A \wedge \neg A$
0	1	0
1	0	0

■

Eine Interpretation $\mathcal{I}$, für die eine Formel F den Wahrheitswert 1 annimmt, bezeichnet man auch als ein *Modell* der Formel F. Man sagt auch, die Interpretation $\mathcal{I}$ *erfüllt die Formel* F. Ist M eine Menge von Formeln und $\mathcal{I}$ ein Modell für **alle** $F \in M$, so heißt $\mathcal{I}$ Modell der Formelmenge M. Eine Formel oder Formelmenge heißt *erfüllbar*, wenn sie mindestens ein Modell hat, ansonsten heißt sie *unerfüllbar*. Beispielsweise ist die Formelmenge $\{A, \neg A, B\}$ unerfüllbar, denn es gibt keine Interpretation, die sowohl A als auch $\neg A$ erfüllt.

Die Formel $A \vee \neg A$ wird offenbar von jeder Interpretation erfüllt, eine solche Formel bezeichnet man als *allgemeingültig* oder auch als *Tautologie*. Eine Tautologie ist also immer wahr, unabhängig vom Wahrheitswert ihrer atomaren Bestandteile. Sie charakterisiert Gesetzmäßigkeiten der Logik. Einige weitere Tautologien zeigt Tabelle 5.1.

Die Formel $A \wedge \neg A$ in dem Beispiel ist bei keiner Bewertung der Variablen erfüllt, eine solche Formel bezeichnet man als unerfüllbare Formel oder auch als *Kontradiktion*. Eine

Kontradiktion besitzt also kein Modell. Offensichtlich ist eine Formel F genau dann eine Tautologie, wenn ihre Negation $\neg F$ unerfüllbar ist.

5.2.2 Äquivalenz und Normalformen

Syntaktisch unterschiedliche Formeln können durchaus identische Wahrheitswerte haben. Betrachtet man beispielsweise die Formeln $\neg(A \vee B)$ und $\neg A \wedge \neg B$, so verdeutlichen die Wahrheitstafeln, dass die Spalten für die beiden Formeln identisch sind:

A	B	$\neg(A \vee B)$	$\neg A \wedge \neg B$
0	0	1	1
0	1	0	0
1	0	0	0
1	1	0	0

Bei jeder Bewertung haben diese beiden Formeln jeweils denselben Wahrheitswert. Die beiden Formeln drücken also dasselbe aus, man sagt, sie sind *semantisch äquivalent*. Gleiches gilt zum Beispiel für die beiden Formeln $A \Rightarrow B$ und $\neg A \vee B$, wie man sich leicht durch Konstruktion der Wahrheitstafeln überzeugen kann.

Definition 5.3 (Semantische Äquivalenz)
Zwei Formeln F und G heißen *semantisch äquivalent*, wenn $\mathcal{I}(F) = \mathcal{I}(G)$ für alle Interpretationen $\mathcal{I}$ gilt. Anders ausgedrückt, sind F und G äquivalent, wenn jedes Modell von F auch ein Modell von G ist und umgekehrt. Wir schreiben hierfür $F \equiv G$. ♦

Praktische Bedeutung hat die semantische Äquivalenz insbesondere für die Umformung und Vereinfachung von Formeln. So kann jede Teilformel einer Formel durch eine (evtl. einfachere) äquivalente Formel ersetzt werden, ohne den Wahrheitswert der Formel zu ändern. Einen Überblick über einige wichtige semantische Äquivalenzen gibt Tabelle 5.2.

Beispiel 5.2 (Beispiel für eine Umformung)
Ziel des Beispiels ist der Beweis der Äquivalenz $(A \Rightarrow B) \Rightarrow C \equiv (A \vee C) \wedge (\neg B \vee C)$:

$$
\begin{aligned}
(A \Rightarrow B) \Rightarrow C \quad &\equiv \quad (\neg A \vee B) \Rightarrow C &&\text{(Implikation)} \\
&\equiv \quad \neg(\neg A \vee B) \vee C &&\text{(Implikation)} \\
&\equiv \quad (\neg\neg A \wedge \neg B) \vee C &&\text{(De Morgan)} \\
&\equiv \quad (A \wedge \neg B) \vee C &&\text{(Doppelte Negation)} \\
&\equiv \quad (A \vee C) \wedge (\neg B \vee C) &&\text{(Distributivgesetz)}
\end{aligned}
$$

■

Tab. 5.2: Semantische Äquivalenzen

$(A \Rightarrow B)$	$\equiv$	$\neg A \vee B$	Implikation
$\neg (A \vee B)$	$\equiv$	$\neg A \wedge \neg B$	Gesetze von De Morgan
$\neg (A \wedge B)$	$\equiv$	$\neg A \vee \neg B$	
$\neg \neg A$	$\equiv$	A	Doppelte Negation
$A \vee A$	$\equiv$	A	Idempotenzgesetze
$A \wedge A$	$\equiv$	A	
$A \wedge (A \vee B)$	$\equiv$	A	Absorptionsgesetze
$A \vee (A \wedge B)$	$\equiv$	A	
$A \wedge B$	$\equiv$	$B \wedge A$	Kommutativgesetze
$A \vee B$	$\equiv$	$B \vee A$	
$A \wedge (B \wedge C)$	$\equiv$	$(A \wedge B) \wedge C$	Assoziativgesetze
$A \vee (B \vee C)$	$\equiv$	$(A \vee B) \vee C$	
$A \wedge (B \vee C)$	$\equiv$	$(A \wedge B) \vee (A \wedge C)$	Distributivgesetze
$A \vee (B \wedge C)$	$\equiv$	$(A \vee B) \wedge (A \vee C)$	

Für viele Bereiche, beispielsweise bei der Schaltkreisminimierung oder auch bei der später eingeführten Wissensverarbeitung auf Basis der Resolution, ist die Darstellung von Formeln in einer standardisierten und möglichst einfachen Form wichtig. In diese Form muss jede Formel überführbar sein. Zwei in der Praxis besonders wichtige Formen sind die konjunktive und die disjunktive Normalform.

Definition 5.4 (Literale und Normalformen)

Ein *Literal* ist eine atomare Formel (ein *positives Literal*) oder die Negation einer atomaren Formel (ein *negatives Literal*). Zwei Literale der Form A und $\neg A$ heißen *komplementär*. Mit $\overline{L}$ bezeichnen wir das Komplement des Literals L. Es gilt also $\overline{A} = \neg A$ und $\overline{\neg A} = A$.

Eine Formel F heißt in *konjunktiver Normalform (KNF)*, wenn sie eine Konjunktion von Disjunktionen von Literalen ist:

$$((L_{1,1} \vee \ldots \vee L_{1,m_1}) \wedge \ldots \wedge (L_{n,1} \vee \ldots \vee L_{n,m_n}))$$

wobei die $L_{i,j}$ Literale sind.

Eine Formel F heißt in *disjunktiver Normalform (DNF)*, wenn sie eine Disjunktion von Konjunktionen von Literalen ist:

$$((L_{1,1} \wedge \ldots \wedge L_{1,m_1}) \vee \ldots \vee (L_{n,1} \wedge \ldots \wedge L_{n,m_n}))$$

wobei die $L_{i,j}$ Literale sind.   ◆

Beispiel 5.3

Die Formeln

$$(A \lor \neg B \lor C) \land D \quad \text{und} \quad \neg A \land B$$

sind in KNF, die Formeln

$$(\neg A \land B) \lor (\neg C \land \neg D) \quad \text{und} \quad A \lor \neg B$$

sind in DNF. ∎

Wie das folgende Beispiel zeigt, ist die Erstellung der Normalform besonders einfach, wenn von der Formel eine Wahrheitstafel vorliegt.

Beispiel 5.4

Gegeben sei die Formel F mit der folgenden Wahrheitstafel:

A	B	C	F
0	0	0	1
0	0	1	0
0	1	0	0
0	1	1	1
1	0	0	1
1	0	1	1
1	1	0	0
1	1	1	0

Die DNF der Formel F kann daraus direkt abgelesen werden: Es werden nur diejenigen Zeilen der Tabelle berücksichtigt, in denen F den Wert 1 hat, hier sind dies die Zeilen 1, 4, 5 und 6. Beispielsweise bedeutet Zeile 4: F ist wahr, wenn A falsch ist und B und C wahr sind, also wenn $\neg A \land B \land C$ gilt. Erstellt man für die Zeilen 1, 4, 5 und 6 die entsprechenden Formeln und verknüpft sie disjunktiv, so erhält man:

$$F \equiv (\neg A \land \neg B \land \neg C) \lor (\neg A \land B \land C) \lor (A \land \neg B \land \neg C) \lor (A \land \neg B \land C).$$

Analog dazu bestimmt man die äquivalente KNF-Formel, wenn man die Rolle von Konjunktion und Disjunktion sowie von 0 und 1 vertauscht:

$$F \equiv (A \lor B \lor \neg C) \land (A \lor \neg B \lor C) \land (\neg A \lor \neg B \lor C) \land (\neg A \lor \neg B \lor \neg C).$$

∎

Tab. 5.3: Umformungsregeln zur KNF-Transformation

Schritt 1	$F \Rightarrow G$	$\rightarrow$	$\neg F \vee G$
	$\neg\neg F$	$\rightarrow$	F
Schritt 2	$\neg(F \wedge G)$	$\rightarrow$	$\neg F \vee \neg G$
	$\neg(F \vee G)$	$\rightarrow$	$\neg F \wedge \neg G$
Schritt 3 (KNF)	$F \vee (G \wedge H)$	$\rightarrow$	$(F \vee G) \wedge (F \vee H)$
	$(F \wedge G) \vee H$	$\rightarrow$	$(F \vee H) \wedge (G \vee H)$
Schritt 3 (DNF)	$F \wedge (G \vee H)$	$\rightarrow$	$(F \wedge G) \vee (F \wedge H)$
	$(F \vee G) \wedge H$	$\rightarrow$	$(F \wedge H) \vee (G \wedge H)$

Da jede aussagenlogische Formel F eine Wahrheitstafel hat, ist es offensichtlich, dass es zu F eine äquivalente Formel sowohl in KNF als auch in DNF gibt. Allerdings ist diese Darstellung nicht eindeutig. Beispielsweise kann man sich leicht davon überzeugen, dass die folgenden drei KNF-Formeln alle äquivalent sind:

$$(A \vee B) \wedge (\neg A \vee B \vee C) \equiv (A \vee B) \wedge (\neg A \vee B \vee C) \wedge (B \vee C)$$
$$\equiv (A \vee B) \wedge (B \vee C).$$

Die Erstellung einer Wahrheitstafel ist aufwendig, denn bei n Atomen hat die Wahrheitstafel 2^n Zeilen. Ein weiterer Nachteil dieser Methode besteht darin, dass sie dazu tendiert, unnötig große Normalformen zu erzeugen. Ein extremes Beispiel hierfür ist die Formel $F = A \wedge B \wedge C$, die bereits in konjunktiver als auch in disjunktiver Normalform vorliegt. Verwendet man dagegen die Wahrheitstafelmethode zur Erzeugung der Normalformen, so erhält man zwar für die disjunktive Normalform die ursprüngliche Formel F, für die konjunktive Normalform liefert das Verfahren dagegen eine Konjunktion aus 7 Disjunktionen (vgl. Aufgabe 5.7).

Daher kann es in vielen Fällen angemessener sein, direkte Umformungsregeln zu verwenden. Diese basieren im Wesentlichen auf den semantischen Äquivalenzen aus Beispiel 5.3. Die in Tabelle 5.3 angegebenen Umformungsregeln stellen die *KNF* her. Diese Regeln sind so zu verstehen, dass in einer gegebenen Formel alle auf der linken Seite einer Regel vorkommenden Teilformeln durch die rechte Seite ersetzt werden. Dieser Prozess wird so lange durchgeführt, bis keine Ersetzungen mehr möglich sind.

Im ersten Schritt wird das Implikationszeichen vollständig eliminiert, in den nächsten drei Schritten, die danach anzuwenden sind, werden äußere Negationen bis zu den Atomen bewegt, so dass Negationen nur noch in Literalen auftreten. Die beiden letzten Regeln beruhen auf dem Distributivgesetz und bewegen im Fall der KNF-Transformation das logische „Oder", im Fall der DNF-Transformation das logische „Und" in das Innere der Formel. Beispiel 5.2 zeigt die Transformation einer Formel in KNF.

5.2.3 Folgerung und Resolution

Eine besonders wichtige Anwendung auf dem Gebiet der wissensbasierten Systeme liegt in der Herleitung „neuen" Wissens aus vorhandenen Wissensquellen. Typischerweise enthält ein wissensbasiertes System eine Datenbank als umfangreiche Sammlung von Fakten und eine Wissensbank, die beispielsweise in Form von Regeln Wissen über Zusammenhänge eines Problembereichs darstellt. Aufgabe einer logikbasierten Schlussfolgerungskomponente ist es, auf dieser Basis neues Wissen durch Anwendung logischer Schlussfolgerungsprinzipien herzuleiten. Die Spannbreite der Anwendungen reicht von medizinischen und technischen Diagnosesystemen über Bankanwendungen wie der Bonitätsanalyse bis hin zu deduktiven Datenbanken im Bereich der Auskunftssysteme.

Ein einfaches Beispiel für eine logische Schlussfolgerung stellt die oben eingeführte Regel

> „Wenn die Schwalben tief fliegen, dann wird das Wetter schlecht"

dar. Mit dieser Regel möchte man Aussagen über das Wetter machen können. Sie beruht auf dem folgenden Gedanken: Wenn die Schwalben an einem Tag tatsächlich tief fliegen und wenn die Gültigkeit der Regel nicht angezweifelt wird, dann wird auch das Wetter tatsächlich schlecht werden. Man sagt: Die Aussage „Das Wetter wird schlecht" folgt semantisch aus den beiden Formeln „Wenn die Schwalben tief fliegen, dann wird das Wetter schlecht" und „Die Schwalben fliegen tief". Fliegen dagegen die Schwalben nicht tief oder hat man Grund, die Gültigkeit der Bauernregel anzuzweifeln, so lässt sich auch kein Schluss über das Wetter ziehen – außer der bekannten Aussage „Das Wetter ändert sich oder es bleibt, wie es ist" (eine logische Tautologie!).

Allgemein gehen wir aus von einer Wissensbasis, also einer endlichen Menge M von Formeln. Eine solche Menge von Formeln

$$M = \{F_1, \ldots, F_n\}$$

entspricht einer *Konjunktion*

$$F_1 \wedge \ldots \wedge F_n.$$

Wenn in jeder Situation, in der **alle** Formeln aus M wahr sind, auch die Formel G gültig ist, so sagen wir, G *folgt semantisch* aus M. Man kann dies auch so ausdrücken: Jedes Modell von M ist ein Modell von G.

Definition 5.5 (Semantische Folgerung)
Eine Formel F heißt *semantische Folgerung* der Formelmenge M, wenn jedes Modell von M auch ein Modell von F ist.
Man schreibt in diesem Fall $M \models F$. ♦

Das Konzept der semantischen Folgerung $\models$ sollte auf keinen Fall verwechselt werden mit dem Konzept der logischen Implikation $\Rightarrow$. Während sich das erste Zeichen als Metazeichen auf die Semantik der logischen Sprache bezieht, ist das zweite ein Element dieser Sprache und damit von rein syntaktischer Art.

Bezeichnen wir im obigen Beispiel die Aussage „Die Schwalben fliegen tief" mit S und die Aussage „Das Wetter wird schlecht" mit W, so zeigt die folgende Tabelle, dass die Aussage W tatsächlich aus der Menge $\{S, S \Rightarrow W\}$ semantisch folgt, denn in jeder Zeile, in der die Formeln S und $S \Rightarrow W$ beide wahr sind – hier nur die Zeile 4 –, ist auch W wahr. Die Tatsache, dass W noch ein weiteres Modell hat (Zeile 2), spielt für die Folgerbarkeit keine Rolle.

$$
\begin{array}{cc|c|c|c}
S & W & S \Rightarrow W & S \wedge (S \Rightarrow W) & W \\
\hline
0 & 0 & 1 & 0 & 0 \\
0 & 1 & 1 & 0 & \boxed{1} \\
1 & 0 & 0 & 0 & 0 \\
1 & 1 & 1 & \boxed{1} & \boxed{1}
\end{array}
\tag{5.2}
$$

Da die Erstellung der Wahrheitstafel sehr aufwendig ist, verwendet man meist andere Beweistechniken, um semantische Folgerungen aus Wissensbasen abzuleiten. Eine sehr bekannte Schlussweise, die sich nur an der syntaktischen Form der Formeln orientiert, ist der *Modus Ponens*. Der Modus Ponens ist das allgemeine Schema der obigen Schlussweise, dass aus A und $A \Rightarrow B$ die Aussage B folgt. Sie wird von Menschen im täglichen Leben ständig und häufig auch unbewusst angewendet. Ihre Korrektheit folgt aus der obigen Wahrheitstafel.

Eine andere Art der logischen Schlussfolgerung ist der *Modus Tollens*. Gehen wir wieder von der Gültigkeit der obigen Regel aus, so können wir aus der Tatsache, dass an einem Tag das Wetter **nicht** schlecht ist, schließen, dass zuvor die Schwalben nicht tief geflogen sind. Die Korrektheit des Modus Tollens lässt sich ebenfalls aus einer analog aufgebauten Wahrheitstafel ablesen. Die grafische Darstellung der zwei Schlussfolgerungsregeln Modus Ponens und Modus Tollens ist in Tabelle 5.4 gegeben.

Folgt die Formel F logisch aus der Formelmenge M, so ist jedes Modell von M auch ein Modell von F. Anders ausgedrückt kann es keine Interpretation geben, die ein Modell von M, aber kein Modell von F ist. Wir können also den folgenden Zusammenhang zwischen der semantischen Folgerung und der Unerfüllbarkeit formulieren:

Satz 5.1

Sei M eine Formelmenge und F eine Formel. Dann sind die folgenden Behauptungen äquivalent:

a) $M \models F$.
b) $M \equiv M \cup \{F\}$.
c) $M \cup \{\neg F\}$ *ist unerfüllbar.*

Tab. 5.4: Modus Ponens und Modus Tollens

$$
\begin{array}{cc}
A & \neg B \\
\dfrac{A \;\Rightarrow\; B}{B} & \dfrac{A \;\Rightarrow\; B}{\neg A} \\[2mm]
\text{Modus Ponens} & \text{Modus Tollens}
\end{array}
$$

Eine Anfrage an ein wissensbasiertes System entspricht, wie die obige Diskussion zeigt, einer semantischen Folgerung. Satz 5.1 zeigt, dass sich der Nachweis der semantischen Folgerung auf einen Unerfüllbarkeitstest zurückführen lässt. Möchte man etwa konkret beweisen, dass aus einer Wissensbasis M die Aussage F folgt, so lässt sich dies dadurch erreichen, dass man die Negation der Anfrage F zur Wissensbasis hinzunimmt und dann zeigt, dass die Menge $M \cup \{\neg F\}$ unerfüllbar ist. Dieses Prinzip entspricht dem bekannten Widerspruchsbeweis in der Mathematik: Möchte man aus einem gegebenen Axiomensystem einen Satz beweisen, so nimmt man an, der Satz wäre falsch und leitet dann daraus zusammen mit den Axiomen einen Widerspruch ab.

Es lässt sich leicht überprüfen, dass die Formel

$$F_1 \wedge \ldots \wedge F_n \wedge \neg F$$

genau dann unerfüllbar ist, wenn es sich bei der Formel

$$F_1 \wedge \ldots \wedge F_n \Rightarrow F$$

um eine Tautologie handelt. Damit kann ein Unerfüllbarkeitstest auch als *Tautologietest* durchgeführt werden (und umgekehrt).

Die Äquivalenz der drei Methoden Folgerbarkeit durch Modelluntersuchung, Unerfüllbarkeitstest und Tautologietest wird im nachfolgenden Beispiel für die Schlussfolgerung des Modus Ponens dargestellt.

Beispiel 5.5
Die Matrix (5.2) zeigt auf der Basis von Modellen, dass der Modus Ponens eine gültige Schlussfolgerung darstellt. Man könnte ebenfalls die Unerfüllbarkeit der Formel $S \wedge (S \Rightarrow W) \wedge \neg W$ überprüfen, um dies festzustellen. Der ebenfalls mögliche Tautologietest hätte die Formel $(S \wedge (S \Rightarrow W)) \Rightarrow W$ als Eingabe und würde zum selben Ergebnis führen. ∎

In der Logik wurden viele Unerfüllbarkeitstests entwickelt, der wichtigste davon ist die *Resolution*.

Resolution

Bei der *Resolution* handelt es sich um einen algorithmischen Test für die Unerfüllbarkeit einer Formel, der auf rein *syntaktischen* Umformungsregeln beruht. Eine Menge solcher Regeln bezeichnet man auch als *Kalkül*. Bei einem einzelnen Schritt eines Resolutionskalküls wird aus zwei geeigneten Formeln eine dritte Formel, die sogenannte Resolvente, abgeleitet. Eine Resolutionsableitung ist eine Folge von einzelnen Resolutionsschritten, wobei jeweils die Resolvente zur Formelmenge hinzugefügt wird. Gelingt es, nach einer endlichen Anzahl von Resolutionsschritten eine unerfüllbare Formel abzuleiten, so ist damit gezeigt, dass die ursprüngliche Formelmenge unerfüllbar ist.

Zur Anwendung der Resolution muss die Formelmenge in konjunktiver Normalform vorliegen, gegebenenfalls muss vor Beginn der Resolutionswiderlegung also eine KNF-Transformation durchgeführt werden. Für solche Formeln gibt es eine einfachere Mengendarstellung. Eine Disjunktion von Literalen wird dabei als Menge von Literalen dargestellt. Eine solche Menge heißt Klausel.

Definition 5.6 (Klauseln und Klauselform)

Eine *Klausel* ist eine Menge von Literalen $\{L_1, \ldots, L_m\}$, die der Disjunktion $L_1 \vee \ldots \vee L_m$ entspricht. Die Klausel $\{\}$ bezeichnet man auch als *leere Klausel*. Sie wird meist in der Form $\square$ geschrieben und entspricht dem Wahrheitswert 0.

Die Klauselform einer Formel in KNF ist die Menge

$$\{\{L_{1,1}, \ldots, L_{1,m_1}\}, \ldots, \{L_{n,1}, \ldots, L_{n,m_n}\}\}$$

und entspricht der Formel

$$((L_{1,1} \vee \ldots \vee L_{1,m_1}) \wedge \ldots \wedge (L_{n,1} \vee \ldots \vee L_{n,m_n})).$$

♦

Die Mengenschreibweise hat den Vorteil, dass sich Vereinfachungen durch die Kommutativität, Assoziativität und Idempotenz der Konjunktion und Disjunktion automatisch ergeben. Die Erfüllbarkeitsrelation lässt sich für Klauseln sehr einfach formulieren:

Die Interpretation $\mathcal{I}$ erfüllt die Klausel K, wenn sie (mindestens) ein Literal $L \in K$ erfüllt. Insbesondere gibt es keine Interpretation, die die leere Klausel erfüllt, das heißt, die leere Klausel ist unerfüllbar. Die Interpretation $\mathcal{I}$ erfüllt die Klauselmenge M, wenn sie alle Klauseln in M erfüllt. Insbesondere ist eine Klauselmenge unerfüllbar, wenn sie die leere Klausel enthält.

Beispiel 5.6

Die folgenden (semantisch äquivalenten) Formeln

$$(A \vee B) \wedge (\neg A \vee \neg B)$$

$$(B \vee A \vee B) \wedge (\neg A \vee \neg B) \wedge (\neg B \vee \neg A)$$

entsprechen beide derselben Klauselmenge

$$\{A, B\}, \{\neg A, \neg B\}.$$

■

Ein Resolutionsschritt ist beispielsweise anwendbar auf die beiden Klauseln

$$\{A, B\} \quad \text{und} \quad \{\neg A, C\},$$

die die komplementären Literale A und $\neg A$ enthalten. Die komplementären Literale werden entfernt und die restlichen Mengen vereinigt, somit entsteht die *Resolvente*

$$\{B, C\}.$$

Man kann sich leicht anhand des folgenden Beispiels überzeugen, dass die Resolvente aus den beiden Klauseln folgt: Sei etwa A = „Es regnet", B = „Ich gehe ins Schwimmbad" und C = „Ich gehe ins Kino". Die beiden obigen Klauseln lauten dann als Implikationen gelesen:

> Wenn es nicht regnet, gehe ich ins Schwimmbad.
> Wenn es regnet, gehe ich ins Kino.

Offensichtlich gilt ebenfalls die Aussage „Ich gehe ins Schwimmbad oder ins Kino".

Definition 5.7 (Resolvente)
Seien K_1 und K_2 Klauseln und sei A ein Atom, so dass $A \in K_1$ und $\neg A \in K_2$ gilt. Dann heißt die Klausel R *Resolvente* von K_1 und K_2, wenn sie die folgende Form hat:

$$R = (K_1 - \{A\}) \cup (K_2 - \{\neg A\})$$

♦

Wir stellen dieses Schema grafisch auf folgende Weise dar:

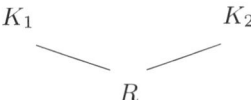

Es folgen einige Beispiele für die Bildung von Resolventen:

Beispiel 5.7
Die folgenden Resolutionsableitungen sind Instanzen des Modus Ponens (links) bzw. des Modus Tollens (rechts) (siehe Tabelle 5.4):

Insbesondere ist also die Resolvente zweier widersprüchlicher Klauseln der Form $\{A\}$ und $\{\neg A\}$ die leere Klausel. Dies entspricht auch der Bedeutung der leeren Klausel als Wahrheitswert 0. Man kann sich leicht davon überzeugen, dass eine Resolvente zweier Klauseln K_1 und K_2 aus der Menge $\{K_1,\, K_2\}$ semantisch folgt (siehe Aufgabe 5.9), das heißt, es gilt $\{K_1,\, K_2\} \models R$.

Satz 5.2
Sei M eine Klauselmenge und seien $K_1, K_2 \in M$. Ist R eine Resolvente von K_1 und K_2, so gilt $M \models R$. Insbesondere ist M genau dann erfüllbar, wenn $M \cup \{R\}$ erfüllbar ist.

Der Satz besagt, dass die Hinzunahme von Resolventen die Bedeutung einer Klauselmenge nicht ändert. Darauf beruht das Prinzip der Resolutionswiderlegung: Zum Beweis, dass eine Klauselmenge M unerfüllbar ist, bildet man so lange Resolventen und fügt sie zur Klauselmenge hinzu, bis irgendwann eine Menge M' entsteht, die die leere Klausel enthält. Diese Menge ist unerfüllbar, und da die Hinzunahme der Resolventen die Bedeutung von M nicht ändert, muss auch die ursprüngliche Klauselmenge M unerfüllbar gewesen sein. Die Resolution hat also die Eigenschaft, dass die leere Klausel nur dann abgeleitet werden kann, wenn die ursprüngliche Klauselmenge unerfüllbar ist. Diese Eigenschaft nennt man die *Korrektheit des Resolutionskalküls*. Anders ausgedrückt ist es mit einem korrekten Kalkül nicht möglich, eine erfüllbare Klauselmenge (fälschlicherweise) zu widerlegen. Umgekehrt gilt aber auch, dass die Resolution für jede unerfüllbare Klauselmenge auch eine Widerlegung findet. Diese Eigenschaft nennt man *Vollständigkeit der Resolution*.

Satz 5.3 (Korrektheit und Vollständigkeit der Resolution)
Eine Klauselmenge M ist unerfüllbar *genau dann, wenn die leere Klausel $\square$ mit einer endlichen Anzahl von Resolutionsschritten aus M abgeleitet werden kann.*

Beispiel 5.8
Gegeben sei die Klauselmenge

$$\{\{A, B\}, \{\neg A, B\}, \{A, \neg B\}, \{\neg A, \neg B\}\}.$$

Die folgende Abbildung zeigt die grafische Darstellung einer Resolutionswiderlegung dieser Klauselmenge.

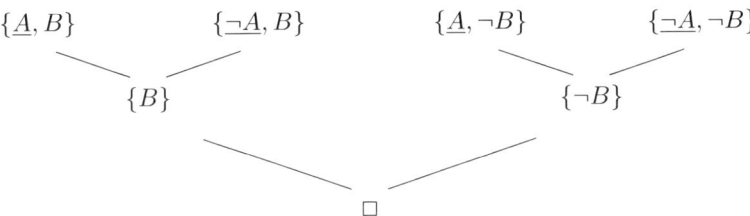

Man kann die Vollständigkeit auch so formulieren: Kann die leere Klausel *nicht* mit einer endlichen Anzahl von Resolutionsschritten aus M abgeleitet werden, so ist die Klauselmenge M erfüllbar. Im aussagenlogischen Fall ist es sogar möglich, festzustellen, dass die leere Klausel nicht abgeleitet werden kann. Sei nämlich n die Anzahl der aussagenlogischen Atome, die in der Menge M vorkommen. Dann gibt es auch nur endlich viele verschiedene Klauseln, die mit diesen n Atomen gebildet werden können. (Genau gesagt sind dies 4^n. Dies liegt daran, dass jedes Atom a in einer der folgenden vier Formen in einer Klausel auftreten kann: Gar nicht, nur positiv, nur negativ, sowohl positiv als auch negativ.) Der Prozess der Erzeugung immer neuer Resolventen muss also dann zum Ende kommen, wenn keine neuen Resolventen mehr gebildet werden können. Nehmen wir nun an, die Resolution kommt nach k Schritten zum Ende, ohne dass die leere Klausel abgeleitet wurde. Sei M_1 die so entstandene Klauselmenge. Wir zeigen durch Konstruktion eines Modells $\mathcal{I}$ für M_1, dass die Menge M_1 erfüllbar ist. Wichtig sind dabei die folgenden zwei Eigenschaften der Menge M_1:

(1) Jede Resolvente von Klauseln aus M_1 ist in M_1 enthalten.

(2) Die leere Klausel ist nicht in M_1 enthalten.

Wir wählen ein in M_1 vorkommendes Literal L_1 folgendermaßen aus: Enthält M_1 eine Klausel K mit nur einem Literal, so sei L_1 dieses Literal. Andernfalls wählen wir L_1 beliebig. Die Menge M_1 hat folgende Eigenschaft: Sie enthält keine Klausel $K' = \{\overline{L_1}\}$, denn sonst müsste sie mit Klausel $K = \{L_1\}$ nach Eigenschaft (1) auch die Resolvente von K und K', nämlich die leere Klausel, enthalten. Dies aber widerspricht Eigenschaft (2).

Wir setzen $\mathcal{I}(A) = 1$, falls $L_1 = A$ und $\mathcal{I}(A) = 0$, falls $L_1 = \neg A$. Die Interpretation $\mathcal{I}$ erfüllt schon alle Klauseln aus M_1, die das Literal L_1 enthalten. Von den restlichen Klauseln aus M_1 entfernen wir jeweils das Literal $\overline{L_1}$, falls ein solches enthalten ist. Die Interpretation $\mathcal{I}$ muss nun noch die so entstandene Menge

$$M_2 = \{K - \{\overline{L}\} \mid K \in M_1 \text{ und } L \notin K\}$$

erfüllen. Die Menge M_2 hat wieder die Eigenschaften (1) und (2), wie man sich leicht überzeugen kann. Wir können also auf dieselbe Weise ein Literal L_2 aus M_2 auswählen usw. Auf diese Weise erhalten wir irgendwann $M_n = \emptyset$. Die so konstruierte Interpretation $\mathcal{I}$ ist ein Modell für M_1 und damit auch für M.

Beispiel 5.9

Sei

$$M = \{\{A\}, \{\neg A, B, C\}, \{\neg B, D\}, \{\neg A, C, D\}\}.$$

Wir erhalten durch Bildung aller Resolventen

$$M_1 = \{\{A\}, \{\neg A, B, C\}, \{B, C\}, \{\neg B, D\}, \{\neg A, C, D\}, \{C, D\}\}.$$

Die Menge M_1 erfüllt die Bedingungen (1) und (2). M enthält die Klausel $\{A\}$ mit nur einem Literal, also wählen wir im ersten Schritt $\mathcal{I}(A) = 1$. Aus den restlichen Klauseln entfernen wir das Literal $\neg A$ und erhalten

$$M_2 = \{\{B, C\}, \{\neg B, D\}, \{C, D\}\}.$$

Nun können wir das Literal L_2 beliebig wählen, etwa $L_2 = B$, also $\mathcal{I}(B) = 1$. Somit ergibt sich

$$M_3 = \{\{D\}, \{C, D\}\}.$$

Im nächsten Schritt gibt es nur die Möglichkeit $L_3 = D$. Wir erhalten $\mathcal{I}(D) = 1$ und

$$M_4 = \emptyset$$

Damit ist der Prozess beendet. Für das Atom C ergibt sich keine Belegung, $\mathcal{I}(C)$ kann also beliebig gewählt werden. Man kann sich leicht davon überzeugen, dass die Interpretation $\mathcal{I}$ die Klauselmenge M erfüllt.   ∎

Aus diesem Grund stellt die Resolution sogar ein *Entscheidungsverfahren* für die Erfüllbarkeit einer aussagenlogischen Klauselmenge M dar: Die Ableitung von Resolventen terminiert nach einer endlichen Anzahl von Schritten, weil entweder die leere Klausel abgeleitet wurde oder weil keine neuen Resolventen gebildet werden können. Im ersten Fall ist die Menge M unerfüllbar, im zweiten Fall ist sie erfüllbar, denn dann kann man ein Modell für sie konstruieren.

Die Implementierung der Resolutionsableitung

Die Boolesche Funktion `unerfüllbar?(klauseln)` aus Algorithmus 5.1 hat als Eingabe eine Klauselmenge `klauseln` und gibt genau dann `true` aus, wenn diese Menge unerfüllbar ist. Die Vorgehensweise lässt sich recht anschaulich darstellen, wenn man annimmt, dass die Klauseln der Reihe nach durchnummeriert sind. Neu hinzukommende Klauseln erhalten dann jeweils weitere Nummern. Die Resolventenbildung verläuft so, dass der Reihe nach für $n = 2, 3, \ldots$ jeweils die aktuelle Klausel K_n mit allen Klauseln $K_j, j < n$ resolviert wird. Der hier dargestellte Algorithmus 5.1 arbeitet mit zwei Klausellisten, `alt`

Algorithmus 5.1 (Resolutionsverfahren)

```
function unerfüllbar?(klauseln)
    res := [];
    alt := [];
    neu := klauseln;
    while neu <> []
       K := delete_first(neu);
       alt := append(alt,[K]);
       res := resolventen(alt,K);
       neu := append(neu , res);
       if □ in res then return true
    return false .
```

---

und **neu**. Er nimmt in jedem Zyklus der while-Schleife eine Klausel K aus der Liste **neu**
heraus und bildet alle Resolventen von K mit Klauseln aus der Liste **alt**. Die Resolventen werden zur Menge **neu** hinzugefügt, die Klausel K wird anschließend in die Liste **alt**
geschoben. Der Prozess terminiert, wenn entweder die leere Klausel erzeugt wird oder
wenn die Liste **neu** leer ist. Im ersten Fall ist die Ausgangsklauselmenge unerfüllbar, im
zweiten Fall können keine neuen Klauseln mehr abgeleitet werden, und damit ist die
Ausgangsmenge erfüllbar.

Dieser Algorithmus dient nur zur Darstellung des Prinzips, er erhebt keinesfalls den
Anspruch auf Effizienz.

Die Zeitkomplexität der Resolutionsmethode ist exponentiell, was nicht verwunderlich ist, denn das zugrunde liegende Problem der Erfüllbarkeit einer aussagenlogischen
Klauselmenge ist nach einem berühmten Satz von Cook (Cook 71) NP-vollständig.

Auf der Basis dieses Algorithmus und unter Beachtung von Satz 5.1 lässt sich eine
Vielzahl von Fragen an ein wissensbasiertes System beantworten:

- Im Kontext der Wissensverarbeitung ist die wichtigste Frage, ob eine Aussage F aus
  einer gegebenen Wissensbasis W inhaltlich folgt. Diese Fragestellung lässt sich leicht
  mithilfe des Algorithmus beantworten. Zunächst wird die Wissenbasis in eine Klauselmenge M transformiert, anschließend wird die Menge $M \cup \{\neg F\}$ in den Algorithmus
  eingegeben.

- Wird direkt nach der Unerfüllbarkeit einer Formel F gefragt, so wird diese wieder in
  Klauselform transformiert und dann in den Algorithmus eingegeben.

Tab. 5.5: Resolutionswiderlegung für Beispiel 5.10

Zyklus	Klauselmenge
0	$\{A\}, \{\neg A, B\}, \{A, \neg B\}, \{\neg B\}$
1	$\{A\}, \underline{\{\neg A, B\}}, \{A, \neg B\}, \{\neg B\}, \{B\}$
2	$\{A\}, \{\neg A, B\}, \underline{\{A, \neg B\}}, \{\neg B\}, \{B\}, \{B, \neg B\}, \{A, \neg A\}$
3	$\{A\}, \{\neg A, B\}, \{A, \neg B\}, \underline{\{\neg B\}}, \{B\}, \{B, \neg B\}, \{A, \neg A\}, \{\neg A\}$
4	$\{A\}, \{\neg A, B\}, \{A, \neg B\}, \{\neg B\}, \underline{\{B\}}, \{B, \neg B\}, \{A, \neg A\}, \{\neg A\}, \square$

■ Soll festgestellt werden, ob es sich bei der Formel F um eine Tautologie handelt, so entspricht dies der Frage nach der Unerfüllbarkeit der Formel $\neg F$, und die Eingabe in den Algorithmus ist entsprechend.

Beispiel 5.10
Gegeben sei die Klauselmenge $\{K_1, K_2, K_3, K_4\}$ mit

$$K_1 = \{A\}, K_2 = \{\neg A, B\}, K_3 = \{A, \neg B\}, K_4 = \{\neg B\}.$$

Der weitere Verlauf der Resolutionswiderlegung ist im Folgenden dargestellt:

$$
\begin{aligned}
(K_1, K_2) &\rightarrow K_5 : \{B\} \\
(K_2, K_3) &\rightarrow K_6 : \{B, \neg B\} \\
(K_2, K_3) &\rightarrow K_7 : \{A, \neg A\} \\
(K_2, K_4) &\rightarrow K_8 : \{\neg A\} \\
(K_3, K_5) &\rightarrow K_9 : \{A\} \\
(K_4, K_5) &\rightarrow K_{10} : \square
\end{aligned}
$$

Tabelle 5.5 zeigt die Entwicklung der Klauselmenge bei der Durchführung des Algorithmus. Die aktuelle Klausel K ist jeweils unterstrichen. Die Klauseln rechts davon bilden die Liste neu, die Klauseln links davon die Liste alt.   ■

Bei dem Problem, eine Klauselmenge mit dem Resolutionsverfahren zu widerlegen, handelt es sich offenbar um ein Suchproblem mit den folgenden Parametern: Die Zustände des Suchproblems sind beim Resolutionsverfahren Klauselmengen, die Übergangsoperatoren sind die möglichen Resolutionsschritte, der Startzustand ist die eingegebene Klauselmenge, und Zielzustand ist jede Klauselmenge, die die leere Klausel enthält. Demzufolge können die in Kapitel 2 behandelten Suchverfahren für das Problem der Resolutionswiderlegung angewendet werden. Der oben angegebene Algorithmus 5.1 stellt eine leicht modifizierte Breitensuche dar.

Das obige Beispiel zeigt jedoch deutlich die Schwächen des Algorithmus. Im Prinzip lässt sich die leere Klausel schon nach drei Resolutionsschritten finden. Der Algorithmus aber führt sechs Resolutionsschritte durch, bis die leere Klausel gefunden wird. Bei etwas größeren Beispielen wird das Missverhältnis noch deutlicher. Die schlechte Performanz des Algorithmus hat im Wesentlichen folgende Ursachen:

- Die Verzweigungsrate des Suchbaums ist sehr groß. Konkret bedeutet dies, dass in jedem Zyklus im Prinzip sehr viele Resolutionsmöglichkeiten zur Verfügung stehen. Das Resolutionsprinzip bietet im Allgemeinen zu viele Möglichkeiten, Resolventen zu erzeugen. Für eine Resolutionswiderlegung wird oft nur ein geringer Teil davon benötigt, wie Beispiel 5.8 zeigt. Es wurden daher mehrere Kalküle entwickelt, die zwar auf der Resolution beruhen, aber die Erzeugung von Resolventen deutlich einschränken. In Abschnitt 5.4 werden wir ein solches System kennenlernen.
- Das Suchverfahren beruht auf der *Breitensuche*, also demjenigen Suchverfahren mit der schlechtesten Performanz. Bessere Ergebnisse könnten mit heuristischen Suchmethoden, beispielsweise der *Bestensuche*, erzielt werden. Eine häufig angewendete heuristische Funktion (siehe Abschnitt 2.4) zur Bestimmung der Güte einer Klausel ist die *Länge* der Klausel, das heißt die Anzahl ihrer Literale. Diese Funktion erfüllt offenbar das Kriterium einer heuristischen Funktion, denn die Länge des Ziels, also der leeren Klausel, ist 0.
- Der Algorithmus erzeugt viele redundante Klauseln, also Klauseln, die nicht zum Erreichen des Ziels beitragen. Beispielsweise wird die Klausel $\{A\}$ zweimal erzeugt. Eine andere Art redundanter Klauseln zeigt sich, wenn man die Klausel $K_7 = \{\neg A, A\}$ betrachtet. Diese Klausel ist offensichtlich nutzlos, denn ein Resolutionsschritt einer beliebigen Klausel K mit K_7 erzeugt wieder die Klausel K. Im Folgenden werden wir den Begriff der Redundanz etwas genauer definieren.

Elimination redundanter Klauseln

Wendet man den Algorithmus zur Resolutionswiderlegung naiv an, so stellt sich heraus, dass sehr viele Resolventen erzeugt werden, die nichts zum Erreichen des Ziels beitragen. Wir nennen solche Klauseln *redundant*.

Dazu zählt beispielsweise das Doppelvorkommen von Klauseln. Aber auch Klauseln der Art $\{\neg A, A\}$ bzw. ganz allgemein Klauseln, die zwei komplementäre Literale enthalten, sind überflüssig, denn es lässt sich zeigen, dass Resolutionswiderlegungen stets ohne Tautologien durchgeführt werden können. Diese Klauseln sind Tautologien im Sinne von Abschnitt 5.2.1. Tautologische Klauseln können also im Verlauf einer Resolutionswiderlegung gelöscht werden.

Ein Resolutionsschritt zweier Klauseln setzt die Existenz zweier komplementärer Literale in den beiden Klauseln voraus. Kommt ein Literal einer Klausel in keiner anderen Klausel in komplementärer Form vor, so kann mit diesem Literal auch niemals ein Re-

Tab. 5.6: Resolutionswiderlegung mit Löschung redundanter Klauseln für Beispiel 5.10

Zyklus	Klauselmenge	Klauselmenge nach Elim.
0	$\{A\}, \{\neg A, B\}, \{A, \neg B\}, \{\neg B\}$	$\{A\}, \{\neg A, B\}, \{\neg B\}$
1	$\{A\}, \underline{\{\neg A, B\}}, \{\neg B\}, \{B\}$	$\{A\}, \{\neg B\}, \{B\}$
2	$\{A\}, \{\neg B\}, \{B\}$	$\{A\}, \underline{\{\neg B\}}, \{B\}$
2	$\{A\}, \{\neg B\}, \underline{\{B\}}, \square$	

solutionsschritt durchgeführt werden. Also kann eine solche Klausel nicht zur Erzeugung der leeren Klausel beitragen und kann somit gelöscht werden.

Schließlich gibt es noch eine weitere Form der Redundanz, der wir in einer anderen Form schon begegnet sind. Bei der Suche nach einem optimalen Weg vom Startort zum Zielort hatten wir folgende Situation: Im Verlauf der Suche wurden zwei verschiedene Pfade p_1 und p_2 erzeugt, die beide zum selben Ort führen, von denen aber der Pfad p_1 kostengünstiger ist, also eine kürzere Wegstrecke oder Fahrzeit aufweist als p_2. Der A*-Algorithmus nutzt die Tatsache aus, dass in diesem Fall der ungünstigere Weg p_2 aus der Agenda gelöscht werden kann. Ein ähnliches Phänomen tritt sehr häufig bei der Resolutionswiderlegung auf. Wir betrachten in Beispiel 5.10 die beiden Klauseln $\{A, \neg B\}$ und $\{\neg B\}$. Es lässt sich zeigen, dass jede Resolutionswiderlegung mit der Klausel $\{A, \neg B\}$ sich in eine *kürzere* Resolutionswiderlegung mit der Klausel $\{\neg B\}$ umformen lässt. Man kann also die Klausel $\{A, \neg B\}$ aus der Klauselmenge löschen.

Man sagt in diesem Fall, die Klausel $\{A, \neg B\}$ wird von der Klausel $\{\neg B\}$ *subsumiert*. Daher können auch subsumierte Klauseln gelöscht werden.

Definition 5.8 (Tautologie, Subsumtion)
Eine Klausel heißt *tautologisch*, wenn sie zwei komplementäre Literale enthält.
    Die Klausel K_1 *subsumiert* die Klausel K_2, wenn $K_1 \subseteq K_2$ gilt.   ◆

Tautologische und subsumierte Klauseln können im Verlauf einer Resolutionswiderlegung gelöscht werden. Die Löschung tautologischer Klauseln ist dabei relativ problemlos möglich. Es reicht dazu aus, jeweils nur die neu hinzugekommenen Klauseln auf Tautologie zu prüfen und gegebenenfalls zu löschen. Bei der Subsumtion sind dagegen jeweils zwei Klauseln involviert. Es muss daher für jede neu hinzugekommene Klausel zum einen geprüft werden, ob sie von einer der vorhandenen Klauseln subsumiert wird und zum anderen, ob sie eine der vorhandenen subsumiert.

Tabelle 5.6 zeigt den Verlauf der Resolutionswiderlegung der Klauselmenge $\{\{A\}, \{\neg A, B\}, \{A, \neg B\}, \{\neg B\}\}$ mit Löschung redundanter Klauseln.

5.3   Prädikatenlogik

Im vorigen Abschnitt haben wir mit der Aussagenlogik ein einfaches Werkzeug kennengelernt, das es ermöglicht, einfache Aussagen über eine Anwendung zu modellieren, diese Aussagen miteinander zu verknüpfen und logische Schlussfolgerungen zu ziehen. Die Ausdruckskraft der Aussagenlogik ist jedoch stark eingeschränkt. So ist es beispielsweise nicht möglich, Aussagen über ganze Klassen von Objekten zu machen. Zwar ist es möglich, alles in Form von Aussagen zu formulieren, aber die Struktur der Aussagen wird mitunter nur sehr grob wiedergegeben, und Schlussfolgerungen über individuelle Objekte sind eventuell nicht möglich. So können wir beispielsweise die Sätze

„Martin ist ein Informatiker"
„Jeder Infomatiker kann programmieren"
„Martin kann programmieren"

in Form von atomaren Aussagen A, B und C modellieren, jedoch ist es nicht möglich, C aus A und B zu folgern. Gesucht ist also eine logische Sprache, die diese und andere Beschränkungen aufhebt und gleichzeitig eine Erweiterung der Aussagenlogik darstellt. Damit behalten die Ergebnisse des vorigen Abschnitts ihre Gültigkeit.

Im Folgenden stellen wir Syntax und Semantik der Prädikatenlogik vor, anschließend passen wir das Konzept der Resolution als wichtiges logisches Schlussfolgerungsverfahren an die erweiterte Sprache an.

5.3.1   Syntax und Semantik

Die Syntax

Die syntaktischen Elemente der Prädikatenlogik als Erweiterung der Aussagenlogik sind Konstanten, Variablen, Quantoren, Prädikate und Funktionen. Quantoren ermöglichen Aussagen der Form, dass alle Individuen eine bestimmte Eigenschaft besitzen oder dass es ein Individuum gibt, das diese Eigenschaft besitzt. Konstanten und Variablen beschreiben Individuen aus einem durch die Anwendung gegebenen Grundbereich. Mit Variablen ist es möglich, Aussagen über ganze Klassen von Objekten zu machen. Prädikate modellieren Beziehungen zwischen Individuen.

Wir verwenden für Konstanten die Buchstaben $a, b, c, \ldots$, für Variablen die Buchstaben $x, y, \ldots$, für Prädikatsymbole die Buchstaben $P, Q, R, \ldots$ und für Funktionssymbole die Buchstaben $f, g, \ldots$. Jedem Funktions- und Prädikatsymbol ist eine Stelligkeit zugeordnet. Zusätzlich zu den in der Aussagenlogik eingeführten Junktoren $\wedge, \vee, \neg$ und $\Rightarrow$ führen wir den *Allquantor* $\forall$ und den *Existenzquantor* $\exists$ als logische Operatoren ein. Letztere sind zu lesen als „Für alle Individuen gilt ... " und „Es gibt ein Individuum, für das ... gilt." Für die Quantoren vereinbaren wir als zusätzliche Bindungsregel, dass $\forall$ und $\exists$ stärker binden als alle logischen Junktoren.

Die nachfolgende Definition führt zunächst den Begriff des Terms ein. Auf dieser Basis werden anschließend die prädikatenlogischen Formeln definiert.

Definition 5.9 (Terme)
Der Aufbau von Termen ist folgendermaßen definiert:

a) Jede Konstante ist ein Term.

b) Jede Variable ist ein Term.

c) Ist f ein n-stelliges Funktionssymbol und sind $t_1, \ldots, t_n$ Terme, so ist auch $f(t_1, \ldots, t_n)$ ein Term.

♦

Als einfaches Beispiel wählen wir den Grundbereich der Arithmetik wie folgt: Die natürlichen Zahlen werden durch die Konstantensymbole $0, 1, 2, \ldots$ dargestellt, die Addition und die Multiplikation werden durch die zweistelligen Funktionssymbole plus und mal repräsentiert. Damit sind die folgenden Ausdrücke Terme:

- 17
- $\mathsf{plus}(x, 5)$
- $\mathsf{plus}(2, \mathsf{mal}(3, 4))$

Definition 5.10 (Formeln der Prädikatenlogik)
Die Syntax von Formeln der Prädikatenlogik ist folgendermaßen definiert:

a) Ist P ein n-stelliges Prädikatssymbol und sind $t_1, \ldots, t_n$ Terme, so ist $P(t_1, \ldots, t_n)$ eine (atomare) Formel.

b) Für alle Formeln F und G sind auch die *Konjunktion* $(F \wedge G)$, die *Disjunktion* $(F \vee G)$ und die *Implikation* $(F \Rightarrow G)$ Formeln.

c) Für jede Formel F ist auch die *Negation* $(\neg F)$ eine Formel.

d) Ist x eine Variable und F eine Formel, so sind auch $(\exists x F)$ und $(\forall x F)$ Formeln.

♦

In Fortsetzung des obigen Beispiels können wir nun weitergehende Aussagen über die Anwendungsdomäne der Arithmetik in der prädikatenlogischen Sprache formulieren. Wir verwenden dabei ein einstelliges Prädikatssymbol gerade zur Darstellung der Eigenschaft „gerade" und ein zweistelliges Prädikatssymbol gleich zur Darstellung der Gleichheitsrelation „=" auf den natürlichen Zahlen. Wir können damit beispielsweise die folgenden prädikatenlogischen Formeln formulieren:

- $\mathsf{gerade}(8)$
- $\mathsf{gleich}(\mathsf{mal}(4, \mathsf{plus}(3, 2)), \mathsf{plus}(1, x))$
- $\forall x\, \mathsf{gerade}(\mathsf{mal}(2, x))$
- $\exists x\, \forall y\, \mathsf{gleich}(\mathsf{plus}(x, y), y)$

Die beiden ersten Formeln sind atomar. Die letzte Formel beschreibt die Existenz des neutralen Elements der Addition.

Das folgende Beispiel zeigt, dass sich mit diesen Mitteln auch andere Anwendungsdomänen adäquat modellieren lassen.

Beispiel 5.11

Betrachten wir den in Abb. 2.1 dargestellten Graphen, der mithilfe des zweistelligen Prädikatssymbols Kante folgendermaßen als Menge von atomaren Formeln dargestellt werden kann:

$$\{\text{Kante}(a,b), \text{Kante}(b,e), \text{Kante}(a,c), \text{Kante}(c,d), \text{Kante}(a,d), \text{Kante}(d,f)\}$$

Da es sich bei dem Graphen um einen ungerichteten Graphen handelt, gibt es zu jeder Kante von einem Knoten x zu einem Knoten y auch eine Kante von y nach x. Wir formulieren diesen Zusammenhang durch die Formel:

$$\forall x, y \ (\text{Kante}(x,y) \Rightarrow \text{Kante}(y,x))$$

In dieser Anwendungsdomäne kann es sinnvoll sein, Information über Pfade zu haben. Eine explizite Aufzählung aller Pfade ist selbst in kleinen Anwendungsdomänen zu aufwendig. Die folgenden beiden Formeln definieren Pfade unter Verwendung des Prädikats Pfad:

$$\forall x, y \ (\text{Kante}(x,y) \quad \Rightarrow \quad \text{Pfad}(x,y))$$
$$\forall x, y, z \ (\text{Kante}(x,y) \wedge \text{Pfad}(y,z) \quad \Rightarrow \quad \text{Pfad}(x,z))$$

Demnach entspricht der kürzeste Pfad einer Kante. Längere Pfade bestehen aus einer Kante als Anfangsstück und einem sich anschließenden Pfad. Mithilfe der in den späteren Abschnitten eingeführten Beweisverfahren – im Wesentlichen einer Erweiterung der bekannten Resolution – lässt sich beispielsweise die Existenz eines Pfades von a nach f beweisen. $\blacksquare$

Bei Variablen unterscheidet man *freie* und *gebundene* Vorkommen. Ein Vorkommen der Variablen x in einer Formel F heißt *gebunden*, wenn x in einer Teilformel von F der Form $\exists x G$ oder $\forall x G$ vorkommt. Andernfalls heißt dieses Vorkommen von x *frei*. Formeln ohne freie Variablen heißen *abgeschlossene Formeln* oder *Aussagen*. Ist F eine Formel mit freien Variablen $x_1, \ldots, x_n$, so definieren wir

$$\forall F \quad := \quad \forall x_1 \ldots \forall x_n F \tag{5.3}$$

und bezeichnen die Formel $\forall F$ als *Abschluss* von F.

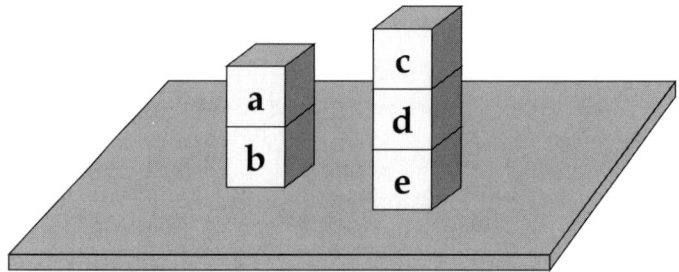

Abb. 5.1: Die Klötzchenwelt

Formalisierung

Die Sprache der Prädikatenlogik stellt Ausdrucksmittel zur Verfügung, die die Darstellung von *Objekten*, deren *Eigenschaften* und deren *Beziehungen* untereinander ermöglicht. Das folgende Beispiel soll einige Probleme beleuchten, die sich bei der prädikatenlogischen Formalisierung einer Anwendungsdomäne ergeben.

Beispiel 5.12 (Die Klötzchenwelt)
Die in Abbildung 5.1 dargestellte „Klötzchenwelt" besteht aus fünf Klötzchen, die auf einem Tisch liegen. Die Klötzchen haben *Eigenschaften* wie Farbe oder Gewicht, und sie stehen in bestimmten *Relationen* untereinander, beispielsweise kann ein Klötzchen auf einem anderen oder auf dem Tisch liegen. Die Objekte unserer Klötzchenwelt können durch die Konstantensymbole a, b, c, d und e dargestellt werden. Es ist wichtig, zwischen den *Symbolen* a, b, c, d, e, also den Elementen der Beschreibungssprache, und den realen *Objekten* zu unterscheiden. Die Namen sind willkürlich und austauschbar, und im Allgemeinen stehen auch keine Namen auf den Klötzchen.

Die Eigenschaften der Klötzchen können beispielsweise durch einstellige Prädikatensymbole dargestellt werden, etwa

$$\mathrm{blau}(a) \quad \text{oder} \quad \mathrm{schwer}(b),$$

die Relationen können durch mehrstellige Prädikatsymbole dargestellt werden, etwa

$$\mathrm{auf}(a, b).$$

Es hängt von der konkreten Problemstellung ab, welche dieser Symbole tatsächlich benötigt werden. Geht es beispielsweise nur darum, die Lage von Klötzchen zu bestimmen, also Fragen der Art „Auf welchem Klötzchen liegt Klötzchen a?" zu beantworten, so ist es nicht nötig, Farbe und Gewicht der Klötzchen zu formalisieren. Soll dagegen ein Roboterarm Befehle wie „Stelle das rote Klötzchen auf das grüne" ausführen, so spielt die Farbe eine Rolle. Auch das Gewicht kann aufgrund der begrenzten Belastungsfähigkeit des Roboterarms eine Rolle spielen.

Mit den Prädikatensymbolen blau, gruen, rot usw. lässt sich zwar die Farbe eines Klötzchens auf einfache Weise darstellen. Zur Formalisierung von Aussagen der Form „Die Klötzchen a und b haben dieselbe Farbe" ist diese Darstellung jedoch weniger gut geeignet. Man müsste dazu eine Menge von Formeln der Art

$$\text{blau}(a) \quad \Rightarrow \quad \text{blau}(b)$$
$$\text{rot}(a) \quad \Rightarrow \quad \text{rot}(b)$$
$$\ldots$$

aufstellen, was wiederum dem Prinzip der Ökonomie der Repräsentation widerspricht. Dabei ist zu beachten, dass eine Quantifizierung über Prädikatensymbole, etwa $\forall \text{farbe } \text{farbe}(a) \Rightarrow \text{farbe}(b)$, in der Prädikatenlogik nicht möglich ist. Es gibt jedoch die sogenannte Prädikatenlogik zweiter Stufe, die die Quantifizierung über Funktions- und Prädikatensymbole gestattet.

Eine andere Darstellungsform besteht darin, die Farben als Objekte zu behandeln und ein zweistelliges Prädikatensymbol farbe zu verwenden, etwa

$$\text{farbe}(a, \text{blau}).$$

Die obige Aussage kann damit sehr viel ökonomischer durch die Formel

$$\forall x \ \text{farbe}(a, x) \Rightarrow \text{farbe}(b, x)$$

beschrieben werden. Als dritte Darstellungsmöglichkeit kann man die Farbe durch ein Funktionssymbol farbe darstellen. In diesem Fall benötigt man allerdings auch das Gleichheitsprädikat zur Darstellung der Farben:

$$\text{farbe}(a) \quad = \quad \text{blau} \quad \text{bzw.}$$
$$\text{farbe}(a) \quad = \quad \text{farbe}(b)$$

Das Gewicht der Klötzchen lässt sich auch auf verschiedene Weisen darstellen. Sind die tatsächlichen Gewichte exakt bekannt, so kann man diese quantitative Information mit Formeln der Art

$$\text{gewicht}(a, 20)$$

darstellen. Eine qualitative Darstellung ist dagegen mit Formeln der Art

$$\text{schwer}(a) \quad \text{oder} \quad \text{leicht}(b)$$

möglich. Relative Gewichte können mit Formeln der Art

$$\text{schwerer}(a, b)$$

formuliert werden. Welche Darstellung adäquat ist, hängt selbstverständlich sowohl von der verfügbaren Information als auch von der Problemstellung ab.

Die Verwendung zweier Prädikatssymbole „schwer" und „leicht" widerspricht allerdings dem Prinzip der Redundanzfreiheit. Die Eigenschaft „leicht" lässt sich nämlich auch ohne die Verwendung eines eigenen Symbols durch Formeln der Art ¬schwer(b) ausdrücken. Eine solche redundante Darstellung birgt die Gefahr von semantischen Inkonsistenzen. Beispielsweise ist es möglich, dass die Wissensbasis die beiden Fakten schwer(b) und leicht(b) enthält, die einen *semantischen* Widerspruch darstellen. Auf der syntaktischen Ebene lässt sich dieser Widerspruch nicht aufspüren, die Wissensbasis kann trotzdem erfüllbar sein. Dagegen sind die beiden Fakten schwer(b) und ¬schwer(b) syntaktisch widersprüchlich. Eine Wissensbasis, die beide Fakten enthält, kann nicht erfüllbar sein. Die Gefahr der Inkonsistenz ist also bei Verwendung dieser Darstellungsform wesentlich geringer.

Auf die Bemerkung, dass man die Semantik von „leicht" und „schwer" eigentlich gar nicht präzise angeben kann, kommen wir in Kapitel 9 zurück, wo es um Fuzzymengen bzw. unscharfe Mengen geht.   ∎

Die Semantik

Die Semantik der Prädikatenlogik beschreibt die Bedeutung prädikatenlogischer Formeln. Um Formeln eine Bedeutung zuordnen zu können, definieren wir zunächst, wie die Symbole für Konstanten, Variablen, Funktionen und Prädikate interpretiert werden. Dies wird festgelegt durch die Definition einer Interpretation $\mathcal{I}$.

Definition 5.11 (Interpretation)
Gegeben sei eine nicht leere Menge M von Individuen, der sogenannte Grundbereich. Wir definieren eine Abbildung $\mathcal{I}$, die sogenannte *Interpretation*, in folgender Weise:

a) $\mathcal{I}$ bildet jede Konstante a auf ein Element a' von M ab: $\mathcal{I}(a) = a' \in M$.

b) $\mathcal{I}$ bildet jedes n-stellige Funktionssymbol f auf eine n-stellige Funktion $\mathcal{I}(f) : M^n \to M$ ab.

c) $\mathcal{I}$ bildet jedes n-stellige Prädikatsymbol P auf eine n-stellige Relation über M ab: $\mathcal{I}(P) \subseteq M^n$.
                                                                                        ◆

Bezogen auf das oben eingeführte Beispiel der Arithmetik kann man folgende Interpretation $\mathcal{I}$ über der Grundmenge $\mathbb{N}$ der natürlichen Zahlen definieren:

a) Jede Konstante wird auf die entsprechende ganze Zahl abgebildet: $\mathcal{I}(n) = n$.

b) Die zweistelligen Funktionssymbole plus und mal werden auf die entsprechenden Funktionen für Summe und Produkt abgebildet:

$$\mathcal{I}(\mathsf{plus})(i, j) = i + j, \qquad \mathcal{I}(\mathsf{mal})(i, j) = i \cdot j$$

c) Die Prädikatssymbole gleich und gerade werden als Gleichheitsrelation bzw. gerade-Eigenschaft auf $\mathbb{N}$ interpretiert:

$$\mathcal{I}(\text{gerade}) = \{2 \cdot n \mid n \in \mathbb{N}\} = \{0, 2, 4, \ldots\}$$
$$\mathcal{I}(\text{gleich}) = \{(n, m) \in \mathbb{N} \times \mathbb{N} \mid n = m\} = \{(0, 0), (1, 1), \ldots\}$$

Die obige Definition einer Interpretation legt die Werte der Variablen noch nicht fest. Dies geschieht durch eine sogenannte Variablenbelegung.

Definition 5.12 (Variablenbelegung)
Eine Variablenbelegung α ordnet jeder Variablen ein Element der Grundmenge M zu.

$\blacklozenge$

Die Definition der Semantik von Termen und Formeln setzt die obige Definition fort.

Definition 5.13 (Semantik der Prädikatenlogik)
Sei $\mathcal{I}$ eine Interpretation und α eine Variablenbelegung. Wir definieren zunächst die Semantik der Terme. Für jeden Term t definieren wir den Wert $\mathcal{I}_\alpha(t)$ wie folgt:

a) Ist t eine Konstante a, so ist $\mathcal{I}_\alpha(t) = \mathcal{I}(a)$ nach Definition 5.11.
b) Ist t eine Variable x, so ist $\mathcal{I}_\alpha(t) = \alpha(x)$ nach Definition 5.12.
c) Ist $t = f(t_1, \ldots, t_n)$, so ist $\mathcal{I}_\alpha(t) = \mathcal{I}(f)(\mathcal{I}_\alpha(t_1), \ldots, \mathcal{I}_\alpha(t_n))$.

Auf ähnliche Weise wie bei der Aussagenlogik definieren wir den Wahrheitswert $\mathcal{I}_\alpha(F)$ einer Formel F:

a) Ist $F = P(t_1, \ldots, t_n)$ ein Atom, so ist $\mathcal{I}_\alpha(F) = 1$ gdw. $(\mathcal{I}_\alpha(t_1), \ldots, \mathcal{I}_\alpha(t_n)) \in \mathcal{I}(P)$.
b) Für die Konjunktion, Disjunktion, Implikation und Negation gelten dieselben Regeln wie im aussagenlogischen Fall.
c) Ist $F = \forall x G$, so ist $\mathcal{I}_\alpha(F) = 1$ gdw. $\mathcal{I}_\alpha(G) = 1$ für alle Werte von $\alpha(x)$.
d) Ist $F = \exists x G$, so ist $\mathcal{I}(F) = 1$ gdw. es einen Wert für $\alpha(x)$ gibt, so dass $\mathcal{I}_\alpha(G) = 1$ gilt.

$\blacklozenge$

Mithilfe dieser Definition kann man Terme und Formeln in einer gegebenen Interpretation auswerten. So ergibt sich beispielsweise mit der obigen Interpretation $\mathcal{I}$ über der Menge $\mathbb{N}$:

$$\mathcal{I}(\text{mal}(\text{plus}(2, 3), 5)) = (2 + 3) \cdot 5 = 25$$
$$\mathcal{I}(\text{gleich}(s, t)) = 1, \text{ gdw. } \mathcal{I}(s) = \mathcal{I}(t)$$

für beliebige Terme s und t. Die Variablenbelegung spielt hierbei keine Rolle. Wir vereinbaren im Folgenden zur Erleichterung der Schreibweise die Notation $[n \overset{?}{=} m]$ mit der Bedeutung $[n \overset{?}{=} m] = 1$, wenn $n = m$ gilt, ansonsten ist $[n \overset{?}{=} m] = 0$. Also gilt auch:

$$\mathcal{I}(\text{gleich}(\text{mal}(\text{plus}(2, 3), 5)), 25) = [25 \overset{?}{=} 25] = 1$$
$$\mathcal{I}(\forall x \text{ gleich}(x, x)) = 1,$$

denn für beliebiges $\alpha(x)$ gilt:

$$\mathcal{I}_\alpha(\mathsf{gleich}(x, x)) = [\alpha(x) \overset{?}{=} \alpha(x)] = 1.$$

Ebenso gilt

$$\mathcal{I}(\exists x \forall y \ \mathsf{gleich}(\mathsf{plus}(x, y), y)) = 1,$$

denn wählt man für $\alpha(x)$ den Wert 0, so ergibt sich für beliebige $\alpha(y)$:

$$\mathcal{I}_\alpha(\mathsf{gleich}(\mathsf{plus}(x, y), y)) = [0 + \alpha(y) \overset{?}{=} \alpha(y)] = 1.$$

Die Begriffe der Erfüllbarkeit und Tautologie sind entsprechend definiert wie im aussagenlogischen Fall:

Eine Interpretation $\mathcal{I}$, für die $\mathcal{I}(F)$ den Wert 1 annimmt, heißt ein *Modell* für die Formel F. Ist M eine Menge von Formeln und $\mathcal{I}$ ein Modell für alle Formeln in M, so heißt $\mathcal{I}$ ein Modell für M. Eine Formel oder Formelmenge heißt *erfüllbar*, wenn sie mindestens ein Modell hat, ansonsten heißt sie *unerfüllbar*. Eine Formel, die in jeder Interpretation wahr ist, heißt *Tautologie*.

Beispielsweise ist die Formel

$$\exists x \forall y \ \mathsf{gleich}(\mathsf{plus}(x, y), y)$$

erfüllbar, denn wir haben ja oben ein Modell dafür angegeben. Sie ist jedoch keine Tautologie, denn wenn wir bei gleicher Interpretation der Funktions- und Prädikatsymbole als Grundbereich die Menge $\{1, 2, 3, \ldots\}$ der natürlichen Zahlen größer als null zugrunde legen, so hat die Formel den Wahrheitswert 0. Das Beispiel zeigt, dass die Interpretation einer Formel im Allgemeinen sowohl vom Grundbereich als auch von der Definition der verwendeten Symbole abhängt. Dagegen ist die Formel

$$\forall x \ (P(x) \vee \neg P(x))$$

eine Tautologie, denn sie ist in jeder Interpretation wahr.

Für die praktische Anwendung im Rahmen der Wissensverarbeitung ist wichtig, dass Satz 5.1 Gültigkeit behält. Die Frage, ob eine Formel F aus einer gegebenen Wissensbasis semantisch folgt, lässt sich demnach auch in der Prädikatenlogik auf einen Widerspruchsbeweis reduzieren.

Äquivalenz und Normalformen

Die Definition der semantischen Äquivalenz prädikatenlogischer Formeln ist identisch zum aussagenlogischen Fall (siehe Definition 5.3). Die in Tabelle 5.2 aufgeführten Äquivalenzen sind weiterhin gültig, erweitert wird diese Tabelle durch die in Tabelle 5.7 gezeigten Quantorenregeln.

Tab. 5.7: Semantische Äquivalenzen der Prädikatenlogik

$\neg \forall x F$	$\equiv$	$\exists x \neg F$
$\neg \exists x F$	$\equiv$	$\forall x \neg F$
$(\forall x F \wedge \forall x G)$	$\equiv$	$\forall x (F \wedge G)$
$(\exists x F \vee \exists x G)$	$\equiv$	$\exists x (F \vee G)$
$\forall x \forall y F$	$\equiv$	$\forall y \forall x F$
$\exists x \exists y F$	$\equiv$	$\exists y \exists x F$

Die Gültigkeit der in der Tabelle gezeigten Beziehungen lässt sich leicht nachvollziehen. So ist beispielsweise die Aussage „Nicht alle Tage sind Arbeitstage" modelliert als $\neg \forall x$ Arbeitstag(x), inhaltlich gleichbedeutend mit der Aussage „Es gibt (mindestens) einen Tag, der kein Arbeitstag ist", modelliert als $\exists x \neg$Arbeitstag(x).

Zu beachten ist, dass in den folgenden beiden Beispielen, die den in Tabelle 5.7 aufgeführten ähneln, keine Äquivalenz besteht:

$$(\forall x F \vee \forall x G) \quad \not\equiv \quad \forall x (F \vee G)$$
$$(\exists x F \wedge \exists x G) \quad \not\equiv \quad \exists x (F \wedge G)$$

Beispielsweise ist der Satz „Alle Menschen sind männlich oder weiblich" sicher wahr, die Aussage „Alle Menschen sind männlich oder alle Menschen sind weiblich" dagegen nicht. Entsprechend lässt sich das Beispiel auch für die zweite Formel fortführen.

Gleichartige Quantoren sind nach Tabelle 5.7 vertauschbar, bei verschiedenartigen Quantoren ist dies im Allgemeinen nicht möglich:

$$\forall x \exists y \; F \quad \not\equiv \quad \exists y \forall x \; F.$$

So gibt es für jeden Informatiker x eine Programmiersprache y, so dass x y beherrscht (jedenfalls ist dies zu hoffen), aber es gibt keine Programmiersprache y, die jeder Informatiker x beherrscht. Dafür gibt es zu viele Programmiersprachen, und die Informatikcurricula der Hochschulen weichen zu stark voneinander ab.

Die vorgestellten semantischen Äquivalenzen sind **eine** Voraussetzung, um analog zur Aussagenlogik prädikatenlogische Formeln in eine *Normalformdarstellung* zu überführen. Allerdings sind dazu noch weitere Transformationen nötig, deren detaillierte Darstellung den Rahmen dieses Buches sprengen würde. Wie wir noch sehen werden, lassen sich die in wissensbasierten Systemen üblichen Darstellungselemente der Fakten, Regeln und Anfragen relativ direkt, also ohne aufwendige Transformationen, in der Syntax der Klausellogik darstellen. Daher verzichten wir hier auf die relativ aufwendige Darstellung der Normalformtransformation und gehen stattdessen davon aus, dass die Formeln bereits in Klauselform vorliegen. Eine sehr anschauliche Darstellung der Konvertierung ist in (Schöning 00) angegeben.

Definition 5.14 (Klauselform prädikatenlogischer Formeln)
Ein *Literal* ist eine atomare Formel (siehe Definition 5.10) oder deren Negation. Eine *Klausel* ist eine Menge von Literalen.

Die folgende Darstellung einer prädikatenlogischen Formel heißt *Klauselform*

$$\{\{L_{1,1}, \ldots, L_{1,m_1}\}, \ldots, \{L_{n,1}, \ldots, L_{n,m_n}\}\}.$$

Dabei sind die $L_{i,j}$ Literale. Sie entspricht der Formel

$$\forall x_1, \ldots, x_k \ ((L_{1,1} \vee \ldots \vee L_{1,m_1}) \wedge \ldots \wedge (L_{n,1} \vee \ldots \vee L_{n,m_n})),$$

wobei $\{x_1, \ldots, x_k\}$ die Menge der in den $L_{i,j}$ vorkommenden Variablen ist.   ◆

Die Semantik von Klauselmengen lässt sich besonders einfach charakterisieren:

Satz 5.4 (Semantik von Klauselmengen)
Sei $\mathcal{I}$ eine Interpretation.

a) *Die Interpretation $\mathcal{I}$ erfüllt die Klausel K, wenn es für alle Variablenbelegungen α ein Literal $L \in K$ gibt, so dass $\mathcal{I}_\alpha$ das Literal L (nach Definition 5.13) erfüllt.*
b) *Die Interpretation $\mathcal{I}$ erfüllt die Klauselmenge M, wenn sie jede Klausel $K \in M$ erfüllt.*

Diese Definition entspricht im Wesentlichen der für aussagenlogische Formeln, die Literale sind in diesem Fall atomare prädikatenlogische Formeln oder deren Negation. Wir betrachten noch einmal das einführende Beispiel von Seite 113. Zur Modellierung des Beispiels verwenden wir die beiden Prädikate: Informatiker(x) und Kann_programmieren(x). Das Beispiel lässt sich dann folgendermaßen in Form von prädikatenlogischen Formeln darstellen:

$$\text{Informatiker(Martin)}$$
$$\forall x \ (\text{Informatiker}(x) \Rightarrow \text{Kann\_programmieren}(x)).$$

Die entsprechende Klauseldarstellung lautet:

$$\{ \ \{\text{Informatiker(Martin)}\},$$
$$\{\neg\text{Informatiker}(x), \text{Kann\_programmieren}(x)\}\}.$$

Bei der Konvertierung wurde die zur Darstellung der Regel verwendete Implikation ersetzt. Zu beachten ist, dass die Variable x in der Klauseldarstellung implizit allquantifiziert ist. Im Beispiel liegt der Schluss nahe, dass Martin programmieren kann. Ein formales Verfahren, wie etwa die aussagenlogische Resolution, müsste dazu offensichtlich eine Beziehung zwischen den beiden Atomen Informatiker(Martin) und Informatiker(x), also im Wesentlichen zwischen der Konstanten Martin und der Variablen x herstellen können. Würde die Variable x durch die Konstante Martin ersetzt, so könnte wie im aussagenlogischen Fall unter Anwendung des Resolutionsverfahrens bzw. des Modus Ponens der Schluss, dass Martin programmieren kann, gezogen werden. Eine solche Methode zur Herstellung einer Übereinstimmung zweier verschiedener Literale bezeichnet man als *Unifikation*.

5.3.2 Unifikation und Resolution

Substitutionen und Unifikation

Ausgangspunkt der nachfolgenden Überlegungen sind zwei Literale $L_1 = P_1(s_1, \ldots, s_n)$ und $L_2 = \neg P_2(t_1, \ldots, t_m)$ mit Termen s_i und t_j. Die Frage ist, ob es Bindungen der vorkommenden Variablen derart gibt, dass die beiden Atome in Übereinstimmung gebracht werden.

Beispiel 5.13

a) Seien

$$
\begin{aligned}
L_1 &= \text{gleich}(x, \text{plus}(3,4)) \\
L_2 &= \neg\text{gleich}(\text{mal}(2,3), y)
\end{aligned}
$$

Die Lösung, die die beiden Atome in Übereinstimmung bringt, beruht auf den Bindungen $x \leftarrow \text{mal}(2,3)$ und $y \leftarrow \text{plus}(3,4)$.

b) Seien

$$
\begin{aligned}
L_1 &= \text{gleich}(\text{plus}(2,4), x) \\
L_2 &= \neg\text{gleich}(\text{mal}(2,3), y)
\end{aligned}
$$

In diesem Fall ist eine Übereinstimmung nicht herstellbar, da die Terme $\text{mal}(2,3)$ und $\text{plus}(2,4)$ (syntaktisch) verschieden sind. Zwar besitzen die beiden Terme in der intendierten Interpretation denselben Wert, doch bei der Unifikation geht es nur um syntaktische Gleichheit.

c) Seien

$$
\begin{aligned}
L_1 &= \text{gleich}(x, 6) \\
L_2 &= \neg\text{gleich}(\text{mal}(x,3), 6)
\end{aligned}
$$

Auch in diesem Fall kann keine Übereinstimmung hergestellt werden, denn egal, welcher Term t für die Variable x eingesetzt wird, die beiden Atome $\text{gleich}(t,6)$ und $\text{gleich}(\text{mal}(t,3),6)$ sind stets verschieden. ∎

Die Bindung von Variablen an Terme bezeichnet man auch als *Substitutionen*.

Definition 5.15 (Substitution)

Eine *Substitution* σ ist eine Abbildung von der Menge der Variablen in die Menge der Terme. Wir schreiben Substitutionen in der Form

$$\sigma = \{v_1 \leftarrow t_1, \ldots, v_n \leftarrow t_n\}.$$

Die *Anwendung* $\sigma(t)$ einer Substitution $\sigma = \{v_1 \leftarrow t_1, \ldots, v_n \leftarrow t_n\}$ auf einen Term t, ein Atom A oder eine Klausel K ist dadurch definiert, dass in t bzw. A bzw. K alle Vorkommen der Variablen v_i durch den Term t_i ersetzt werden. Der Term $\sigma(t)$ heißt auch eine *Instanz* von t, entsprechend für A und K.   ◆

Man spricht bei der Anwendung einer Substitution $\sigma = \{v_1 \leftarrow t_1, \ldots, v_n \leftarrow t_n\}$ auch davon, dass die Variable v_i an den Term t_i *gebunden* wird.

Definition 5.16 (Unifizierbarkeit)

Zwei Terme oder Atome s, t heißen *unifizierbar*, wenn es eine Substitution σ gibt, so dass $\sigma(s) = \sigma(t)$ gilt. Die Substitution σ wird als *Unifikator* von s und t bezeichnet.   ◆

Es ergibt sich direkt aus der Definition, dass zwei Atome A und B genau dann unifizierbar sind, wenn sie von der Form $A = P(s_1, \ldots, s_n)$ und $B = P(t_1, \ldots, t_n)$ sind und wenn jeweils s_i und t_i unifizierbar sind für $i = 1, \ldots, n$. Wir beschränken uns daher im Folgenden auf die Unifizierbarkeit von Termen.

Im Allgemeinen kann es zu zwei Termen s und t mehrere Unifikatoren geben: Ist etwa

$$s = f(x, g(y))$$

$$t = f(g(z), z),$$

so sind

$$
\begin{aligned}
\sigma_1 &= \{x \leftarrow g(g(y)), z \leftarrow g(y)\} \\
\sigma_2 &= \{x \leftarrow g(g(a)), z \leftarrow g(a)\} \\
\sigma_3 &= \{x \leftarrow g(g(y)), z \leftarrow g(y), w \leftarrow g(y)\}
\end{aligned}
$$

Unifikatoren von s und t. Allerdings ist die Substitution σ_1 allgemeiner als σ_2 und σ_3, denn diese beiden Substitutionen legen Bindungen fest, die für die Unifikation überflüssig sind. Gesucht ist für die Zwecke der Resolution ein *allgemeinster Unifikator*, also ein Unifikator, der keinerlei überflüssige Variablenbindungen festlegt.

Die Aufgabe eines Unifikationsalgorithmus ist es, zu zwei gegebenen Termen s und t einen allgemeinsten Unifikator zu bestimmen bzw. einen Fehler zu melden, wenn sie nicht unifizierbar sind. Wir bezeichnen das Problem, die Terme s und t zu unifizieren, im Folgenden mit $s \approx t$. Die Bestimmung der Unifikation reduziert sich auf eine Untersuchung von jeweils drei Fällen für jeden der beiden Terme: Konstanten, Variablen und zusammengesetzte Terme. Folgende Fälle sind also zu unterscheiden:

Tab. 5.8: Verlauf der Unifikation (D = Dekomposition, E = Einsetzung)

	Ungelöst	Gelöst
-	$f(x, h(y), y) \approx f(g(z), z, a)$	-
D	$x \approx g(z), h(y) \approx z, y \approx a$	-
E	$h(y) \approx z, y \approx a$	$\{x \leftarrow g(z)\}$
E	$y \approx a$	$\{x \leftarrow g(h(y)), z \leftarrow h(y)\}$
E	-	$\{x \leftarrow g(h(a)), z \leftarrow h(a), y \leftarrow a\}$

a) Beide Terme sind Konstanten. Dann ist $s \approx t$ genau dann, wenn s und t gleich sind.

b) s ist eine Variable und t ist eine Konstante. Dann gilt $s \approx t$. Binde s an t.

c) s ist eine Variable und $t = f(t_1, \ldots, t_n)$ ist ein zusammengesetzter Term: Dann gilt $s \approx t$ genau dann, wenn s nicht in t vorkommt (siehe dazu auch Beispiel 5.13, Teil c). Binde in diesem Fall s an t.

d) s und t sind zusammengesetzte Terme. Dann gilt $s \approx t$ genau dann, wenn $s = f(s_1, \ldots, s_n)$ und $t = f(t_1, \ldots, t_n)$, und wenn $s_i \approx t_i$ gilt für $i = 1, \ldots, n$.

Das Unifizieren zweier Terme hat gewisse Ähnlichkeiten mit dem Lösen von Gleichungssystemen. Bei einem Gleichungssystem, etwa

$$x - y = 2$$
$$x + y = 4$$

geht es darum, Werte für die Variablen x, y zu finden, so dass bei Einsetzung dieser Werte die rechten und linken Seiten gleich werden. Eine aus der Schulmathematik bekannte Lösungsmethode ist das Einsetzungsverfahren: Man löst zunächst eine Gleichung nach einer Variablen auf und setzt den erhaltenen Wert in die andere Gleichung ein, beispielsweise

$$x = y + 2$$
$$(y + 2) + y = 4$$

Dasselbe Prinzip lässt sich auch bei der Unifikation anwenden. Gegeben sei das Problem $f(x, g(x)) \approx f(a, y)$. Zunächst müssen die jeweiligen Unterterme unifiziert werden, wir erhalten $x \approx a$ und $g(x) \approx y$. Ein derartiger Lösungsschritt heißt Dekomposition. Das erste Unterproblem ist jetzt in gelöster Form. Es entspricht der Substitution $\{x \leftarrow a\}$. Wir ersetzen nun die Variable x überall durch die Konstante a. Dieser Lösungsschritt heißt Einsetzung. Wir erhalten somit für das zweite Unterproblem die Lösung $\{y \leftarrow g(a)\}$. Tabelle 5.8 zeigt ein etwas umfangreicheres Beispiel. In der zweiten Spalte erscheinen die noch zu lösenden Unterprobleme, in der rechten Spalte die aktuelle Lösungssubstitution.

Die Implementierung

Algorithmus 5.2 realisiert die Unifikation. Es lässt sich zeigen, dass er genau dann `fail` zurückgibt, wenn die eingegebenen Terme s und t nicht unifizierbar sind. Sind sie unifizierbar, so liefert der Algorithmus einen allgemeinsten Unifikator zurück.

Die Funktion `unifiziere(s,t)` realisiert die Unifikation der beiden Terme s und t. Sie benutzt die globalen Listen `geloest` und `ungeloest` (siehe Tabelle 5.8) sowie die globale Boolesche Variable `fehler`. Die Variablen s und t sind Datenstrukturen vom Typ `term`. Diese Datenstruktur weist die folgenden Zugriffsfunktionen auf:

- `t.typ` bezeichnet den Typ des Terms t mit den Werten `var` (für Variablen), `konst` (für Konstanten) und `comp` (für zusammengesetzte Terme).
- Ist t ein zusammengesetzter Term der Form $f(t_1, \ldots, t_n)$, so bezeichnet `t.laenge` die Stelligkeit n, `t.funktor` bezeichnet das Funktionssymbol f und `t.arg(i)` bezeichnet den i-ten Unterterm t_i.

Die Prozedur `subst(x,t,termliste)` ersetzt jedes Vorkommen der Variablen x in `termliste` durch t.

Der angegebene Unifikationsalgorithmus ist von exponentieller Komplexität. Dies liegt daran, dass bei der Durchführung eines Einsetzungsschrittes eine Variable durch größere Terme ersetzt werden kann und sich dadurch die Terme stark aufblähen können (siehe dazu auch Aufgabe 5.19). In (Socher-Ambrosius & Johann 96) ist ein Unifikationsalgorithmus von quadratischer Zeitkomplexität angegeben, der auf Termgraphen arbeitet.

Resolution

Auf der Basis der Unifikation können wir nun die prädikatenlogische Erweiterung des Resolutionsprinzips definieren.

Definition 5.17 (Resolventen)
Seien K_1 und K_2 Klauseln ohne gemeinsame Variablen. Seien ferner $A_1, \ldots, A_k \in K_1$ positive Literale und $\neg A \in K_2$ ein negatives Literal, und sei σ ein allgemeinster Unifikator von $A_1, \ldots, A_k, A$. Dann heißt die Klausel

$$R = \sigma((K_1 - \{A_1, \ldots, A_k\}) \cup (K_2 - \{\neg A\}))$$

Resolvente von K_1 und K_2.   ♦

Die Bedingung, dass die beiden Klauseln K_1 und K_2 keine gemeinsamen Variablen haben, ist eine technische Bedingung, die sich stets durch eine geeignete Umbenennung der Variablen einer Klausel erreichen lässt. Das folgende Beispiel zeigt einen Resolutionsschritt in der üblichen grafischen Darstellung.

Algorithmus 5.2 (Unifikationsalgorithmus)

<u>global</u> geloest, ungeloest, fehler

<u>function</u> unifiziere(s,t)
    fehler := <u>false</u> ;
    geloest := [];
    ungeloest := [[s,t]];
    <u>while</u> <u>not</u> (fehler <u>or</u> ungeloest = [])
      [s,t] := delete_first(ungeloest);
      <u>if</u> s.typ = var <u>then</u> unif_var(s,t)
      <u>elseif</u> t.typ = var <u>then</u> unif_var(t,s)
      <u>elseif</u> s.typ = konst <u>or</u> t.typ = konst <u>then</u> unif_konst(s,t)
      <u>else</u> unif_cterm(s,t);
    <u>if</u> fehler <u>then</u> <u>return</u> fail <u>else</u> <u>return</u> geloest.

unif_konst(a,b)
    <u>if</u> a ≠ b <u>then</u> fehler := <u>true</u> .

unif_var(x,t)
    <u>if</u> x <u>in</u> t.vars
      <u>then</u> fehler := <u>true</u>
      <u>else</u> subst(x,t,geloest);
    geloest := insert([x,t],geloest);
    subst(x,t,ungeloest).

unif_cterm(s,t)
    n := s.laenge;
    m := t.laenge;
    <u>if</u> (s.functor ≠ t.functor <u>or</u> n ≠ m)
      <u>then</u> <u>return</u> false
      <u>else</u> <u>for</u> i := 1 <u>to</u> n
        new := [s.arg(i),t.arg(i)];
        ungeloest := append(new , ungeloest).

Beispiel 5.14

Die folgende Abbildung zeigt einen Resolutionsschritt zwischen den Klauseln $\{P(x,b), P(a,y), Q(x, f(y))\}$ und $\{\neg P(z,w), \neg Q(w,z)\}$. Die am Resolutionsschritt beteiligten Literale sind unterstrichen. Die Substitution σ ist der allgemeinste Unifikator der beteiligten Literale.

$$\underbrace{\{P(x,b), P(a,y), Q(x,f(y)))\}}\quad \{\neg P(z,w), \neg Q(w,z)\}$$

$$\sigma = \{x \leftarrow a, y \leftarrow b, z \leftarrow a, w \leftarrow b\}$$

$$\{Q(a,f(b)), \neg Q(b,a)\}$$

∎

Der Satz von der Korrektheit und Vollständigkeit der Resolution gilt auch im prädikatenlogischen Fall:

Satz 5.5 (Korrektheit und Vollständigkeit der Resolution)
Eine Klauselmenge M ist unerfüllbar *genau dann, wenn die leere Klausel □ mit einer endlichen Anzahl von Resolutionsschritten aus M abgeleitet werden kann.*

Algorithmus 5.1, der das Resolutionsverfahren für den aussagenlogischen Fall beschreibt, kann also unverändert auch für den prädikatenlogischen Fall übernommen werden. Ein entscheidender Unterschied zur Aussagenlogik stellt sich jedoch heraus, wenn die ursprüngliche Klauselmenge erfüllbar ist. Die leere Klausel kann dann nicht abgeleitet werden, aber im prädikatenlogischen Fall gibt es im Allgemeinen keine Möglichkeit mehr, dies festzustellen. Dies liegt daran, dass die Menge der prädikatenlogischen Atome im Unterschied zur Aussagenlogik nicht endlich ist, denn durch Schachtelung von Funktionssymbolen können beispielsweise unendlich viele Terme der Art $a, f(a), f(f(a)), \ldots$ gebildet werden. Daher ist erst recht die Menge der prädikatenlogischen Klauseln unendlich. Es kann also passieren, dass das Resolutionsverfahren immer neue Klauseln erzeugt und somit nicht terminiert.

Beispiel 5.15
Die Klauselmenge $\{K_1, K_2, K_3\}$ mit

$$
\begin{aligned}
K_1 &= \{\neg\mathsf{gerade}(x), \mathsf{gerade}(\mathsf{plus}(x,2)))\} \\
K_2 &= \{\mathsf{gerade}(0)\} \\
K_3 &= \{\neg\mathsf{gerade}(1)\}
\end{aligned}
$$

verwendet die in Abschnitt 5.3.1 eingeführten Funktions- und Prädikatensymbole aus der Arithmetik. Diese Klauselmenge ist erfüllbar, denn die in Abschnitt 5.3.1 vorgestellte Interpretation stellt ein Modell dar. Das Resolutionsverfahren wird folgendermaßen ablaufen:

$$
\begin{aligned}
(K_1, K_2) &\rightarrow K_4 : \{\mathsf{gerade}(\mathsf{plus}(0,2)))\} \\
(K_1, K_4) &\rightarrow K_5 : \{\mathsf{gerade}(\mathsf{plus}(\mathsf{plus}(0,2),2)))\} \\
(K_1, K_5) &\rightarrow K_6 : \{\mathsf{gerade}(\mathsf{plus}(\mathsf{plus}(\mathsf{plus}(0,2),2),2)))\} \text{ usw.}
\end{aligned}
$$

∎

Die Resolution ist also kein *Entscheidungsverfahren* für die Prädikatenlogik, und in der Tat ist es so, dass es ein solches Verfahren gar nicht geben kann, denn die Erfüllbarkeit einer prädikatenlogischen Formel ist nach einem berühmten Resultat von Alonzo Church (amer. Logiker, *1903) unentscheidbar. Schränkt man die Sprache der Prädikatenlogik ein, indem man keine Funktionssymbole zulässt, dann wird genau der obige Effekt der Schachtelung von Funktionssymbolen verhindert. Klauselmengen, die keine Funktionssymbole enthalten, sind daher entscheidbar.

Das Problem der schlechten Performanz der Suche nach einer Resolutionswiderlegung stellt sich bei der Prädikatenlogik noch stärker als in der Aussagenlogik, denn in diesem Fall gibt es im Allgemeinen noch sehr viel Möglichkeiten für Resolutionsschritte. Die aussagenlogischen Konzepte der Redundanz müssen im Fall der Prädikatenlogik angepasst werden.

Definition 5.18 (Tautologie, Subsumtion)
a) Eine Klausel heißt *tautologisch*, wenn sie zwei komplementäre Literale enthält.
b) Die Klausel K_1 *subsumiert* die Klausel K_2, wenn es eine Substitution σ gibt, so dass $\sigma(K_1) \subseteq K_2$ gilt.

$\blacklozenge$

Beispielsweise subsumiert die Klausel $\{\mathsf{gerade}(\mathsf{plus}(x, x))\}$ die Klauseln $\{\mathsf{gerade}(\mathsf{plus}(2, 2))\}$ sowie $\{\mathsf{gerade}(\mathsf{plus}(2, 2)), \mathsf{gerade}(2)\}$. Wie im aussagenlogischen Fall können tautologische und subsumierte Klauseln gelöscht werden, ohne die Vollständigkeit der Resolution zu beeinträchtigen.

Auch die Löschung redundanter Klauseln kann im Allgemeinen das explosionsartige Anwachsen der Klauselmenge beim Resolutionsverfahren nicht verhindern. Im folgenden Abschnitt wollen wir auf eine Einschränkung der Resolution eingehen, die zwar nicht mehr für beliebige Klauselmengen anwendbar ist, aber für eine praktisch sehr wichtige Teilmenge gute Ergebnisse liefert. Dieses System liegt der logischen Programmierung zugrunde.

5.4 Logikbasierte Wissensverarbeitung

Hornklauseln

Die eingeführten aussagenlogischen und prädikatenlogischen Konzepte sind für die Entwicklung wissensbasierter Systeme und ihrer Schlussfolgerungskomponenten von großer Bedeutung. Auf Basis der Logik lassen sich Aussagen über eine Anwendungsdomäne formalisieren und damit maschinell verarbeitbar machen. Aufgrund der Äquivalenz von semantischer Folgerbarkeit und syntaktischer Ableitbarkeit auf der Basis eines Kalküls sind die Folgerungen des Rechners auch inhaltlich gültig.

Für viele Anwendungen reichen drei Arten logischer Formeln als Träger von Information aus: Regeln, Fakten und Anfragen.

- Eine Regel der Form „Wenn A_1 und A_2 und ... und A_n, dann H" entspricht der logischen Formel $A_1 \wedge A_2 \wedge \ldots \wedge A_n \Rightarrow H$ bzw. der Klausel $\{\neg A_1, \neg A_2, \ldots, \neg A_n, H\}$.
- Ein Faktum bzw. eine Tatsache A wird durch eine einelementige Klausel $\{A\}$ ausgedrückt.
- Eine Anfrage der Form „Folgt $H_1 \wedge H_2 \wedge \ldots \wedge H_n$ aus der Wissensbasis?" wird nach dem grundlegenden Verfahren zum Beweis der semantischen Folgerbarkeit (siehe Satz 5.1) negiert in der Form $\{\neg H_1, \neg H_2, \ldots, \neg H_n\}$ in die Wissensbasis eingegeben. Diese (negierte) Formel nennt man Zielklausel.

Betrachtet man die Klauseldarstellung von Regel, Faktum und Zielklausel, so stellt man fest, dass jede der drei Klauselformen höchstens ein positives Literal enthält. Klauseln dieser Form bezeichnet man auch als *Hornklauseln*.

Definition 5.19
Eine *Hornklausel* ist eine Klausel mit maximal einem positiven Literal. Eine nicht leere Hornklausel ohne positives Literal heißt *Zielklausel* (engl. *goal clause*), eine nicht leere Hornklausel ohne negative Literale heißt *Faktum*, eine Hornklausel mit positiven und negativen Literalen heißt *Regel*.   ♦

Hornklauseln sind von grundlegender Bedeutung für die logische Programmierung, etwa in Form der Programmiersprache PROLOG. Regeln, Fakten und Zielklauseln werden in Prolognotation folgendermaßen geschrieben:

a) Regeln in der Form $H : - A_1, A_2, \ldots, A_n.$
b) Fakten in der Form $A.$
c) Zielklauseln in der Form $: - H_1, H_2, \ldots, H_n.$

Das einzige positive Literal einer Regel wird oft als *Kopf* der Regel bezeichnet. Wir werden im Folgenden Hornklauseln stets in dieser Form darstellen.

Definition 5.20 (Logisches Programm)
Ein *Logisches Programm* ist eine endliche Menge von Regeln und Fakten.   ♦

SLD-Resolution

Für Hornklauseln gibt es eine Variante der Resolution, die sogenannte *SLD-Resolution*, die effizienter ist als die im vorigen Abschnitt vorgestellte allgemeine Resolution. Wir wollen das Prinzip an folgendem Beispiel klarmachen.

Beispiel 5.16

Wir betrachten noch einmal das Beispiel 5.11 aus Abschnitt 5.3.1. Es handelt sich bei den Formeln aus diesem Beispiel um Hornklauseln. Die Fakten sind gegeben durch die Kantenbeziehungen

$$H_1, H_2, \ldots, H_6$$

mit $H_1 = \mathsf{Kante}(a, b)$, $H_2 = \mathsf{Kante}(b, e)$ usw. Die Regeln zur Definition von Pfaden lassen sich folgendermaßen als Hornklauseln darstellen:

$$H_7 : \mathsf{Pfad}(x, y) \quad :- \quad \mathsf{Kante}(x, y)$$
$$H_8 : \mathsf{Pfad}(x, z) \quad :- \quad \mathsf{Kante}(x, y), \mathsf{Pfad}(y, z)$$

Die Anfrage an diese Wissensbasis lautet: „Gibt es einen Pfad von a nach e?" Logisch gesehen, entspricht dies der Frage, ob die Formel $\mathsf{Pfad}(a, e)$ aus der Wissensbasis folgt. Diese Anfrage wird nach dem bekannten Verfahren negiert und zur Wissensbasis hinzugefügt. Wir erhalten somit die Zielklausel

$$H_9 \quad :- \mathsf{Pfad}(a, e).$$

Eine SLD-Resolutionsableitung startet stets mit einer Zielklausel, in unserem Fall also mit H_9. Diese wird mit einer beliebigen Klausel resolviert. Wählt man dazu die Klausel H_8, so ergibt sich der folgende Resolutionsschritt:

$$(H_9, H_8) \quad \rightarrow \quad H_{10} :- \mathsf{Kante}(a, y), \mathsf{Pfad}(y, e).$$

Bei diesem Resolutionsschritt entsteht wieder eine Zielklausel. Diese wird im nächsten Schritt wieder mit einer der ursprünglich gegebenen Klauseln $H_1, \ldots, H_8$ – den sogenannten Eingabeklauseln – resolviert usw. Die gesamte Resolutionsableitung nimmt die in Abb. 5.2 dargestellte Form an (dabei sind die Prädikatsnamen entsprechend abgekürzt).

∎

Folgende Eigenschaften einer *SLD-Resolution* sind auffällig:

- Eine SLD-Resolutionsableitung hat stets eine lineare Form.
- Die Klauseln, die den Ast zur Wurzel bilden, die sogenannten „Zentralklauseln", sind allesamt Zielklauseln.
- Die „Seitenklauseln" sind allesamt Eingabeklauseln, also Fakten oder Regeln.
- Bei jedem Resolutionsschritt wird jeweils *das erste* Literal der jeweiligen Zielklausel mit dem Kopf einer Eingabeklausel resolviert. Bei der SLD-Resolution werden also die Klauseln als Listen und nicht als Mengen betrachtet.

Wir werden im nächsten Abschnitt noch eine formale Definition der SLD-Resolution geben. Es lässt sich zeigen, dass diese Form der Resolution für Hornklauselmengen vollständig ist. Offenbar stellt die SLD-Resolution eine deutliche Einschränkung an die Zahl der möglichen Resolventen dar, das heißt, der Suchraum wird deutlich verkleinert, und die Suche gestaltet sich effizienter als bei der Standardresolution.

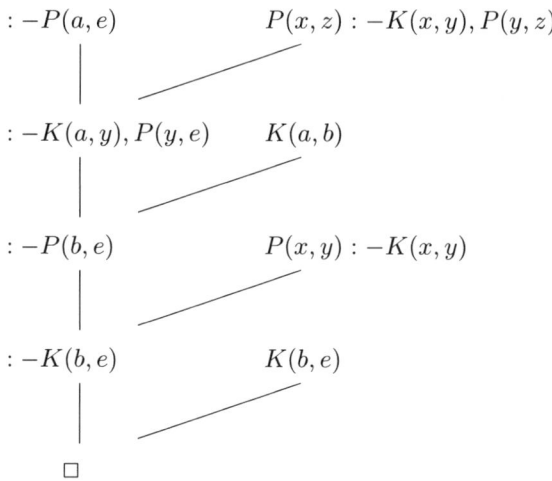

Abb. 5.2: SLD-Resolution

Die Erzeugung von Antworten

Neben einfachen Anfragen an diese Wissensbasis, wie „Gibt es einen Pfad von a nach f?",
die mit Ja oder Nein zu beantworten sind, lassen sich auch Fragen an die Wissensbasis
stellen, die eine bestimmte Variablenbelegung als Antwort erwarten, etwa: „Gibt es einen
Pfad von a zu einem anderen Ort? Wenn ja, welcher Ort ist dies?" Dies entspricht der
Frage, ob die Formel

$$\exists w \; \mathsf{Pfad}(a, w)$$

aus der Wissensbasis folgt. Dabei geht es allerdings nicht nur um die Existenz einer
Lösung, sondern darum, dass der Interpretierer des logischen Programms ein konkretes
Objekt w' zurückgibt, so dass die Formel $\mathsf{Pfad}(a, w')$ aus der Wissensbasis folgt. Abbil-
dung 5.3 zeigt, dass sich mit dem obigen Verfahren die Frage, ob es einen Pfad von a zu
einem anderen Ort gibt, mit „Ja" beantworten lässt. Darüber hinaus lässt sich aus den
Substitutionen $\sigma_1, \ldots, \sigma_4$ auch ablesen, um welchen konkreten Ort es sich dabei handelt.
Die Variable w wird von σ_1 an die Variable z gebunden, diese wiederum wird von σ_4 an
die Konstante e gebunden. Damit ergibt sich $w = e$ als Lösung der Anfrage.

Selbstverständlich hat die obige Anfrage nach den Orten, die sich von a aus erreichen lassen, mehrere Lösungen. Diese können analog zu dem in Abbildung 5.3 gezeigten
Verfahren hergeleitet werden.

Eine Antwort auf eine Anfrage an eine Wissensbasis ist also im Wesentlichen durch eine
Antwortsubstitution gegeben. Dies ist die Zusammenfassung aller im Lauf der Ableitung
angewendeter Unifikatoren. Im obigen Beispiel wäre das die Substitution $\sigma_1 \sigma_2 \sigma_3 \sigma_4$, also

$$\{x \leftarrow a, y \leftarrow b, z \leftarrow e, w \leftarrow e, x' \leftarrow b, y' \leftarrow e\}.$$

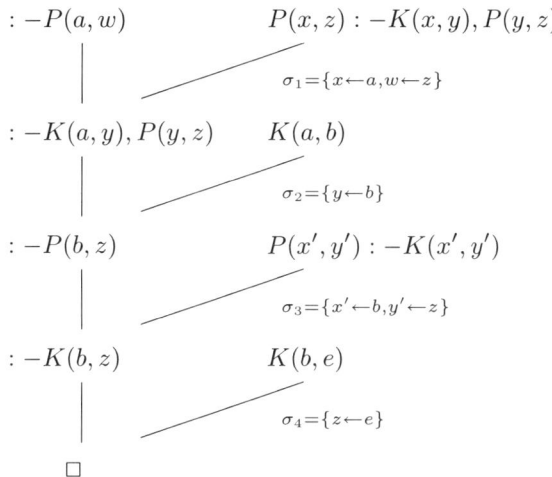

Abb. 5.3: SLD-Resolution mit Antwortsubstitution

Bei dieser Substitution interessiert nur die Bindung der Variablen aus der Anfrage, in unserem Beispiel also die Variable w. Die Bindungen der Variablen, die im Laufe des SLD-Resolutionsverfahrens beteiligt sind, aber nicht in der Anfrage vorkommen, spielen für die Antwort keine Rolle.

Die obige SLD-Ableitung mit Ermittlung einer Antwortsubstitution lässt sich auch folgendermaßen in vereinfachter Form als Ableitungskette notieren:

$$(: -P(a, w), \{\}) \stackrel{H_8}{\rightarrow} (: -K(a, y), P(y, z), \{w \leftarrow z\})$$
$$\stackrel{H_1}{\rightarrow} (: -P(b, z), \{w \leftarrow z\})$$
$$\stackrel{H_8}{\rightarrow} (: -K(b, z), \{w \leftarrow z\})$$
$$\stackrel{H_2}{\rightarrow} (\Box, \{w \leftarrow e\})$$

Die Elemente dieser Kette sind von der Form (G, σ). Dabei ist G die aktuelle Zentralklausel und σ der für die Antwort relevante Teil der Substitution. Eine Antwort auf die Anfrage lautet also $w = e$, und dementsprechend ist die Klausel $P(a, e)$ eine Folgerung aus dem logischen Programm.

Formal können wir eine SLD-Ableitung mit Antwortsubstitution folgendermaßen definieren:

Definition 5.21 (SLD-Ableitung mit Antwortsubstitution)
Gegeben sei ein logisches Programm P und eine Zielklausel G.

a) Die Ableitungsrelation $\rightarrow$ auf Paaren (G, σ) ist folgendermaßen definiert: Sei

$$G_1 = (: -P, P_1, \dots, P_n)$$

eine Zielklausel, sei H ein Faktum oder eine Regel mit Kopf Q und Rumpf $Q_1, \ldots, Q_m$ und σ_1 eine Substitution. Wir schreiben

$$(G_1, \sigma_1) \xrightarrow{H} (G_2, \sigma_2),$$

wenn Q und P unifizierbar sind mit allgemeinstem Unifikator σ und wenn gilt:

$$G_2 = (: -\sigma(Q_1), \ldots, \sigma(Q_m), \sigma(P_1), \ldots, \sigma(P_n)).$$

Die Substitution σ_2 ist die Einschränkung der Substitution $\sigma_1\sigma$ auf die Variablen in G.

Wir schreiben $(G_1, \sigma_1) \to (G_2, \sigma_2)$, wenn es eine entsprechende Klausel $H \in P$ gibt, so dass $(G_1, \sigma_1) \xrightarrow{H} (G_2, \sigma_2)$.

b) Eine *SLD-Ableitung* von G aus P mit Antwortsubstitution σ ist eine Folge der Form

$$(G_0, \sigma_0) \to (G_1, \sigma_1) \to \ldots \to (G_n, \sigma_n)$$

mit $G_0 = G$, $\sigma_0 = \emptyset$, $\sigma = \sigma_n$, und $G_n = \square$.

$\blacklozenge$

Das folgende Beispiel zeigt, dass die Antwortsubstitution nicht unbedingt stets konkrete Objekte, also z. B. Konstanten, als Antwort liefert. Gegeben sei das logische Programm bestehend aus dem Faktum $and(x, 1, x)$ und die Zielklausel $: -and(u, 1, v)$. Es ergibt sich die folgende SLD-Ableitung:

$$(: -and(u, 1, v), \{\}) \to (\square, \{u \leftarrow x, v \leftarrow x\}).$$

Die Antwortsubstitution besagt, dass *jede* Belegung der Variablen u und v *mit derselben Konstanten* eine Lösung darstellt. Das heißt, die Formel $\forall x \, and(x, 1, x)$ folgt aus dem logischen Programm. Die SLD-Resolution berechnet dabei keine spezielle Lösung, etwa $\{u \leftarrow 1, v \leftarrow 1, w \leftarrow 1\}$, sondern eine allgemeinste Lösungssubstitution. Jede spezielle Lösung ist Instanz einer allgemeinsten Lösung.

Allgemein bezeichnen wir eine Antwortsubstitution σ als *Lösung* der Anfrage H in einem logischen Programm P, wenn für die entsprechende Zielklausel G Folgendes gilt:

$$P \models \forall \sigma(G).$$

Dabei ist $\forall \sigma(G)$ der Abschluss (siehe (5.3)) der Formel $\sigma(G)$.

Der Satz von der Korrektheit und Vollständigkeit der Resolution gilt in der entsprechenden Form auch für SLD-Ableitungen mit Antwortsubstitution:

Satz 5.6 (Korrektheit und Vollständigkeit der SLD-Resolution)
Gegeben sei ein logisches Programm P und eine Anfrage H. Sei $G = \neg H$ die aus H entstehende Zielklausel. Dann gilt:

a) *Korrektheit: Gibt es eine SLD-Ableitung von G aus P mit Antwortsubstitution σ, so ist σ eine Lösung der Anfrage H.*

b) *Vollständigkeit: Ist σ' eine Lösung von H, so gibt es eine SLD-Ableitung mit Antwortsubstitution σ, so dass σ' eine Instanz von σ ist.*

Die Suchstrategie

Das Prinzip der SLD-Resolution schreibt also bei jedem Resolutionsschritt die zu verwendende Zielklausel vor sowie das (negative) Literal der Zielklausel, auf dem resolviert werden soll. Die einzige Auswahlmöglichkeit besteht demnach im zweiten Resolutionspartner, der Eingabeklausel. Dabei kann es vorkommen, dass eine bestimmte Wahl eines Resolutionspartners nicht zum Erfolg führt. Die Auswahl des jeweiligen Resolutionspartners erzeugt daher einen Suchbaum, der mit den aus Kapitel 2 bekannten Verfahren durchsucht werden kann. In der logischen Programmierung wird die SLD-Resolution üblicherweise in Form einer Tiefensuche durchgeführt. Führt ein Zweig des Suchbaums nicht zum Erfolg, so muss die SLD-Resolution zurücksetzen und eine alternative Möglichkeit betrachten. Es handelt sich dabei also um eine Form des *Backtracking*. So hätte man in Beispiel 5.16 im ersten Schritt die Zielklausel H_9 statt mit H_8 mit H_7 resolvieren können. Die Resolutionsableitung verläuft dann folgendermaßen:

$$(: -P(a,e), \{\}) \quad \overset{H_7}{\to} \quad (: -K(a,e), \{\}).$$

An dieser Stelle gibt es keine weitere Resolutionsmöglichkeit mit der aktuellen Zielklausel $: -K(a,e)$. Es muss also die letzte Auswahlmöglichkeit geprüft werden, und es geht weiter wie in Abbildung 5.2.

Betrachten wir dagegen das entsprechende Beispiel mit Antwortsubstitution (siehe Abbildung 5.3), so ergibt sich folgende alternative Lösung:

$$(: -P(a,w), \{\}) \quad \overset{H_7}{\to} \quad (: -K(a,w), \{\}) \overset{H_1}{\to} (\square, \{w \leftarrow b\}).$$

Die Kombination der SLD-Resolution mit der Tiefensuche, wie sie bei der logischen Programmierung üblich ist, stellt eine effiziente Variante der allgemeinen Resolution für eine eingeschränkte Klasse von Klauselmengen dar. Die Vorteile dieses Verfahrens liegen zum einen in der Verkleinerung des Suchraums durch die SLD-Strategie, zum anderen in dem geringen Speicherplatzbedarf durch die Tiefensuche (siehe Abschnitt 2.3.3).

5.5 Zusammenfassung

Die Prädikatenlogik ist eine formale Sprache zur Darstellung von Wissen. Das wesentliche Darstellungselement ist die atomare Formel, die zusammengesetzt ist aus Prädikatensymbolen und Termen, wobei diese wiederum aus Funktionssymbolen, Variablen und Konstanten bestehen. Atomare Formeln können mit logischen Junktoren und Quantoren zu beliebigen Formeln zusammengefügt werden.

Die Semantik der logischen Sprache wird erklärt durch den Wahrheitswert bzw. die (Un-)Erfüllbarkeit von Formeln. Das grundlegende Element der Semantik ist die Interpretation, die den elementaren Bausteinen von Formeln Objekte bzw. Relationen zwischen den Objekten der zu beschreibenden Welt zuordnet. Hat man sich für eine Interpretation entschieden, dann lässt sich der Wahrheitswert einer atomaren Formel nach einfachen Regeln berechnen. Dies gilt ebenso für Formeln, die aus atomaren Formeln mittels Junktoren zusammengesetzt sind. Für Formeln mit Quantoren gibt es jedoch keine einfache Berechnungsvorschrift zur Bestimmung des Wahrheitswerts. Dies liegt daran, dass ein Allquantor Bezug auf sämtliche Belegungen der quantifizierten Variablen nimmt, und dies sind im Allgemeinen unendlich viele.

Die Resolution bietet eine Möglichkeit, die semantische Eigenschaft der (Un-)Erfüllbarkeit durch eine syntaktische Operation nachzuprüfen. Zum Nachweis der Unerfüllbarkeit einer Formel wird diese zunächst in Klauselform transformiert, und anschließend werden so lange Resolventen gebildet, bis die leere Klausel abgeleitet wird. Allerdings erzeugt das Resolutionsverfahren für beliebige Klauselmengen im Allgemeinen einen sehr großen Suchraum. Für praktische Anwendungen hat sich die Beschränkung auf Hornformeln bewährt. Die SLD-Resolution für Hornformeln, die Grundlage der Programmiersprache Prolog (Sterling & Shapiro 94; Horn & Kerner 97), bietet eine starke Beschränkung des Suchraums und eine relativ effiziente Suchstrategie.

Dennoch ist sie zur Repräsentation von Wissen, wie es beispielsweise in technischen oder medizinischen Expertensystemen verwendet werden soll, nicht generell gut geeignet, und dies liegt im Wesentlichen an ihren begrenzten Beschreibungsmöglichkeiten, die vor allem auf die Mathematik, aber weniger auf Alltagswissen zugeschnitten ist. In Alltagssituationen lässt sich beispielsweise nicht alles eindeutig den Kategorien „wahr" oder „falsch" zuordnen.

- Möglicherweise ist nicht definitiv bekannt, ob eine Aussage wahr oder falsch ist, der Wahrheitswert bleibt unbekannt. Um Schlussfolgerungen auch auf der Basis unvollständigen Wissens zu ermöglichen, wurden *mehrwertige Logiken* entwickelt. In der einfachsten Form werden die drei Werte wahr, falsch und unbekannt zugelassen.

- Häufig können Aussagen weder als eindeutig wahr noch als eindeutig falsch bestimmt werden, sondern ihre Gültigkeit ist mit einem Sicherheitswert oder einer Wahrscheinlichkeit behaftet. Dies ist beispielsweise der Fall bei der Regel „Wenn die Temperatur des Motors zu hoch ist, dann liegt es wahrscheinlich (0.8) an einem Mangel an Kühlflüssigkeit". Die Wahrscheinlichkeit 0 entspricht hier einem kategorischen Falsch, die Wahrscheinlichkeit 1 dagegen einem Wahr. Die Werte dazwischen kennzeichnen eine vorhandene Unsicherheit. Wir werden im Rahmen des Soft Computing in Kapitel 8 auf dieses Thema zurückkommen.

- Selbst wenn prädikatenlogische Formeln bzw. Aussagen eindeutig wahr oder falsch sind, kann es in Bezug auf die Semantik der Prädikate Probleme geben. So verwendet man bei der Modellierung häufig Begriffe, die vage oder unscharf sind. Beispiele für vage Begriffe, deren Semantik sich nicht präzise angeben lässt, sind Begriffe wie „groß" oder „schnell". Mit der in Kapitel 9 untersuchten Fuzzy-Logik existiert ein geeignetes

Werkzeug zur Verarbeitung solchen Wissens, das die klassische Logik entsprechend erweitert.

- In dem folgenden Beispiel liefert die klassische Logik ein unerwartetes Ergebnis: Aus den beiden Sätzen „Vorgestern haben wir Fisch gekauft" und „Heute essen wir, was wir vorgestern gekauft haben" lässt sich schließen: „Heute essen wir Fisch". Lautet hingegen der erste Satz: „Vorgestern haben wir frischen Fisch gekauft", so ist die Schlussfolgerung „Heute essen wir frischen Fisch" zwar logisch korrekt, aber nicht mehr inhaltlich richtig. Dies liegt daran, dass diese Formalisierung den zeitlichen Aspekt nicht angemessen berücksichtigt. Wir kommen auf dieses Thema in Kapitel 11 zurück.

- In medizinischen Anwendungen kann es Situationen geben, in denen ein bestimmter Verdacht auf eine Krankheit besteht, wobei Sicherheit nur durch eine bestimmte Untersuchung erreicht werden kann. Solche Untersuchungen können teuer oder schmerzhaft für den Patienten sein, so dass man nach Möglichkeit darauf verzichten will. Dennoch möchte man in einer solchen Situation ein Höchstmaß an gesicherten Aussagen über die Krankheit treffen. Man muss also gewisse Annahmen treffen, aber auch bereit sein, diese gegebenenfalls wieder zurückzuziehen. Die Verarbeitung dieses unvollständigen Wissens ist Gegenstand von Kapitel 7.

Die obigen Beispiele zeigen, dass es einerseits an der Ausdruckskraft der Prädikatenlogik mangelt, andererseits aber auch an gewissen prozeduralen Möglichkeiten der Verarbeitung von Wissen, die die in diesem Kapitel behandelten Inferenztechniken übersteigen.

Wir werden in den folgenden Kapiteln Erweiterungen der Prädikatenlogik kennenlernen, die die genannten Probleme lösen.

5.6 Aufgaben

Aufgabe 5.1
Sei $F = (A \land B) \Rightarrow C$ und $G = A \Rightarrow (B \Rightarrow C)$.

a) *Zeigen Sie durch Aufstellen der Wahrheitstafel, dass $F \equiv G$ gilt.*

b) *Zeigen Sie durch Umformen der Formeln F und G, dass $F \equiv G$ gilt. Benutzen Sie dazu die Äquivalenzen aus Tabelle 5.2.*

Aufgabe 5.2
a) *Zeigen Sie, dass es zu jeder aussagenlogischen Formel eine äquivalente Formel gibt, die nur die Junktoren $\neg$ und $\land$ benutzt. **Hinweis**: Drücken Sie die Formeln $A \Rightarrow B$ und $A \lor B$ durch äquivalente Formeln aus, die nur $\neg$ und $\land$ benutzen.*

b) *Der Junktor ↓ (auch NOR-Operator genannt) ist definiert durch die folgende Wahrheitstafel:*

A	B	$A \downarrow B$
0	0	1
0	1	0
1	0	0
1	1	0

*Drücken Sie die Formel $A \downarrow B$ durch eine äquivalente Formel aus, die nur die Junktoren $\neg$, $\wedge$ und $\vee$ enthält. Zeigen Sie, dass es zu jeder aussagenlogischen Formel eine äquivalente Formel gibt, die nur den Junktor $\downarrow$ benutzt. **Hinweis:** Drücken Sie die Formeln $\neg A$, $A \wedge B$, $A \vee B$ durch äquivalente Formeln aus, die nur $\downarrow$ benutzen.*

Aufgabe 5.3

Welche der folgenden Formeln sind allgemeingültig, welche nicht?

a) $(A \wedge (A \Rightarrow B)) \Rightarrow B$
b) $(\neg A \wedge (A \Rightarrow B)) \Rightarrow \neg B$
c) $(B \wedge (A \Rightarrow B)) \Rightarrow A$
d) $(\neg B \wedge (A \Rightarrow B)) \Rightarrow \neg A$

Aufgabe 5.4

Zeigen Sie: Jedes Modell der Formel

$$G_1 \wedge \ldots \wedge G_n$$

ist ein Modell der Menge $\{G_1, ..., G_n\}$ und umgekehrt.

Aufgabe 5.5

Seien M und M' Formelmengen, und sei F eine Formel. Zeigen Sie: Aus

$$M' \models F \quad und \quad M' \subseteq M$$

folgt $M \models F$. Diese Eigenschaft der Prädikatenlogik heißt auch Monotonie.

Aufgabe 5.6

Seien F und G Formeln. Beweisen Sie die folgenden Aussagen:

a) *Die Formel F ist eine Tautologie genau dann, wenn $\{\} \models F$ gilt.*
b) *Es gilt $\{F_1, \ldots, F_n\} \models G$ genau dann, wenn die Formel $F_1 \wedge \ldots \wedge F_n \Rightarrow G$ eine Tautologie ist.*

Aufgabe 5.7

Geben Sie unter Verwendung der Wahrheitstafelmethode für die Formel $A \wedge B \wedge C$ die konjunktive Normalform an.

Aufgabe 5.8

Geben Sie für die Formel $(\neg A \Rightarrow B) \wedge ((A \wedge \neg C) \Rightarrow B)$ *die konjunktive und die disjunktive Normalform nach der Wahrheitstafelmethode und durch direkte Umformung an.*

Aufgabe 5.9

Beweisen Sie die folgende Aussage: Sind K_1 und K_2 zwei aussagenlogische Klauseln und ist R eine Resolvente von K_1 und K_2, so gilt $\{K_1, K_2\} \models R$.

Aufgabe 5.10

Beweisen bzw. widerlegen Sie die folgenden Behauptungen:

a) $\{A, B\} \models A \wedge B$
b) $\{A \vee B, A \Rightarrow B\} \models B$
c) $\{A \Rightarrow B, \neg A\} \models \neg B$
d) $\{A, C \Rightarrow B, \neg(A \wedge B)\} \models \neg C$

Aufgabe 5.11

Eine Klausel heißt rein negativ, wenn sie kein positives Literal enthält. Zeigen Sie, dass eine Klauselmenge, die keine rein negative Klausel enthält, erfüllbar ist.

Aufgabe 5.12

Gegeben sei die Klauselmenge

$$\{\{A, B, C\}, \{A, \neg C\}, \{A, \neg B, E\}, \{\neg A, E, \neg D\}\}.$$

Geben Sie sämtliche Resolventen an, die aus den Klauseln der Klauselmenge abgeleitet werden können.

Aufgabe 5.13

Zeigen Sie mit der Resolutionsmethode, dass die Formel

$$(A \wedge \neg(A \wedge B) \wedge (C \Rightarrow B)) \Rightarrow \neg C$$

eine Tautologie ist. **Hinweis:** *(a) Formel negieren, (b) Klauselmenge bestimmen, (c) Resolution durchführen.*

Aufgabe 5.14

Formulieren Sie mithilfe des zweistelligen Prädikatssymbols „groesser" und Konstantensymbolen für die Personen folgende Aussagen:

a) *Claudia ist größer als Peter.*
b) *Wenn Peter größer ist als Anna, dann ist Anna nicht größer als Peter.*
c) *Jeder, der größer ist als Claudia, ist auch größer als Peter.*
d) *Niemand ist größer als Thomas.*

Welches zusätzliche Prädikatssymbol benötigen Sie, um die Aussage „Thomas ist der Größte" (das heißt, „Thomas ist größer als alle anderen") formulieren zu können?

Aufgabe 5.15

Besagen die beiden Aussagen „Niemand ist größer als Thomas" und „Alle sind kleiner (oder gleich groß) als Thomas" dasselbe? Wenn ja, mit welchem Gesetz der Prädikatenlogik lässt sich dies beweisen?

Aufgabe 5.16

Gegeben sei ein zweistelliges Prädikatsymbol P. Formulieren Sie prädikatenlogische Aussagen, die besagen:

a) *P ist eine symmetrische Relation.*
b) *P ist eine transitive Relation.*
c) *P ist eine reflexive Relation.*

Aufgabe 5.17

Gegeben seien die Symbole plus, mal, gleich *der Arithmetik und die in Abschnitt 5.3.1 definierte Interpretation über der Menge der natürlichen Zahlen. Welche der folgenden Formeln ist in dieser Interpretation erfüllt?*

a) $\forall x$ gleich$(\text{plus}(x, 0), x)$
b) $\forall x \exists y$ gleich$(\text{plus}(x, y), 0)$
c) $\forall x, y (\exists u$ gleich$(\text{plus}(x, u), y) \wedge \exists v$ gleich$(\text{plus}(y, v), x) \Rightarrow gleich(x, y))$

Aufgabe 5.18

Führen Sie den Unifikationsalgoritmus für die folgenden Unifikationsprobleme durch. Konstruieren Sie dazu eine Tabelle wie Tab. 5.8.

$$f(x, g(x)) \approx f(g(a), y)$$
$$f(x, y, z) \approx f(g(y, y), g(z, z), g(a, a))$$
$$f(x, g(x)) \approx f(g(y), y)$$

Aufgabe 5.19

Sei $n > 0$. Führen Sie den Unifikationsalgorithmus für das folgende Unifikationsproblem durch:

$$f(x_1, x_2, \ldots, x_n) \approx f(g(x_2, x_2), g(x_3, x_3), \ldots, g(x_n, x_n), a).$$

Aufgabe 5.20

Zeigen Sie, dass der Unifikationsalgorithmus (Algorithmus 5.2) stets terminiert. **Hinweis**: *Der schwierige Fall ist der, bei dem kein Fehler auftritt. Ordnen Sie der Liste* **ungeloest** *ein Maß zu, das bei jedem Durchlauf durch die While-Schleife kleiner wird.*

Aufgabe 5.21

Führen Sie eine Resolutionswiderlegung der folgenden Klauselmenge durch:

$$\{\{P(x), Q(x, y)\}, \{\neg P(a)\}, \{\neg P(b)\}, \{Q(a, c), Q(b, c)\}\}.$$

6 Regelsysteme

6.1 Fakten und Regeln

Vor allem in Expertensystemen wird das Wissen oft in Form von Regelsystemen dargestellt. Es gibt verschiedene Arten solcher Systeme, aber allen gemeinsam ist die *Wenn-
dann*-Form der Regeln. Typische Regeln dieser Art sind etwa:

> **Wenn** der aktuelle Buchstabe eines Wortes q ist und das Wort keine Abkür-
> zung ist, **dann** ist der nächste ein u. **Wenn** der Motor zu heiß wird, **dann**
> prüfe die Kühlflüssigkeit.

Die erste dieser beiden Regeln hat die Form einer logischen Implikation $P \wedge Q \Rightarrow R$.
Eine Regel dieser Art nennen wir auch eine *Deduktionsregel*. Wenn die Bedingung „Der
aktuelle Buchstabe ist q" wahr ist und die Bedingung „Das Wort ist eine Abkürzung"
falsch ist, dann können wir mithilfe dieser Regel und dem *Modus Ponens* das Faktum
„Der nächste Buchstabe ist ein u" als wahr ableiten. Diese Art der *Regelinterpretation*
nennt man *Vorwärtsverkettung*. Wir werden die Vorwärtsverkettung in Abschnitt 6.3
näher untersuchen.

Bei der Interpretation von Prolog-Programmen wird eine zweite Art der Regelinterpretation angewandt. Der Prolog-Interpreter benutzt die Regeln, um Anfragen nach bestimmten Fakten zu beantworten. Wird etwa im obigen Beispiel die Frage gestellt: „Ist der
nächste Buchstabe ein u?", so führt der Interpreter diese Anfrage auf die Frage zurück,
ob der aktuelle Buchstabe ein q ist. Ist dies der Fall, so wird die ursprüngliche Anfrage

mit „ja" beantwortet. Diese Form der Regelinterpretation nennt man *Rückwärtsverkettung*. Die Rückwärtsverkettung ist Thema des Abschnitts 6.2. Deduktionsregeln sind also rein syntaktisch identisch mit logischen Implikationen, sie unterscheiden sich davon allerdings in den Möglichkeiten der Verarbeitung, die über die logischen Ableitungsregeln hinausgehen. Wir werden später noch weitere Unterschiede zwischen dem Konzept einer Regel und dem der logischen Implikation kennenlernen.

Das zweite Beispiel zeigt eine grundsätzlich andere Verwendung von Regeln. In diesem Beispiel wird die Regel eher wie eine bedingte Anweisung verwendet, wie sie aus zahlreichen Programmiersprachen bekannt ist. Wenn die Bedingung „Der Motor ist zu heiß" als wahr erkannt wird, dann wird eine Aktion ausgeführt, nämlich die Kühlflüssigkeit wird geprüft. Regeln dieser Art werden auch *Aktionsregeln* oder *Reaktionsregeln* genannt.

Eine Regel kann auch mehrere Bedingungen und mehrere Aktionen haben, Deduktionsregeln haben jedoch meist nur eine Folgerung. Wir werden uns in diesem Buch ausschließlich mit Deduktionsregeln beschäftigen. Die allgemeine Form einer Deduktionsregel lautet:

Wenn B_1 und ... und B_n, dann A.

Ein *regelbasiertes System* besteht aus Fakten, Regeln und einem Regelinterpretierer. Die Fakten und Regeln konstituieren zusammen die *Wissensbasis*. Der Teil der Wissensbasis, der die Fakten enthält, wird oft auch als *Faktenbasis* bezeichnet. Ein sehr einfaches regelbasiertes System ist Prolog. Ein Prolog-Programm enthält Fakten und Regeln, der Prolog-Interpretierer verarbeitet diese Regeln per Rückwärtsverkettung, um Anfragen zu beantworten.

Fakten stellen Wissen über konkrete Sachverhalte dar, etwa „der Keilriemen ist gerissen" oder „die Batterie ist nicht leer". Prinzipiell ist es möglich, sowohl *positive* als auch *negative* Fakten darzustellen. So könnte man beispielsweise die beiden obigen Fakten darstellen durch +Gerissen(Keilriemen) und -Leer(Batterie). Wir werden im Folgenden die Möglichkeit explizit negativer Fakten in der Faktenbasis nicht berücksichtigen, das heißt, alle in der Faktenbasis eingetragenen Fakten sind positiv zu interpretieren. Fakten, die nicht eingetragen sind, werden automatisch als negativ interpretiert. Ist beispielsweise das Faktum Leer(Batterie) nicht in der Wissensbasis eingetragen, so kann man annehmen, dass die Batterie *nicht* leer ist. Man geht davon aus, dass das gesamte Wissen über den Anwendungsbereich in der Datenbasis enthalten ist, und was nicht darin ist, wird als falsch angenommen. Man nennt diese grundlegende Annahme auch die *closed-world-assumption*. Diese Annahme hat weitreichende Konsequenzen, wie wir noch im Kapitel über unvollständiges Wissen sehen werden.

Eine andere Möglichkeit, negative Fakten darzustellen, besteht in der Definition entsprechender Prädikate. Beispielsweise könnte man die Tatsache, dass die Batterie nicht leer ist, auch positiv ausdrücken durch das Faktum +Nichtleer(Batterie).

Regeln stellen Wissen über allgemeine Beziehungen zwischen Sachverhalten dar. Regeln bestehen aus einer Menge von Bedingungen, auch *Prämissen* genannt, und einer

Folgerung, auch *Konklusion* genannt. Ferner erweist es sich als zweckvoll, jeder Regel einen Namen oder eine Nummer zu geben. Wir werden die folgende Notation für Regeln verwenden:

$$R : b_1, \ldots, b_n \to h.$$

Dabei ist R die Nummer, oder der Name, $b_1, \ldots, b_n$ ist die Liste der Prämissen, und h ist die Konklusion der Regel. Die Kommata stehen dabei für *und*-Verknüpfungen. Wir schreiben oft auch abkürzend $B = b_1, \ldots, b_n$ für den Bedingungsteil einer Regel. Die Hypothese h einer Regel ist ein atomarer Ausdruck. Die Prämissen lassen sich dagegen in drei verschiedene Arten unterteilen. Zum einen gibt es *positive Prämissen*. Diese sind syntaktisch von der Form $+a$. Eine positive Prämisse $+a$ ist erfüllt, wenn ein entsprechendes positives Faktum in der Wissensbasis vorhanden ist. Eine *negative Prämisse* ist von der Form $-a$. Sie ist erfüllt, wenn die Wissensbasis das Faktum a nicht enthält, in Übereinstimmung mit der closed-world-assumption. In Abschnitt 6.2.1 werden wir diese Vorgehensweise eingehender diskutieren. Schließlich gibt es noch einen dritten Typ von Prämissen, die *prozeduralen Prämissen*. Diese ist von der Form p (ohne Vorzeichen). Dabei steht p für einen elementaren Booleschen Ausdruck. Die Bedingung p ist erfüllt, wenn der Boolesche Ausdruck zu `true` ausgewertet wird. Diese Auswertung wird im Allgemeinen von einer Prozedur durchgeführt. Die gesamte Regel $r : b_1, \ldots, b_n \to h$ heißt *anwendbar* in einer konkreten Wissensbasis, wenn alle Bedingungen b_i erfüllt sind.

Offenbar entspricht eine Regel der Form $R : b_1, \ldots, b_n \to h$ einer Implikation $b_1 \wedge \ldots \wedge b_n \to h$. In vielen Fällen ist diese Analogie recht nützlich, um bestimmte Eigenschaften von Regeln aus den entsprechenden Eigenschaften logischer Formeln zu erklären. Als Beispiel betrachten wir die Möglichkeit, Regeln mit disjunktiver Verknüpfung der Prämissen darzustellen. Nehmen wir an, wir möchten ausdrücken, dass man bei einer roten oder einer gelben Ampel anzuhalten hat. Dies kann durch folgende logische Formel dargestellt werden:

$$rot(ampel) \vee gelb(ampel) \Rightarrow stop.$$

Dies ist logisch äquivalent zu der Formel

$$(rot(ampel) \Rightarrow stop) \wedge (gelb(ampel) \Rightarrow stop).$$

Dies wiederum entspricht den beiden Regeln:

$$R_1 : +rot(ampel) \quad \to \quad stop$$
$$R_2 : +gelb(ampel) \quad \to \quad stop$$

Man sollte sich jedoch auch stets bewusst sein, dass es sich bei Regeln und logischen Implikationen letztlich um verschiedene Dinge handelt und dass es Fälle gibt, in denen die Analogie nicht mehr trägt.

Beispiel 6.1

Wir betrachten das Problem des Umschüttens von Weinkrügen (siehe Abschnitt 2.1). Wir stellen die Problemzustände durch Ausdrücke der Form $\mathsf{status}(x, y, z)$ dar. Eine Regel zum Umschütten des 9-Liter-Kruges in den 4-Liter-Krug lautet: „Wenn der Inhalt x des 9-Liter-Kruges vollständig in den 4-Liter-Krug mit dem aktuellen Inhalt y passt, dann schütte die Menge x vom 9-Liter-Krug in den 4-Liter-Krug". Diese Regel lässt sich folgendermaßen darstellen:

$$R_1 \quad : \quad +\mathsf{status}(x, y, z), x + y \leq 4 \rightarrow \mathsf{status}(0, x + y, z).$$

Dabei ist $+\mathsf{status}(x, y, z)$ eine positive Bedingung und $x + y \leq 4$ eine prozedurale Bedingung. Zur Auswertung der Prämissen muss eine Prozedur zur Verfügung stehen, die den Ausdruck $x + y \leq 4$ für gegebene Zahlen x, y auswertet.   ∎

Das folgende Beispiel zeigt ein regelbasiertes System zur Diagnose von Autoheizungen (entnommen aus (Schnupp & Huu 87)).

Beispiel 6.2

Gegeben sei folgendes Regelsystem zur Fehlerprüfung von Autoheizungen:

Wenn das Heizgebläse defekt ist, **dann** ist die Heizung defekt.

Wenn der Gebläsemotor defekt ist und das Gebläse klemmt, **dann** ist das Heizgebläse defekt.

Wenn der Gebläsemotor defekt ist und die Batterie nicht leer ist, **dann** ist das Heizgebläse defekt.

Ferner sei bekannt, dass der Gebläsemotor defekt ist und dass das Gebläse nicht klemmt. Die Regeln werden in unserer Notation folgendermaßen dargestellt:

$R_1 \quad : \quad +\text{heizgeblaese\_defekt} \rightarrow \text{heizung\_defekt}.$

$R_2 \quad : \quad +\text{geblaesemotor\_defekt}, +\text{geblaese\_klemmt} \rightarrow \text{heizgeblaese\_defekt}.$

$R_3 \quad : \quad +\text{geblaesemotor\_defekt}, -\text{batterie\_leer} \rightarrow \text{heizgeblaese\_defekt}.$

Die Faktenbasis sieht folgendermaßen aus:

$$\{\text{geblaesemotor\_defekt}\}.$$

Es lässt sich vermuten, dass in diesem Beispiel die Heizung defekt ist. Die dazu nötigen Schlussfolgerungen sind Gegenstand eines späteren Beispiels.   ∎

Wir werden Regelsysteme oft grafisch als *Regelnetze* darstellen. Abb. 6.1 zeigt die grafische Darstellung des Systems aus Beispiel 6.2.

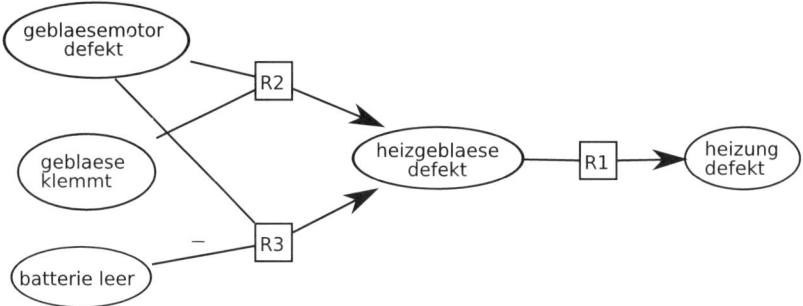

Abb. 6.1: Grafische Darstellung eines Regelsystems

6.2 Rückwärtsverkettende Systeme

Expertenregeln lassen sich mit Vorwärts- und mit Rückwärtsverkettung interpretieren. In diesem Abschnitt soll die vom Prolog-Interpreter bekannte Rückwärtsinterpretation behandelt werden.

6.2.1 Die Regelinterpretation

Die rückwärtsverkettende *Interpretation* startet mit einer Anfrage bzw. Hypothese. Im einfachsten Fall ist in der Wissensbasis ein Faktum vorhanden, das die Hypothese sofort bestätigt. Ist dies nicht der Fall, so sucht der Regelinterpretierer eine „passende" Regel, also eine Regel, deren Konklusion die Hypothese darstellt. Findet der Interpreter eine solche Regel, so werden die Prämissen dieser Regel zu den neuen Hypothesen, die dann (rekursiv) wieder geprüft werden. Die Regeln werden bei dieser Methode also vom Folgerungsteil zum Bedingungsteil hin ausgewertet (siehe Abb. 6.2).

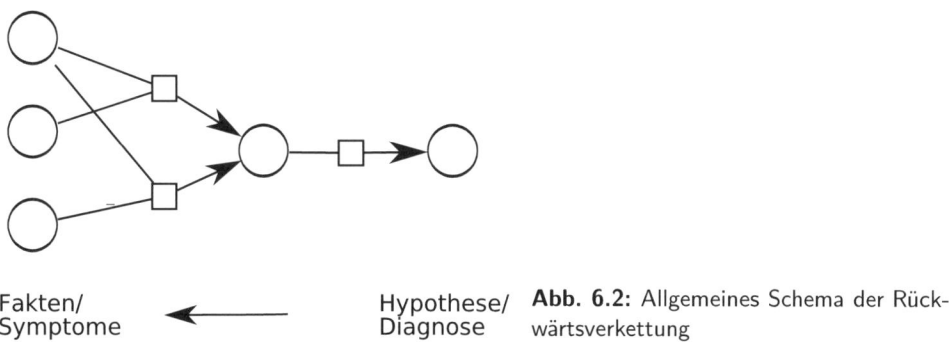

Fakten/
Symptome

Hypothese/
Diagnose

Abb. 6.2: Allgemeines Schema der Rückwärtsverkettung

Beispiel 6.3

Gegeben sei das Regelsystem zur Diagnose von Autoheizungen (siehe Beispiel 6.2) sowie die Faktenbasis

$$\{\text{geblaesemotor\_defekt}, \text{geblaese\_klemmt}\}.$$

Wird die Anfrage gestellt, ob die Heizung defekt ist, so sucht die Rückwärtsverkettung zunächst eine „passende" Regel, also eine Regel, die bestätigen könnte, dass die Heizung defekt ist. Das System findet Regel 1 und stellt die neue Hypothese auf, dass das Heizgebläse defekt ist. Zu dieser Hypothese gibt es zwei passende Regeln, 2 und 3. Zunächst wird Regel 2 geprüft, und dies führt zur Bildung der neuen Hypothesen „Der Gebläsemotor ist defekt" und „Das Gebläse klemmt". Diese beiden Hypothesen sind durch die entsprechenden Fakten in der Wissensbasis verifiziert, und damit ist die Aufgabe des Interpreters gelöst, die Heizung ist als defekt erkannt.

Ist dagegen zu Beginn der Rückwärtsverkettung die Faktenbasis leer, so können die Hypothesen „Der Gebläsemotor ist defekt" und „Das Gebläse klemmt" nicht direkt bestätigt werden. Es liegt auch keine Regel vor, die diese Hypothesen verifizieren könnte. Als einziger Ausweg bleibt hier die Möglichkeit, den Benutzer zu fragen. Bestätigt er die Hypothesen, so ist die ursprüngliche Hypothese verifiziert. Kann er sie nicht bestätigen, so wird nach alternativen Regeln zur Bestätigung der Hypothese gesucht. Einen möglichen Verlauf der Rückwärtsverkettung zeigt Tabelle 6.1. In der ersten Spalte steht die aktuelle Hypothese, in der zweiten Spalte stehen die zur aktuellen Hypothese passenden Regeln. Hiervon wird jeweils die erste Regel zur weiteren Bearbeitung ausgewählt. Gibt es dagegen für eine bestimmte Hypothese keine passende Regel, wie etwa in der dritten Zeile, so wird der Benutzer gefragt, ob er die aktuelle Hypothese bestätigen kann. In der fünften Spalte steht jeweils die Antwort des Benutzers. Hat der Benutzer einmal eine Hypothese bestätigt, so merkt sich das System diese Hypothese als wahres Faktum in der Faktenbasis. Dies hat den Vorteil, dass später nicht noch einmal nach derselben Hypothese gefragt werden muss. So wird etwa in Zeile 6 ein zweites Mal die Hypothese „Der Gebläsemotor ist defekt" geprüft. Der Benutzer braucht aber nicht noch einmal danach gefragt zu werden, denn die Hypothese steht schon als Faktum in der Wissensbasis.

∎

Man könnte das obige Beispiel auch als eine Menge von Prolog-Klauseln schreiben und vom Prolog-Interpreter verarbeiten lassen. Der Prolog-Interpreter ist jedoch ein sehr unflexibles regelbasiertes System, denn er bietet nur eine Art der Wissensverarbeitung, nämlich die Rückwärtsverkettung. „Richtige" wissensbasierte Systeme bieten im Allgemeinen sehr viel verschiedene Möglichkeiten der Regelinterpretation. Wir werden im Folgenden eine einfache Implementierung der Rückwärtsverkettung vorstellen.

Die Rückwärtsverkettung wird realisiert durch die Prozedur `erfuellt?(Hyp)`. Diese versucht, die Hypothese `Hyp` zu verifizieren. Sie prüft dabei der Reihe nach die folgenden Fälle.

■ Ist die Hypothese in der Faktenbasis eingetragen?

Tab. 6.1: Verlauf der Rückwärtsverkettung

Hypothesen	Regeln	Faktenbasis	Frage	Antwort
Heizung defekt?	R_1	–		
Heizgebläse defekt?	R_2, R_3	–		
Gebläsemotor defekt?	–	–	Gebläsemotor defekt?	Ja
Gebläse klemmt?	–	Gebläsemotor defekt	Gebläse klemmt?	Nein
Heizgebläse defekt?	R_3	Gebläsemotor defekt		
Gebläsemotor defekt?	–	Gebläsemotor defekt		
Batterie leer?	–	Gebläsemotor defekt	Batterie leer?	Ja

- Falls nicht, gibt es eine zu ihr passende Regel, deren Bedingungen alle verifiziert werden können?
- Ist die Hypothese nicht in der Faktenbasis eingetragen und gibt es keine zu ihr passende Regel, kann der Benutzer die Hypothese bestätigen?

Negative Bedingungen

Im Laufe der Rückwärtsverkettung können auch negative Hypothesen auftreten, in unserem Beispiel etwa die Hypothese −batterie_leer. Es gibt zwei grundsätzlich verschiedene Möglichkeiten, eine negative Hypothese der Form −a zu bestätigen. Eine nahe liegende Möglichkeit ist die, die auch der Prolog-Interpreter verwendet: Man versucht, die Hypothese a zu verifizieren. Schlägt dieser Versuch fehl, so ist die negative Hypothese −a bestätigt. Dieses Prinzip entspricht dem *in dubio pro reo* der Justiz. Der Staatsanwalt versucht, die Schuld des Angeklagten zu beweisen. Kann er dies nicht, so muss der Angeklagte „aus Mangel an Beweisen" freigesprochen werden, d. h., die negative Hypothese „Der Angeklagte ist nicht schuldig" ist wahr.

Definition 6.1 (Schwache Negation)
Das Prinzip der *schwachen Negation* (engl. *negation as failure*) lautet: Eine negative Hypothese −a wird dann akzeptiert, wenn alle Versuche, die positive Hypothese a zu beweisen, fehlschlagen.   ♦

Ein solcher Freispruch wird allerdings auch nicht als „Freispruch erster Klasse" anerkannt. Ein solcher liegt nur vor, wenn der Angeklagte *erwiesenermaßen unschuldig* ist. Dem entspricht das Prinzip der logischen Negation, auch *starke Negation* genannt. In unserem Kontext bedeutet dies Folgendes: Eine negative Hypothese kann sicherlich nicht durch eine Regel bestätigt werden, denn die Konklusion einer Regel ist stets positiv. Demzufolge ist eine negative Hypothese nur dann wahr, wenn sie als Faktum in der Wissensbasis vorhanden ist. Diese Art der Negation ist also nur dann sinnvoll, wenn explizit negative Fakten in der Faktenbasis zugelassen werden.

Definition 6.2 (Starke Negation)

Das Prinzip der *starken Negation* lautet: Eine negative Hypothese $-a$ wird dann akzeptiert, wenn $-a$ in der Faktenbasis vorhanden ist.   ♦

Schließlich können im Verlauf der Rückwärtsverkettung auch prozedurale Bedingungen auftreten. Diese werden einfach durch Aufruf der entsprechenden Prozedur verifiziert.

Ein Algorithmus zur Rückwärtsverkettung

Zur Realisierung eines regelbasierten Systems müssen zunächst Fakten und Regeln als Datenstrukturen implementiert werden. Die Fakten sind enthalten in einer Faktenbasis, die Regeln in einer Regelbasis. Die Regelbasis wird als globale Liste `regelbasis` realisiert, die alle Regeln enthält. Entsprechend wird die Faktenbasis durch eine globale Liste `faktenbasis` realisiert. Regeln sind als Datenstrukturen `regel` mit folgenden Komponenten zu implementieren:

- `r.kon` ist die Konklusion der Regel `r`,
- `r.pre+` ist die Liste der positiven Prämissen von `r`,
- `r.pre-` ist die Liste der negativen Prämissen von `r`,
- `r.pre=` ist die Liste der prozeduralen Prämissen von `r`.

Die in Algorithmus 6.1 angegebene Boolesche Funktion `erfuellt?(hyp)` realisiert die Rückwärtsverkettung. Eingabe ist eine Hypothese `hyp`. Die Ausgabe ist `true`, genau dann, wenn die Hypothese per Rückwärtsverkettung verifiziert werden kann.

Offen bleiben dabei die Boolesche Funktionen `erfrage?(hyp)` sowie `erfuellt_proz?(hyp)`. Die erste stellt eine Anfrage an den Benutzer, ob die betreffende Hypothese wahr ist. Gibt der Benutzer „Ja" ein, so liefert die Prozedur `true`, andernfalls `false`. Die Prozedur `erfuellt_proz?(hyp)` wertet einen Booleschen Ausdruck `hyp` aus.

Wird ein Faktum im Verlauf der Rückwärtsverkettung bestätigt, so wird es auch als Faktum in die Wissensbasis eingetragen. Damit erspart man sich mehrmalige Benutzeranfragen oder Rückwärtsverkettungen mit derselben Hypothese. Dahinter steckt ein Prinzip, das vor allem in der praktischen Anwendung bei Expertensystemen eine große Rolle spielt: Benutzeranfragen sollten auf das Notwendigste beschränkt werden. Insbesondere sollte dieselbe Frage nicht mehrfach gestellt werden.

6.2.2   Die Steuerung der Regelinterpretation

Die Reihenfolge, in der die Regeln bei der Rückwärtsverkettung verarbeitet werden, hat großen Einfluss sowohl auf die Performanz des gesamten Systems als auch auf die Art und den Umfang der Fragen, die an den Benutzer gestellt werden.

Algorithmus 6.1 (Rückwärtsverkettung)

```
global faktenbasis,regelbasis

function erfuellt?(hyp)
   if (hyp in faktenbasis or
       rueck_verkettung(hyp) or
       erfrage?(hyp))
       then faktenbasis := insert(hyp,faktenbasis);
          return true
       else return false .

function rueck_verkettung(hyp)
   return exists r in regelbasis :
      (r.kon = hyp) and rueck_anwendbar?(r).

function rueck_anwendbar?
   return forall b in r.pre+ : erfuellt?(b) and
       forall b in r.pre- : not erfuellt?(b) and
       forall b in r.pre= : erfuellt_proz?(b).
```

Im obigen Algorithmus werden die Regeln in der Reihenfolge, wie sie in der Wissensbasis stehen, verarbeitet. Dieses Schema ist im Allgemeinen recht unflexibel, denn die Reihenfolge der Regeln liegt vor Beginn der Rückwärtsinterpretation fest und kann in deren Verlauf nicht mehr geändert werden. Wir wollen in diesem Abschnitt eine flexiblere Ansteuerung der Regeln kennenlernen. Diese geht von der Grundüberlegung aus, dass bestimmte Regeln oft mit größerer Wahrscheinlichkeit zutreffen als andere. In diesem Fall sollte man die „wahrscheinlicheren Regeln" bevorzugt vor den weniger wahrscheinlichen abarbeiten. Im folgenden Beispiel (siehe Abb. 6.3) ist das Faktum „Motor springt nicht an" als Hypothese markiert. In dieser Situation sind drei verschiedene Regeln anwendbar. Eine solche Situation, in der mehrere Regeln anwendbar sind, nennt man einen *Regelkonflikt*. Die Menge der anwendbaren Regeln nennt man auch die *Konfliktmenge*, und die Auswahl einer Regel aus dieser Menge nennt man *Konfliktlösung*. Im Kontext der Rückwärtsverkettung werden wir nur eine sehr einfache Form der Konfliktlösung betrachten. Weitere Formen der Konfliktlösung werden später im Abschnitt über vorwärtsverkettende Systeme behandelt. Dort kommt das Problem der Regelkonflikte auch viel stärker zum Tragen als bei der Rückwärtsverkettung.

Man kann zwar im obigen Beispiel nicht ausschließen, dass der Tank leer ist, man kann jedoch davon ausgehen, dass dies eher unwahrscheinlich ist. Aus diesem Grund wird man Regel 3 erst dann ansteuern, wenn Regel 1 und Regel 2 keinen Erfolg gebracht haben. Ist

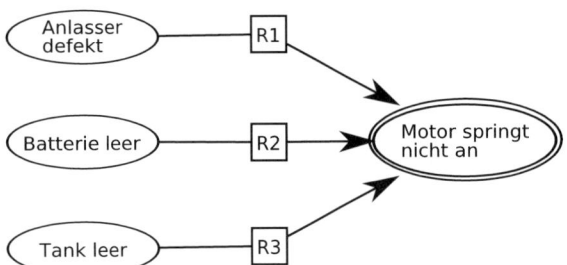

Abb. 6.3: Regelkonflikt bei der Rückwärtsverkettung. Hypothese: Der Motor springt nicht an.

weiterhin bekannt, dass bei einer bestimmten Automarke A der Anlasser fehleranfällig ist, so wird man bei einem Wagen der Marke A Regel 1 vor Regel 2 bevorzugen. Dazu muss zunächst die Information über die Automarke erfragt werden.

Das Wissen, das dazu führt, bestimmte Regeln zu bevorzugen und andere zurückzustellen, nennt man auch *Steuerungswissen* oder *strategisches Wissen*, weil es dazu dient, die Regelinterpretation zu steuern. Im Unterschied zum *Objektwissen*, also dem Wissen über die Objekte des konkreten Anwendungsbereiches, handelt es sich beim Steuerungswissen um eine Form von *Metawissen*, also Wissen um Methoden aus dem Anwendungsbereich.

Eine sehr einfache und wirkungsvolle Möglichkeit der Steuerung besteht darin, die Regeln (partiell) zu ordnen. Dies geschieht meist dadurch, dass man jeder Regel eine Priorität, also eine natürliche Zahl, zuordnet. Im Konfliktfall wird dann einfach die Regel mit der *höchsten* Priorität ausgewählt. Sind allerdings mehrere Regeln mit der gleichen Priorität vorhanden, so lässt sich der Konflikt nicht vollständig lösen. In diesem Fall würde dann unter diesen Regeln nach dem Reihenfolgeprinzip entschieden. Je differenzierter also die Prioritäten verteilt werden, desto besser lassen sich Regelkonflikte nach dieser Strategie lösen.

Werden die Prioritäten zu Beginn fest vergeben, so ist damit nicht viel gewonnen, denn diese Form der Steuerung kann nicht dynamisch auf neues Wissen reagieren. Die eigentliche Stärke dieser Strategie kommt erst dann zum Tragen, wenn die Prioritäten der Regeln im Verlauf der Rückwärtsverkettung dynamisch an neues Wissen angepasst werden können.

Wir werden nun noch eine Möglichkeit der Regelansteuerung mit dynamischen Prioritäten vorstellen.

Bei der Regelinterpretation sind zwei Aufgaben zu lösen: Zum einen müssen bei der Rückwärtsverkettung die Regeln in der Reihenfolge ihrer Priorität abgefragt werden. Dies lässt sich dadurch realisieren, dass die globale Liste `regelbasis` nach Prioritäten geordnet ist. Die Prozedur `erfuellt?` bleibt dabei ungeändert.

Es verbleibt noch das Problem der Verwaltung der Prioritäten zu lösen. Wir gehen dabei von der Annahme aus, dass die Priorität einer Regel aufgrund eines oder mehrerer Fakten in der Wissensbasis geändert werden kann. Dieses Wissen könnte beispielsweise so aussehen: „Wenn das Geschlecht des Patienten männlich ist, dann schließe die Diagnosen

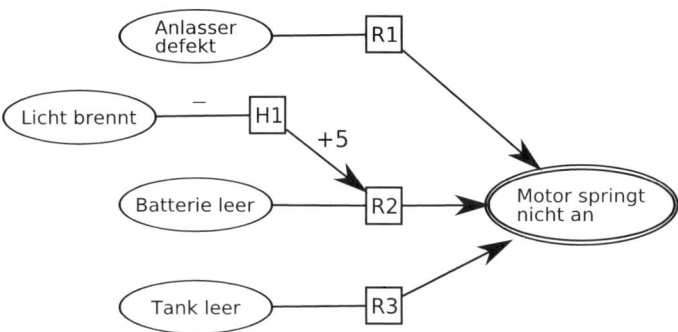

Abb. 6.4: Regelsystem mit heuristischer Regel

A, *B* und *C* aus." oder aus dem Bereich des Schachspiels: „Wenn der Gegner Material-vorteil hat, dann vermeide den Abtausch von Figuren." Diese Beispiele veranschaulichen, dass das strategische Wissen, das die Steuerung ermöglicht, ganz ähnlich wie die bis-her bekannten Regeln formuliert werden kann. Solche Steuerungsregeln werden auch oft mit dem Begriff *heuristische Regel* bzw. *Heuristik* bezeichnet. Die Prämissen einer heu-ristischen Regel sind identisch mit den Bedingungen normaler Regeln, nur ihre rechte Seite ist keine Schlussfolgerung, sondern eher eine Aktion, nämlich die Erhöhung oder Verminderung der Priorität einer oder mehrerer anderer Regeln.

Wir verwenden die folgende Notation für heuristische Regeln:

$$h : a_1, \ldots, a_n \rightarrow add(r, \Delta)$$

mit der folgenden Semantik: Sind die Prämissen $a_1, \ldots, a_n$ erfüllt, so addiere Δ zur Priorität der Regel r, wobei Δ positiv oder negativ sein kann. Der Buchstabe h vor der Regelnummer dient zur Kennzeichnung als heuristische Regel.

Als Beispiel betrachten wir noch einmal das Regelsystem aus Abbildung 6.3 mit einer zusätzlichen heuristischen Regel: Wenn das Licht nicht brennt, so ist es wahrscheinlich, dass die Batterie leer ist (siehe Abb. 6.4). In diesem Fall wird die Priorität der Regel 2 um 5 Punkte erhöht.

Die hier vorgeschlagene Realisierung der Regelsteuerung soll vor allem dazu dienen, die grundlegenden Begriffe und Methoden prinzipiell zu veranschaulichen. Selbstverständlich lassen sich verfeinerte und benutzerfreundlichere Methoden der Verwaltung heuristischer Regeln finden. Um etwa im oben vorgestellten Modell eine heuristische Regel der Form „Wenn der Gegner Materialvorteil hat, dann vermeide den Abtausch von Figuren" zu realisieren, müsste man für jede Objektregel r, die den Abtausch von Figuren beinhaltet, eine entsprechende heuristische Regel $h(r)$ formulieren, die die Priorität der Regel r steuert. Denkbar wäre hier die Einteilung der Objektregeln in Gruppen – etwa eine Gruppe „Abtauschregeln" oder eine Gruppe „geschlechtsspezifische Krankheiten" – und die pauschale Änderung der Prioritäten einer ganzen Gruppe.

6.3   Vorwärtsverkettende Systeme

6.3.1   Die Regelinterpretation

Die im letzten Abschnitt behandelten rückwärtsverkettenden Systeme gehen zielgerichtet vor. Das System versucht, eine vorgegebene Hypothese zu bestätigen. Zu diesem Zweck werden entsprechende Regeln befragt, die diese Hypothese verifizieren könnten. Diese Regeln verlangen ihrerseits die Bestätigung neuer Hypothesen usw. Auf diese Weise hangelt sich die Interpretation immer weiter zurück, bis sie schließlich bei den Symptomen ankommt, die nur der Benutzer beantworten kann – sofern sie nicht schon in der Faktenbasis eingetragen sind. Der Vorteil dieses Verfahrens besteht darin, dass von den vielen möglichen Symptomen nur diejenigen vom Benutzer erfragt werden, die tatsächlich zur Problemlösung beitragen. Dieses Vorgehen ist jedoch nur unter zwei Bedingungen sinnvoll.

Zum einen muss es möglich sein, realistische Hypothesen (also Diagnosen) zielgerichtet zu generieren. Die Strategie, alle überhaupt möglichen Diagnosen der Reihe nach auszuprobieren, ist allenfalls in solchen Anwendungen angebracht, in denen die Anzahl dieser Diagnosen klein ist. Handelt es sich dagegen um eine große Zahl möglicher Diagnosen, so hilft hier nur eine systematische Erzeugung aussichtsreicher Kandidaten.

Zum anderen ist die Rückwärtsverkettung in solchen Anwendungen angebracht, in denen der Benutzer der Reihe nach aufgefordert wird, verschiedene Beobachtungen zu machen, Tests durchzuführen oder Messwerte einzugeben.

In allen Fällen, in denen sich Erfolg versprechende Hypothesen nicht systematisch erzeugen lassen oder in denen alle Fakten schon im Vorhinein bekannt sind, ist eine andere Form der Regelinterpretation besser geeignet, nämlich die Vorwärtsverkettung. Kern der Vorwärtsverkettung ist die Auswahl einer Regel, deren sämtliche Prämissen erfüllt sind. Der Aktionsteil dieser Regel wird ausgeführt, man sagt dazu auch: „Die Regel feuert". Handelt es sich dabei um eine Deduktionsregel, so wird die Konklusion der Regel als neues Faktum in die Wissensbasis eingetragen, handelt es dagegen sich um eine Aktionsregel, so wird die entsprechende Aktion ausgelöst. Diese Form der Regelinterpretation arbeitet also im Gegensatz zur Rückwärtsverkettung von den Fakten bzw. Symptomen ausgehend zu den Schlussfolgerungen bzw. Diagnosen (siehe auch Abbildung 6.5).

Zunächst scheint es, als ob Vor- und Rückwärtsverkettung sich nur in der Richtung der Regelverarbeitung unterscheiden, aber vom allgemeinen Prinzip her gleich funktionieren. Dies ist jedoch nicht der Fall, es gibt noch tiefer gehende Unterschiede zwischen diesen beiden Formen der Regelinterpretation. Zum einen endet die Rückwärtsverkettung, wenn die Ausgangshypothese entweder bewiesen ist oder alle Beweismöglichkeiten fehlgeschlagen sind. Bei der Vorwärtsverkettung ist im Unterschied zur Rückwärtsverkettung meist kein Ziel vorgegeben, daher stellt sich hier viel stärker die Frage, wann der Prozess der Regelverarbeitung enden soll. Die Standardantwort auf diese Frage lautet: Die Vor-

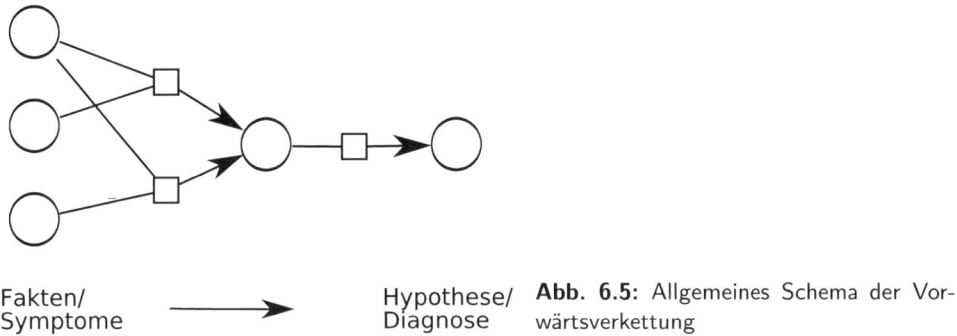

Fakten/
Symptome

Hypothese/
Diagnose

Abb. 6.5: Allgemeines Schema der Vorwärtsverkettung

wärtsverkettung arbeitet so lange, bis sich keine neuen Fakten mehr ableiten lassen. Mit anderen Worten: Die Vorwärtsverkettung schöpft den ganzen Suchraum vollständig aus.

Es ist nützlich, sich ein vorwärtsverkettendes Regelsystem als eine Art Spiel, etwa ein Brettspiel wie Schach oder Dame, vorzustellen. Die Regeln entsprechen dabei den Spielregeln, die Fakten entsprechen den aktuellen Brettstellungen. Die Regeln geben nur einen formalen Rahmen für den Spielablauf vor, sie geben keine Auskunft darüber, wie das Spiel zu gewinnen ist. Spielregeln ermöglichen eine große Zahl konkreter Spielverläufe. Auf ähnliche Weise geben die Regeln eines wissensbasierten Systems einen formalen Rahmen, in dem sehr viele verschiedene Möglichkeiten der Interpretation gegeben sind. Die Auswahl eines konkreten Ablaufes wird bestimmt durch eine *Strategie*. Wir betrachten dazu folgendes Beispiel:

Beispiel 6.4 (Das Chipsspiel)
Es handelt sich um ein Spiel, das mit schwarzen und weißen Spielfiguren (Chips), die sich in einem Korb befinden, gespielt wird. Das Spiel besteht aus zwei Regeln:

R1: Wenn sich im Korb zwei schwarze Chips befinden, dann nimm sie heraus und lege einen weißen hinein.

R2: Wenn sich im Korb ein schwarzer und ein weißer Chip befinden, dann nimm den weißen heraus.

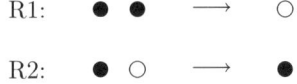

Das Spiel ist beendet, wenn kein Zug mehr möglich ist, also wenn der Korb entweder genau einen schwarzen oder nur noch weiße Chips enthält. Ziel des Spiels ist es, am Ende so wenig Chips wie möglich im Korb zu behalten. ∎

Nehmen wir an, zu Beginn des Spiels befinden sich im Korb zwei weiße und zwei schwarze Chips. Die Spielregeln lassen verschiedene Spielverläufe zu (siehe Abbildung 6.6), aber

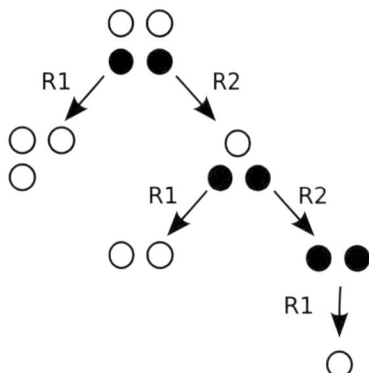

Abb. 6.6: Verschiedene Möglichkeiten beim Chipsspiel

nur einer von diesen erreicht das geforderte Spielziel. Der Spieler muss sich bei jedem Zug zwischen mehreren Möglichkeiten entscheiden. Eine *Spielstrategie* ist eine formale Vorschrift, die die Auswahl eines Zuges vorschreibt. Im Unterschied zur Taktik, die das Verhalten in bestimmten Situationen vorschreibt, ist die Strategie eine allgemeine Vorschrift, die unabhängig von der konkreten Spielstellung gilt. Ein Beispiel für eine solche allgemeine Vorschrift beim Schachspiel ist die Strategie, bei eigenem Materialnachteil Figurenabtausch möglichst zu vermeiden. Eine solche allgemeine Strategie kann allerdings in einer konkreten Situation von einer taktischen Vorschrift außer Kraft gesetzt werden, etwa wenn in einer Stellung ein Abtausch eben doch einen Vorteil bringt.

Wir werden nun kurz beschreiben, wie das Chipsspiel als vorwärtsverkettendes Regelsystem formuliert werden kann. Als Erstes ist dabei die Repräsentation einer Spielstellung zu bestimmen. Eine solche Spielstellung lässt sich vollständig beschreiben durch die Anzahl der weißen und der schwarzen Chips. Wir schreiben

$$\mathsf{status}(s, w),$$

wobei s und w Variablen sind, die jeweils die Anzahl der schwarzen bzw. der weißen Chips angeben. Die beiden Spielregeln lassen sich dann folgendermaßen in der Notation aus Abschnitt 6.1 angeben:

$$R_1(s, w): \qquad +\mathsf{status}(s, w), s \geq 2 \quad \rightarrow \mathsf{status}(s - 2, w + 1)$$
$$R_2(s, w): \qquad +\mathsf{status}(s, w), s \geq 1, w \geq 1 \quad \rightarrow \mathsf{status}(s, w - 1)$$

Wir schreiben Regeln im Folgenden in der Form $r(x_1, \ldots, x_n)$, wobei $x_1, \ldots, x_n$ die in der Regel vorkommenden Variablen sind. Ist r eine Regel und σ eine Substitution, die allen Variablen von R Grundterme (d. h. variablenfreie Terme) zuordnet, so heißt $\sigma(R)$ eine (Grund-)Instanz von R. Beispielsweise ist die Regel

$$R_1(3, 1): \qquad +\mathsf{status}(3, 1), 3 \geq 2 \quad \rightarrow \mathsf{status}(1, 2)$$

eine Grundinstanz von $R_1(s, w)$.

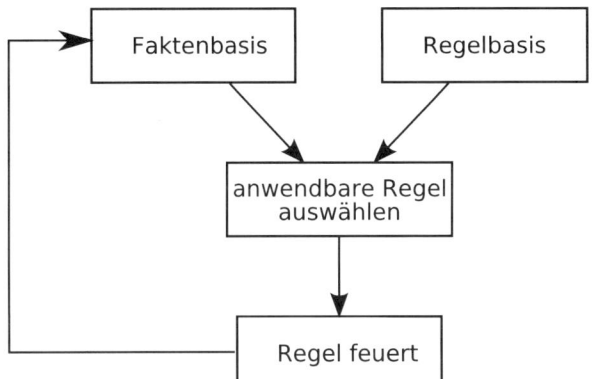

Abb. 6.7: Einfaches Schema der Vorwärtsverkettung

Die Wissensbasis enthält zu Beginn eines Spiels außer den Regeln noch als einziges Faktum die Anfangsstellung. In unserem Beispiel sei die Faktenbasis gegeben durch

$$\{\mathsf{status}(2,2)\}.$$

Die Regelinterpretation verläuft in einer Schleife (siehe Abbildung 6.7). In jedem Zyklus wird eine anwendbare Regel ausgewählt. „Anwendbar" heißt dabei im variablenfreien Fall, dass alle positiven Prämissen in der Faktenbasis vorkommen, keine der negativen Prämissen darin vorkommt und alle prozeduralen Prämissen erfüllt sind. Im Allgemeinen ist die Anwendbarkeit einer Regel definiert durch:

Definition 6.3 (Anwendbarkeit einer Regelinstanz, Konfliktmenge)
Sei b eine variablenfreie Prämisse. Ist $b = +a$, so heißt b *erfüllt* in der Faktenbasis FB, wenn $a \in FB$ gilt. Ist $b = -a$, so heißt b erfüllt in FB, wenn $a \notin FB$ gilt. Eine prozedurale Prämisse b heißt erfüllt, wenn sie zum Wahrheitswert `true` ausgewertet wird.

Die Regelinstanz r heißt *anwendbar in der Faktenbasis FB*, wenn alle Prämissen von r erfüllt sind. Die Menge aller in einer Faktenbasis anwendbaren Regelinstanzen heißt *Konfliktmenge*.　　　　　　　　　　　　　　　◆

Beispielsweise ist die Instanz $R_1(2,0) = +\mathsf{status}(2,0), 2 \geq 2 \rightarrow \mathsf{status}(0,1)$ in der Faktenbasis $FB = \{+status(2,0)\}$ anwendbar. Die Instanz $R_2(2,0) = +\mathsf{status}(2,0), 2 \geq 1, 0 \geq 1 \rightarrow \mathsf{status}(2,-1)$ ist jedoch nicht anwendbar, da die zweite prozedurale Bedingung verletzt ist.

Ist eine anwendbare Regelinstanz ausgewählt, so kann sie feuern, das heißt, ihre Konklusion wird als neues Faktum in die Wissensbasis eingetragen. Im Verlauf der Vorwärtsverkettung werden neue Spielstellungen erzeugt, die alten jedoch nicht gelöscht. Dies hat zur Folge, dass stets alle Alternativen ausprobiert werden können, also der gesamte Suchbaum ausgeschöpft wird.

Ein möglicher Spielverlauf ist in Tabelle 6.2 angegeben. In der zweiten Spalte der Tabelle ist die Konfliktmenge, also die Menge aller anwendbaren Regelinstanzen, dargestellt. Die dritte Spalte zeigt das neue Faktum, das durch das Feuern der Regel entsteht.

Tab. 6.2: Ein Verlauf des Chipsspiels. Die jeweils feuernde Regel ist unterstrichen.

Zyklus	Konfliktmenge	neues Faktum
1	$\underline{R_1(2,2)}$, $R_2(2,2)$	status$(0,3)$
2	$R_1(2,2)$, $\underline{R_2(2,2)}$	status$(2,1)$
3	$R_1(2,2)$, $R_2(2,2)$, $R_1(2,1)$, $\underline{R_2(2,1)}$	status$(2,0)$
4	$R_1(2,2)$, $R_2(2,2)$, $R_1(2,1)$, $R_2(2,1)$, $\underline{R_1(2,0)}$	status$(0,1)$

Dabei ist zu beachten, dass ein und dieselbe Regel in verschiedenen Instanzen angewandt werden kann. Beispielsweise wird Regel R_2 in Zeile 2 auf den Zustand status$(2,2)$ angewandt, dies wird ausgedrückt durch $R_2(2,2)$. In Zeile 3 wird dieselbe Regel auf den Zustand status$(2,1)$ angewandt.

Das Refraktionsprinzip

Es gibt noch viele andere Möglichkeiten des Spielverlaufs, je nachdem, welche Regeln wann angewandt werden. Ein anderer möglicher Spielverlauf ist in Tabelle 6.3 dargestellt. Da das Faktum status$(2,2)$ nach Anwendung der Regel $R_1(2,2)$ immer noch vorhanden ist, kann diese immer wieder feuern, und die Vorwärtsverkettung terminiert nicht.

Dieses Problem kann jedoch nicht dadurch verhindert werden, dass eine Spielstellung gelöscht wird, sobald eine Regel darauf angewandt wurde, denn dann hätte man auch keine Möglichkeit mehr, andere Regeln auf diesen Zustand anzuwenden, um Alternativen zu einem Spielzug auszuprobieren. Man muss sich daher merken, welche Regel auf welchen Zustand angewandt wurde und eine weitere Anwendung derselben Regel auf denselben Zustand verbieten. Dies ist der Inhalt des *Refraktionsprinzips*:

Refraktionsprinzip: Eine Regelinstanz darf nicht zweimal feuern.

Tab. 6.3: Ein anderer Verlauf des Chipsspiels

Zyklus	Konfliktmenge	neues Faktum
1	$\underline{R_1(2,2)}$, $R_2(2,2)$	status$(0,3)$
2	$\underline{R_1(2,2)}$, $R_2(2,2)$	–
3	$\underline{R_1(2,2)}$, $R_2(2,2)$	–
	$\cdots$	$\cdots$

Algorithmus 6.2 (Vorwärtsverkettung mit Refraktion)

```
function vorwaerts()
   km := konfliktmenge();
   while km <> []
      r := first(km);
      faktenbasis := insert(r.kon,faktenbasis);
      r.gefeuert? := true ;
      km := konfliktmenge();
      km := [r1 in km | not r1.gefeuert?].

function konfliktmenge()
   km := [];
   for r in regeln
      km := append(km , anw_inst(r));
   return km.
```

Eine Implementierung der Vorwärtsverkettung

Algorithmus 6.2 zeigt eine einfache Implementierung der Vorwärtsverkettung mit Refraktion. Die Prozedur `vorwaerts()` realisiert den Zyklus der Regelinterpretation, die Funktion `konfliktmenge()` liefert als Wert die Konfliktmenge, also die Menge aller Regelinstanzen, die bei gegebener Faktenbasis feuern können. Diese Funktion benutzt die Funktion `anw_inst(r)`, die die Menge aller anwendbaren Instanzen der Regel `r` berechnet. Diese Art der Berechnung der Konfliktmenge ist ineffizient, wir werden in einem späteren Abschnitt eine effizientere Möglichkeit kennenlernen.

Zur Realisierung des Refraktionsprinzips muss ferner die Datenstruktur `regel` um eine Boolesche Variable `gefeuert?` erweitert werden, in der vermerkt wird, ob die Regelinstanz `r` bereits gefeuert hat.

Negative Prämissen mit Variablen

Eine variablenfreie negative Prämisse $-a$ ist erfüllt, wenn das Faktum a nicht in der Faktenbasis enthalten ist. Enthält a jedoch freie Variablen, so werden diese implizit existenzquantifiziert interpretiert. Betrachten wir beispielsweise die Regel „Ein Mann, der nicht verheiratet ist, ist ein Junggeselle":

$$R(x) : +Mann(x), -Verheiratet(x,y) \rightarrow Junggeselle(x)$$

mit der Faktenbasis

$$\{Mann(Paul), Mann(Otto), Verheiratet(Paul, Klara)\}$$

In Regel $R(x)$ ist die Variable x implizit gebunden, die Variable y jedoch frei. Die Regel wird folgendermaßen interpretiert: Für einen bestimmten Mann x darf es keine Frau y geben, mit der er verheiratet ist. In der genannten Faktenbasis ist $R(Otto)$ anwendbar, jedoch nicht $R(Paul)$.

Die Bestimmung der Anwendbarkeit

Offen bleibt bei dieser Implementierung, wie die Menge aller anwendbaren Instanzen einer gegebenen Regel r bestimmt wird. Dies werden wir im Folgenden konkretisieren. Sei $P = \{p_1, \dots, p_n\}$ die Menge der positiven Prämissen von r. Um eine einzelne anwendbare Instanz von r zu bestimmen, müssen zunächst Fakten $a_1, \dots, a_n \in FB$ gefunden werden, für die es eine Substitution σ gibt mit $\sigma(p_i) = a_i$ für $i = 1, \dots, n$. Anschließend muss geprüft werden, ob die negativen Prämissen und die prozeduralen Prämissen von $\sigma(r)$ alle in der Faktenbasis erfüllt sind.

Bei diesem Problem handelt es sich um ein Constraintproblem (siehe Kapitel 3): Zu jeder Prämisse p_i muss ein passendes Faktum a_i gefunden werden. Dabei induziert jede solche Zuordnung eine entsprechende Instanziierung σ_i. Die Beschränkungen bestimmen die Verträglichkeit der jeweiligen Instanziierungen für die einzelnen Prämissen. Wir wollen das Verfahren an einem Beispiel verdeutlichen.

Beispiel 6.5
Gegeben sei die Regel

$$+a(x, y), +a(y, z), +a(z, w) \rightarrow a(x, w)$$

und die Faktenbasis $FB = \{a(1, 2), a(2, 3), a(3, 4)\}$. Zunächst kann jedes Faktum jeder Prämisse zugeordnet werden. Die Verträglichkeitsbedingung fordert, dass jeweils zwei Instanziierungen auf den gemeinsamen Variablen übereinstimmen. Dadurch verbieten sich beispielsweise Zuordnungen wie $\{a(x, y) \leftarrow a(1, 2), a(y, z) \leftarrow a(3, 4)\}$.

Die Variablenmenge des Constraintproblems besteht aus den positiven Prämissen:

$$\mathcal{V} = \{a(x, y), a(y, z), a(z, w)\}.$$

Um keine Verwechslung mit den Variablen x, y, z aufkommen zu lassen, sprechen wir bei den Variablen des Constraintproblems von Constraintvariablen. Alle Constraintvariablen haben zunächst dieselbe Domäne, nämlich die Menge aller Fakten:

$$\mathcal{D} = \{a(1, 2), a(2, 3), a(3, 4)\}.$$

Die Beschränkungen sind dadurch definiert, dass Variablen, die in zwei verschiedenen Constraintvariablen vorkommen, gleich belegt werden müssen.

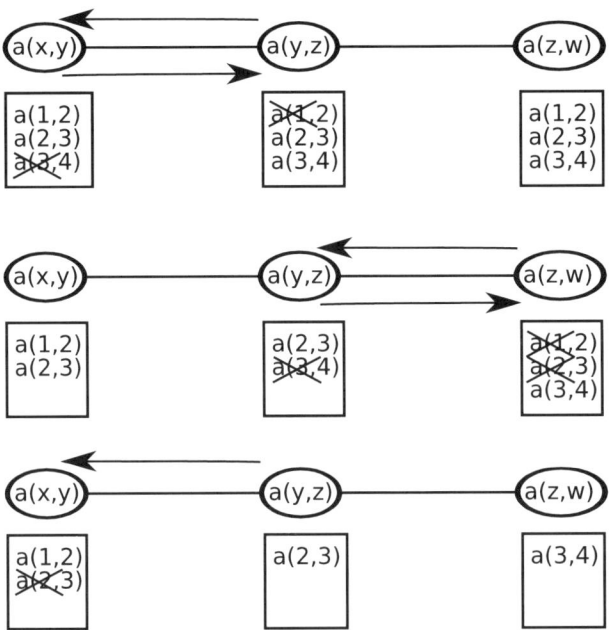

Abb. 6.8: Verlauf der Constraintpropagierung bei der Bildung der Konfliktmenge

Man kann in dem obigen (zugegebenermaßen sehr künstlichen!) Beispiel eine Propagierung von Beschränkungen durchführen, die völlig analog zu dem Beispiel des Ungleichungssystems $\{x > y, y > z, z > w\}$ über dem gemeinsamen Wertebereich $\{1, 2, 3, 4\}$ ist. Einen möglichen Verlauf der Propagierung zeigt Abbildung 6.8.

∎

Eine effiziente Bestimmung der Konfliktmenge

Die Prozedur `konfliktmenge()` berechnet die Konfliktmenge, indem sie alle Regeln auf Anwendbarkeit prüft. Im ungünstigsten Fall müssen dabei für eine gegebene Regel alle Fakten aus der Faktenbasis mit den Prämissen dieser Regel unifiziert werden. Der in diesem Abschnitt vorgestellte Algorithmus 6.2 zur Vorwärtsverkettung berechnet in jedem Zyklus die Konfliktmenge komplett neu. Diese Vorgehensweise ist sicherlich sehr ineffizient, denn im Allgemeinen wird sich die Konfliktmenge von einem Zyklus zum nächsten nur geringfügig oder sogar überhaupt nicht ändern. Eine ökonomischere Vorgehensweise besteht darin, in jedem Zyklus nur die Änderungen der Konfliktmenge zu betrachten, die sich aus dem Feuern einer Regel im vorhergehenden Zyklus ergeben. Dieses Feuern fügt ein neues Faktum f in die Faktenbasis FB ein. Es reicht dann aus, nur diejenigen Regeln zu betrachten, in deren Bedingungsteil das neue Faktum vorkommt (bezüglich einer passenden Substitution). Dabei können zwei Fälle auftreten: Zum einen kann eine

Regelinstanz aufgrund des neuen Faktums anwendbar werden, zum anderen kann eine vorher anwendbare Regelinstanz nun ihre Anwendbarkeit verlieren, wenn die entsprechende Prämisse negativ ist.

Beispiel 6.6

Gegeben sei das folgende Regelsystem:

$$R_1(x,y): \quad +P(x,y) \qquad\qquad \to Q(x,y)$$
$$R_2(x,y): \quad +Q(x,y) \qquad\qquad \to S(x,x)$$
$$R_3(x,y): \quad +P(x,y), -S(x,x) \quad \to P(y,x)$$

und die Faktenbasis

$$\{P(a,b)\}.$$

Zunächst besteht die Konfliktmenge aus den Regelinstanzen $R_1(a,b)$ und $R_3(a,b)$. Regel $R_1(a,b)$ feuert, und das Faktum $Q(a,b)$ wird in die Faktenbasis eingetragen. Im zweiten Zyklus brauchen offenbar nur diejenigen Regeln geprüft zu werden, die eine Prämisse enthalten, die mit $Q(a,b)$ unifizierbar ist, in diesem Fall also nur R_2. Die Regelinstanz $R_2(a,b)$ ist anwendbar und wird in die Konfliktmenge aufgenommen. Anschließend feuert sie, und ihre Konklusion $S(a,a)$ wird neu in die Faktenbasis eingetragen. Im dritten Zyklus ist $R_3(a,b)$ die einzige Regelinstanz, die das neue Faktum $S(a,a)$ als Prämisse enthält. Diese Regel ist bereits in der Konfliktmenge, und da sie das neue Faktum als negative Prämisse enthält, verliert sie ihre Anwendbarkeit. ∎

Die Prozedur `km_update(neues_faktum)` realisiert die Aktualisierung der Konfliktmenge aufgrund eines neuen Faktums `fakt_neu` in der Faktenbasis. Die Prozedur arbeitet in zwei Phasen.

In der ersten Phase wird geprüft, welche Regelinstanzen aufgrund des neuen Faktums anwendbar geworden sind und somit neu in die Konfliktmenge aufgenommen werden müssen. Dies ist der Fall, wenn eine Regel r eine positive Prämisse enthält, die mit dem neuen Faktum unifizierbar ist. In diesem Fall wird der Unifikator σ auf die Regel r angewandt, und anschließend werden die anwendbaren Instanzen von $\sigma(r)$ neu in die Konfliktmenge aufgenommen.

In der zweiten Phase wird geprüft, welche Regelinstanzen aufgrund des neuen Faktums nicht mehr anwendbar sind und daher aus der Konfliktmenge entfernt werden müssen. Dies ist der Fall, wenn eine Regelinstanz r eine negative Prämisse enthält, die gleich dem neuen Faktum ist.

6.3.2 Konfliktlösungsstrategien

Das Problem, das dem Refraktionsprinzip zugrunde liegt, ist ein typischer Fall eines Regelkonflikts: Im Allgemeinen sind mehrere Regeln auf verschiedene Situationen anwendbar. Die Refraktion verhindert jeweils genau eine solche Regelanwendung. Die hier

---

Algorithmus 6.3 (Aktualisieren der Konfliktmenge)

```
global km,regelbasis

km_update(fakt_neu)
   for r in regelbasis
      if exists b in r.pre+ : unifizierbar(b,fakt_neu,sigma)
         then km := append(km , anw_inst(anwenden(sigma,r)))
   km := [r in km | fakt_neu not in r.pre- ].
```

---

angesprochene Möglichkeit, dass immer wieder dieselbe Regel mit denselben Prämissen feuert, spielt bei der Rückwärtsverkettung nur eine untergeordnete Rolle – ganz ausgeschlossen ist sie allerdings auch dabei nicht (siehe Aufgabe 6.7). Allgemein spielt das Problem der Regelkonflikte bei vorwärtsverkettenden Systemen eine weit größere Rolle als bei rückwärtsverkettenden.

Das allgemeine Vorgehen der Konfliktlösung in vorwärtsverkettenden Systemen besteht in einer sukzessiven Filterung der Konfliktmenge. In jedem Schritt werden dabei aufgrund bestimmter Kriterien Regeln aus der Konfliktmenge gelöscht. Verbleibt nach der Filterung noch mehr als eine Regel in der Konfliktmenge, so wird daraus eine Regelanwendung zufällig ausgewählt.

Das allgemeine Schema der Vorwärtsverkettung mit Konfliktlösung zeigt Abbildung 6.9. Man beachte, dass die Schleife der Vorwärtsinterpretation erst dann verlassen wird, wenn die durch die Konfliktlösungsstrategie gefilterte Konfliktmenge leer ist, also wenn keine Regel mehr anwendbar ist. Alternativ dazu kann man auch den Zyklus der Regelinterpretation abbrechen, wenn ein (vorher definierter) Zielzustand erreicht ist, also das entsprechende Faktum in der Faktenbasis eingetragen ist.

Tabelle 6.4 zeigt einen möglichen Verlauf der Vorwärtsverkettung beim Chipsspiel. Sie zeigt jeweils die Faktenbasis und die Konfliktmenge. Das Beispiel zeigt, dass die Zahl der

Tab. 6.4: Verlauf des Chipsspiels (Refraktion)

Zyklus	Konfliktmenge	neues Faktum
1	$\underline{R_1(2,2)}$, $R_2(2,2)$	$status(0,3)$
2	$\underline{R_2(2,2)}$	$status(2,1)$
3	$\underline{R_1(2,1)}$, $R_2(2,1)$	$status(0,2)$
4	$\underline{R_2(2,1)}$	$status(2,0)$
5	$\underline{R_1(2,0)}$	$status(0,1)$

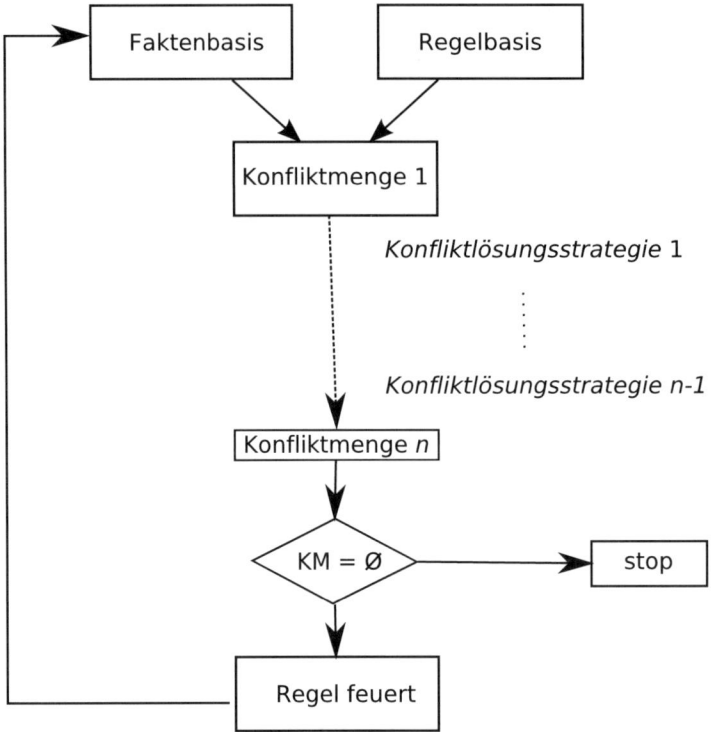

Abb. 6.9: Struktur eines Vorwärtsinterpreters mit Konfliktlösung

möglichen Regelanwendungen während der Interpretation im Allgemeinen stark ansteigt, das Problem der Regelauswahl also immer wichtiger wird.

Die Refraktion löscht in jedem Zyklus der Regelinterpretation genau eine Regelanwendung, nämlich diejenige, welche im letzten Zyklus gefeuert hat. In der ersten Spalte der Tabelle 6.4 sind jetzt nur noch diejenigen Regelanwendungen dargestellt, die noch nicht gefeuert haben. In der letzten Zeile ist die Konfliktmenge leer, da alle Möglichkeiten nach dem Refraktionsprinzip ausscheiden.

Die Prioritätsstrategie

Eine weitere Konfliktlösungstrategie, die wir bereits kennen, ist die Verwendung von (dynamischen) Prioritäten. Das Prioritätsprinzip lautet:

> **Prioritätsprinzip**: Lösche Regel r aus der Konfliktmenge, wenn diese eine Regel r' mit höherer Priorität enthält.

Tab. 6.5: Verlauf des Chipsspiels (Refraktion und Priorität)

Zyklus	KM vor Löschung	KM nach Löschung	neues Faktum
1	$R_1(2,2)$, $R_2(2,2)$	$\underline{R_2(2,2)}$	$status(2,1)$
2	$R_1(2,2)$, $R_1(2,1)$, $R_2(2,1)$	$\underline{R_2(2,1)}$	$status(2,0)$
3	$R_1(2,2)$, $R_1(2,1)$, $R_1(2,0)$	$\underline{R_1(2,2)}$, $R_1(2,1)$, $R_1(2,0)$	$status(0,3)$
4	$R_1(2,1)$, $R_1(2,0)$	$\underline{R_1(2,1)}$, $R_1(2,0)$	$status(0,2)$
5	$R_1(2,0)$	$\underline{R_1(2,0)}$	$status(0,1)$

Man beachte, dass im Allgemeinen mehrere Regeln dieselbe Priorität haben können. Die Prioritätsstrategie liefert also nicht notwendigerweise ein eindeutiges Ergebnis. Als Beispiel für die Anwendung des Prioritätsprinzips betrachten wir das Chipsspiel. Offenbar führt die folgende Strategie am schnellsten zur Gewinnsituation: Wenn möglich, wende stets Regel 2 an, andernfalls wende Regel 1 an. In diesem Fall würde man Regel 2 eine höhere Priorität geben als Regel 1. Tabelle 6.5 zeigt den Spielverlauf bei Filterung mittels Refraktion und Priorität. Dabei ist in der zweiten Spalte die Konfliktmenge vor der Löschung aufgrund der Priorität, in der dritten Spalte die Konfliktmenge nach Löschung dargestellt. Die ausgewählte Regel ist jeweils unterstrichen. Im Unterschied zu Tabelle 6.4 wird in Zeile 1 bereits Regel 1 aus der Konfliktmenge gelöscht. Man beachte, dass die Anwendung $R_1(2,2)$, die in Zeile 1 aufgrund der Priorität gelöscht wurde, in Zeile 3 in der reduzierten Konfliktmenge wieder auftaucht. Der Grund dafür ist der, dass durch die vorherige Anwendung der Refraktion Regel 2 nicht mehr in der Konfliktmenge vorhanden ist und somit Regel 1 die höchste Priorität hat. Aufgabe 6.5 zeigt, dass die Reihenfolge, in der die verschiedenen Filter angewandt werden, durchaus einen Einfluss auf den Verlauf der Regelverkettung hat.

Tabelle 6.5 zeigt, dass die Prioritätsstrategie zu Beginn sehr wirksam ist: In den ersten beiden Schritten wird der Regelkonflikt jeweils eindeutig entschieden. Danach allerdings versagt diese Strategie völlig, denn ab Zeile 4 enthält die Konfliktmenge nur noch verschiedene Anwendungen derselben Regel R_1. Hier kann die Priorität nichts ausrichten, das heißt, die Konfliktmenge wird nicht reduziert.

Die Spezifität

Die Spezifität beruht auf einem ähnlichen Grundgedanken wie die Priorität, nämlich dem der unterschiedlichen Gewichtung von Regeln. Bei der Spezifität wird dies jedoch nicht mit expliziten Prioritäten ausgedrückt, sondern durch die syntaktische Form der Regeln. Als Beispiel betrachten wir die folgenden beiden Regeln, die etwa aus dem Bereich der Prozesssteuerung in Kraftwerken stammen könnten:

R_1 : Wenn $t > t_{krit.}$ ist, dann aktiviere das Kühlungssystem.

R_2 : Wenn $t > t_{krit.}$ und $d > d_{krit.}$ ist, dann löse Alarm aus.

Der Konfliktfall tritt dann auf, wenn beide Regeln anwendbar sind, also wenn sowohl Temperatur als auch Druck die kritischen Werte übersteigen. Welche der beiden Regeln würde man in diesem Fall bevorzugen? Offensichtlich die zweite, sie scheint dringender zu sein als die erste. Die zweite Regel beschreibt eine spezifischere Situation als die erste, und genau das ist die Grundannahme der Spezifitätsstrategie: Von zwei Regeln ist diejenige die wichtigere, die sich auf die spezifischere Situation bezieht. Etwas präziser lässt sich der Begriff der Spezifität folgendermaßen definieren:

Definition 6.4 (Spezifität)
Unter dem *Anwendungsbereich* einer Regel verstehen wir die Menge aller Faktenbasen, in denen die Regel anwendbar ist. Eine Regel r heißt *spezifischer* als Regel r', wenn ihr Anwendungsbereich eine echte Teilmenge des Anwendungsbereiches von r' ist, das heißt, wenn aus der Anwendbarkeit von r die Anwendbarkeit von r' folgt.   ◆

Im obigen Beispiel umfasst der Anwendungsbereich von Regel 1 sämtliche Situationen, in denen die Temperatur den kritischen Wert überschreitet. Der Anwendungsbereich von Regel 2 ist eine echte Teilmenge davon, er umfasst nur diejenigen Situationen, in denen zusätzlich der Druck die Grenze überschreitet.

Spezifitätsprinzip: Lösche die Regel r aus der Konfliktmenge, wenn diese eine spezifischere Regel r' enthält.

Die obige Definition 6.4 ist offenbar nicht operational, denn ihre Prüfung würde erfordern, den gesamten Anwendungsbereich einer Regel zu durchsuchen, und dieser enthält im Allgemeinen unendlich viele konkrete Situationen. Eine operationale Definition des Begriffes „spezifischer" bezieht sich allein auf die Form der Regeln. Im obigen Beispiel ist Regel R_2 deshalb spezifischer als R_1, weil sie zu den Prämissen von R_1 zusätzliche Prämissen enthält. Dies verkleinert den Anwendungsbereich von R_2 gegenüber R_1. Wir erhalten damit folgendes Kriterium der Spezifität: Ist die Menge der Prämissen von r_1 eine Teilmenge der Menge der Prämissen von r_2, so ist r_2 spezifischer als r_1. Dieses Kriterium lässt sich noch verallgemeinern, wenn wir den Begriff der Subsumtion (siehe Definition 5.18) verwenden. Betrachten wir als Beispiel die beiden Regeln:

$$\begin{aligned} R_1 : \quad &+P(x), +Q(x,y) &&\to R(x,y) \\ R_2 : \quad &+P(a), +Q(a,b), -P(c) &&\to S(a,b,c) \end{aligned}$$

Die Regel R_2 ist anwendbar, wenn die Wissensbasis die Fakten $P(a), Q(a,b)$, aber nicht $P(c)$ enthält. In diesem Fall ist Regel R_1 offensichtlich erst recht anwendbar. In diesem Beispiel wird die Menge $\{+P(a), +Q(a,b), -P(c)\}$ der Prämissen von R_2 von der Menge $\{+P(x), +Q(x,y)\}$ subsumiert. Man könnte vermuten, dass allgemein die Spezifität aus der Subsumtion der Prämissen folgt. Das folgende Beispiel zeigt, dass dies nicht der Fall ist:

$$R_1: \quad -Verheiratet(x,y) \qquad\qquad \to Junggeselle(x)$$
$$R_2: \quad -Verheiratet(klaus, petra) \quad \to Verheiratet(otto, petra)$$

Würde man das Subsumtionskriterium anwenden, so wäre R_2 spezifischer als R_1. Falls nun Klaus mit Anna verheiratet ist, aber nicht mit Petra, so ist R_2 anwendbar, aber offensichtlich nicht R_1, also ist R_1 doch spezifischer als R_2. Auch hier zeigt sich also wieder, dass freie Variablen in negativen Prämissen Probleme bereiten.

Wir können nun das folgende Subsumtionskriterium formulieren:

Subsumtionskriterium: Ist die Menge der Prämissen von r_1 eine Teilmenge der Menge der Prämissen von r_2 und enthält r_1 keine freien Variablen in negativen Prämissen, so ist r_2 spezifischer als r_1.

Allerdings ist auch das Subsumtionskriterium nicht ausreichend, um sämtliche Fälle der Spezifität zu erfassen. Ein Beispiel hierfür ist in Aufgabe 6.9 angegeben.

Die Spezifität bezieht sich wie die Priorität und im Gegensatz zur Refraktion stets auf eine Regel und nicht auf eine einzelne Regelanwendung. Sie löscht also jeweils sämtliche Regelinstanzen einer Regel. Die Prüfung, ob eine Regel zu löschen ist, beinhaltet den Vergleich mit allen anderen Regeln in der Konfliktmenge. Dies macht den Test aufwendiger als den Test, den die Priorität durchführt.

Als Beispiel für die Anwendung der Spezifitätsstrategie betrachten wir wieder das Chipsspiel. Wir wissen bereits, dass die bevorzugte Anwendung von Regel 2 am schnellsten zum Ziel führt. Die Spezifitätsstrategie lässt sich zwar auf das Regelsystem in der vorliegenden Form (siehe Beispiel 6.4) nicht anwenden, weil die beiden Regeln bezüglich Spezifität unvergleichbar sind. Mit einer geeigneten Umformulierung jedoch lässt sich genau dies erreichen. Zu diesem Zweck zerlegen wir Regel 2 in zwei getrennte Anwendungsfälle: zum einen den Fall, dass genau ein schwarzer und ein weißer Chip vorhanden sind (R_2), und zum anderen den Fall, dass mindestens zwei schwarze und ein weißer vorhanden sind (R_2').

$$R_1: \quad +status(s,w), s \geq 2 \qquad\quad \to status(s-2, w+1)$$
$$R_2: \quad +status(s,w), s = 1, w \geq 1 \quad \to status(s, w-1)$$
$$R_2': \quad +status(s,w), s \geq 2, w \geq 1 \quad \to status(s, w-1)$$

In dieser Formulierung der Spielregeln ist Regel R_2' spezifischer als Regel R_1 und wird daher unter der Spezifitätsstrategie im Konfliktfall bevorzugt angewandt. Der Spielverlauf ist dann derselbe wie der in Tabelle 6.5 gezeigte.

Tab. 6.6: Verlauf des Chipsspiels (Refraktion, Priorität und Aktualität)

Zyklus	KM vor	KM nach	neues Faktum
1	$R_1(2,2)[1]$, $R_2(2,2)[1]$	$R_2(2,2)$	status$(2,1)$
2	$R_1(2,2)[1]$, $R_1(2,1)[2]$, $R_2(2,1)[2]$	$R_2(2,1)$	status$(2,0)$
3	$R_1(2,2)[1]$, $R_1(2,1)[2]$, $R_1(2,0)[3]$	$R_1(2,0)$	status$(0,1)$
4	$R_1(2,2)[1]$, $R_1(2,1)[2]$	$R_1(2,1)$	status$(0,2)$
5	$R_1(2,2)[1]$	$R_1(2,2)$	status$(0,3)$

Die Aktualität

Wie Tabelle 6.5 zeigt, kann die Prioritätsstrategie ebenso wie die Spezifität in solchen Fällen nicht viel bewirken, in denen eine Regel in mehreren verschiedenen Instanziierungen in der Konfliktmenge vorkommt, denn diese beiden Strategien betrachten nur die Regel selbst, nicht aber deren Instanziierung. In einer solchen Situation wäre eine Strategie sinnvoll, die bestimmte Instanziierungen einer Regel vor anderen bevorzugt, die also die Fakten, auf die sich die Regel bezieht, berücksichtigt. In der Praxis hat sich dabei eine Vorgehensweise bewährt, die sich an der *Aktualität* der Fakten orientiert. Dabei wird diejenige Regelanwendung bevorzugt, die sich auf die aktuelleren Fakten bezieht, also auf diejenigen, die später zur Wissensbasis hinzugefügt wurden. Wir wollen dieses Prinzip wieder am Beispiel des Chipsspiels illustrieren. Wenn wir etwa im ersten Schritt Regel 2 anwenden, so haben wir im nächsten Schritt die Wahl, ob wir eine alternative Regel (also Regel 1) auf den ursprünglichen Zustand status$(2,2)$ anwenden oder ob wir eine Regel auf den aktuelleren Zustand status$(2,1)$ anwenden. Offenbar ähnelt die erste Vorgehensweise eher der Breitensuche, die zweite eher der Tiefensuche.

Technisch lässt sich diese Methode realisieren, indem wir jeder Regelinstanz in der Konfliktmenge eine Zeitmarke zuordnen, entsprechend dem Zyklus, in dem sie zum ersten Mal in die Konfliktmenge aufgenommen wurde.

Aktualitätsprinzip: Die Regelinstanz r heißt *aktueller* als die Regelinstanz r', falls r zu einem späteren Zeitpunkt als r' zum ersten Mal in die Konfliktmenge aufgenommen wurde.

Löschregel für Aktualität: Lösche die Regelanwendung r aus der Konfliktmenge, wenn die Konfliktmenge eine aktuellere Regelanwendung r' enthält.

Tabelle 6.6 zeigt den Ablauf der Vorwärtsverkettung für das Chipsspiel mit Refraktion, Priorität und Aktualität. Hinter jeder Regelinstanz steht in eckigen Klammern die Zeitmarke.

6.4 Zusammenfassung

Ein Regelsystem besteht aus einer Wissensbasis, die Fakten und Regeln zur Darstellung des Wissens über eine Anwendungsdomäne enthält, und einem Regelinterpretierer. Der Regelinterpretierer stellt verschiedene Strategien zur Verarbeitung von Regeln und zur Beantwortung von Anfragen an das Regelsystem zur Verfügung.

Die rückwärtsverkettende Regelverarbeitung startet mit einer Hypothese und sucht eine passende Regel, die diese Hypothese verifizieren könnte. Gibt es eine solche Regel, so werden deren Prämissen zu den neuen Hypothesen. Gibt es keine solche Regel, so wird der Benutzer gefragt.

Die vorwärtsverkettende Regelinterpretation startet mit Fakten, die in der Wissensbasis eingetragen sind. Sie sucht Regeln, deren Prämissen in dieser Wissensbasis erfüllt sind. Eine solche Regel kann feuern, das heißt, ihre Konklusion wird in die Wissensbasis eingefügt. Rückwärts- und Vorwärtsverkettung unterscheiden sich also nicht nur durch die generelle Richtung der Verarbeitung, sondern auch dadurch, dass die Vorwärtsverkettung alle abgeleitete Fakten ansammelt, während die Rückwärtsverkettung keine Zwischenergebnisse abspeichert, sondern nur das vom Benutzer eingegebene Wissen.

Bei beiden Richtungen der Verarbeitung tritt das Problem der Steuerung auf, bei der Vorwärtsverkettung allerdings in sehr viel stärkerem Maße als bei der Rückwärtsverkettung. Es äußert sich in der Frage, welche von mehreren anwendbaren Regeln bevorzugt werden soll. Eine einfache Maßnahme zur Lösung solcher Regelkonflikte besteht in der Vergabe von dynamischen Prioritäten an die Regeln. Das Steuerungswissen, also das Wissen, welche Regeln unter welchen Bedingungen zu bevorzugen sind, liegt in diesem Fall selbst wieder in Form von Regeln vor. Bei der Vorwärtsverkettung bestimmen mehrere Prinzipien die Konfliktauflösung. Das Refraktionsprinzip verhindert, dass dieselbe Regel immer wieder feuert, das Prioritätsprinzip selektiert Regeln mit höherer Priorität, das Spezifitätsprinzip bevorzugt spezifischere Regeln gegenüber allgemeineren Regeln, das Aktualitätsprinzip bevorzugt Regeln, die sich auf aktuellere Fakten beziehen.

6.5 Aufgaben

Aufgabe 6.1

Gegeben seien folgende Beziehungen zwischen Mengen:

$$
\begin{aligned}
A &\subseteq B \\
B \cap C &\subseteq D \\
A \cap (C \cup E) &\subseteq F
\end{aligned}
$$

Erstellen Sie ein Regelsystem, das es gestattet, aus der Kenntnis der Mengenzugehörigkeit eines beliebigen Objektes die Zugehörigkeit zu anderen Mengen abzuleiten. Beispiel: Gibt *der Benutzer als Fakten ein, dass $a \in A$ und $a \in C$ gilt, so kann das System ableiten, dass auch $a \in D$ sowie $a \in F$ gilt. Geben Sie die Bedeutung der Prädikate an, die Sie verwenden!*

Aufgabe 6.2

Dusty ist ein autonomer mobiler Staubsaugerroboter. Er soll zwei verschmutzte Räume saugen. Er kann folgende Aktionen durchführen:

- *Saugen (den Raum, in dem er sich befindet)*
- *Rechts (in Raum 2 fahren)*
- *Links (in Raum 1 fahren)*

a) *Geben Sie eine Repräsentation der möglichen Zustände des Systems an. Erklären Sie genau die Bedeutung der einzelnen Parameter.*

b) *Beschreiben Sie Dustys Aktionen durch entsprechende Regeln. Nehmen Sie dabei an, dass alles so funktioniert, wie man es erwarten würde: Befindet sich Dusty in Raum X und ist Raum X verschmutzt, dann ist der Raum nach der Saugaktion sauber.*

c) *Geben Sie eine Konfliktlösungsstrategie an, mit der Dusty mit möglichst wenig Aktionen das Ziel erreicht, beide Räume zu säubern. Diese Strategie soll unabhängig vom Startzustand sein, also egal, ob sich Dusty zu Beginn in Raum 1 oder Raum 2 befindet. Wie viele Aktionen benötigt diese Lösung?*

Aufgabe 6.3 (Für Sudoku-Spieler)

Formulieren Sie die bekannten Techniken zur Lösung von Sudoku-Problemen (hidden subset, naked subset, X-Wing-Technik etc.) als Regeln und implementieren Sie ein Regelsystem, bei dem der Benutzer neue Regeln eingeben kann.

Aufgabe 6.4

Gegeben sei folgendes Regelsystem:

$$r_1 \quad : \quad +A, -B \rightarrow P$$
$$r_2 \quad : \quad +A, +C \rightarrow P$$
$$r_3 \quad : \quad +B, +D \rightarrow Q$$
$$r_4 \quad : \quad +B, -E \rightarrow R$$
$$r_5 \quad : \quad +R, +P \rightarrow S$$
$$r_6 \quad : \quad +Q, +P \rightarrow S$$

a) *Die Rückwärtsverkettung wird gestartet mit der Hypothese S. Geben Sie an, welche Fakten vom Benutzer im Lauf der Rückwärtsverkettung erfragt werden. Nehmen Sie dabei an, dass der Benutzer auf jede Frage „Ja" als Antwort eingibt. Alle Regeln haben dieselbe Priorität.*

b) *Nun werden folgende heuristischen Regeln zur Wissensbasis hinzugefügt:*

$$h_1 \quad : \quad +F \rightarrow add(r_1, -5)$$
$$h_2 \quad : \quad +A \rightarrow add(r_6, +5)$$

Vor dem Start der Rückwärtsverkettung werden die heuristischen Regeln geprüft. Geben Sie wie in a) die vom System erfragten Fakten an, wenn der Benutzer auf jede Frage „Ja" antwortet.

Aufgabe 6.5

Gegeben sei folgendes Regelsystem:

$$r_1 \quad : \quad +P(x), -Q(x) \rightarrow R(x)$$
$$r_2 \quad : \quad +P(x), +R(x), -Q(y) \rightarrow Q(x)$$
$$r_3 \quad : \quad +P(a), -Q(a) \rightarrow Q(a)$$

und die Faktenbasis $\{P(a), P(b)\}$. Wie verläuft die Regelanwendung unter Verwendung folgender Konfliktlösungsstrategien (in der angegebenen Reihenfolge):

a) *Refraktion, Aktualität, Reihenfolge*
b) *Refraktion, Spezifität, Reihenfolge*
c) *Refraktion, Reihenfolge*

Aufgabe 6.6

Warum hat es im Allgemeinen keinen Sinn, die Refraktion nachgeordnet anzuwenden, etwa in der Form: erst Priorität, dann Refraktion? Geben Sie ein einfaches Beispiel an.

Aufgabe 6.7

Wie muss ein Regelsystem beschaffen sein, damit bei der Rückwärtsverkettung das Problem auftreten kann, dass eine Regel immer wieder feuert? Geben Sie ein einfaches Beispiel an.

Aufgabe 6.8

Gegeben sei die Faktenbasis $\{P(a), P(b), P(c)\}$. Geben Sie zu den folgenden drei Regelsystemen R_1, R_2, R_3 (jedes besteht jeweils aus einer Regel) an, welche Konfliktlösungsstrategie man mindestens braucht, damit das System stets terminiert.

$$R_1 \quad = \quad \{P(x) \rightarrow P(f(x))\}$$
$$R_2 \quad = \quad \{P(x), -Q(x) \rightarrow Q(x)\}$$
$$R_3 \quad = \quad \{P(a) \rightarrow Q(b)\}$$

Aufgabe 6.9

Gegeben sind die folgenden Regeln:

$$r_1 = p(X,Y), -p(X,b) \rightarrow r(X,b)$$
$$r_2 = p(a,b), -p(X,b) \rightarrow s(2,3)$$
$$r_3 = p(X,Y) \rightarrow q(a)$$
$$r_4 = p(a,b) \rightarrow q(a)$$

a) *Welche dieser Regeln sind spezifischer als eine andere?*

b) *Welche dieser Regeln sind überflüssig? Begründen Sie Ihre Antwort!*

Aufgabe 6.10

Bestimmen Sie die jeweilige Komplexität des Filterungsalgorithmus bei Verwendung der Refraktion, der Priorität und der Spezifität unter der Annahme, dass die Konfliktmenge n Regeln enthält und die maximale Anzahl der Bedingungen einer Regel m beträgt.

Aufgabe 6.11

Implementieren Sie ein Regelsystem mit folgender Funktionalität:

- *Aufbau der Wissensbasis:*

  - *Eingabe, Anzeige und Editieren der Wissensbasis (Fakten und Regeln)*
  - *Speichern und Laden einer Wissensbasis von einer Datei*

- *Problemlösung: Rückwärtsverkettung. Der Benutzer kann ein Faktum als Hypothese auswählen. Daraufhin startet die Rückwärtsverkettung. Wird eine Hypothese geprüft, die nicht mit einer Regel verifiziert werden kann, so stellt das System eine entsprechende Anfrage an den Benutzer (Prozedur* `erfrage(Hyp)`*).*

- *Reportfunktionen: Der Benutzer kann sich (nach dem Ablauf der Regelinterpretation) alle gültigen Fakten und ihre jeweilige Begründung ausgeben lassen.*

- *Steuerung der Rückwärtsverkettung mit dynamischen Prioritäten.*

Aufgabe 6.12

Erweitern Sie die Implementierung aus Aufgabe 6.11 um die Vorwärtsverkettung:

- *Fakteneingabe: Der Benutzer kann aus einer Liste eingebbarer Fakten eine Auswahl treffen.*

- *Konfliktlösungsstrategien: Der Benutzer kann eine Strategie aus den Komponenten Refraktion, Priorität, Spezifität, Aktualität zusammenstellen.*

7 Unvollständiges Wissen

7.1 Einführung

Rückwärtsverkettende Regelsysteme sind interaktive Systeme, die in einem Dialog mit dem Benutzer zielgerichtet bestimmte Fakten erfragen, um damit Hypothesen zu verifizieren. Dabei könnte folgende Situation entstehen: Dem Anwender werden der Reihe nach Fragen gestellt, die er beantwortet. Nun stellt er fest, dass er möglicherweise zu Beginn der Sitzung eine falsche Antwort gegeben hat, sei es, dass er sich vertippt hat, sei es, dass er einen erfragten Wert falsch gemessen hat. Man könnte nun die Rückwärtsverkettung abbrechen und die ganze Befragung von vorne beginnen, was für den Benutzer sicherlich inakzeptabel ist. Eine effizientere Vorgehensweise besteht darin, ausschließlich die fehlerhafte Benutzereingabe zurückzuziehen und sämtliche anderen Schlussfolgerungen in der Wissensbasis gegebenenfalls zu aktualisieren.

Abbildung 7.1 zeigt ein weiteres Beispiel, bei dem Schlussfolgerungen revidiert werden müssen. Angenommen, der Gebläsemotor ist defekt und der Keilriemen ist gerissen. Die Konfliktmenge besteht aus den Regeln R_1 und R_2 (man beachte, dass die negative Prämisse von Regel 1 erfüllt ist, denn das Faktum „die Wasserpumpe ist defekt" ist nicht in der Faktenbasis enthalten. Das Ergebnis der Vorwärtsverkettung hängt nun von der Reihenfolge der Regelinterpretation ab.

- Feuert zuerst Regel 1, dann Regel 2, so wird zuerst das Faktum „das Heizgebläse ist defekt" abgeleitet, anschließend das Faktum „die Wasserpumpe ist defekt". Die-

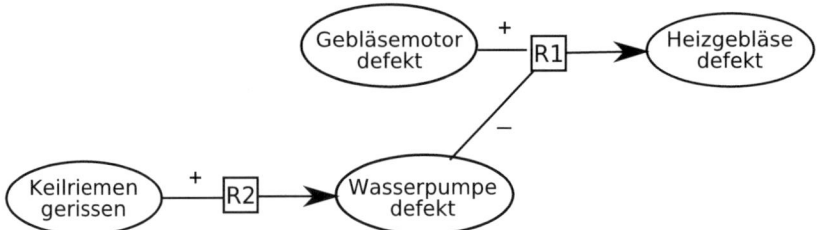

Abb. 7.1: Revision von Schlussfolgerungen

ser Zustand ist inkonsistent, denn eine Voraussetzung zur Anwendung von R1 ist nachträglich hinfällig geworden.

■ Feuert dagegen zuerst Regel 2, so wird das Faktum „die Wasserpumpe ist defekt" abgeleitet, und danach ist Regel 1 gar nicht mehr anwendbar. In diesem Fall entsteht ein konsistenter Zustand.

Im ersten Fall handelt sich um eine Situation, in der eine bereits durchgeführte Schlussfolgerung revidiert werden muss.

Situationen der obigen Art entstehen unter anderem im Zusammenhang von *Regeln mit Ausnahmen* (auch oft *Defaultregeln* genannt). Bei der Modellierung eines Anwendungsbereichs wird man oft bestimmte Annahmen treffen, die im Normalfall auch erfüllt sind. Betrachten wir beispielsweise die beiden folgenden, aus der Literatur wohlbekannten Regeln:

$$R_1 : +vogel(x) \quad \rightarrow \quad legt\_eier(x)$$
$$R_2 : +vogel(x) \quad \rightarrow \quad kann\_fliegen(x).$$

Im Unterschied zu Regel 1, die ausnahmslos gültig ist, hat Regel 2 bestimmte Ausnahmen, denn einige Vogelarten, etwa Pinguine, können nicht fliegen. Man kann Regel 2 unter Verwendung einer negativen Bedingung folgendermaßen umformulieren:

$$R_2' : +vogel(x), -pinguin(x) \quad \rightarrow \quad kann\_fliegen(x).$$

Die negative Bedingung kennzeichnet dabei die Ausnahme von der Regel, dass alle Vögel fliegen können. Ist Hansi ein Vogel, über den nichts Näheres bekannt ist, so können wir daraus schließen, dass Hansi fliegen kann. Erst wenn sich herausstellen sollte, dass Hansi ein Pinguin ist, muss die Schlussfolgerung zurückgezogen werden.

Dieses Beispiel zeigt eine Situation, in der unser Wissen *unvollständig* ist. In der klassischen Logik ist unvollständiges Wissen nutzlos; man kann keine Schlussfolgerungen daraus ziehen. In praktisch relevanten Anwendungen ist jedoch das Wissen fast immer unvollständig. Die Methoden, die wir in diesem Kapitel vorstellen werden, stellen einen Versuch dar, auch aus solchem unvollständigen Wissen wichtige Schlussfolgerungen zu ziehen und Fragen zu beantworten. Allerdings muss man sich dabei bewusst sein, dass

Annahmen im Spiel sind, die sich jederzeit als falsch herausstellen können. In diesem Fall muss man auch bereit sein, abgeleitetes Wissen zu revidieren.

Wenn in einer Situation Entscheidungen getroffen werden müssen, in der der Wert eines Booleschen Parameters x unbekannt ist, behilft man sich gern mit sogenannten „Was wäre, wenn ..."-Überlegungen. Man spielt dabei beide Möglichkeiten durch, diejenige, bei der x den Wert „falsch" annimmt, und diejenige, bei der x den Wert „wahr" annimmt. Auf diese Weise lässt sich herausfinden, ob der Wert des Parameters x das Ergebnis überhaupt beeinflusst. Die Umschaltung eines einzigen Parameters von „wahr" auf „falsch" ist wiederum eine Situation, in der eine effiziente Aktualisierung einer Wissensbasis durchgeführt werden muss.

Das Pinguinbeispiel zeigt auch einen Unterschied zwischen Regelsystemen und der klassischen Logik. In der klassischen Logik gilt folgendes Prinzip: Lässt sich aus einer Wissensbasis eine bestimmte Schlussfolgerung ziehen, so bleibt diese gültig, auch wenn neues Wissen zur Wissensbasis hinzugefügt wird. Mit anderen Worten: Die Wissensbasis wächst mit dem Hinzufügen neuen Wissens *monoton* an. Man nennt diese Eigenschaft der klassische Logik *Monotonie*. Regelsysteme besitzen diese Eigenschaft nicht, denn aufgrund der schwachen Negation (siehe Abschnitt 6.2.1) kann es wie im Pinguinbeispiel vorkommen, dass bei Hinzufügen neuen Wissens anderes Wissen aus der Wissensbasis zurückgezogen werden muss. Man nennt die solchen Systemen zugrunde liegende Logik daher *nichtmonotone Logik*.

Oft wird das Konzept der Regel mit Ausnahmen mit *probabilistischen* Regeln verwechselt. Die Tatsache, dass alle Vögel bis auf einige Ausnahmen fliegen können, hat nichts mit der *Wahrscheinlichkeit* zu tun, dass ein Vogel fliegen kann oder mit der relativen Häufigkeit der fliegenden Vögel (siehe dazu auch (Heinsohn 94)). Bei einer Regel mit Ausnahmen wird *explizit* festgelegt, welches die Ausnahmen von der Regel sind, unabhängig davon, wie häufig diese Ausnahmen tatsächlich auftreten.

Im vorigen Beispiel ist die Änderung der Wissensbasis auf den Verlauf der Regelinterpretation selbst zurückzuführen. Ähnliche Situationen entstehen, wenn sich Fakten in einer Wissensbasis aufgrund von äußeren Einflüssen ändern. Die Anwendungsbereiche für wissensbasierte Systeme sind oft solchen unvorhersehbaren Änderungen unterworfen, die nicht durch die Problemlösung selbst entstehen. Man denke etwa an das Problem der Navigation eines autonomen Roboters, der ständig unvorhergesehenen Hindernissen ausweichen muss.

Das allgemeine Problem, mit dem wir uns in diesem Kapitel auseinandersetzen wollen, ist das Problem der Änderung von Fakten in Wissensbasen. Die naive Lösung dieses Problems besteht darin, sämtliche bisher getätigten Schlussfolgerungen zurückzuziehen und noch einmal von vorne anzufangen. Diese Herangehensweise kommt jedoch nicht infrage, denn sie ist extrem unökonomisch. Es kann beispielsweise sein, dass im Verlauf einer Sitzung eine große Menge an Fakten eingegeben wird und das System entsprechend viele Schlussfolgerungen zieht. Nun zieht der Benutzer ein Eingabedatum zurück, das jedoch nur einen geringen Anteil an den bisher gezogenen Schlussfolgerungen hat.

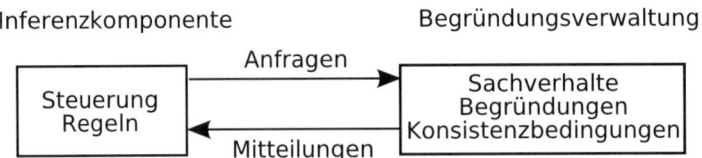

Abb. 7.2: Aufgabenverteilung zwischen Inferenzkomponente und Begründungsverwaltung

Dennoch müssten *alle* bisherigen Schlussfolgerungen zurückgesetzt und anschließend neu aufgebaut werden.

Wir wollen im Folgenden ein Vorgehen erläutern, das es ermöglicht, solche Änderungen in Wissensbasen effizient, also ohne unnötige Neuberechnungen, durchzuführen. Dieses Verfahren heißt *Begründungsverwaltung* (engl. *truth maintenance*). Wir werden dazu zwei verschiedene konkrete Begründungsverwaltungssysteme (engl. *truth maintenance system*, TMS) vorstellen, das rechtfertigungsbasierte (engl. *justification based TMS* bzw. JTMS, (Doyle 79)) sowie das annahmenbasierte (engl. *assumption based TMS*, bzw. ATMS, (de Kleer 86)). Wir verwenden im Folgenden die üblichen englischen Abkürzungen JTMS bzw. ATMS.

Hauptaufgabe eines TMS ist die effiziente Aktualisierung von Wissensbasen. Eine weitere Aufgabe, die sich mit einem TMS lösen lässt, ist das Erzeugen von Begründungen für abgeleitete Fakten in einer Wissensbasis. Schließlich wird die Begründungsverwaltung auch dazu verwendet, die Konsistenz von Wissensbasen zu überwachen. Dies ist beispielweise in solchen Fällen wichtig, in denen sich aus einer Ausgangsfaktenmenge widersprüchliche Schlussfolgerungen ableiten lassen. Diese genannten Aufgaben für ein TMS sind eher „buchhalterischer" Natur. Es bietet sich daher an, die eigentliche Problemlösungskomponente eines wissensbasierten Systems von der Begründungsverwaltung zu trennen. Damit ergibt sich die in Abbildung 7.2 (leicht modifiziert aus (Beckstein 96)) dargestellte Aufgabenverteilung.

7.2 Rechtfertigungsbasierte Systeme (JTMS)

Wir betrachten noch einmal das obige Pinguinbeispiel, um die Vorgehensweise von rechtfertigungsbasierten Begründungsverwaltungssystemen zu erläutern. Nehmen wir an, es ist lediglich bekannt, dass Hansi ein Vogel ist, die Wissensbasis besteht also aus dem einzigen Faktum $\{vogel(Hansi)\}$. Wir können daraus mit Regel 1 und Regel 2 schließen, dass Hansi Eier legt und dass er fliegen kann. Anschließend stellt sich heraus, dass Hansi ein Pinguin ist. Die aus Regel 1 gezogene Schlussfolgerung bleibt offensichtlich von dieser Änderung unberührt, die zweite muss dagegen zurückgezogen werden. Es liegt also nahe, zu jedem Faktum in der Wissensbasis alle Regeln zu notieren, die dieses Faktum rechtfertigen. Ist aufgrund einer Aktualisierung die Anwendbarkeit einer Regel r nicht mehr gegeben, so muss die Regel r aus allen so erstellten Rechtfertigungslisten entfernt werden. Gegebenenfalls müssen auch Fakten in der Wissensbasis revidiert werden. Zu diesem Zweck wird eine Tabelle erstellt, in der jedem Faktum in der Wissensbasis eine Rechtfertigung zugeordnet wird. Ein Faktum kann entweder durch eine Benutzereingabe gerechtfertigt sein oder durch eine oder mehrere Regeln, mit denen das Faktum im Verlauf der Vorwärts- oder Rückwärtsverkettung abgeleitet wurde.

Für unser Beispiel sieht diese Tabelle zum Zeitpunkt, da noch nicht bekannt ist, dass Hansi ein Pinguin ist, folgendermaßen aus:

ist_vogel	ist_pinguin	legt_eier	kann_fliegen
E	-	R_1	R_2
IN	OUT	IN	IN

Dabei bedeutet der Eintrag „E", dass das Faktum durch eine Benutzereingabe gerechtfertigt ist. Das Faktum ist_pinguin ist durch nichts gerechtfertigt, ist also auch nicht in der Wissensbasis vorhanden. Die Einträge in der dritten Zeile der Tabelle geben an, ob das Faktum in der Wissensbasis eingetragen ist (IN) oder nicht (OUT). Wird anschließend bekannt, dass Hansi ein Pinguin ist, so wird das Faktum ist_pinguin mit IN markiert und als Benutzereingabe gerechtfertigt. Anschließend müssen alle Regeln überprüft werden, die das Faktum ist_pinguin in den Prämissen enthalten. In unserem Fall ist dies nur die Regel R_2. Die Anwendbarkeit der Regel ist nicht mehr gegeben – man sagt, sie wird *passiv* –, sie muss also aus der Rechtfertigungstabelle gelöscht werden. Die endgültige Tabelle sieht dann folgendermaßen aus:

ist_vogel	ist_pinguin	legt_eier	kann_fliegen
E	E	R_1	-
IN	IN	IN	OUT

Eine solche Tabelle kann also zum einen die Frage nach der Begründung eines bestimmten Faktums in der Wissensbasis beantworten. Damit trägt sie zur Realisierung der Erklärungskomponente eines regelbasierten Expertensystems bei. Im Kontext der Begründungsverwaltung dient die Tabelle dazu, Wissensbasen zu aktualisieren.

Wir wollen zunächst ein etwas komplizierteres Beispiel betrachten und anschließend das allgemeine Verfahren zum Aktualisieren von Wissensbasen mithilfe von JTMS-Tabellen vorstellen.

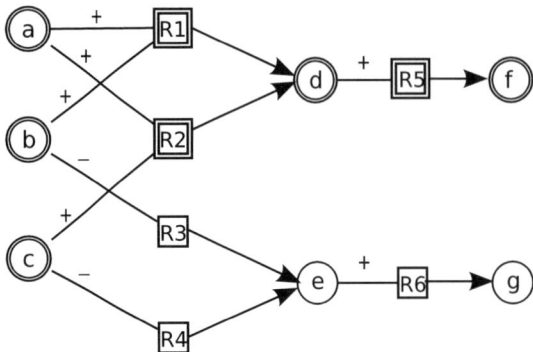

Abb. 7.3: Regelsystem zu Beispiel 7.1

Beispiel 7.1

Gegeben sei das folgende Regelsystem

$$
\begin{aligned}
R_1: &\quad +a, +b &&\to d \\
R_2: &\quad +a, +c &&\to d \\
R_3: &\quad\quad\;\; -b &&\to e \\
R_4: &\quad\quad\;\; -c &&\to e \\
R_5: &\quad\quad\;\; +d &&\to f \\
R_6: &\quad\quad\;\; +e &&\to g
\end{aligned}
$$

sowie die Wissenbasis $\{a, b, c\}$. Daraus können mit Vorwärtsverkettung die Fakten d und f geschlossen werden. Damit ergibt sich folgende Rechtfertigungstabelle:

a	b	c	d	e	f	g
E	E	E	R_1, R_2	-	R_5	-
In	In	In	In	Out	In	Out

Abbildung 7.3 zeigt die grafische Darstellung des Regelsystems. Fakten, die mit In markiert sind, sind doppelt umrandet, ebenso die *aktiven* Regeln, d. h. diejenigen Regeln, deren sämtliche Prämissen in der aktuellen Konstellation erfüllt sind. Eine solche grafische Darstellung einer Rechtfertigungstabelle heißt auch *Rechtfertigungsnetz*.

Nun wird das Eingabefaktum b zurückgezogen. Davon sind die beiden Regeln R_1 und R_3 betroffen. Regel 1 wird passiv, Regel 3 dagegen wird aktiv. Zunächst wird der Eintrag der nun passiven Regel R_1 in der Tabelle gelöscht. Da für das Faktum d jedoch noch mit Regel 2 eine weitere Rechtfertigung besteht, bleibt d mit In markiert. Regel 3 ist aktiv und kann nun feuern und das Faktum e neu in die Wissensbasis eintragen. Dieses wird mit der Rechtfertigung R_3 und der Markierung In in die Tabelle eingetragen. Nun wird

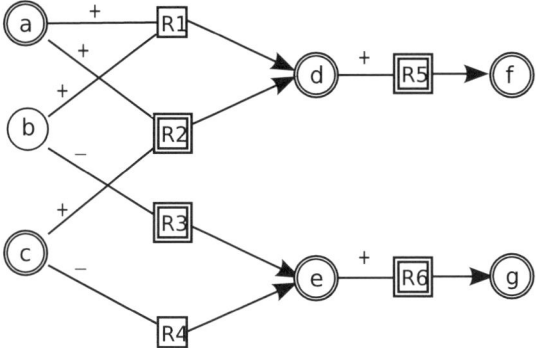

Abb. 7.4: Regelsystem zu Beispiel 7.1 nach Zurückziehen des Faktums b

auch Regel 6 aktiv, sie feuert, und ihre Konklusion g wird mit der Rechtfertigung R_6 in die Tabelle eingetragen, die dann folgendermaßen aussieht:

a	b	c	d	e	f	g
E	-	E	R_2	R_3	R_5	R_6
IN	OUT	IN	IN	IN	IN	IN

Das Ergebnis ist in Abb. 7.4 grafisch als Regelnetz dargestellt. Wird nun auch das Eingabefaktum c zurückgezogen, so sind die Regeln R_2 und R_4 betroffen. Regel 2 ist nicht mehr anwendbar, und damit verliert das Faktum d seine Rechtfertigung, wird also mit OUT markiert und aus der Wissensbasis gelöscht. Damit verliert aber auch Regel 5 ihre Anwendbarkeit. Sie wird als Rechtfertigung von Faktum f gelöscht, und anschließend wird f mit OUT markiert. Regel 4 ist neu anwendbar und wird als weitere Rechtfertigung für das Faktum e eingetragen. Da e schon mit IN markiert ist, bleibt diese Änderung ansonsten folgenlos. Die endgültige Rechtfertigungstabelle sieht folgendermaßen aus:

a	b	c	d	e	f	g
E	-	-	-	R_3, R_4	-	R_6
IN	OUT	OUT	OUT	IN	OUT	IN

■

Konsistente Markierungen

Das in Beispiel 7.1 vorgestellte Verfahren führt eine Markierung eines Rechtfertigungsnetzes durch. Im Kontext der Begründungsverwaltung werden die Benutzereingaben nicht

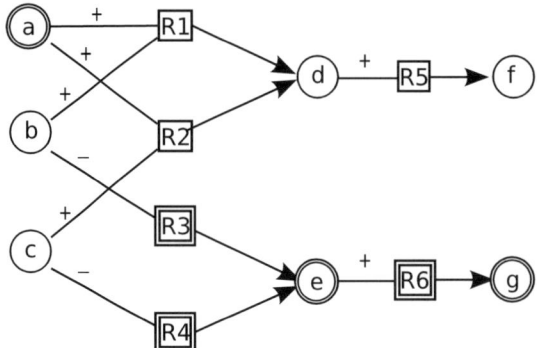

Abb. 7.5: Regelsystem zu Beispiel 7.1 nach Zurückziehen des Faktums c

als zuverlässiges Wissen aufgefasst, sondern als eine Menge von *Annahmen*, die stets revidiert werden können. Die Schlussfolgerungen, die in diesem System gezogen werden, sind daher stets im Kontext dieser Annahmen zu sehen und müssen bei einer Änderung der Annahmenmenge überprüft werden. Aus diesem Grund heißen im Kontext des Truth Maintenance diejenigen Knoten des Rechtfertigungsnetzes, auf die keine Regel zeigt, *Annahmen*. Es gibt auch Systeme, die es dem Benutzer erlauben, *beliebige* Knoten als Annahmen auszuzeichnen. Wir werden jedoch auf diese Möglichkeit im Folgenden nicht eingehen.

Die Markierung eines Rechtfertigungsnetzes umfasst Knoten und Regeln. Knoten werden mit IN oder OUT (in den Abbildungen jeweils doppelt bzw. einfach umrandet) markiert, Regeln werden als aktiv oder passiv (in den Abbildungen jeweils doppelt bzw. einfach umrandet) gekennzeichnet. Das System soll anhand einer (vom Benutzer) gegebenen Markierung der Annahmen eine Markierung des gesamten Netzes durchführen. Aus den Abbildungen 7.3 bis 7.5 bzw. aus den entsprechenden Tabellen ist leicht zu erkennen, dass diese Markierung folgende Eigenschaften besitzt, die wir als *Konsistenz* bezeichnen:

Definition 7.1 (Konsistente Markierung)
Sei N ein mit einer Markierung versehenes Rechtfertigungsnetz.

Eine *Regel* heißt *aktiv*, wenn ihre sämtlichen positiven Prämissen mit IN und sämtliche negativen Prämissen mit OUT markiert sind. Andernfalls heißt sie *passiv*.

Die Markierung heißt *konsistent*, wenn für jeden Knoten k, der keine Annahme ist, Folgendes gilt: k ist genau dann mit IN markiert, wenn er durch eine nicht leere Menge von aktiven Regeln gerechtfertigt ist.   ◆

Eine weitere wichtige Eigenschaft von Markierungen ist die *Wohlfundiertheit*, die besagt, dass sich Knoten nicht gegenseitig zirkulär rechtfertigen dürfen. Wir betrachten dazu folgendes Beispiel:

Abb. 7.6: Rechtfertigungsnetz mit zirkulärer Rechtfertigung

Auf einer einsamen Insel leben Ritter und Schurken. Die Ritter sagen immer die Wahrheit, und die Schurken lügen immer. Wir treffen einen Bewohner der Insel, und er sagt: „Guten Tag, ich heiße Raymond". Man kann folgende beiden Regeln aufstellen:

R1 Wenn er ein Ritter ist, dann heißt er Raymond.

R2 Wenn er Raymond heißt, dann ist er ein Ritter.

Wenn wir aus anderer Quelle wissen, dass er ein Ritter ist, dann können wir mit Regel 1 schließen, dass er Raymond heißt. Entsprechend können wir mit Regel 2 schließen, dass es sich um einen Ritter handelt, wenn wir wissen, dass er tatsächlich Raymond heißt. Besitzen wir dagegen keine Information von außerhalb, so können wir weder das eine noch das andere schließen. Die Markierung in Abbildung 7.6 ist zwar konsistent, aber nicht wohlfundiert, denn die beiden Knoten rechtfertigen sich zirkulär.

Definition 7.2 (Wohlfundierte Markierung)
Eine mit IN markierter Knoten heißt *wohlfundiert*, wenn er entweder eine Annahme ist oder durch eine Regel gerechtfertigt wird, deren sämtliche positiven Bedingungen wohlfundiert sind.

Eine Markierung heißt *wohlfundiert*, wenn sämtliche mit IN markierte Knoten wohlfundiert sind. Eine Markierung heißt *korrekt*, wenn sie konsistent und wohlfundiert ist.

♦

Das folgende Beispiel zeigt, dass konsistente Markierungen nicht immer eindeutig sind, und dass es sogar Rechtfertigungsnetze gibt, die sich überhaupt nicht konsistent markieren lassen.

Beispiel 7.2
Für das Ritter-Schurken-Beispiel lassen sich auch folgende Regeln aufstellen (siehe auch Abb. 7.7):

R1 Wenn er kein Schurke ist, dann heißt er Raymond.

R2 Wenn er nicht Raymond heißt, dann ist er ein Schurke.

Offenbar gibt es zwei Möglichkeiten: Entweder er ist ein Schurke, hat also gelogen und heißt daher nicht Raymond, oder er ist kein Schurke, also ein Ritter, hat demzufolge die Wahrheit gesagt und heißt Raymond. In Abbildung 7.7 sind beide Markierungsmöglichkeiten konsistent und gleichermaßen sinnvoll. Bei diesem Beispiel sind zwei Kanten, die zum Zyklus gehören, negativ.

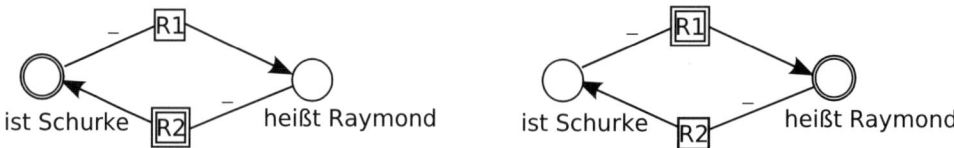

Abb. 7.7: Rechtfertigungsnetz zu Beispiel 7.2 mit zwei konsistenten Markierungen (Gerader Zyklus)

Abbildung 7.8 schließlich zeigt ein zyklisches Rechtfertigungsnetz, das überhaupt keine konsistente Markierung besitzt. Man kann sich leicht davon überzeugen, dass alle vier Möglichkeiten, a und b mit IN bzw. OUT zu markieren, zu einem Widerspruch führen. In diesem Beispiel ist eine Kante des Zyklus negativ. ■

Die in Beispiel 7.2 erörterten Probleme tauchen nur im Zusammenhang mit Zyklen in Rechtfertigungsnetzen auf. Allgemein lässt sich Folgendes sagen:

- Zyklen mit ausschließlich positiven Kanten (sogenannte *monotone Zyklen*) bergen die Gefahr nicht wohlfundierter Markierungen.
- Zyklen mit einer geraden Anzahl von negativen Kanten (sogenannte *gerade Zyklen*) führen im Allgemeinen zu mehrdeutigen Lösungen des Markierungsproblems.
- Zyklen mit einer ungeraden Anzahl von negativen Kanten (sogenannte *ungerade Zyklen*) besitzen keine konsistente Markierung.

Die Probleme entstehen allerdings nur, wenn keiner der Knoten des Zyklus' eine Rechtfertigung durch Regeln von außerhalb des Zyklus' besitzt.

Die Existenz mehrerer konsistenter Markierungen stellt dabei ein weitaus geringeres Problem dar als die Möglichkeit, dass keine konsistente Markierung existiert. Dabei würde ein naiver Algorithmus, wie er von Beispiel 7.1 nahegelegt wird, in eine Endlosschleife laufen.

Der Markierungsalgorithmus des JTMS-Systems

Der im Folgenden beschriebene Markierungsalgorithmus arbeitet auf einem konsistent markierten Rechtfertigungsnetz. Er hat als Eingabe eine Menge M von Annahmen, deren Markierung zu ändern ist. Ziel des Algorithmus ist es, auf der Basis der geänderten Annahmen in M das gesamte Netz neu konsistent zu markieren. Die Wohlfundiertheit

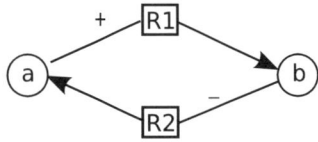

Abb. 7.8: Rechtfertigungsnetz zu Beispiel 7.2 ohne konsistente Markierungen (Ungerader Zyklus)

wird dabei nicht berücksichtigt. Wir skizzieren jedoch im Anschluss eine Möglichkeit, auch diesen Aspekt mit einzubeziehen.

Zur Realisierung der in diesem Abschnitt neu vorgestellten Konzepte erweitern wir die aus Kapitel 6 bekannte Struktur `regel`. Die Struktur `knoten` ist eine Erweiterung der aus Kapitel 6 bekannten Struktur `hyp`.

- Eine Regel `r` hat die folgenden Merkmale:
  - `r.konklusion` ist die Konklusion der Regel `r` (ein Knoten).
  - `r.pre+` ist die Menge der positiven Prämissen (eine Liste von Knoten).
  - `r.pre-` ist die Menge der negativen Prämissen (eine Liste von Knoten).
  - `r.aktiv` ist eine Boolesche Variable. Dabei bedeutet `r.aktiv = true`, dass `r` eine aktive Regel ist.

- Ein Knoten `k` hat die Merkmale:
  - `k.dependent` ist die Menge aller Regeln, die den Knoten `k` als positive oder negative Prämisse haben.
  - `k.just` ist die Liste der aktiven Rechtfertigungen des Knotens `k`.
  - `k.label` ist die Markierung des Knotens `k`. Sie nimmt die Werte IN und OUT an. Die Prozedur `switch` dreht die Markierung des Knotens k um.

Die Prozedur `markiere` geht davon aus, dass das zugrunde liegende Rechtfertigungsnetz bereits konsistent markiert ist. Sie hat als Eingabe eine Menge M von Annahmen, die ihre Markierung geändert haben. Aus dieser Information erzeugt sie eine neue konsistente Markierung, berücksichtigt dabei allerdings nicht die Wohlfundiertheit.

Beispiel 7.3

Gegeben sei das in Abbildung 7.9 dargestellte Regelsystem mit einer konsistenten und wohlfundierten Markierung.

Wird nun die Annahme a zurückgezogen (d. h. auf OUT gesetzt), so wird Regel 1 passiviert und aus der Rechtfertigungsliste von b gelöscht. Da b jedoch eine zweite Rechtfertigung hat, ändert sich der Status von b nicht, und der Algorithmus hält an dieser Stelle bereits an und liefert die folgende konsistente, aber nicht wohlfundierte Markierung:

a	b	c	d
-	R_3	R_2	-
OUT	IN	IN	OUT

Es ist nicht schwierig, die Prozedur `markiere` so zu erweitern, dass sie monotone, nicht wohlfundierte Zyklen erkennt. Die einfachste Möglichkeit besteht darin, bei der Erstellung des Rechtfertigungsnetzes zu jedem monotonen Zyklus einen neuen Knoten z zu generieren. Alle Knoten, die an dem monotonen Zyklus beteiligt sind, erhalten ihre Rechtferti-

---

Algorithmus 7.1 (JTMS-Markierungsalgorithmus)

```
markiere(M)
    for k in M
        switch(k);
        markiere(k,[]).

markiere(k,bearbeitet)
    if k in bearbeitet then error(''Ungerader Zyklus'');
    bearb_neu := insert(k,bearbeitet);
    for r in k.dependent
        c := r.konklusion;
        if r.aktiv
            then r.aktiv := false ;
            loesche(r,c.just);
            if c.just = []
                then c.label := OUT;
                markiere(c,bearbeitet).
        if (not r.aktiv and forall k in r.pre+ : k.label = IN
            and forall k in r.pre- : k.label = OUT)
            then r.aktiv := true ;
            c.just := insert(r,c.just);
            if c.label = OUT
                then c.label := IN;
                markiere(c,bearbeitet).
```

---

gung jeweils direkt vom Knoten z und haben damit alle dieselbe Markierung: Entweder sind alle mit IN oder alle mit OUT markiert. Der Zyklusknoten z erhält als Rechtfertigung sämtliche (nicht zyklischen) Rechtfertigungen seiner beteiligten Knoten. Im obigen Beispiel erhält man dann das in Abb. 7.10 dargestellte Rechtfertigungsnetz. Die beiden Knoten b und c sind nur vom Knoten z, der den Zyklus darstellt, abhängig.   ∎

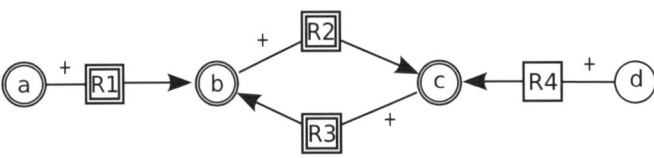

Abb. 7.9: Rechtfertigungsnetz zu Beispiel 7.3

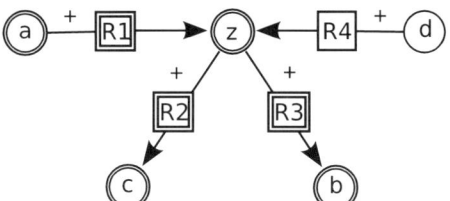

Abb. 7.10: Transformiertes Rechtfertigungsnetz zu Beispiel 7.3

7.3 Behandlung von Inkonsistenzen

Eine weitere Aufgabe von Begründungsverwaltungssystemen ist die Behandlung von Inkonsistenzen. Wir haben bereits mehrfach gesehen, dass in einer Wissensbasis *semantische Inkonsistenzen* auftreten können, Inkonsistenzen also, die auf die Bedeutung der verwendeten Begriffe zurückzuführen sind. Ein solcher Fall tritt beispielsweise auf, wenn in einem Regelsystem zur Bestimmung von Tierarten das Ergebnis einer Diagnose lautet: Das Tier ist ein Hund und ein Goldfisch. Aufgabe eines Begründungsverwaltungssystems ist es, die Gründe für solche Inkonsistenzen aufzudecken und dem Benutzer eine Auswahl möglicher Schritte anzubieten, um die Inkonsistenzen zu beseitigen.

Im ersten Schritt müssen semantische Inkonsistenzen syntaktisch dargestellt werden, damit das TMS überhaupt die Chance hat, sie zu erkennen. Dies geschieht mit der Einführung eines *Widerspruchsknotens*, dargestellt durch das Symbol ⊥.

Wir werden die Behandlung von Inkonsistenzen am Beispiel einer Terminplanung erklären.

Beispiel 7.4 (Terminplanung)
Ein Abteilungstreffen wird geplant. Mögliche Termine sind Montag, Donnerstag oder Freitag. Montags hat Poppinga keine Zeit, donnerstags können weder Claasen noch Janssen, freitags ist Janssen verhindert. Poppinga muss teilnehmen, und mindestens einer von Claasen und Janssen muss teilnehmen. An welchem Wochentag kann das Meeting stattfinden?

Wir definieren zunächst drei Fakten mo, do und fr, die jeweils den Tag, an dem das Meeting stattfindet, repräsentieren. Die Information über die Teilnehmer repräsentieren wir durch die Fakten pf (Poppinga fehlt), cf (Claasen fehlt) und jf (Janssen fehlt). Damit können wir das in Abbildung 7.11 dargestellte Regelsystem aufstellen.

Abbildung 7.11 zeigt das Rechtfertigungsnetz, das sich aus unserem bisherigen Wissen ergibt. Die Regeln 1, 2, 3 und 4 stellen das Wissen dar, wer an welchen Wochentagen verhindert ist. Die Regeln 5 und 6 geben an, wer an dem Meeting teilnehmen muss. Regel 7 besagt, dass das Treffen an einem der drei Tage stattfinden muss. In Abbildung 7.11 oben links sind zunächst alle drei Knoten mo, do und fr mit Out markiert. Daraus ergibt sich ein Widerspruch nach Regel 7. Dieser Widerspruch muss nun aufgelöst werden, d. h., der Widerspruchsknoten muss auf Out gesetzt werden. In der Rechtfertigungliste für den Widerspruchsknoten steht Regel 7. Um den Widerspruch aufzulösen, muss Regel 7

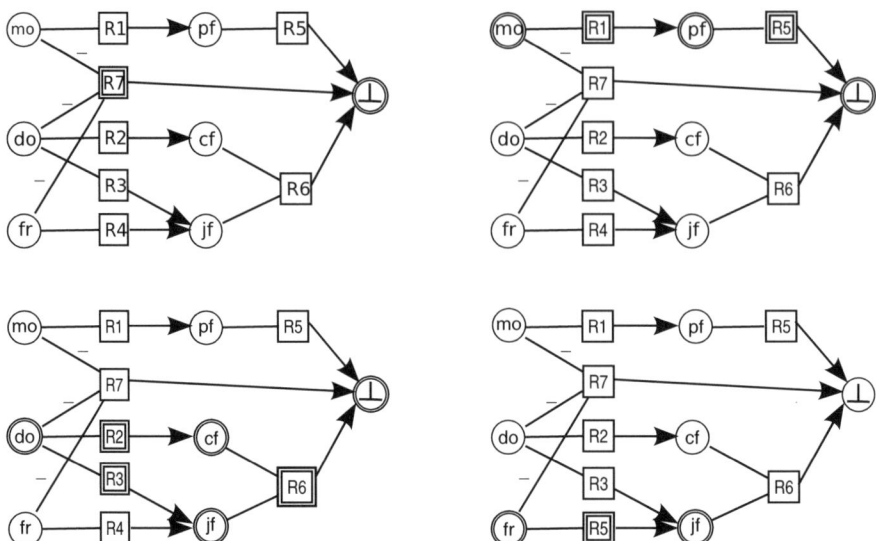

Abb. 7.11: Regelnetz zum Terminplanungsproblem

also passiv werden, daraus folgt, dass einer der drei Fakten mo, do, fr auf IN gesetzt werden muss.

Wird das Faktum mo auf IN gesetzt, so ergibt sich ein neuer Widerspruch (Abbildung oben rechts). Wird do auf IN gesetzt, ergibt sich ebenfalls ein Widerspruch (Abbildung unten links). Erst wenn das Faktum fr auf IN gesetzt wird, ergibt sich eine konsistente widerspruchsfreie Markierung (Abbildung unten rechts). ∎

Um Inkonsistenzen in Wissensbasen zu beseitigen, muss ein TMS also folgende Schritte durchführen:

- Zuerst müssen Annahmen gefunden werden, die zur Inkonsistenz beitragen, das heißt, deren Änderung den Widerspruchsknoten ⊥ mit OUT markiert. Im Allgemeinen beschränkt man sich dabei auf negative Annahmen, die (zum gegebenen Zeitpunkt) mit OUT markiert sind. Die Menge dieser Annahmen wird oft als *Nogood-Menge* bezeichnet. Diese Nogoods können durch einen Algorithmus, der ähnlich wie die Rückwärtsverkettung vorgeht, gefunden werden.
- Um die Inkonsistenz zu beseitigen, werden alle Nogood-Knoten mit IN markiert. Diese Änderung wird vom Markierungsalgorithmus 7.1 weiterpropagiert. Der Widerspruch ist damit aufgelöst.

7.4 Annahmenbasierte Systeme (ATMS)

Das *annahmenbasierte Begründungsverwaltungssystem*, auch ATMS genannt, ist ein anderer Ansatz zur Verwaltung von Begründungen. Als Begründung für ein Faktum dient dabei nicht wie beim JTMS eine Menge von Regeln, sondern eine Menge von sogenannten Kontexten. Ein Kontext für ein Faktum ist eine Menge von mit IN bzw. OUT markierten Annahmen, die das Faktum rechtfertigen.

Betrachten wir noch einmal das Terminplanungsbeispiel aus dem vorigen Abschnitt. In diesem Beispiel gibt es drei Annahmen: mo, do und fr. Wie müssen diese Annahmen mit IN bzw. OUT belegt sein, damit der Widerspruchsknoten $\bot$ IN bzw. OUT ist? Wenn man sämtliche acht Möglichkeiten für die Markierung dieser drei Annahmen durchgeht, stellt sich heraus, dass $\bot$ genau dann mit OUT markiert ist, wenn mo und do OUT sind und fr IN ist (siehe Abb. 7.11 rechts unten). In allen anderen Fällen ist $\bot$ mit IN markiert. Man erhält damit einen einzigen negativen Kontext für $\bot$. Wir schreiben diesen Kontext in der Form $\{-mo, -do, fr\}$, d. h., mit OUT markierte Knoten sind negativ, mit IN markierte sind positiv. Die sieben positiven Kontexte für $\bot$ lassen sich kompakt zusammenfassen. Beispielsweise ist $\bot$ in den beiden Kontexten $\{mo, -do, fr\}$ und $\{mo, -do, -fr\}$ mit IN markiert. Das heißt, unabhängig von der Markierung von fr ist $\bot$ im Kontext $\{mo, -do\}$ mit IN markiert. Mit einem der bekannten Verfahren zur Minimierung von Booleschen Funktionen (Karnaugh-Veitch-Diagramm; Verfahren von Quine & McCluskey) erhält man schließlich folgende positiven Kontexte für $\bot$: $\{mo\}$, $\{do\}$, $\{-mo, -do, -fr\}$.

Definition 7.3 (Kontext)
Sei k ein Knoten eines Rechtfertigungsnetzes. Ein positiver (negativer) *Kontext für k* ist eine bzgl. Mengeninklusion minimale Menge K von Annahmen, die mit IN bzw. OUT markiert sind, so dass in einer konsistenten Markierung des ganzen Netzes k mit IN bzw. OUT markiert ist.

Mit $K^+(k)$ bezeichnen wir die Menge aller positiven, mit $K^-(k)$ die Menge aller negativen Kontexte von k. ♦

Unsere Behandlung des Terminplanungsbeispiels legt folgendes Verfahren zur Bildung des Kontextes eines Knotens k nahe: Zunächst werden sämtliche Markierungsmöglichkeiten der Annahmen aufgezählt, danach diejenigen herausgefiltert, in denen k mit IN markiert sein muss, und schließlich wird eine Boolesche Minimierung durchgeführt. Dieses Verfahren ist jedoch recht aufwendig, da die Anzahl aller Markierungen von n Annahmen 2^n beträgt. Das im Folgenden dargestellte effizientere Verfahren zur Bildung von positiven Kontexten beruht auf der Transformation von aussagenlogischen Formeln. Wir betrachten dazu folgendes Regelsystem:

Beispiel 7.5

Gegeben seien die folgenden Regeln:

$$
\begin{array}{rclcrcl}
a & \to & d & \qquad & b,c & \to & d \\
a,-c & \to & e & & b,c & \to & e \\
-b & \to & f & & -c & \to & f \\
-e,f & \to & g & & &
\end{array}
$$

Dabei sind a, b und c Annahmen.

Wir bilden zunächst für jeden Nicht-Annahmen-Knoten k eine vorläufige Kontextmenge. Im Beispiel erhalten wir:

$$
\begin{aligned}
K(d) &= \{\{a\},\{b,c\}\} \\
K(e) &= \{\{a,-c\},\{b,c\}\} \\
K(f) &= \{\{-b\},\{-c\}\} \\
K(g) &= \{\{-e,f\}\}
\end{aligned}
$$

Die Kontextmengen $K(d), K(e)$ und $K(f)$ bestehen bereits komplett aus Annahmen. In der Kontextmenge für g müssen nun die Knoten $-e$ und f, die keine Annahmen sind, ersetzt werden. Jeder positiv vorkommende Knoten k wird durch einen seiner Kontexte ersetzt. Gibt es mehrere Kontexte für k, so wird mit jedem eine neue Kontextmenge erzeugt. In $K(g)$ wird zunächst der positive Knoten f durch die beiden Kontexte $-b$ und $-c$ ersetzt:

$$
K(g) = \{\{-e,-b\},\{-e,-c\}\}.
$$

Jeder negativ vorkommende Knoten wird durch alle möglichen Kombinationen ersetzt, in denen aus jedem seiner bisherigen Kontexte ein Element negiert ausgewählt wird. Für den Knoten e sind dies: $\{-a,-b\}, \{-a,-c\}, \{c,-b\}$ und $\{c,-c\}$. Der letzte Kontext $\{c,-c\}$ ist offenbar widersprüchlich und kann gestrichen werden. Einsetzen ergibt:

$$
K(g) = \{\{-a,-b\},\{-a,-b,-c\},\{c,-b\},\{-a,-c\},\{c,-b,-c\}\}.
$$

Dabei ist der letzte Kontext kontradiktorisch. Des Weiteren kann der Kontext $\{-a,-b,-c\}$ aufgrund von Subsumtion gestrichen werden. Dies ergibt:

$$
K(g) = \{\{-a,-b\},\{c,-b\},\{-a,-c\}\}.
$$

$\blacksquare$

Beispiel 7.6

Gegeben seien die folgenden Regeln:

$$
\begin{array}{rclcrcl}
a & \to & d & \qquad & b,c & \to & d \\
b,c & \to & e & & d,e & \to & f
\end{array}
$$

Dabei sind a, b und c Annahmen.

Im ersten Schritt ergeben sich die vorläufigen Kontexte:

$$
\begin{aligned}
K(d) &= \{\{a\}, \{b, c\}\} \\
K(e) &= \{\{b, c\}\} \\
K(f) &= \{\{d, e\}\}
\end{aligned}
$$

Für f ergibt sich im zweiten Schritt:

$$K(f) = \{\{a, b, c\}, \{b, c\}\}.$$

Der Kontext $\{a, b, c\}$ wird aufgrund von Subsumtion gestrichen. Dies ergibt:

$$K(f) = \{\{b, c\}\}.$$

Durch die ATMS-Transformation stellt sich heraus, dass der Knoten f gar nicht von a abhängig ist, auch wenn dies auf den ersten Blick so aussehen könnte. ∎

Sind in einem Regelnetz für jeden Knoten jeweils sämtliche positiven Kontexte bekannt, so lässt sich die Aktualisierung sehr effizient durchführen. Sind etwa in Beispiel 7.6 in einer konkreten Anwendungssituation a, b und c mit IN markiert, so ist in einem konsistent markierten Netz auch f IN. Wird nun die Markierung der Annahme a geändert, so hat dies keine Auswirkung auf f. Wird dagegen b geändert, so wird f OUT. Man kann also die Auswirkungen einer Änderung der Annahmen direkt aus den Kontexten ablesen.

Die folgenden Beispiele zeigen die Behandlung von Zyklen.

Beispiel 7.7 (Monotoner Zyklus)
Gegeben seien die folgenden Regeln:

$$
\begin{array}{llll}
a & \rightarrow & c & \qquad b \quad \rightarrow \quad d \\
c & \rightarrow & d & \qquad d \quad \rightarrow \quad c
\end{array}
$$

Dabei sind a und b Annahmen. Das Regelsystem enthält einen monotonen Zyklus.

Im ersten Schritt ergeben sich die vorläufigen Kontexte:

$$
\begin{aligned}
K(c) &= \{\{a\}, \{d\}\} \\
K(d) &= \{\{b\}, \{c\}\}
\end{aligned}
$$

Nun werden die Nicht-Annahmen in den Kontexten ersetzt:

$$
\begin{aligned}
K(c) &= \{\{a\}, \{b\}, \{c\}\} \\
K(d) &= \{\{b\}, \{a\}, \{d\}\}
\end{aligned}
$$

Es ist offensichtlich, dass der Kontext c in $K(c)$ gestrichen werden kann, denn er entspricht der redundanten Regel $c \to c$. Somit erhält man:

$$K(c) = \{\{a\},\{b\}\}$$
$$K(d) = \{\{b\},\{a\}\}$$

Diese Kontexte ermöglichen ausschließlich wohlfundierte Markierungen. ∎

Beispiel 7.8 (Ungerader Zyklus ohne konsistente Markierung)
Gegeben seien die folgenden Regeln:

$$a \quad \to \quad c \qquad\qquad b \quad \to \quad d$$
$$c \quad \to \quad d \qquad\qquad -d \quad \to \quad c$$

Dabei sind a und b Annahmen. Das Regelsystem enthält einen nicht monotonen ungeraden Zyklus, der keine konsistente Markierung ermöglicht.

Im ersten Schritt ergeben sich die vorläufigen Kontexte:

$$K(c) = \{\{a\},\{-d\}\}$$
$$K(d) = \{\{b\},\{c\}\}$$

Nun werden die Nicht-Annahmen in den Kontexten ersetzt:

$$K(c) = \{\{a\},\{-b,-c\}\}$$
$$K(d) = \{\{b\},\{a\},\{-d\}\}$$

Das negative Vorkommen des Knotens c im Kontext $K(c)$ zeigt, dass das System einen nicht monotonen ungeraden Zyklus enthält. Die weitere ATMS-Transformation wird abgebrochen. ∎

7.5 Zusammenfassung

Unser Wissen über die Welt ist unvollständig und unterliegt Veränderungen. Eine Wissensbasis, die eine bestimmte Anwendungsdomäne modelliert, muss diese dynamischen Aspekte berücksichtigen. Neue Fakten werden in die Wissensbasis eingefügt, alte werden gelöscht, und Fakten werden als Schlussfolgerungen eingetragen. Neu eingefügte Fakten können im direkten Widerspruch zu bereits vorhandenen stehen, und verschiedene Schlussfolgerungen können sich direkt widersprechen. Die Aufgaben, die sich aus diesen Anforderungen ergeben, sind eher administrativer Art: Aktualisierung der Wissensbasis beim Eintrag neuer Fakten oder beim Löschen von alten Fakten sowie das Entdecken der schuldigen Fakten, die eine Inkonsistenz erzeugen (die Nogood-Mengen).

In diesem Kapitel haben wir zwei Methoden zur Verwaltung der Wissensbasis kennengelernt, die rechtfertigungsbasierte (JTMS) und die annahmenbasierte (ATMS) Begründungsverwaltung. Das JTMS propagiert Änderungen von Knoten so lange durch das Rechtfertigungsnetz, bis ein konsistenter Zustand erreicht ist. Auch beim Aufspüren von Nogood-Mengen führt das JTMS eine Tiefensuche im Rechtfertigungsnetz durch und präsentiert dem Benutzer jeweils einen Vorschlag, die Inkonsistenz aufzulösen. Ist der Benutzer mit diesem Vorschlag nicht einverstanden, so ist ein Rücksetzen und eine neue Tiefensuche erforderlich.

Das ATMS beruht auf einer Transformation des gesamten Rechtfertigungsnetzes, ähnlich wie ein Kompilierungsvorgang. Das ATMS erzeugt eine Menge von Kontexten – sozusagen verschiedene mögliche Weltmodelle. Für jeden Sachverhalt ist damit direkt ersichtlich, in welchem Weltmodell er gültig ist. Kontexte, die sich als inkonsistent herausstellen, werden gelöscht. Die Auswirkungen, die Änderungen von Annahmen auf das Netz haben, lassen sich bei diesem System sofort aus den Kontexten ablesen. Das ATMS präsentiert gleichzeitig alle Nogood-Mengen beim Auftreten einer Inkonsistenz. Diese Vorteile des ATMS gegenüber dem JTMS müssen jedoch im Allgemeinen teuer erkauft werden. Die Transformation des Rechtfertigungsnetzes ist ein aufwendiger Prozess, und die entstehenden Kontextmengen können im Vergleich zum Ausgangssystem exponentiell anwachsen. Ist das zugrunde liegende Regelsystem relativ stabil, so wird sich dieser Kompilierungsaufwand eher lohnen. Werden dagegen oft neue Regeln in das System eingefügt oder alte gelöscht, so muss das System jedes Mal neu übersetzt werden.

7.6 Aufgaben

Aufgabe 7.1

Gegeben sei das folgende Regelsystem

$$R_1 : +a, -b \quad \rightarrow \quad d$$
$$R_2 : +b, +d \quad \rightarrow \quad f$$
$$R_3 : -d, +f \quad \rightarrow \quad e$$
$$R_4 : +c, +e \quad \rightarrow \quad f$$

a) *Zeichnen Sie das Rechtfertigungsnetz.*
b) *Welche Knoten sind die Annahmen?*
c) *Welche der folgenden Markierungen sind nicht konsistent? Welche sind nicht wohlfundiert? Begründen Sie Ihre Antwort.*

  – IN $= \{a, b, c, d, e, f\}$, OUT $= \{\}$.
  – IN $= \{a, b, c, d, f\}$, OUT $= \{e\}$.
  – IN $= \{c, e, f\}$, OUT $= \{a, b, d\}$.

d) *Vervollständigen Sie die folgende Tabelle, so dass eine korrekte Markierung entsteht.*

a	b	c	d	e	f
				??	??
??	??	??	??	In	In

Aufgabe 7.2

Gegeben sei folgendes Regelsystem:

$$R_1 : +p(x), +q(y) \quad \rightarrow \quad r(x)$$
$$R_2 : +r(a), -q(b) \quad \rightarrow \quad r(b)$$

Es sei bekannt, dass als mögliche Konstantenwerte für die Variablen nur a und b infrage kommen. Der Benutzer hat $\{p(a), q(a), q(b)\}$ als Fakten eingegeben.

a) *Erzeugen Sie eine konsistente Markierung (in Tabellenform).*

b) *Nun wird $q(b)$ zurückgezogen. Welches Problem ergibt sich bei der Frage, ob nun Regel R_1 als Begründung zurückgezogen werden muss?*

c) *Welche zusätzliche Information müsste man in die Begründungstabelle mit aufnehmen, um dieses Problem korrekt und so einfach wie möglich zu behandeln? Erstellen Sie entsprechend erweiterte Fakten/Begründungstabellen jeweils für die Ausgangssituation (Eingabefakten $\{p(a), q(a), q(b)\}$) und nach Zurückziehen von $q(b)$.*

Aufgabe 7.3

Geben Sie die ATMS-Kontextmenge für d, e und f für das Regelsystem aus Aufgabe 7.1 an.

Aufgabe 7.4

Geben Sie die ATMS-Kontextmenge für c für folgendes Regelsystem an.

$$R_1 : -a, +b \quad \rightarrow \quad c$$
$$R_2 : +c, +d \quad \rightarrow \quad e$$
$$R_3 : -e, +f \quad \rightarrow \quad a$$

Aufgabe 7.5

Wie könnte man die ATMS-Transformation entsprechend erweitern, um das System aus Aufgabe 7.2 in ATMS-Form zu transformieren? Hinweis: Das Vorkommen von Variablen muss entsprechend berücksichtigt werden!

Aufgabe 7.6

Erweitern Sie die Implementierung aus Aufgabe 6.11 um ein System zur rechtfertigungsbasierten Begründungsverwaltung.

8 Unsicheres Wissen

Übersicht

8.1 Einführung

Bei der Modellierung und Darstellung von Alltagswissen und der Entwicklung von wissensbasierten Verfahren für Schlussfolgerungen und zur Entscheidungsfindung spielen *Unsicherheitsphänomene* eine wesentliche Rolle. Unsicherheit kann beispielsweise aufgrund von nicht perfekten Sensoren entstehen, die unterschiedliche, unpräzise oder direkt unsichere Angaben machen. Unsicherheit kann aber auch inhärent vorhanden sein, wenn sich Menschen äußern. Ein Beispiel ist die Aussage „Der Dollarkurs wird sich in den nächsten zwei Tagen *wahrscheinlich* nicht erholen".

Bei der Frage, wie unsicheres Wissen auf geeignete Weise zu repräsentieren ist und wie entsprechende Schlussfolgerungsverfahren in wissensbasierten Systemen zu entwerfen sind, handelt es sich dementsprechend um ein eigenständiges Forschungsgebiet der Wissensverarbeitung und Künstlichen Intelligenz, das zunehmend an Bedeutung gewinnt. Eine Sammlung historisch wichtiger Aufsätze findet man in (Shafer & Pearl 90). Die seit 1985 jährlich stattfindende internationale Konferenz „Uncertainty in Artificial Intelligence" gibt einen guten Überblick über die aktuelle Forschung. Die Proceedings sowie aktuelle Entwicklungsrichtungen erhält man auch über die amerikanische „Association for Uncertainty in Artificial Intelligence" (AUAI 07).

Tab. 8.1: Einige Unsicherheitsmaße mit ihren Wertebereichen

Wahrscheinlichkeit:	$P(A) \in [0,1]$
Wichtung (engl. *Odd*) in PROSPECTOR:	$O(A) = \frac{P(A)}{P(\overline{A})} \in [0, \infty)$
Sicherheitsfaktor in MYCIN:	$CF(A) \in [-1,1]$
Vertrauen (engl. *belief*) und Plausibilität:	$bel(A) \in [0,1]$
	$pl(A) = 1 - bel(\overline{A})$
Notwendigkeit und Möglichkeit:	$N(A) \in [0,1]$
	$\Pi(A) = 1 - N(\overline{A})$
Symbolisch (nicht numerisch):	vielleicht, wahrscheinlich , …

Die Bedeutung des in diesem Kontext verwendeten Begriffs *Soft Computing* ist auf die Tatsache zurückzuführen, dass sich die genannten Phänomene zwischen falsch (0) und wahr (1) befinden und damit nicht mehr harten Wahrheiten entsprechen.

Das Ziel dieses Kapitels ist es, die wesentlichen Methoden zur Handhabung von Unsicherheit vorzustellen sowie deren Eigenschaften aufzuzeigen. Wir unterscheiden dabei zwischen Ansätzen, die die Unsicherheit bezüglich der Wahrheit einer Aussage auf der Basis *eines* Maßes, beispielsweise einer Wahrscheinlichkeit oder eines Sicherheitsfaktors, modellieren, und intervallbasierten Ansätzen, die auf der Basis *zweier* Maße eine separate Modellierung von *Vertrauen, Zweifel* und Plausibilität gestatten und damit auch eine *partielle Unwissenheit* bezüglich der (Un-)Sicherheit der Wahrheit einer Aussage berücksichtigen können (siehe auch Tabelle 8.1). Da eine vollständige Übersicht über dieses Forschungsgebiet den Rahmen dieses Abschnitts sprengen würde (siehe stattdessen (Kruse et al. 91)), orientieren wir uns in der Auswahl der vorzustellenden Verfahren und der Art der Darstellung an der Zielsetzung dieses Buches, anwendungsorientiert und auf der Basis von Beispielen in diese Thematik einzuführen.

Wir werden nachfolgend drei unterschiedliche Methoden zur Modellierung von Unsicherheit kennenlernen: Als Erstes das einfache Modell der *Sicherheitsfaktoren*, das zwar gut geeignet ist, in die Problematik einzuführen, allerdings nicht mehr dem heutigen Stand der Technik entspricht. Als zweites Modell untersuchen wir die *Bayesschen Netze*, die auf der Wahrscheinlichkeitstheorie basieren und für die bereits mehrere Tools angeboten werden. Als drittes Modell führen wir die sogenannte *Dempster-Shafer-Theorie* ein, die eine Modellierung von Vertrauensintervallen gestattet.

Die sogenannte *Fuzzy-Logik*, die auch dem Gebiet des Soft Computing zugeordnet werden kann, werden wir in Kapitel 9 behandeln. Fuzzy-Logiken gestatten die Modellierung *unscharfer* oder *unpräziser* Begriffe und beziehen sich nicht direkt auf eine Bewertung *unsicherer* Aussagen.

Da wir bereits für das einfache Modell der Sicherheitsfaktoren einige Bezüge zur Wahrscheinlichkeitstheorie herstellen wollen, führen wir dazu zunächst die wichtigsten Grundlagen ein.

8.2 Wahrscheinlichkeitstheoretische Grundlagen

Im Folgenden gehen wir von einem endlichen *Ereignisraum* Ω (engl. *frame of discernment*) aus. Die zugrunde liegende Idee ist, dass jede Aussage, die sich auf ein wirklich eingetretenes, aber unbekanntes *Ereignis* bezieht, als Teilmenge $A \subseteq \Omega$ repräsentiert werden kann. Aussagen, die einelementigen Mengen entsprechen, werden dabei als *elementar* bezeichnet. Eine Aussage heißt *wahr*, wenn die der Aussage entsprechende Teilmenge $A \subseteq \Omega$ das tatsächlich eingetretene Ereignis ω enthält. So entspricht beispielsweise die Aussage „Es wurde eine gerade Zahl gewürfelt" der Menge $A = \{2, 4, 6\}$. Sie ist wahr, wenn eine 2, eine 4 oder eine 6 gewürfelt wurde.

Damit ist 2^Ω die Menge aller *Ereignisse*. Ereignisse von besonderer Bedeutung sind das *unmögliche Ereignis* $\emptyset$ sowie das *sichere Ereignis* Ω, da es alle elementaren Ereignisse enthält, von denen eines ja mit Sicherheit zutrifft.

Sind A und B Ereignisse, so sind es ebenfalls die Vereinigung von A und B, der Durchschnitt von A und B und die Komplemente von A und B. Beispielsweise tritt das Ereignis $A \cup B$ genau dann ein, wenn A eintritt *oder* B eintritt. Wir verwenden hier also die klassische, auf dem Begriff des *Ereignisses* basierende Notation zur Darstellung der Wahrscheinlichkeitstheorie. Eine weitere im Rahmen der Wissensverarbeitung ebenfalls relevante Interpretation basiert auf dem Begriff der *(elementaren) Aussage*. Eine Abbildung zwischen den möglichen Interpretationen lässt sich leicht herstellen, indem man die mengentheoretischen Operatoren $\cap, \cup, \setminus$ bzw. $\overline{A}$ auf die entsprechenden logischen Operatoren $\wedge, \vee, \neg$ abbildet. In Abhängigkeit vom aktuellen Kontext werden wir im Folgenden auch beide Notationen verwenden.

8.2.1 Wahrscheinlichkeiten

Wir nennen die Funktion $P : 2^\Omega \to [0, 1]$ *Wahrscheinlichkeit*, wenn sie die folgenden als *Kolmogorov-Axiome* bekannten Bedingungen erfüllt.

Definition 8.1 (Kolmogorov-Axiome)
Sei Ω ein endlicher Ereignisraum. Eine auf 2^Ω definierte reellwertige Mengenfunktion $P : 2^\Omega \to [0, 1]$ heißt Wahrscheinlichkeit(sfunktion), wenn sie die nachfolgenden Bedingungen erfüllt:

$$P(\Omega) = 1$$
$$P(A \cup B) = P(A) + P(B) \text{ für } A, B \subseteq \Omega \text{ mit } A \cap B = \emptyset \qquad (8.1)$$

$\blacklozenge$

Die Wahrscheinlichkeit $P(A)$ ist damit ein numerischer Index, der die „Wahrscheinlichkeit" dafür angibt, dass das Ereignis A eintritt bzw. die Aussage A wahr ist. Eine

Tab. 8.2: Eigenschaften von Wahrscheinlichkeit

	$P(\emptyset) = 0$	
Monotonie:	$A \subseteq B \Rightarrow P(A) \leq P(B)$	
Subadditivität:	$P(A \cup B) \leq P(A) + P(B)$	
Subtraktivität:	$A \subseteq B \Rightarrow P(B \cap \overline{A}) = P(B) - P(A)$	
Additivität:	$P(A \cup B) = P(A) + P(B) - P(A \cap B)$	(8.2)
spezielle Additivität:	$P(\overline{A}) = 1 - P(A)$	(8.3)

Wahrscheinlichkeitsfunktion hat u. a. die in Tabelle 8.2 angegebenen Eigenschaften, für $A, B \subseteq \Omega$. Die wichtigste ist dabei die *Additivitätseigenschaft* (8.2).

Während diese Axiome für Wahrscheinlichkeiten eindeutig und unbestritten sind, gibt es für die *Interpretationen* einer Zahl $P(A)$ durchaus unterschiedliche Möglichkeiten. Die wichtigsten sind

- *Experimente mit gleichwahrscheinlichen Ausgängen*: Hier definiert man die Wahrscheinlichkeit $P(A)$ als das Verhältnis der Anzahl der für das Ereignis A günstigen Ergebnisse zur Anzahl der möglichen Ergebnisse. Ist A beispielsweise das Würfeln einer geraden Zahl, so sind drei der insgesamt sechs möglichen Würfelergebnisse für A günstig, und die Wahrscheinlichkeit ergibt sich zu $1/2$. Ein Problem dieser Interpretation ist die häufig nicht gegebene Gleichwahrscheinlichkeit der Ausgänge,

- die *Häufigkeitsdefinition*: Voraussetzung ist die unabhängige Wiederholbarkeit desselben Experiments unter unveränderten Rahmenbedingungen. Man definiert $P(A)$ als das Verhältnis der Anzahl der für A günstigen Experimentausgänge zur Gesamtzahl der Experimente. Strebt $P(A)$ mit zunehmender Wiederholung gegen einen festen Grenzwert, so wird dieser als Wahrscheinlichkeit des Ereignisses angenommen. Das Hauptproblem dieser Interpretation ist, dass Experimente nicht immer und auch nicht unter unveränderten Rahmenbedingungen wiederholbar sind,

- die Interpretation von P als *subjektiven Vertrauensgrad*. Geht es bei Anwendungen um die Modellierung von Unsicherheit auf der Basis von Expertenerfahrungen und -wissen, so ist dies eine wichtige Interpretationsmöglichkeit. Eine subjektive Wahrscheinlichkeit gibt an, wie groß Wahrscheinlichkeiten bestimmter Ereignisse von einer Person eingeschätzt werden – es gibt hier keinen Bezug zu „objektiven" Wahrscheinlichkeiten, wie sie beispielsweise aus Statistiken kommen.

Konditionierung

Ist in einem gewissen Kontext bekannt, dass die Gültigkeit eines Ereignisses A die Wahrscheinlichkeit eines anderen Ereignisses B festlegt, so kann diese Information im Rahmen eines *Konditionierungsprozesses* integriert werden. Die Wahrscheinlichkeit P wird dann als Maß für die Abhängigkeit von A und B verwendet, wie sie beispielsweise in *Exper-*

tenregeln auftreten kann. Mit $A, B \subseteq \Omega$ hat im einfachsten Fall eine Expertenregel die Form

$$\text{if } A \underline{\text{ then }} B \underline{\text{ with }} p.$$

Wir schreiben dann auch abkürzend

$$A \xrightarrow{p} B.$$

Für die Interpretation von p existieren unterschiedliche Möglichkeiten, die wichtigste ist das Konzept der *bedingten Wahrscheinlichkeit*: $P(B|A)$ wird gelesen als bedingte Wahrscheinlichkeit des Ereignisses B unter der Bedingung, dass A als definitiv gültig bekannt ist. In der Semantik kann man dies auf den relativen Grad der Überschneidung von Mengen zurückführen. Eine weitere Interpretation ist die der *materiellen Implikation*. Sie stellt eine konsequente Erweiterung der Definition der Implikation dar, die wir bereits im Kontext der Logik mit den Wahrheitstafeln (5.1) kennengelernt haben. Die Wahrscheinlichkeit der Regel ist dann definiert als $P(A \Rightarrow B) = P(\neg A \vee B)$ (Nilsson 86).

Wir führen zunächst die Definition bedingter Wahrscheinlichkeiten ein.

Definition 8.2 (Bedingte Wahrscheinlichkeit)
Sei P eine Wahrscheinlichkeit über Ω und $E \subseteq \Omega$ ein Ereignis, für das $P(E) > 0$ gilt. Dann heißt für jedes Ereignis $A \subseteq \Omega$ der Ausdruck

$$P(A|E) \quad = \quad \frac{P(A \cap E)}{P(E)} \tag{8.4}$$

bedingte Wahrscheinlichkeit von A unter der Bedingung E. Die bedingte Wahrscheinlichkeit ist undefiniert, falls $P(E) = 0$ gilt. ◆

Als eine offensichtliche Konsequenz dieser Definition ergibt sich die nachfolgende Aussage, nach der das nicht abgeleitete, sondern eingeführte Konzept der bedingten Wahrscheinlichkeit ebenfalls wieder eine Wahrscheinlichkeit ist: Für ein fest vorgegebenes Ereignis E mit $P(E) > 0$ ist die durch

$$P_{|E} : 2^\Omega \to [0,1];$$
$$P_{|E}(A) = P(A|E)$$

für alle $A \subseteq \Omega$ definierte Mengenfunktion eine Wahrscheinlichkeit über Ω.

Beispiel 8.1
In der Würfel-Domäne betrachten wir den Ereignisraum $\Omega = \{1, 2, 3, 4, 5, 6\}$. Geht man von einem fairen Würfel aus, so legen wir die Wahrscheinlichkeiten $P(\{i\}) = \frac{1}{6}$, $i = 1, \ldots, 6$ fest.

Es wird nun bekannt, dass bei einem Wurf eine gerade Zahl gewürfelt wurde. Das Ereignis $E = \{2, 4, 6\}$ ist also sicher eingetreten. Die Wahrscheinlichkeit dieses Ereignisses beträgt $P(E) = \frac{1}{2}$. Wir berechnen nun die neuen Wahrscheinlichkeiten

$$P'(\{i\}) = P(\{i\}|E)\,,$$

die unser durch Eintreten des Ereignisses E aktualisiertes Wissen repräsentieren:

$$P'(\{1\}) = \frac{P(\{1\} \cap E)}{P(E)} = 0$$

$$P'(\{2\}) = \frac{P(\{2\} \cap E)}{P(E)} = \frac{1/6}{1/2} = \frac{1}{3}$$

$$\vdots$$

Insgesamt erhalten wir

$$P'(\{1\}) = P'(\{3\}) = P'(\{5\}) = 0$$
$$P'(\{2\}) = P'(\{4\}) = P'(\{6\}) = \tfrac{1}{3}$$

∎

Aus der Definition (8.4) der bedingten Wahrscheinlichkeit von A erhält man die Identität

$$P(A \cap E) = P(A|E) \cdot P(E), \tag{8.5}$$

die sich direkt auf drei Mengen erweitern lässt:

$$P(A_1 \cap A_2 \cap A_3) = P(A_3|A_1 \cap A_2) \cdot P(A_1 \cap A_2)$$
$$= P(A_3|A_1 \cap A_2) \cdot P(A_2|A_1) \cdot P(A_1)$$

Diese Methode, die Wahrscheinlichkeit von Überschneidungen zu berechnen, kann somit leicht auf Sequenzen von n Ereignissen generalisiert werden, und man erhält die sogenannte *allgemeine Multiplikationsregel* oder *Verkettungsregel*. Wir werden sie im Kontext der Bayesschen Netze in einem späteren Kapitel benötigen:

Satz 8.1 (Allgemeine Multiplikationsregel)
Gegeben seien Ereignisse $A_1, \ldots, A_n \subseteq \Omega$ mit $P(A_1 \cap \ldots \cap A_{n-1}) > 0$. Dann gilt

$$P(A_1 \cap \ldots \cap A_n) = \tag{8.6}$$
$$P(A_n|A_1 \cap \ldots \cap A_{n-1}) \cdot \ldots \cdot P(A_3|A_1 \cap A_2) \cdot P(A_2|A_1) \cdot P(A_1).$$

Die sogenannte *Regel der totalen Wahrscheinlichkeit* beschreibt, wie sich die Wahrscheinlichkeit eines Ereignisses A im Kontext einer Partition $H_1, \ldots, H_n$ des gesamten Ereignisraums Ω berechnen lässt (siehe auch Abbildung 8.1):

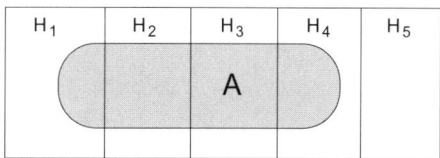

Abb. 8.1: Die Regel der totalen Wahrscheinlichkeit

Satz 8.2 (Regel der totalen Wahrscheinlichkeit)

Sei $H_1, \ldots, H_n$ eine Partition von Ω, d. h., es gelten $H_i \cap H_j = \emptyset$ für $i \neq j$ und $H_1 \cup \ldots \cup H_n = \Omega$. Falls $P(H_i) > 0$ für $i = 1, \ldots, n$ gilt, dann folgt für jedes Ereignis $A \subseteq \Omega$

$$
\begin{aligned}
P(A) &= \sum_{i=1}^{n} P(A \cap H_i) \\
&= \sum_{i=1}^{n} P(A|H_i) \cdot P(H_i).
\end{aligned}
\tag{8.7}
$$

Schreibt man Gleichung (8.5) in der Form

$$
\begin{aligned}
P(H \cap A) &= P(H|A) \cdot P(A) \\
P(A \cap H) &= P(A|H) \cdot P(H)
\end{aligned}
$$

für $A, H \subseteq \Omega$, so gilt mit $P(A) > 0$ auch

$$
P(H|A) = \frac{P(A|H) \cdot P(H)}{P(A)},
$$

da die linken Seiten identisch sind. $P(H)$ wird als *A-priori-Wahrscheinlichkeit*, $P(H|A)$ als *A-posteriori-Wahrscheinlichkeit* bezeichnet.

Versieht man die Gleichung mit einer *Update-Semantik*, so führt die Beobachtung eines Ereignisses A zur Neuberechnung der Wahrscheinlichkeit von H, nämlich ihrer A-posteriori-Wahrscheinlichkeit $P(H|A)$.

Beispiel 8.2

Betrachten wir als Beispiel die Situation eines batteriebetriebenen autonomen Roboters, dessen Fehlerrate u. a. vom Ladezustand seiner Batterie abhängt. Bei schwacher Batterie nimmt die Fehlerrate – beispielsweise beim Greifen eines Gegenstands oder beim Linienfolgen – drastisch zu. Aus den Erfahrungen der letzten Wochen ergeben sich die folgenden Angaben: Im Durchschnitt ist die Batterie in einer von 10 Minuten schwach. Der Roboter macht bei etwa 20 % seiner Aktionen Fehler. Bei schwacher Batterie steigt die Fehlerrate auf 80 % an:

$$
\begin{aligned}
P(schwach) &= 0.1 \\
P(Fehler) &= 0.2 \\
P(Fehler|schwach) &= 0.8
\end{aligned}
$$

Stellen wir nun bei Ausführen einer bestimmten Roboteraktion fest, dass ein Fehler gemacht wurde, so können wir die Wahrscheinlichkeit berechnen, dass die Batterie schwach ist:

$$
\begin{aligned}
P(schwach|Fehler) &= \frac{P(Fehler|schwach) \cdot P(schwach)}{P(Fehler)} \\
&= \frac{0.8 \cdot 0.1}{0.2} \\
&= 0.4
\end{aligned}
$$

∎

Durch Einbeziehung der Identität (8.7) erhält man das bekannte *Bayessche Theorem*:

Satz 8.3 (Theorem von Bayes)
Sei $H_1, \ldots, H_n$ eine Partition von Ω mit $P(H_i) > 0$ für alle $i = 1, \ldots, n$ und sei A ein Ereignis mit $P(A) > 0$. Dann gilt

$$
P(H_j|A) = \frac{P(A|H_j) \cdot P(H_j)}{\sum\limits_{i=1}^{n} P(A|H_i) \cdot P(H_i)}. \tag{8.8}
$$

Wann immer Wahrscheinlichkeiten in der Bayesschen Interpretation verwendet werden, werden die in (8.8) betrachteten Elemente der Partition als *Hypothesen* bezeichnet. Sei H_j die der j-ten Hypothese entsprechende Menge. Nimmt man an, dass die *A-priori-Wahrscheinlichkeiten* $P(H_j)$, $j = 1, \ldots, n$, quantitativ bekannt sind und interpretiert man $P(A|H)$ als Überzeugungsgrad dafür, dass A eintreten wird, wenn H wahr ist, dann führt diese Information in der Bayesschen Sichtweise zu einer *Neuabschätzung* der A-priori-Wahrscheinlichkeit $P(H_j)$. Sie wird durch die *A-posteriori-Wahrscheinlichkeit* $P(H_j|A)$ ersetzt.

Im einfachsten Fall besteht die Partition aus zwei komplementären Hypothesen H und $\overline{H}$. Geht man von einem Datum A mit $P(A) > 0$ aus, so vereinfacht sich (8.8) zu

$$
P(H|A) = \frac{P(A|H) \cdot P(H)}{P(A)} \quad \text{und} \quad P(\overline{H}|A) = \frac{P(A|\overline{H}) \cdot P(\overline{H})}{P(A)}. \tag{8.9}
$$

Ein Beispiel für die Anwendung dieser Gleichungen folgt nun im Kontext der Inferenznetzwerke.

8.2.2 Einfache Anwendungen

Einfache frühe Verfahren zum *unsicheren Schließen* sind direkte Umsetzungen bzw. Anwendungen der Wahrscheinlichkeitstheorie. Eine charakteristische Eigenschaft *regelbasierter* Ansätze ist dabei, dass Regelwichtungen direkt als bedingte Wahrscheinlichkeiten interpretiert werden und dass der Informationsfluss gerichtet ist und durch einen globalen Prozess gesteuert wird: In das System eingegebenes unsicheres Wissen wird in eine Richtung propagiert und dient der Berechnung der Hypothesenwahrscheinlichkeiten.

Beim Ansatz der *Inferenznetzwerke* (engl. *inference networks*) (Duda et al. 76) werden Expertenregeln als gerichtete Kanten interpretiert, die mit Maßen indiziert sind, die auf der sogenannten *Verhältnisform* (engl. *odds-likelihood ratio form*) des Bayesschen Theorems basieren. Diese Verhältnisform erhält man durch Division der beiden Gleichungen (8.9):

$$\frac{P(H|A)}{P(\overline{H}|A)} \;=\; \frac{P(A|H)}{P(A|\overline{H})} \cdot \frac{P(H)}{P(\overline{H})} \tag{8.10}$$

Die Maße

$$O(H) \;=\; \frac{P(H)}{P(\overline{H})} = \frac{P(H)}{1 - P(H)} \quad \text{und}$$

$$O(H|A) \;=\; \frac{P(H|A)}{P(\overline{H}|A)} = \frac{P(H|A)}{1 - P(H|A)}$$

heißen *A-priori-Wichtung* (engl. *prior odds*) beziehungsweise *A-posteriori-Wichtung* (engl. *posterior odds*), der Faktor

$$\lambda(A|H) \;=\; \frac{P(A|H)}{P(A|\overline{H})}$$

heißt *Wahrscheinlichkeitsverhältnis* (engl. *likelihood ratio*). Diese Definitionen stellen zusammen mit Gleichung (8.10) eine Methode dar, die als Konsequenz neuen Wissens, beispielsweise neuer Beobachtungen, einen *Update-Prozess* anstößt: Die Form

$$O(H|A) \;=\; \lambda(A|H) \cdot O(H)$$

des Bayesschen Theorems beschreibt einen Update-Prozess für H durch ein eingetretenes Ereignis A auf Basis der Kantenwichtung λ und der A-priori-Wichtung $O(H)$. Ist A wahr, so beschreibt ein großer Wert $\lambda \gg 1$, dass A für H hinreichend ist. Ein kleiner Wert $\lambda \approx 0$ führt dagegen zu einer Verkleinerung von $O(H|A)$.

Für das Update bei einem *nicht* eingetretenen Ereignis A gibt es eine analoge Regel.

Beispiel 8.3 (Alarmanlagen)
Es liegt das folgende Wissen vor (Pearl 88):

- Ein Prospekt für Alarmanlagen gibt an, dass im Fall eines Einbruchs die Anlage in 95 % aller Fälle anspringt. Wir legen also fest:

$$P(\text{Alarm}|\text{Einbruch}) = 0.95.$$

■ Die bisherige Häufigkeit einer fehlerhaften Auslösung eines Alarms lag bei 1 % – alle 100 Tage hat es einen Fehlalarm gegeben:

$$P(\text{Alarm}|\neg\text{Einbruch}) = 0.01.$$

■ Aus einer Kriminalstatistik erfahren wir, dass die Wahrscheinlichkeit eines Einbruchs bei 10^{-4} liegt – pro Tag wird in eins von 10 000 Häusern eingebrochen:

$$P(\text{Einbruch}) = 0.0001$$

Die Update-Regel lautet also

$$O(\text{Einbruch}|\text{Alarm}) \;=\; \lambda \cdot O(\text{Einbruch})$$

mit

$$\lambda \;=\; \frac{P(\text{Alarm}|\text{Einbruch})}{P(\text{Alarm}|\neg\text{Einbruch})} = 95,$$

$$O(\text{Einbruch}) \;=\; \frac{P(\text{Einbruch})}{1 - P(\text{Einbruch})} \approx 0.0001.$$

Aufgrund eines Einbruchs wird nun ein Alarm ausgelöst. Dies führt zu einer Anwendung der Update-Regel und zu einer Veränderung der Wahrscheinlichkeit eines Einbruchs:

$$O(\text{Einbruch}|\text{Alarm}) \;=\; 95 \cdot 0.0001 \;=\; 0.0095,$$

$$P(\text{Einbruch}|\text{Alarm}) \;=\; \frac{0.0095}{1 + 0.0095} \;=\; 0.00941.$$

Das Auslösen des Alarms hat also die Wahrscheinlichkeit eines Einbruchs um das 94-Fache erhöht, sie liegt aber immer noch bei ca. 1 %.   ■

Ein Beispiel für eine Anwendung dieses Modells ist das System PROSPECTOR (Duda et al. 81), das auf der Idee der Inferenznetze basiert. Auch die von Pearl entwickelten und in einem späteren Abschnitt untersuchten *Bayesschen Netze* können in ihren grundlegenden Ideen auf diese Konzepte zurückgeführt werden.

8.2.3 Produkträume

Im Allgemeinen beschreiben Expertenregeln nicht Beziehungen in einem einfachen Ereignisraum Ω, wie es in Beispiel 8.1 der Fall war, sondern Beziehungen **zwischen** solchen Räumen. Insgesamt haben wir es damit mit sogenannten *Produkträumen* zu tun.

Da wir insbesondere bei der Einführung der Bayesschen Netze mit Produkträumen arbeiten werden, soll dieses wichtige Thema anhand eines Beispiels eingeführt werden:

Beispiel 8.4 (Studentenleben)
Gegeben sei die folgende Regel eines studentischen Experten zum Besuch von Feten in Abhängigkeit von Prüfungsergebnissen. In Klammern ist die wahrscheinlichkeitstheoretische Interpretation angegeben:

Wenn ich die Prüfung bestehe, dann gehe ich sicherlich (0.75) auf die Fete. Sollte ich sie nicht bestehen, kann es aber auch sein (0.5), dass ich auf die Fete gehe.

Kürzt man das Nichtbestehen der Prüfung mit nb, das Bestehen der Prüfung mit b, den Fetenbesuch mit f und den Nichtbesuch der Fete mit nf ab, so hat der Student die beiden Regeln

$$b \xrightarrow{0.75} f \ , \ nb \xrightarrow{0.50} f$$

angegeben.

Es ergeben sich insgesamt die vier Möglichkeiten $(nf, nb), (nf, b), (f, nb), (f, b)$ für elementare Ereignisse – die Situationen, die tatsächlich eintreten können. Das Paar (f, nb) bedeutet dabei beispielsweise, dass der Student trotz Nichtbestehens der Prüfung die Fete besucht. Mit den beiden entsprechenden Ereignisräumen

$$\Omega_P = \{nb, b\} \ , \ \Omega_F = \{nf, f\}$$

für Prüfungsergebnis und Fetenbesuch bestimmen wir den Produktraum

$$\Omega \ = \ \Omega_F \times \Omega_P \ = \ \{(nf, nb), (nf, b), (f, nb), (f, b)\},$$

der der studentischen Regel zugrunde liegt.

Die Wichtungen der Regel lassen sich in Form einer Matrix darstellen:

$P(\{\omega_F\}|\{\omega_P\})$	np	p
nf	$1/2$	$1/4$
f	$1/2$	$3/4$

Gegeben seien weiterhin die A-priori-Wahrscheinlichkeiten $P(\{b\}) = P(\{nb\}) = 1/2$ für das Bestehen der Prüfung. Aus diesen Angaben lassen sich mithilfe von

$$P(\{(\omega_F, \omega_P)\}) = P(\{\omega_F\}|\{\omega_P\}) \cdot P(\{\omega_P\})$$

die Wahrscheinlichkeiten berechnen (siehe auch (8.5)), die hier über einem Produktraum definiert und in Matrixform dargestellt sind:

$P(\{(\omega_F, \omega_P)\})$	np	p
nf	$1/4$	$1/8$
f	$1/4$	$3/8$

Auch für Produkträume gilt, dass sich die Wahrscheinlichkeiten der Elementarereignisse auf 1 aufsummieren:

$$P(\Omega) \ = \ \sum_{\omega \in \Omega} P(\{\omega\}) \ = \ 1.$$

Durch *Projektion von Wahrscheinlichkeiten* können *Randverteilungen* berechnet werden. Wir führen dies für die Feten-Wahrscheinlichkeit durch:

$$P(\{\omega_F\}) = \sum_{\omega_P \in \Omega_P} P(\{(\omega_F, \omega_P)\})$$

$$P(\{f\}) = P(\{(f, nb)\}) + P(\{(f, b)\})$$
$$= 1/4 + 3/8 = 5/8$$
$$P(\{nf\}) = P(\{(nf, nb)\}) + P(\{(nf, b)\})$$
$$= 1/4 + 1/8 = 3/8$$

Man bezeichnet diese Wahrscheinlichkeiten als *Rand-* bzw. *Marginalwahrscheinlichkeiten*.

Berechnen ließe sich aus den bisherigen Ergebnissen auch die umgekehrte Regelrichtung der Form „Wenn ich eine Fete besuche, ist dem mit Sicherheit ... vorausgegangen, dass die Prüfung bestanden/nicht bestanden wurde.". Die benötigten bedingten Wahrscheinlichkeiten berechnen wir mit

$$P(\{\omega_P\}|\{\omega_F\}) = \frac{P(\{(\omega_F, \omega_P)\})}{P(\{\omega_F\})}$$

und erhalten

$P(\{\omega_P\}|\{\omega_F\})$	nf	f
nb	$2/3$	$2/5$
b	$1/3$	$3/5$

∎

Wir verwenden im Folgenden eine vereinfachende Schreibweise, in der auf einige Klammern verzichtet wird. Im Fall des Beispiels schreiben wir beispielsweise $P(\omega_F, \omega_P)$ statt $P(\{(\omega_F, \omega_P)\})$ und $P(\omega_P|\omega_F)$ statt $P(\{\omega_P\}|\{\omega_F\})$.

Das Beispiel verdeutlicht, dass Regeln meist im direkten Zusammenhang mit *Produkträumen* und auf ihnen definierten Wahrscheinlichkeiten zu sehen sind. Schlussfolgern unter Verwendung von Expertenregeln bedeutet dann das Durchführen von Operationen in einem Produktraum, wie sie beispielsweise durch die Projektion gegeben ist. Da in realistischen Anwendungen viele elementare Ereignisräume durch Regeln verbunden sind, sind die Dimension des betrachteten Raums und die Komplexität der Berechnungen hoch. Durch Erkennung und Berücksichtigung von *Abhängigkeiten* und *Unabhängigkeiten* der einzelnen Wissenmodule – Fakten oder Regeln – können aus Produkträumen *Abhängigkeitsgraphen* erstellt werden, in denen effiziente Berechnungen möglich sind. Wir werden im Rahmen der Untersuchung der Bayesschen Netze in Abschnitt 8.4 auf Produkträume, darauf definierten Wahrscheinlichkeiten und die Unabhängigkeit von Ereignissen zurückkommen und zeigen, wie auf dieser Basis ein einfaches und konsistentes Unsicherheitsmodell entwickelt werden kann.

8.2.4 Unabhängigkeit von Ereignissen

Entsprechend der Tatsache, dass sich die für uns interessanten Schlussfolgerungsverfahren auf Operationen in *Produkträumen* zurückführen lassen, werden wir im Folgenden eine entsprechende Notation verwenden: $A_1, \ldots, A_n$ bezeichnen Variablen bzw. Ereignisse über den Wertebereichen $\Omega_{A_1}, \ldots, \Omega_{A_n}$. Die Variablen A_i können sowohl Elemente des Wertebereichs oder auch Mengen von Elementen denotieren. Elemente bezeichnen wir mit kleinen Buchstaben $a_1, \ldots, a_n$. Bei wenigen Variablen verzichten wir auf die Indizes und schreiben stattdessen $A, B, C, \ldots$ Alle zuvor eingeführten Aussagen über Wahrscheinlichkeiten lassen sich leicht auf Produkträume übertragen, wenn $\cap$ durch ein Komma ersetzt wird.

Falls für zwei Variablen A und B $P(A|B) = P(A)$ gilt, hat die Gültigkeit von B offensichtlich keinen Einfluss auf die Wahrscheinlichkeit von A, A und B sind *unabhängig*. In diesem Fall lässt sich Gleichung (8.5) – übertragen auf Produkträume – vereinfachen, es gilt:

$$P(A, B) \quad = \quad P(A|B) \cdot P(B) \; = \; P(A) \cdot P(B).$$

Diese Beziehung kann dazu verwendet werden, das Konzept der Unabhängigkeit von Ereignissen formal einzuführen.

Definition 8.3 (Unabhängigkeit von Ereignissen)
Zwei Ereignisse A und B heißen (statistisch) unabhängig, wenn

$$P(A, B) = P(A) \cdot P(B). \tag{8.11}$$

♦

Einige Konsequenzen dieser Definition sind offensichtlich: Falls $P(A) = 0$ gilt, dann ist A unabhängig von jedem B, und die Bedingung $P(A) > 0$ impliziert, dass A unabhängig von $\emptyset$ und Ω ist. Sind A und B unabhängig, so sind es ebenfalls A und $\neg B$, $\neg A$ und $\neg B$, sowie $\neg A$ und B.

Es ist wichtig anzumerken, dass das Konzept der Unabhängigkeit von Ereignissen sich von dem Konzept der Disjunktheit von Ereignissen unterscheidet: Sind beispielsweise A und B unabhängig und gilt $P(A) > 0$, $P(B) > 0$, dann können A und B nicht disjunkt sein.

Die einzige Möglichkeit, Unabhängigkeit unter Berücksichtigung einer gegebenen Wahrscheinlichkeit zu testen, ist die Überprüfung der in der Definition formulierten multiplikativen Eigenschaft.

Beispiel 8.5
Für eine bestimmte Gegend soll überprüft werden, ob Wind und Sonne unabhängig sind. Aus den gespeicherten Wetterdaten liest man die folgenden Wahrscheinlichkeitswerte ab:

$$P(\text{Wind}) = 0.5, \qquad P(\text{Sonne}) = 0.2.$$

Bekannt ist auch die Wahrscheinlichkeit für das gleichzeitige Auftreten von Sonne und Windstille:

$$P(\text{Sonne}, \neg\text{Wind}) = 0.1.$$

Ist hieraus bereits eine Unabhängigkeit von Wind und Sonne beweisbar? Tatsächlich gilt

$$
\begin{aligned}
P(\text{Sonne}) \cdot P(\neg\text{Wind}) &= P(\text{Sonne}) \cdot (1 - P(\text{Wind})) \\
&= 0.2 \cdot 0.5 = 0.1 \\
&= P(\text{Sonne}, \neg\text{Wind}),
\end{aligned}
$$

was die Unabhängigkeit der Ereignisse Sonne und ¬Wind beweist. Damit gilt Unabhängigkeit auch für die übrigen drei Kombinationen. ∎

Das in Definition 8.3 eingeführte Konzept der Unabhängigkeit kann leicht auf Mengen von Variablen bzw. Ereignissen erweitert werden:

Definition 8.4 (Paarweise und vollständige Unabhängigkeit)

Eine Menge $\mathcal{A}$ von Variablen bzw. Ereignissen heißt

a) *paarweise unabhängig*, wenn für jedes Paar $A, B \in \mathcal{A}$ die Gleichung

$$P(A, B) = P(A) \cdot P(B) \tag{8.12}$$

gilt, und

b) *vollständig unabhängig*, wenn für jede k-elementige Teilmenge $\{A_1, \ldots, A_k\}$ von $\mathcal{A}$ die folgende Identität Gültigkeit hat:

$$P(A_1, A_2, \ldots, A_k) = \prod_{j=1}^{k} P(A_j). \tag{8.13}$$

◆

Es ist offensichtlich, dass eine vollständige Unabhängigkeit eine paarweise Unabhängigkeit impliziert, der Umkehrschluss ist jedoch *nicht* gültig.

In einigen Unsicherheitsmodellen werden als Ersatz für die in der Realität nur selten gültigen absoluten Unabhängigkeiten gewisse bedingte Unabhängigkeiten angenommen:

Definition 8.5 (Bedingte Unabhängigkeit von Ereignissen)

Zwei Ereignisse A und B heißen bedingt unabhängig unter der Bedingung C, wenn

$$P(A, B|C) = P(A|C) \cdot P(B|C). \tag{8.14}$$

◆

In diesem Fall gilt auch die Gleichung

$$P(A|B, C) = P(A|C), \tag{8.15}$$

auf die wir im Zusammenhang mit Bayesschen Netzen zurückkommen werden. Diese Beziehungen lassen sich leicht auf allgemeine Variablenmengen erweitern.

Beispiel 8.6 (Bedingte Unabhängigkeit)

Der Typ eines Fahrzeugs – abgekürzt mit C – bestimmt sowohl sein Gewicht als auch seinen Benzinverbrauch – abgekürzt mit A und B. Es ist allgemein bekannt, dass Gewicht und Benzinverbrauch hochgradig abhängig sind: Ein schweres Fahrzeug verbraucht meistens mehr Benzin als ein leichtes Fahrzeug. Es gilt also

$$P(A, B) \quad \neq \quad P(A) \cdot P(B).$$

Die Situation verändert sich jedoch, wenn genau bekannt ist, um welchen Fahrzeugtyp es sich konkret handelt, es gilt dann die Gleichung (8.14). Danach sind bei bekanntem Fahrzeugtyp Gewicht und Benzinverbrauch unabhängig. Diese Unabhängigkeit kann auch auf andere Weise praktisch angewendet werden: Bin ich an dem Gewicht des Fahrzeugs interessiert, so genügt dazu die Kenntnis des Autotyps. Die Information über seinen Benzinverbrauch ist nicht mehr erforderlich. Dies entspricht der Gleichung (8.15).   ∎

Art und Umfang getroffener Unabhängigkeitsannahmen haben sich als ein wesentliches Kriterium bei der Bewertung von Unsicherheitskalkülen und der konkreten Entwicklung von auf diesen Kalkülen basierenden Expertensystemen herauskristallisiert. In vielen Ansätzen werden Unabhängigkeitsannahmen getroffen, um die Komplexität anfallender Berechnungen zu verringern oder Benutzern von Expertensystemen durch die so nur kleinen Mengen benötigter Daten „das Leben zu erleichtern". Häufig sind Unabhängigkeitsannahmen jedoch so stark, dass sie nachweislich in der Anwendungsdomäne gar nicht erfüllt sein können. Gelegentlich treten Unabhängigkeitsannahmen auch versteckt oder implizit auf oder/und werden in der Beschreibung der Verfahren nicht erwähnt.

8.2.5 Bewertung früher Modelle zum unsicheren Schließen

Frühe Ansätze zur Modellierung von Unsicherheit basieren auf der Wahrscheinlichkeitstheorie und modellieren Expertenwissen auf der Basis expliziter Regeln, die beispielsweise in der Form *bedingter Wahrscheinlichkeiten* gewichtet sein können. Aber auch die bereits erwähnte *probabilistische Implikation* kann zur Wichtung von Regeln herangezogen werden (Nilsson 86): In dieser im Kontext der Logik häufig verwendeten Interpretation wird eine mit Unsicherheit behaftete Expertenregel nicht mit bedingten Wahrscheinlichkeiten, sondern mit logischen Ausdrücken der Form $\neg C \vee D$ identifiziert. Untersucht man zunächst den kategorischen Fall, der keine Unsicherheit berücksichtigt, so lassen sich die unterschiedlichen Semantiken leicht in Form einer Wahrheitstabelle darstellen:

$t(C)$	$t(D)$	$t(\neg C \vee D)$	$t(D \mid C)$
0	0	1	?
0	1	1	?
1	0	0	0
1	1	1	1

Die Tabelle veranschaulicht für den kategorischen Fall den Unterschied zwischen der *logischen Implikation* $\neg C \vee D$ und der Konditionierung $D|C$. Betrachtet man t als Wahrheitsfunktion, so gilt $t(D|C) = 1$, falls C und D wahr sind, und $t(D|C) = 0$, falls C wahr und D falsch ist. Für falsches C ist die Abbildung undefiniert, was in der Tabelle durch ein Fragezeichen gekennzeichnet ist.

Vom intuitiven Standpunkt ähnelt das konditionierte Objekt $D|C$ einer Produktionsregel „falls C, dann D" in dem Sinn, dass die Regel nur dann angewendet werden kann, wenn sich die Prämisse als wahr herausstellt. Damit stellt sich als ein wesentlicher Vorteil der Konditionierungssichtweise – und damit der bedingter Wahrscheinlichkeiten – die Tatsache heraus, dass der aktuelle *Kontext* Berücksichtigung findet.

Im wahrscheinlichkeitstheoretischen Fall setzt sich der klare Unterschied der beiden Interpretationen fort, die nachfolgende Berechnung zeigt die Beziehung, in der die Wahrscheinlichkeiten zueinander stehen. Es gilt für $P(C) > 0$

$$
\begin{aligned}
P(\neg C \vee D) &= 1 - P(\neg D \wedge C) \\
&= 1 - P(\neg D|C) \cdot P(C) \\
&= 1 - P(C) \cdot (1 - P(D|C)) \\
&= 1 - P(C) + P(D|C) \cdot P(C) \\
&= P(\neg C) + P(D|C) \cdot P(C)
\end{aligned}
$$

Als einfache Konsequenz ergibt sich die folgende Ungleichung, die das quantitative Verhältnis der Ausdrücke beschreibt. Es gilt für $P(C) > 0$

$$
P(D|C) \quad \leq \quad P(\neg C \vee D).
$$

Frühe Ansätze, die auf Basis der Wahrscheinlichkeitstheorie Schlussfolgerungsverfahren unter Unsicherheit realisieren, weisen häufig erhebliche Nachteile auf: Neben formalen Kriterien, zu denen die starken und oft implizit angenommenen Unabhängigkeiten gehören, spielen auch praktische Kriterien eine wesentliche Rolle. Wahrscheinlichkeiten über Produkträumen und A-priori-Wahrscheinlichkeiten erfordern eine große Menge von Daten. In der Interpretation von Wahrscheinlichkeiten als *subjektive Vertrauensgrade* stellt auch die Abhängigkeit von „*Vertrauen*" und „*Zweifel*" bei der Modellierung ein Problem dar: Auf der Basis einer Wahrscheinlichkeitsfunktion ist es nicht möglich, sowohl einer Aussage (bzw. einem Ereignis) als auch der komplementären Aussage geringe Vertrauenswerte zuzuweisen. Entsprechend ist *Unwissenheit* (engl. *ignorance*) als Grad der Unsicherheit bezüglich des „wahren" Vertrauenswertes auf der Basis *einer* Wahrscheinlichkeitsfunktion nicht modellierbar. Weiterhin erfordert die in entsprechenden Systemen vorgenommene direkte Anwendung der Wahrscheinlichkeitstheorie eine große Menge an Vorwissen – beispielsweise das über bedingte und A-priori-Wahrscheinlichkeiten.

Als Antwort auf diese Probleme wurden ab Mitte der 70er-Jahre Modelle und Systeme zur Handhabung von Unsicherheit entwickelt, deren formale – zumeist mathematische –

Grundlagen nicht oder nur partiell auf die Wahrscheinlichkeitstheorie abbildbar waren. Als bedeutendster Vertreter solcher intuitiver Modelle ist dabei der von Shortliffe et al. entwickelte Ansatz der Sicherheitsfaktoren zu nennen, der in dem System MYCIN angewendet wurde. Mit diesem medizinischen System und den vielen in den nachfolgenden Jahren vorgestellten Erweiterungen und Modifikationen konnte dokumentiert werden, dass auch nicht wahrscheinlichkeitstheoretisch fundierte und leicht handhabbare Systeme erfolgreich arbeiten können. Ein weiteres in diesem Zusammenhang zu nennendes Unsicherheitsmodell ist die sogenannte Dempster-Shafer-Theorie, die sich inzwischen zu einer eigenständigen „Schule" entwickelt hat und auf der ein Teil der heutigen Forschung basiert. Eine typische Eigenschaft dieser und vieler anderer Modelle ist, dass die häufig kritisierte Eigenschaft früher wahrscheinlichkeitstheoretischer Ansätze, zwischen „fehlendem Vertrauen" und „Misstrauen" nicht differenzieren zu können, durch Verwendung zweier Maße umgangen und damit Unwissenheit modellierbar wurde. Das Modell der Sicherheitsfaktoren und die Dempster-Shafer-Theorie werden in den folgenden Abschnitten vorgestellt.

8.3 Sicherheitsfaktoren

Bei dem nachfolgend vorgestellten *Ansatz der Sicherheitsfaktoren* handelt es sich um eines der bekanntesten *intuitiv begründeten* Verfahren zur Handhabung von Unsicherheit. In engem Zusammenhang mit diesem Verfahren ist das medizinische Expertensystem MYCIN zu sehen, das in den Jahren 1972–1976 entwickelt und bis in die heutige Zeit modifiziert und erweitert wurde (Shortliffe 76). Die Einfachheit des gesamten Verfahrens führte zu der Tatsache, dass „unsicheres Schließen mit Sicherheitsfaktoren" in vielen Büchern als prototypischer Ansatz zur Handhabung von Unsicherheit aufgeführt wird und dass auch einige kommerzielle Produkte dieses oder zumindest ein ähnliches Verfahren verwenden. Auf der anderen Seite führte diese Einfachheit aber auch zu kritischen Untersuchungen bezüglich der Konsistenz des Modells.

Wir wollen das Modell der Sicherheitsfaktoren dazu nutzen, in die Thematik der Unsicherheitsmodellierung einzuführen. Als Grundlage dient eine Modifikation des Originalansatzes, der konsistent zur Wahrscheinlichkeitstheorie ist (Heckerman 86).

Unsicherheit in Fakten und Regeln

Sicherheitsfaktoren (engl. *certainty factors*) – abgekürzt CF – können dazu verwendet werden, die Sicherheit von Fakten, die nicht als definitiv wahr oder falsch bekannt sind, auf quantitativer Basis zu bewerten. Im Modell der Sicherheitsfaktoren verwendet man dabei Zahlen aus dem Intervall $[-1, 1]$. Die Zahl -1 bedeutet dabei definitiv falsch, die Zahl 1 definitiv wahr, die Zahl 0 repräsentiert eine Unwissenheit.

Sind solche Bewertungen bekannt, so basieren sie meistens auf einem gewissen Hintergrundwissen, das wir hier als *Evidenz* bezeichnen wollen und durch E abkürzen. Dieses Wissen verändert sich im Laufe der Zeit, wenn beispielsweise neue Fakten in die Wissensbasis einfließen. Der Sicherheitsfaktor $CF(A|E)$ stellt damit die Sicherheit der Aussage A auf Basis der Evidenz E dar.

Sicherheitsfaktoren können auch im Kontext mit Regeln auftreten. In diesem Fall charakterisieren sie eine unsichere Abhängigkeit zwischen der Prämisse und der Konklusion der Regel. Prämissen können dabei auch komplexe, zusammengesetzte Aussagen darstellen, wie es bei der folgenden, in dem System MYCIN (Shortliffe 76) vorhandenen Regel der Fall ist:

```
IF:    1) the stain of the organism is grampos, and
       2) the morphology of the organism is coccus, and
       3) the growth conformation of the organism is chains
THEN: there is suggestive evidence (0.7) that the identity
       of the organism is streptococcus
```

In diesem Fall liegt eine *bedingte Sicherheit* dafür vor, dass es sich bei dem Organismus um eine Streptokokke handelt. Der Sicherheitsfaktor $CF(H|A_1 \wedge A_2 \wedge A_3) = 0.7$ repräsentiert die bedingte Sicherheit der Hypothese H unter der Bedingung, dass A_1, A_2 und A_3 wahr sind. Regeln dieser Form werden von Fachexperten aufgestellt und können in großer Zahl in der Regelbasis eines Systems vorhanden sein.

Die wesentlichen Arbeitsschritte eines wissensbasierten Systems, das mit Unsicherheiten umgehen kann, können wie folgt zusammengefasst werden:

- Die Abarbeitung einer Regelbasis erfolgt nach den in Kapitel 2 vorgestellten Verfahren, es wird ein Suchbaum erstellt, dessen Blätter Datenbankzugriffe oder Anfragen an einen Benutzer darstellen. Sicherheitsfaktoren werden entsprechend ihrer *Semantik* vom Experten eingegeben.

- Im Fall einer komplexen *zusammengesetzten Prämisse* wird aus den Sicherheitsfaktoren der atomaren Elemente der Prämisse der Sicherheitsfaktor der zusammengesetzten Prämisse berechnet.

- Ist der Sicherheitsfaktor der Prämisse bekannt, so kann unter Einbeziehung des Sicherheitsfaktors der Regel eine *Regelanwendung* erfolgen: Der Sicherheitsfaktor der Hypothese wird berechnet und stellt das zum jetzigen Zeitpunkt über die Hypothese bekannte Wissen dar.

- Ein und dieselbe Hypothese wird evtl. durch mehrere Regeln bewertet. Die Anwendung dieser Regeln führt dann auch zu mehreren Sicherheitsfaktoren, die die Sicherheit derselben Hypothese bewerten. Den Vorgang, der diese Einzelbewertungen zusammenfasst, bezeichnet man auch als *parallele Kombination*.

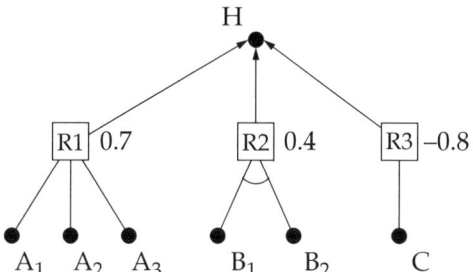

Abb. 8.2: Grafische Darstellung der Regelbasis

An diesen Arbeitsschritten orientiert sich auch die weitere Vorgehensweise in diesem Abschnitt: Wir stellen zunächst die Semantik des Modells der Sicherheitsfaktoren vor und geben dann die Formeln an, nach denen die Sicherheiten komplexer Prämissen berechnet werden, Regelanwendungen erfolgen und parallele Kombinationen durchgeführt werden.

Das folgende Beispiel wird im Rahmen des Abschnitts sukzessive weiterentwickelt:

Beispiel 8.7

Gegeben sei die folgende Regelbasis eines mit Sicherheitsfaktoren arbeitenden Systems (siehe auch Abbildung 8.2), die Struktur von Regel 1 orientiert sich an der obigen MYCIN-Regel:

$$\text{Regel 1:} \quad A_1 \wedge A_2 \wedge A_3 \xrightarrow{0.7} H$$
$$\text{Regel 2:} \quad B_1 \vee B_2 \xrightarrow{0.4} H$$
$$\text{Regel 3:} \quad C \xrightarrow{-0.8} H$$

Im Rahmen einer Anwendung des Systems soll nun der Weg skizziert werden, wie die aktuelle Sicherheit der Hypothese H berechnet werden kann.

Als erste potenziell anwendbare Regel wird Regel 1 gefunden. Regel 1 kann angewendet werden, wenn die Sicherheiten der Prämissenelemente A_1, A_2 und A_3 bekannt sind. Auf der Basis der Einzelsicherheiten $CF(A_i|E)$ kann die Sicherheit $CF(A_1 \wedge A_2 \wedge A_3|E)$ der zusammengesetzten Prämisse berechnet werden. E ist die Evidenz zu den Bewertungen der A_i. Es erfolgt die Regelanwendung, die zu dem Wert $CF(H^1|E)$ führt. H^1 ist hier die Bewertung der Hypothese H nach der erfolgten Anwendung der ersten Regel. Analog erfolgt die Anwendung von Regel 2 auf der Basis von Benutzerangaben $CF(B_i|F)$ und die Berechnung von $CF(H^2|F)$. F ist die Evidenz zu den Bewertungen von B_i.

In Abhängigkeit von den zugrunde gelegten Suchverfahren können nun die beiden vorliegenden Bewertungen $CF(H^1|E)$ und $CF(H^2|F)$ der Hypothese H parallel kombiniert werden, und man erhält das zusammenfassende Ergebnis $CF(H^3|E,F)$.

Auf ähnliche Weise kann Regel 3 angewendet und in die bereits berechneten Werte einbezogen werden. Man erhält abschließend den Sicherheitsfaktor $CF(H|E,F,G)$, wobei G die der Bewertung von C zugrunde liegende Evidenz ist.

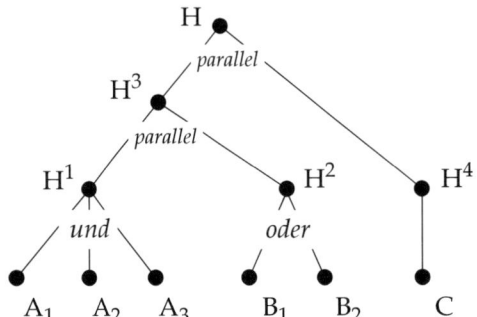

Abb. 8.3: Der sich aus der Regelbasis ergebende Und-Oder-Kombinationsgraph.

Der im Rahmen der Abarbeitung der Regeln erstellte Und-Oder-Kombinationsgraph ist in Abbildung 8.3 dargestellt. H^i bezeichnet die berechnete Sicherheit von H zum Zeitpunkt i. ∎

Wie es Regel 2 im obigen Beispiel zeigt, können im Kontext mit Unsicherheiten auch Regelprämissen auftreten, deren Elemente durch ein *logisches Oder* verknüpft sind. Während im kategorischen Fall, in dem nur sichere Aussagen und Abhängigkeiten eine Rolle spielen, eine solche Regel in eine gleichwertige *Menge* einfacherer Regeln umgeformt werden kann (siehe Seite 143), muss dieser Fall im Kontext der Sicherheitsfaktoren explizit behandelt werden.

8.3.1 Das mathematische Modell

Die Definition des *Sicherheitsfaktors* als Maß für das Vertrauen in die Wahrheit einer Hypothese basiert in MYCIN auf der Definition zweier weiterer Maße – dem *Maß des Vertrauens* (engl. *measure of belief*) MB und dem *Maß des Misstrauens* (engl. *measure of disbelief*) MD – die zunächst eingeführt werden.

Die Maße MB und MD werden mit einer *intuitiven* Semantik versehen, die auch der Akquisition numerischer Vertrauenswerte zugrunde liegt:

$MB(h|E) = x$: „Im Fall der Evidenz E wächst das Vertrauen,

dass h wahr ist, um x",

$MD(h|E) = x$: „Im Fall der Evidenz E wächst das Misstrauen,

dass h wahr ist, um x" .

Die Definition des *Sicherheitsfaktors* CF wird dann auf eine normierte Differenz der Maße MB und MD zurückgeführt, d. h.

$$CF(h|E) \;=\; \frac{MB(h|E) - MD(h|E)}{1 - \min\{MB(h|E), MD(h|E)\}}, \tag{8.16}$$

wobei diese Definition der Originaldefinition $CF(h|E) = MB(h|E) - MD(h|E)$ in MYCIN entspricht, wenn mindestens eines der Maße MB und MD den Wert 0 annimmt.

Sicherheitsfaktoren können wahrscheinlichkeitstheoretisch interpretiert werden. Geht man von $\Omega_H = \{h, \neg h\}$ als dem Hypothesenraum und von E als der verfügbaren, auf Beobachtungen basierenden Evidenz aus, so kann der Bezug der Sicherheitsfaktoren zur Wahrscheinlichkeitstheorie auf folgende Weise dargestellt werden:

$$CF(h|E) \;=\; \begin{cases} \dfrac{P(h|E) - P(h)}{P(h|E) \cdot (1 - P(h))} & \text{falls } P(h|E) > P(h), \\[3mm] \dfrac{P(h|E) - P(h)}{P(h) \cdot (1 - P(h|E))} & \text{falls } P(h) > P(h|E). \end{cases} \tag{8.17}$$

Trotz der Tatsache, dass Sicherheitsfaktoren damit formal auf Basis der Wahrscheinlichkeitstheorie interpretiert werden können, spielt diese Definition bei der Akquisition und Berechnung von CFs keine Rolle: Im ursprünglichen Ansatz der Sicherheitsfaktoren wird davon ausgegangen, dass die A-priori- und bedingten Wahrscheinlichkeiten generell nicht verfügbar sind. Stattdessen sind alle eingeführten Maße mit einer *intuitiven* Semantik versehen, die auch der Akquisition numerischer Vertrauenswerte zugrunde liegt.

Aus der Definition der Maße ergeben sich die bereits genannten Wertebereiche

$$MB, MD \;:\; \Omega_H \;\to\; [0, 1],$$
$$CF \;:\; \Omega_H \;\to\; [-1, +1].$$

Man beachte, dass es sich bei dem Maß des (gewachsenen) Vertrauens und dem Maß des (gewachsenen) Misstrauens um *relative Maße* und keine absoluten handelt, wie sie beispielsweise durch Wahrscheinlichkeitsmaße gegeben sind. Damit beschreibt ein Sicherheitsfaktor ebenfalls eine *Vertrauensänderung*. Interpretiert man die Gleichung (8.17), so bedeutet beispielsweise ein positiver Sicherheitsfaktor, dass es aufgrund einer Evidenz E mehr Gründe gibt, sein Vertrauen zugunsten der Hypothese zu ändern. Entgegen dieser Semantik werden Sicherheitsfaktoren allerdings meistens als absolute Maße interpretiert und angewendet.

Ergänzend zu den Werten $MB(h|E)$, $MB(h|E)$ und $CF(h|E)$, die auf Basis einer Beobachtung E Vertrauen in *Fakten* quantifizieren, kann ein Sicherheitsfaktor auch einer *Regel* zugeordnet werden. Diese Bewertung spielt bei der Regelanwendung in Schlussfolgerungsverfahren – der sequenziellen Kombination – eine wesentliche Rolle. Im Kontext dieses Abschnitts quantifiziert $CF(h|a)$ den Grad des Vertrauens in die Gültigkeit der Hypothese h unter der Bedingung, dass die Prämisse a als definitiv gültig bekannt ist. Für die der Prämisse zugeordnete Domäne $\Omega_A = \{a, \neg a\}$ ist der einfachste Fall einer Regel in der Form

$$a \;\xrightarrow{\;CF(h|a)\;}\; h \tag{8.18}$$

gegeben.

Die Sicherheit zusammengesetzter Aussagen

Im Fall komplexer Prämissen, die Boolesche Ausdrücke enthalten, wird in MYCIN der Sicherheitsfaktor konjunktiver (disjunktiver) Ausdrücke durch Minimum-(Maximum)Bildung bestimmt:

$$CF(a_1 \wedge a_2|E) = \min(CF(a_1|E), CF(a_2|E))$$
$$CF(a_1 \vee a_2|E) = \max(CF(a_1|E), CF(a_2|E))$$

Beispiel 8.8 (Fortsetzung von Beispiel 8.7)

Im Rahmen der Anwendung der Regeln aus Beispiel 8.7 werden von einem Benutzer die folgenden Angaben gemacht:

	A_1	A_2	A_3	B_1	B_2	C
MB	1	1	0.6	0.5	1	0.5
MD	0.2	0	0	0.5	0	0
CF	1	1	0.6	0	1	0.5

Die Berechnung der Sicherheitsfaktoren der vollständigen Prämissen unter Anwendung von Gleichung (8.16) ergibt dann

$$CF(A_1 \wedge A_2 \wedge A_3|E) = \min(1, 1, 0.6) = 0.6$$
$$CF(B_1 \vee B_2|F) = \max(0, 1) = 1$$
$$CF(C|G) = 0.5$$

∎

Anwendung von Regeln

Die Propagierung unsicherer Information auf der Basis von Regeln führt zur Berechnung des Wertes $CF(h|E)$, der die Vertrauensänderung in die Hypothese h quantifiziert. Im Ansatz der Sicherheitsfaktoren ist sie beispielsweise im Fall einer Regel (8.18) mit nicht negativer Prämisse als einfache Multiplikation der Regelwichtung $CF(h|a)$ mit dem der Prämisse zugeordneten Sicherheitsfaktor $CF(a|E)$ realisiert. Die *sequenzielle Kombination* basiert insgesamt auf der Formel

$$CF(h|E) = \begin{cases} CF(a|E) \cdot CF(h|a) & \text{falls } CF(a|E) \geq 0 \\ -CF(a|E) \cdot CF(h|\neg a) & \text{falls } CF(a|E) < 0 \end{cases} \tag{8.19}$$

Der negative Wert $CF(a|E) < 0$ wird nur dann berücksichtigt, wenn eine Regel der Art

$$\neg a \stackrel{CF(h|\neg a)}{\longrightarrow} h \tag{8.20}$$

mit Wichtung $CF(h|\neg a)$ existiert. Ist eine solche Regel explizit gegeben, so wirkt sich der negative Wert $CF(a|E) < 0$ aus, denn unter Anwendung der Identität

$$CF(\neg a|E) = -CF(a|E)$$

kann die Vertrauensänderung $CF(h|E)$ durch Multiplikation der Werte $CF(h|\neg a)$ und $-CF(a|E)$ quantifiziert werden.

Von besonderem Interesse ist der Fall eines negativen Wertes $CF(a|E) < 0$ und einer fehlenden Regel der Art (8.20). Hier setzt man $CF(h|E) = 0$. Dieses Ergebnis ist sinnvoll, da jede Regel eine zu einem gewissen Grad *erfüllte* Prämisse voraussetzt. Dies ist im Fall einer negativen Prämissensicherheit und einer positiven Regelprämisse $CF(h|a)$ nicht der Fall, so dass die Regel tatsächlich nicht anwendbar ist. Diese Vorgehensweise entspricht beispielsweise auch der in der Logik, wie die Angaben (5.2) zum Modus Ponens gezeigt haben. Analoges gilt für den Fall einer Regelwichtung $CF(h|\neg a) > 0$ und einer eingehenden Sicherheit $CF(a|E) > 0$.

Beispiel 8.9 (Fortsetzung von Beispiel 8.8)
In die Anwendung von Regel 1 fließen die Regelwichtung $CF(H|A_1 \wedge A_2 \wedge A_3)$ und die Prämissensicherheit $CF(A_1 \wedge A_2 \wedge A_3|E)$ ein. Unter Anwendung obiger Formel berechnen wir

$$
\begin{aligned}
CF(H^1|E) &= CF(A_1 \wedge A_2 \wedge A_3|E) \cdot CF(H|A_1 \wedge A_2 \wedge A_3) \\
&= 0.6 \cdot 0.7 = 0.42
\end{aligned}
$$

als Stand der Wissensbasis nach Anwendung von Regel 1. Analog erfolgt die Anwendung von Regel 2

$$CF(H^2|F) = CF(B_1 \vee B_2|F) \cdot CF(H|B_1 \vee B_2) = 0.4$$

und von Regel 3

$$CF(H^3|G) = CF(C|G) \cdot CF(H|C) = -0.4.$$

Man beachte, dass hier der negative Sicherheitsfaktor von Regel 3 zu einem negativen Wert $CF(H^3|G)$ führt. Wir erhalten damit drei unabhängige Bewertungen von H. ∎

Kombination der Ergebnisse

Für die auf der Basis von Sicherheitsfaktoren durchführbare *parallele Kombination* gehe man von den Domänen $\Omega_A = \{a, \neg a\}$, $\Omega_B = \{b, \neg b\}$ und $\Omega_H = \{h, \neg h\}$ aus. Wird eine Hypothese h durch zwei Regeln

$$
\begin{aligned}
a &\xrightarrow{CF(h|a)} h \\
b &\xrightarrow{CF(h|b)} h
\end{aligned}
$$

gestützt, so sind nach erfolgter Regelanwendung die Sicherheitsfaktoren $CF(h|E_1)$ und $CF(h|E_2)$ zur Berechnung des endgültigen Ergebnisses zu kombinieren. Die Kombination basiert auf der nachfolgenden Funktion, die für zwei Evidenzen E_1 und E_2 definiert ist: Seien $s = CF(h|E_1)$ und $t = CF(h|E_2)$. Dann gilt

$$CF(h|E_1, E_2) \;=\; \begin{cases} s + t - s \cdot t & \text{falls } s, t \geq 0 \\ \dfrac{s + t}{1 - \min\{|s|, |t|\}} & \text{falls } s \cdot t \in (-1, 0], \\ \text{undefiniert} & \text{falls } s \cdot t = -1, \\ s + t + s \cdot t & \text{falls } s, t < 0 \end{cases} \qquad (8.21)$$

Bei der Anwendung von (8.21) müssen die beiden Spezialfälle

$$CF(h|E_1) = 1, \quad CF(h|E_2) = -1 \quad \text{und}$$
$$CF(h|E_1) = -1, \quad CF(h|E_2) = 1$$

berücksichtigt werden, die zwei vollständig unverträgliche Informationen beschreiben und zu einer Fehlermeldung führen sollten.

Die Funktion ist kommutativ und assoziativ. Das Ergebnis der Kombination von Informationsquellen ist damit unabhängig von der Reihenfolge, in der die entsprechenden Sicherheitsfaktoren miteinander kombiniert werden. In dem allgemeinen Fall mehrerer Evidenzen $E_1, \ldots, E_n$, $n \geq 2$, ist die Kombination $n - 1$-mal zu wiederholen.

Eine wichtige Eigenschaft der Formel (8.21) ist, dass die Kombination mit einer „leeren" Informationsquelle – es gilt dann $CF(h|E_i) = 0$ – den anderen Sicherheitsfaktor nicht verändert.

Beispiel 8.10 (Fortsetzung von Beispiel 8.9)
Das Ergebnis des vorangehenden Beispiels sind drei unabhängige Bewertungen der Hypothese H:

$$\begin{aligned} CF(H^1|E) &= 0.42 \\ CF(H^2|F) &= 0.4 \\ CF(H^4|G) &= -0.4 \end{aligned}$$

Wir kombinieren zunächst die ersten beiden Informationen, die beide einen positiven Sicherheitsfaktor darstellen. Die erste Zeile der Kombination (8.21) führt zu

$$CF(H^3|E, F) \;=\; 0.42 + 0.4 - 0.42 \cdot 0.4 = 0.65$$

und die Kombination dieses Ergebnisses mit der Information aus Quelle G abschließend

$$CF(H|E, F, G) \;=\; \frac{0.65 - 0.4}{1 - 0.4} = 0.42.$$

Aufgrund der unterschiedlichen Vorzeichen beider Sicherheitsfaktoren wurde hier die zweite Zeile der Kombination (8.21) angewendet.   ∎

8.3.2 Diskussion

Die praktische Bedeutung und der hohe Bekanntheitsgrad des Ansatzes der Sicherheitsfaktoren sind wesentlich auf seine Einfachheit und auf seine enge Verknüpfung mit dem bekannten Expertensystem MYCIN zurückzuführen, bei dem es sich um eines der ersten wirklich eingesetzten Systeme handelt, die auch mit Unsicherheiten umgehen können. Diese Bedeutung führte dazu, dass unsicheres Schließen auf der Basis von Sicherheitsfaktoren oft verwendet wurde. Allerdings ist die Einfachheit des Ansatzes der Sicherheitsfaktoren wesentlich auf die ursprünglich ausschließlich intuitiv begründete Natur der Regelanwendung und der parallelen Kombination zurückzuführen.

Ein bekanntes und bereits erwähntes Problem ist die Diskrepanz zwischen der Definition des Sicherheitsfaktors als ein *relatives Unsicherheitsmaß* und der Tatsache, dass es oft als *absolutes Maß* verstanden und beschrieben wird. Wie wesentlich dieser Unterschied ist, kann anhand eines Beispiels verdeutlicht werden:

Beispiel 8.11 (Sicherheitsfaktoren sind relative Maße)
Gegeben seien eine Evidenz E sowie die Hypothesen h_1 und h_2, wobei h_1 sowohl eine größere A-priori-Wahrscheinlichkeit als auch eine größere bedingte Wahrscheinlichkeit als h_2 hat. Dennoch kann der unter Anwendung von (8.17) berechnete Sicherheitsfaktor von h_1 kleiner sein als der von h_2. So erhält man beispielsweise aus den Wahrscheinlichkeiten

$$P(h_1) = 0.8 \quad \gg \quad P(h_2) = 0.2,$$
$$P(h_1|E) = 0.9 \quad > \quad P(h_2|E) = 0.8$$

die Gleichungen

$$CF(h_1|E) \quad = \quad \frac{0.9 - 0.8}{(1 - 0.8) \cdot 0.9} = 0.56,$$
$$CF(h_2|E) \quad = \quad \frac{0.8 - 0.2}{(1 - 0.2) \cdot 0.8} = 0.94$$

und damit $CF(h_1|E) < CF(h_2|E)$. ∎

Das auf Sicherheitsfaktoren basierende Verfahren unterstützt *keine globale Kombination* voneinander abhängiger Werte einer Konzepteigenschaft. Geht man beispielsweise für eine Domäne $\Omega_H = \{h_1, h_2, \ldots\}$ davon aus, dass die Sicherheitsfaktoren $CF(h_1|E_1)$ und $CF(\neg h_2|E_2)$ bekannt sind, so werden trotz der Tatsache, dass $h_1 \in \Omega - \{h_2\}$ gilt, die beiden Sicherheitsfaktoren nicht kombiniert. Dieser Aspekt wurde in (Gordon & Shortliffe 85) aufgegriffen und bei der Erweiterung des Ansatzes der Sicherheitsfaktoren unter Einbeziehung der sogenannten Dempster-Shafer-Theorie behandelt. Wir kommen später auf diesen Aspekt zurück.

Trotz der Tatsache, dass es sich bei dem Verfahren der Sicherheitsfaktoren, das auch dem medizinischen System MYCIN zugrunde liegt, um einen ursprünglich rein intuitiven Ansatz handelt, konnte jedoch auch gezeigt werden, dass von MYCIN gelieferte Diagnosen in vielen Fällen mit Diagnosen von Experten auf diesem Gebiet übereinstimmen.

Wie in (Heckerman 86) verdeutlicht wird, sind die Originaldefinition des Sicherheitsfaktors und – bei wahrscheinlichkeitstheoretischer Interpretation – seine Verwendung in
den in MYCIN verwendeten Kombinationsregeln inkonsistent. Daher haben wir in diesem
Abschnitt auf die Angabe der Originaldefinitionen verzichtet und haben Heckermans
konsistente Neuformulierung vorgestellt. Die Konsistenz zur Wahrscheinlichkeitstheorie
ist damit gewährleistet, wenn die Evidenzen bedingt unabhängig unter den gegebenen
Hypothesen sowie unter ihren Negationen sind und der Und-Oder-Kombinationsgraph
eine Baumstruktur hat – dies sind insgesamt Voraussetzungen, die in realen Anwendungen meistens nicht gegeben sind. Auf die unterschiedlichen Abhängigkeitstypen und
Graphstrukturen werden wir im Kontext der Bayesschen Netze noch genauer eingehen.

Obwohl durch die Arbeiten von Heckerman das Hauptdefizit des Originalmodells der
Sicherheitsfaktoren – seine Inkonsistenz im Kontext mit der Wahrscheinlichkeitstheorie
– beseitigt wurde, kann man abschließend feststellen, dass Sicherheitsfaktoren bei der
Entwicklung von Systemen zur Handhabung von Unsicherheit nicht mehr dem Stand der
heutigen Forschung in der Informatik entsprechen.

8.4   Bayessche Netze

Kritik an vielen der ab Mitte der 70er-Jahre entwickelten intuitiven Modelle – zu nennen
sind insbesondere die Systeme MYCIN und PROSPECTOR – bezog sich vor allen Dingen
auf die mangelnde formale und wahrscheinlichkeitstheoretisch konsistente Grundlage der
Ansätze, deren Unsicherheitsmaße und Inferenzverfahren häufig rein intuitiv begründet
waren. Diese Tatsache führte u. a. dazu, dass für konkrete Anwendungen Systeme mit
vornehmlich intuitiv begründeter Basis gründlich evaluiert werden mussten und von einer
prinzipiellen Korrektkeit der errechneten Unsicherheitswerte nicht gesprochen werden
konnte und ließ derartige Verfahren als eher weniger geeignet für ihre Anwendung zur
Modellierung von Unsicherheit in wissensverarbeitenden Systemen erscheinen.

Diese Kritik hatte Mitte der 80er-Jahre die Wiederentdeckung der Wahrscheinlichkeitstheorie als theoretisch fundierte und adäquate Basis zur Modellierung von Unsicherheit
zur Folge (Cheeseman 85). Neue Forschungsergebnisse, die sich u. a. auf die Einbeziehung
graphbasierter Verfahren und auf die Untersuchung von *Klassen von Wahrscheinlichkeiten* bezogen, führten zur Entwicklung wahrscheinlichkeitstheoretisch abgesicherter und –
im Sinne der Verfügbarkeit des erforderlichen Anwendungswissens – handhabbarer Modelle und Systeme.

Einen vielversprechenden und aktuellen Ansatz stellen dabei die sogenannten *zerlegba-
ren graphbasierten Modelle* (engl. *decomposable graphic models*) dar, die auch als *Bayessche Netze* (engl. *Bayesian networks*) oder *Belief-Netze* (engl. *belief networks*) bekannt
sind. Eine charakteristische Eigenschaft Bayesscher Netze, die wesentlich auf Entwicklungen von Pearl zurückgehen (Pearl 88; Lauritzen & Spiegelhalter 88), ist, dass Unsicher-

heit und Vertrauen in einem Netzwerk auf der Basis ausschließlich *lokaler Operationen* propagiert werden: Jeder Knoten des Netzes wird als eigenständiger Prozessor angesehen, der mit seinen Nachbarknoten Nachrichten austauscht. Im Gegensatz dazu waren frühe Verfahren oft regelbasiert, und die Inferenzen wurden durch *globale* Prozesse vollzogen. Ein bei der Verwendung von Netzwerken zur Handhabung von Unsicherheit grundlegendes Konzept ist die explizite Repräsentierbarkeit von *Abhängigkeiten* und *Unabhängigkeiten* (vgl. Abschnitt 8.2.4).

Aufgrund der Bedeutung dieses Themas, die insbesondere auch durch erfolgreiche Anwendungen unterstrichen wird, ist der Umfang der Forschung und der Erweiterungen einfacher Bayesscher Netze enorm (ACM 95). Wir können hier nur die Grundlagen vorstellen, die aber eine gute Ausgangsbasis für einen vertiefenden Einstieg in die Thematik sind. Einen Einblick in die Theorie graphbasierter Modelle bieten auch die detaillierten Analysen und Weiterentwicklungen in (Kruse et al. 91). Beispiele für Systeme, die sich in realistischen Anwendungen bewährt haben und von denen Demoversionen verfügbar sind, sind u. a. die Systeme MSBN (MSBNx 07) und HUGIN (Hugin 07). Insbesondere im Kontext von HUGIN existieren viele gute Beispiele (Jensen 02).

8.4.1 Problemstellung und Motivation

Zur Verdeutlichung der Problemstellung betrachten wir das folgende Beispiel, das auf (Pearl 88) zurückgeht, wir folgen dabei den Ausführungen in (Heinsohn & Kruse 96). Wie bereits bei den Produkträumen in Abschnitt 8.2.3 verzichten wir auch hier auf Klammerung, wenn es die Bedeutung nicht beeinträchtigt:

Beispiel 8.12
Die folgende Aussage beschreibt die Zusammenhänge zwischen dem Auftreten schwerer Kopfschmerzen, einem Gehirntumor, Krebs, einem angestiegenen Calciumspiegel und dem Auftreten eines Komas:

> Krebsmetastasen sind ein möglicher Grund für Gehirntumor und sind auch eine Erklärung für einen erhöhten Serum-Calciumspiegel. Beide können wiederum erklären, warum ein Patient ins Koma fällt. Schwere Kopfschmerzen können möglicherweise ebenfalls mit einem Gehirntumor in Verbindung stehen.

In einer konkreten Situation können bei einem Patienten schwere Kopfschmerzen vorliegen. Die Frage kann nun beispielsweise sein, wie groß die Sicherheit ist, dass der Patient ins Koma fallen wird oder aber Krebs vorliegt. Möglich wäre es aber auch, bei festgestelltem erhöhten Calciumspiegel nach den anderen Merkmalen zu fragen.

Wir gehen davon aus, dass das Wissen mithilfe der Wahrscheinlichkeitstheorie modelliert werden kann, da eine große Zahl von Fallstudien vorliegt und so quantifizierbares Wissen entsteht. Die in dem Text auftretenden Formulierungen „möglicher Grund",

„können erklären, warum", „möglicherweise in Verbindung stehen", ... deuten auf *Unsicherheit* hin.

Es stellt sich als Erstes die Frage nach dem *Wahrscheinlichkeitsraum*, in dem gerechnet werden soll. Im Beispiel liegen fünf Merkmale vor, jedes Merkmal kann entweder vorhanden sein oder fehlen. Wir kürzen dies mit + und − ab:

Variable	Merkmal	Wertebereich
A	Krebsmetastasen	$\Omega_A = \{+a, -a\}$
B	angestiegener Calciumspiegel	$\Omega_B = \{+b, -b\}$
C	Gehirntumor	$\Omega_C = \{+c, -c\}$
D	Koma	$\Omega_D = \{+d, -d\}$
E	schwere Kopfschmerzen	$\Omega_E = \{+e, -e\}$

Der zugrunde liegende Raum ist also

$$\begin{aligned} \Omega &= \Omega_A \times \Omega_B \times \Omega_C \times \Omega_D \times \Omega_E \\ &= \{(a, b, c, d, e) | a \in \{+a, -a\}, \ldots, e \in \{+e, -e\}\}, \end{aligned}$$

d. h., es gibt insgesamt $2^5 = 32$ mögliche konkrete Zustände. So beschreibt beispielsweise das Tupel $(-a, -b, -c, +d, +e)$ den Zustand, in dem der Patient im Koma liegt und vorher schwere Kopfschmerzen hatte, obwohl weder Krebs, noch erhöhter Calciumspiegel, noch ein Gehirntumor vorliegen.

Wir nehmen nun an, dass das Problem der Akquisition der Wahrscheinlichkeiten $P(a, b, c, d, e)$ gelöst ist und dass das Expertenwissen auf diese Weise repräsentiert ist.

Welche Fragen können nun beantwortet werden, und auf welche Weise werden die entsprechenden Schlussfolgerungen durchgeführt? Wir nehmen an, dass in einer konkreten Situation – also für einen Patienten zu einem bestimmten Zeitpunkt – genau einer der insgesamt 32 Zustände wahr ist. Dieser soll gefunden werden oder, da dies bei vorliegendem unsicheren Wissen meist nicht möglich ist, zumindest Präferenzen für Zustände berechnet werden. Die Durchführung von Schlussfolgerungen bedeutet damit die Berechnung der Wahrscheinlichkeiten einer kleinen Teilmenge von Hypothesen, konditioniert über eine Gruppe instanziierter Variablen. Eine Variable kann dann instanziiert werden, wenn ihr Wert feststeht. Dies kann beispielsweise aufgrund eines definitiv vorhandenen Symptoms wie starke Kopfschmerzen der Fall sein.

Die Beantwortung der Frage „Hat der Patient Gehirntumor?" führt beispielsweise zur Berechnung der Marginalwahrscheinlichkeit $P(\{+c\})$:

$$\begin{aligned} P(\{+c\}) &= P(\Omega_A \times \Omega_B \times \{+c\} \times \Omega_D \times \Omega_E) \\ &= \sum_{a \in \Omega_A} \sum_{b \in \Omega_B} \sum_{d \in \Omega_D} \sum_{e \in \Omega_E} P(a, b, +c, d, e) \end{aligned}$$

Ähnlich ist die Vorgehensweise bei bedingten Wahrscheinlichkeiten: Die Angabe „Der Patient hat starke Kopfschmerzen" entspricht der Beschreibung der bedingten Wahrscheinlichkeit $P(\cdot|\{+e\})$:

$$
\begin{aligned}
P'(a,b,c,d,e) & = P(\{(a,b,c,d,e)\}|\{+e\}) \\[2mm]
& = \begin{cases} \dfrac{P(a,b,c,d,+e)}{\displaystyle\sum_{a\in\Omega_A}\sum_{b\in\Omega_B}\sum_{c\in\Omega_C}\sum_{d\in\Omega_D} P(a,b,c,d,+e)} & \text{falls } e = +e \\[4mm] 0 & \text{sonst} \end{cases}
\end{aligned}
$$

■

Das Beispiel verdeutlicht einige Probleme, die mit der Vorgehensweise verbunden sind und auf die bereits in Abschnitt 8.2.3 hingewiesen wurde: Gegeben sei allgemein eine Menge binärer Variablen $x_1,\ldots,x_n$. Man nimmt an, dass das Wissen eines Experten durch eine Wahrscheinlichkeitsverteilung $P(x_1,x_2,\ldots,x_n)$ über einem Produktraum repräsentiert werden kann. Die Aufgabe der Durchführung von Schlussfolgerungen auf der Basis von Beobachtungen stellt sich dann in der Form einer Berechnung der Wahrscheinlichkeiten einer kleinen Teilmenge, $H_1,\ldots,H_k$, von Hypothesenvariablen, konditioniert über einer Gruppe instanziierter Variablen $e_1,\ldots,e_m$.

Es ist offensichtlich, dass diese einfache Sichtweise bereits bei der Repräsentation von Produktraum-Wahrscheinlichkeiten erhebliche Probleme bereitet: Zur Darstellung von $P(x_1,x_2,\ldots,x_n)$ ist eine Tabelle mit 2^n Einträgen erforderlich. Weiterhin erfordert die Berechnung einer Randwahrscheinlichkeit $P(x_i)$ die Addition von $P(x_1,x_2,\ldots,x_n)$ über allen 2^{n-1} Kombinationen der verbleibenden $n-1$ Variablen. Diese Problematik setzt sich bei der Berechnung von bedingten Wahrscheinlichkeiten $P(x_i|x_j)$ fort, die auf Additionen über exponentiell großen Anzahlen von Variablenkombinationen basiert. Das Problem verschärft sich, wenn man von Wertebereichen ausgeht, die mehr als zwei Werte enthalten.

Eine wesentlich effizientere und adäquatere Behandlung dieser Aufgabe ermöglichen die sogenannten *graphbasierten Modelle*, die nachfolgend in Form Bayesscher Netze eingeführt werden. Zu den wesentlichen charakteristischen Merkmalen dieser Modelle gehört, dass die bekannten Abhängigkeiten in Form bedingter Wahrscheinlichkeiten modelliert werden und ein entsprechend erstellter Graph die Abhängigkeiten und Unabhängigkeiten von Merkmalen transparent darstellt.

Definition 8.6 (Bayessches Netz)

Ein *Bayessches Netz* ist ein gerichteter azyklischer Graph, dessen Knoten Variablen und dessen Kanten die Existenz direkter Abhängigkeiten zwischen Knoten denotieren. Die Stärke solcher Abhängigkeiten wird auf der Basis *bedingter Wahrscheinlichkeiten* angegeben. ♦

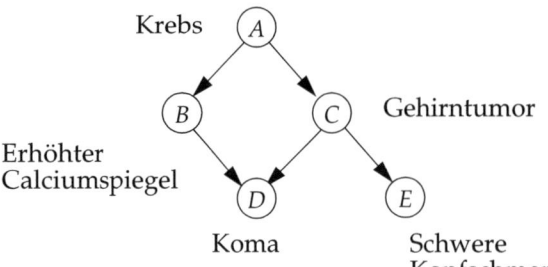

Abb. 8.4: Das Bayessche Netz zu Beispiel 8.12

Das Wissen eines Experten wird damit in Form eines gerichteten azyklischen Graphen repräsentiert. Häufig spricht man in diesem Zusammenhang auch von *kausalen Netzen*: Die Vorgänger eines Knotens geben *Ursachen* an, die Nachfolger eines Knotens die *Wirkungen*. Tatsächlich muss man mit dem Begriff der Kausalität jedoch vorsichtig umgehen: Die Richtung einer Kante in einem Bayesschen Netz sagt nicht unbedingt etwas über ein Ursache-Wirkung-Prinzip aus, sondern gibt nur an, in welcher Weise – z. B. in welcher Richtung – die bedingten Wahrscheinlichkeiten bekannt und anzugeben sind. Der Informationsfluss in einem Bayesschen Netz ist, wie wir später sehen werden, völlig unabhängig von der Richtung der Kanten.

Einem Knoten, der eine Variable X repräsentiert und Elternknoten hat, die die Variablen $Y_1, Y_2, \ldots, Y_n$ repräsentieren, wird eine Matrix $P(X|Y_1, Y_2, \ldots, Y_n)$ bedingter Wahrscheinlichkeiten zugeordnet. Variablen, die keine Väter haben, erhalten nicht bedingte bzw. marginale Wahrscheinlichkeiten.

Beispiel 8.13 (Fortsetzung)

Abbildung 8.4 zeigt das Bayessche Netz, das die in Beispiel 8.12 formulierten Zusammenhänge zwischen den fünf betrachteten Merkmalen darstellt. Die entsprechenden bedingten Wahrscheinlichkeiten entnehmen wir (Pearl 88):

$P(a)$	$P(+a)$	$=$	0.20			
$P(b\|a)$	$P(+b\|+a)$	$=$	0.80	$P(+b\|-a)$	$=$	0.20
$P(c\|a)$	$P(+c\|+a)$	$=$	0.20	$P(+c\|-a)$	$=$	0.05
$P(d\|b,c)$	$P(+d\|+b,+c)$	$=$	0.80	$P(+d\|-b,+c)$	$=$	0.80
	$P(+d\|+b,-c)$	$=$	0.80	$P(+d\|-b,-c)$	$=$	0.05
$P(e\|c)$	$P(+e\|+c)$	$=$	0.80	$P(+e\|-c)$	$=$	0.60

Wir können uns darauf beschränken, die (bedingten) Wahrscheinlichkeiten $P(+\ldots|\ldots)$ anzugeben. Da jeder der fünf Wertebereiche aus zwei Werten besteht, lassen sich die übrigen Wahrscheinlichkeiten leicht mit $P(-\ldots|\ldots) = 1 - P(+\ldots|\ldots)$ berechnen. ∎

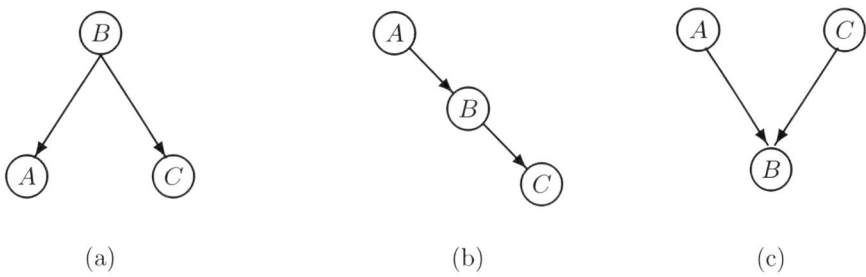

Abb. 8.5: Divergierend (a), kaskadierend (b) und konvergierend (c) gerichtete Kanten

8.4.2 Abhängigkeitsstrukturen

Von wesentlicher Bedeutung insbesondere für die später durchzuführenden Schlussfolgerungsverfahren und ihre Komplexität ist die klare Analyse der zwischen den Knoten bzw. Variablen vorhandenen Abhängigkeiten und Unabhängigkeiten. Das in diesem Zusammenhang wichtige Konzept der *bedingten Unabhängigkeit* wurde in Definition 8.5 eingeführt.

Abhängigkeiten zwischen Knoten können auf drei mögliche Fälle zurückgeführt werden: Es sind gerichtete Kanten, die sich, wie in Abbildung 8.5 dargestellt, auf drei unterschiedliche Weisen in einem Knoten treffen. Die entsprechenden Konstellationen zweier Kanten werden als *divergierend* (a), *kaskadierend* (b) bzw. *konvergierend gerichtet* (c) bezeichnet.

Ein Pfad heißt *separiert*, wenn ein instanziierter Knoten zwischen zwei divergierend oder kaskadierend gerichteten Kanten existiert. In dem in Abbildung 8.5(a) dargestellten Fall sind die beiden Kanten, die von Knoten B ausgehen, *durch B separiert*. A und C sind, gegeben B, bedingt unabhängig, so dass die Gleichungen

$$P(A, C|B) \quad = \quad P(A|B) \cdot P(C|B) \qquad (8.22)$$

$$P(C|A, B) \quad = \quad P(C|B) \qquad (8.23)$$

gelten. Ist Knoten B instanziiert, so genügt die Kenntnis über die Abhängigkeit von B und C also, die Wahrscheinlichkeit von C zu bestimmen. Die Kenntnis über A ist nicht erforderlich. Die beiden Gleichungen entsprechen den Gleichungen (8.14) und (8.15), siehe dazu auch Beispiel 8.6.

In Fall (b) treffen sich Kanten im Knoten B. C hängt von A nur mittelbar über B ab, die Kanten sind durch B separiert. Es genügt, die Beziehungen zwischen A und B bzw. B und C zu beschreiben, A und C sind unter der Bedingung B unabhängig, es gilt auch hier die Gleichung (8.23).

In dem in Abbildung 8.5(c) dargestellten Fall zweier konvergierend gerichteter Kanten – die Kanten treffen sich im Knoten B – hängt B gleichzeitig von A und C ab. Die Kanten sind in diesem Fall durch B *separiert*, wenn weder B noch ein Kind von B instanziiert ist. A und C sind zwar marginal unabhängig, so dass beispielsweise

$$P(C|A) \;=\; P(C)$$

gilt, sie können jedoch abhängig werden, wenn der Wert von B oder der Wert eines Kindes von B bekannt ist. A und C sind unter der Bedingung B **nicht** unabhängig. Damit unterscheidet sich dieser Fall wesentlich von Fall (a):

$$P(A|B,C) \;\neq\; P(A|B) \tag{8.24}$$

Eine wichtige Konsequenz von auf diese Weise bestimmten Abhängigkeiten ist eine starke Vereinfachung der auf Produkträume angepassten *Multiplikationsregel* (8.6)

$$P(x_1, x_2, \ldots, x_n) = \tag{8.25}$$
$$P(x_n|x_{n-1}, \ldots, x_1) \cdot \ldots \cdot P(x_3|x_2, x_1) \cdot P(x_2|x_1) \cdot P(x_1).$$

Wir wollen sie zunächst für Beispiel 8.12 bestimmen:

Beispiel 8.14 (Fortsetzung)
Die Anwendung der Multiplikationsregel (8.25) auf das Bayessche Netz in Beispiel 8.12 (siehe auch Abbildung 8.4) führt beispielsweise zu der folgenden Berechnung der Produktwahrscheinlichkeit:

$$P(a, b, c, d, e) \;=\; P(e|a, b, c, d) \cdot P(d|a, b, c) \cdot P(c|a, b) \cdot P(b|a) \cdot P(a).$$

Die meisten dieser bedingten Wahrscheinlichkeiten sind unbekannt. Der Experte kann nun die zur logischen Struktur passenden Abhängigkeiten berücksichtigen: Danach ist E direkt nur abhängig von C, und es gilt $P(e|a, b, c, d) = P(e|c)$. D hängt von B und C ab, und es gilt $P(d|a, b, c) = P(d|b, c)$ etc. Insgesamt ergibt sich eine Darstellung der Produktwahrscheinlichkeit durch bedingte Wahrscheinlichkeiten, die zur Abhängigkeitsstruktur passt:

$$P(a, b, c, d, e) \;=\; P(e|c) \cdot P(d|b, c) \cdot P(c|a) \cdot P(b|a) \cdot P(a).$$

Die zur Berechnung benötigten Wahrscheinlichkeitstabellen wurden bereits in Beispiel 8.13 angegeben. ∎

Wir definieren für einen gerichteten azyklischen Graphen die Menge S_i als die Menge der Eltern-Knoten von x_i. Damit charakterisiert S_i eine Menge von Variablen, die im Fall ihrer Instanziierung den Knoten x_i vor dem Einfluss aller weiteren Vorgängerknoten von x_i schützen. Die in Gleichung (8.25) dargestellte globale Wahrscheinlichkeit $P(x_1, \ldots, x_n)$ kann vereinfacht werden und ergibt sich aus

$$P(x_1, \ldots, x_n) \;=\; \prod_i P(x_i|\text{Eltern}(x_i)). \tag{8.26}$$

8.4.3 Propagierung in Abhängigkeitsgraphen

Wir betrachten im Folgenden die Knoten bzw. Variablen $A, B, C \ldots$ mit Werten $a_i, \ldots, b_j, \ldots, c_k, \ldots$ Sofern der Index im Kontext keine Rolle spielt, werden wir auf seine Angabe verzichten.

Durch die Transparenz der Abhängigkeiten ergibt sich, dass sich die Knoten leicht gegenseitig über ihre Zustände und Wahrscheinlichkeiten informieren können, indem sie Nachrichten an die Nachbarn versenden – die grundlegende Idee ist die der *Propagierung von Information*:

- Informationen werden in einem Netzwerk auf der Basis ausschließlich *lokaler Operationen* propagiert.
- *Inferenzen sind bidirektional.* Jeder Knoten des Netzes wird als eigenständiger Prozessor angesehen, der mit seinen Nachbarknoten Nachrichten austauscht.

Kanten können von *Ursachen*, beispielsweise einer Erkrankung, auf *Wirkungen*, beispielsweise Symptomen dieser Erkrankung, gerichtet sein. Unabhängig von der Richtung dieser Kanten kann der Informationsfluss jedoch in beide Richtungen erfolgen und wird durch zwei Arten eingehender Information angestoßen, von *spezifischer Evidenz*, die als Folge direkter Beobachtungen entsteht und die Werte einer Variablen festlegt, und *virtueller Evidenz*, die in Knoten vorhandene Vertrauenswerte beeinflusst, jedoch nur auf Überzeugungen und unvollständigen Beobachtungen basiert.

Bei der Beschreibung des Prozesses der *Fusionierung* und *Propagierung* von Vertrauenswerten in Bayesschen Netzen beschränken wir uns auf baumartig strukturierte Netze, bei denen jeder Knoten höchstens einen Vater hat und – als Konsequenz dieser Annahme – konvergierend gerichtete Kanten nicht auftreten. Um eine Propagierung von Vertrauenswerten in einem Netzwerk zu ermöglichen, enthält jeder Knoten (hier der Knoten B) die folgenden Einträge, die in Abbildung 8.6(a) grafisch dargestellt sind:

- Eine Matrix $M(B|A)$ bedingter Wahrscheinlichkeiten $P(b_j|a_i)$, die die Beziehung zwischen Knoten B und seinem direkten Vater-Knoten A beschreibt. Die Matrix $M(B|A)$ bleibt während der im Netz durchgeführten Berechnungen konstant.
- Die *aktuelle* Stärke des Einflusses auf B durch die Vorgängerknoten von B:

$$\pi(B) \quad = \quad [\pi(b_1), \pi(b_2), \ldots, \pi(b_m)] \tag{8.27}$$

- Die *aktuelle* Stärke des Einflusses auf B durch die Nachfolgerknoten von B:

$$\lambda(B) \quad = \quad [\lambda(b_1), \lambda(b_2), \ldots, \lambda(b_m)] \tag{8.28}$$

Die Bedeutung der Entitäten $\lambda(B)$ und $\pi(B)$ kann verdeutlicht werden, indem man die Menge des dem Knoten B zugeordneten Vertrauens analysiert: In (Pearl 88) werden die Merkmale D_B^- – die Menge der in demjenigen Teilnetz enthaltenen Daten, das seine

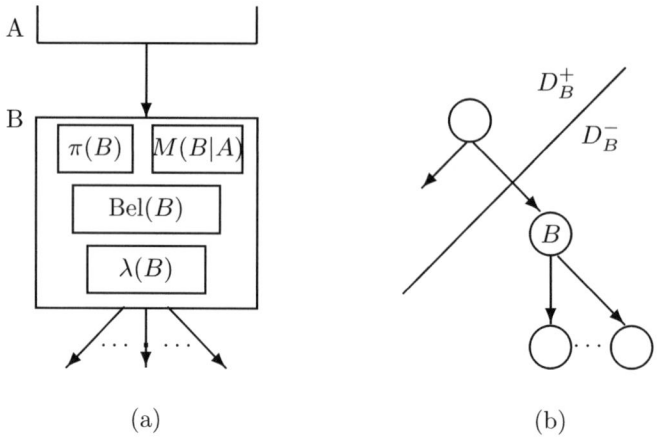

$$(a) \qquad\qquad\qquad\qquad (b)$$

Abb. 8.6: Lokale Daten (a) und Datenpartitionierung (b) in einem Bayesschen Netz

Wurzel in B hat – und D_B^+ – die Menge der im übrigen Netz enthaltenen Daten – eingeführt (siehe auch Abbildung 8.6 (b)). Die Gesamtmenge des B zugeordneten Vertrauens, das durch die mit $D_B^+ \cup D_B^-$ verfügbaren Daten induziert wird, ist durch die bedingten Wahrscheinlichkeiten

$$
\begin{aligned}
\text{Bel}(b_j) &= P(b_j|D_B^+, D_B^-) \\
&= \frac{P(D_B^-|b_j, D_B^+) \cdot P(b_j|D_B^+)}{P(D_B^-|D_B^+)} \\
&= \gamma \cdot P(D_B^-|b_j, D_B^+) \cdot P(b_j|D_B^+) \\
&= \gamma \cdot P(D_B^-|b_j) \cdot P(b_j|D_B^+)
\end{aligned}
$$

der Werte b_j beschrieben. Diese wichtige Gleichung resultiert einzig und allein aus einer geschickten Anwendung des Bayesschen Theorems (8.8), wobei γ ein Normierungsfaktor ist. Er ist so gewählt, dass die Summe der $\text{Bel}(b_j), j = 1, \ldots, m$ eins ergibt. Die bereits eingeführten Werte $\lambda(b_j)$ und $\pi(b_j)$ können nun als

$$\lambda(b_j) = P(D_B^-|b_j) \quad \text{und} \quad \pi(b_j) = P(b_j|D_B^+)$$

identifiziert werden. Das Tupel

$$\text{Bel}(B) = [\text{Bel}(b_1), \text{Bel}(b_2), \ldots, \text{Bel}(b_m)]$$

repräsentiert die globale Sicherheit, die den Aussagen „$B = b_j$", $j = 1, \ldots, m$, aktuell zugewiesen ist. Fasst man die obigen Definitionen und Abkürzungen zusammen, so lässt sich diese absolute Sicherheit auf der Basis ausschließlich *lokal* verfügbarer Informationen berechnen:

$$\text{Bel}(b_j) = \gamma \cdot \lambda(b_j) \cdot \pi(b_j). \qquad (8.29)$$

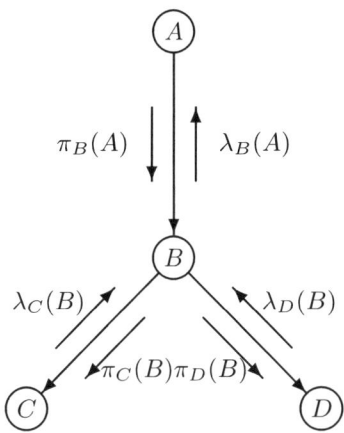

Abb. 8.7: Datenfluss in einem Bayesschen Netz

Die Wahrscheinlichkeiten der Werte einer Variablen lassen sich damit einfach aus den Daten benachbarter Knoten berechnen: Allgemein wird die Propagierung von Vertrauenswerten durch Veränderung der Vertrauenswerte in einem benachbarten Knoten angestoßen. Sogenannte π-Nachrichten werden top-down zu den Kinder-Knoten gesandt, während λ-Nachrichten bottom-up zu Eltern-Knoten propagiert werden (siehe Abbildung 8.7). Erhält ein Knoten eine Nachricht, so wird er aktiviert. Er aktualisiert zunächst seine Parameter λ, π und Bel. Anschließend werden Nachrichten generiert, die zu benachbarten Knoten geschickt werden. Hierbei muss darauf geachtet werden, dass die Werte einer Nachricht eines Nachbarn nicht wieder an diesen zurückgeschickt werden, sondern nur die Werte der übrigen Nachbarn. Die Werte der entsprechenden Vektoren ergeben sich aus den folgenden Berechnungen:

Durch eingehende Daten angestoßenes lokales Update in Knoten B:

- *Nachrichten von den Kindern K:*
  Der lokale Vektor der Werte $\lambda(b_j)$ im Knoten B berechnet sich aus dem Produkt der Nachrichten $\lambda_K(b_j)$ der Kinder K. Die Berechnung basiert auf der einfachen Produktbildung, da B seine Kinder separiert und diese daher bedingt unabhängig sind (siehe dazu auch Gleichung (8.22) und Abbildung 8.5 (a)).

$$\lambda(b_j) \quad = \quad \prod_{K \in \text{Kinder}(B)} \lambda_K(b_j) \tag{8.30}$$

  Bei genau einem Kind K gilt $\lambda(B) = \lambda_K(B)$.
- *Nachricht vom Vater A:*
  Verknüpft man die Nachricht $\pi_B(A)$ des Vaters A an sein Kind B mit der Matrix

$M(B|A)$, die die Beziehung zum Vater beschreibt, so ergibt dies den neuen, lokal zu speichernden Vektor $\pi(B)$:

$$\pi(B) = M_{B|A} \bullet \pi_B(A) \quad \text{mit} \quad \pi(b_j) = \sum_{i=1}^{n} P(b_j|a_i) \cdot \pi_B(a_i). \tag{8.31}$$

Dabei ist $\bullet$ das *innere Produkt*, bei dem nach der komponentenweisen Multiplikation eine Addition der Teilergebnisse erfolgt. Beispielsweise ist $[2,3] \bullet [4,5] = 23$.

■ Der Vektor $\text{Bel}(B)$ als aktuelles Vertrauen in die Werte b_j wird nach Gleichung (8.29) berechnet:

$$\text{Bel}(B) = \gamma \cdot \lambda(B) \times \pi(B)^\top \quad \text{mit} \quad \text{Bel}(b_j) = \gamma \cdot \lambda(b_j) \cdot \pi(b_j) \tag{8.32}$$

und $\times$ als komponentenweiser Multiplikation zweier gleich langer Vektoren.

Nachrichten, die aufgrund eines lokalen Updates von B erzeugt und verschickt werden:

■ *Bottom-up-Nachricht von B an den Vater A:*
Sie ergibt sich aus der Matrix $M(B|A)$, verknüpft mit den lokalen $\lambda(b_j)$-Werten:

$$\lambda_B(A) = \lambda(B) \bullet M_{B|A} \quad \text{mit} \quad \lambda_B(a_i) = \sum_{j=1}^{m} \lambda(b_j) \cdot P(b_j|a_i) \tag{8.33}$$

■ *Top-down-Nachricht von B an ein Kind C:* Die Nachricht setzt sich zusammen aus den lokalen Daten $\pi(b_j)$ und dem Produkt der Nachrichten $\lambda_K(b_j)$ der *anderen* Kinder K (ohne C). Man vermeidet dabei das Zurückschicken einer vom Kind C soeben eingetroffenen Nachricht. Auch möglich ist das Versenden der Werte $\text{Bel}(b_j)$, da hier bereits alle benötigten Daten zusammengefasst sind. Wichtig ist dann aber, dass eine λ-Nachricht von Kind C explizit entfernt wird:

$$\begin{aligned} \pi_C(b_j) &= \alpha \cdot \pi(b_j) \cdot \prod_{K \in \text{Kinder}(B), K \neq C} \lambda_K(b_j) \tag{8.34} \\ &= \alpha \cdot \frac{\text{Bel}(b_j)}{\lambda_C(b_j)} \end{aligned}$$

mit α als Normierungswert. Die letzte Gleichung gilt nur für $\lambda_C(b_j) \neq 0$. Bei nur einem vorhandenen Kind ist die Situation damit sehr einfach, es wird der lokale π-Vektor an dieses verschickt.

Unter Anwendung der obigen Berechnungsvorschriften können Vertrauenswerte in einem Netzwerk propagiert werden. Die von eingehenden Nachrichten betroffenen Knoten aktualisieren ihre λ und π Vektoren und senden ihrerseits Nachrichten zu benachbarten Knoten, die sich dann in der gleichen Situation befinden.

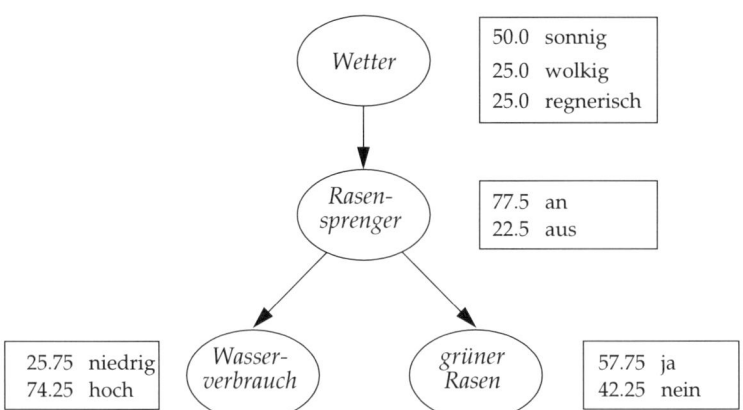

Abb. 8.8: Kleingärtner: Bewertung der Ereignisse nach der Initialisierung

Beispiel 8.15 (Kleingärtner)

Nach Beobachtung und Befragung einer Gruppe von Kleingärtnern entsteht Wissen über Zusammenhänge von Wetter, Einschaltwahrscheinlichkeit der Rasensprenger, der Höhe des Wasserverbrauchs und dem Grünen des Rasens. Es kann qualitativ auf folgende Weise zusammengefasst werden:

> Bei sonnigem Wetter wird der Rasensprenger in jedem Fall eingeschaltet, auch bei wolkigem Wetter ist dies nicht verkehrt. Bei Regen dagegen bleibt der Sprenger meistens aus. Ein Hauptgrund für einen hohen Wasserverbrauch ist eindeutig die Häufigkeit des Rasensprengens. Leider führt das Einschalten des Rasensprengers nur minimal dazu, dass der Rasen grüner wird.

Insgesamt liegen hier vier Merkmale mit den folgende Wertebereichen vor:

Variable	Merkmal	Wertebereich
A	Wetter: sonnig, wolkig, regnerisch	$\{so, wo, re\}$
B	Rasensprenger: an, aus	$\{an, aus\}$
C	Wasserverbrauch: hoch, niedrig	$\{wh, wn\}$
D	Rasen ist grün: ja, nein	$\{gj, gn\}$

A ist ein Grund für B, B ist ein Grund für C und D. Es liegt damit eine Abhängigkeitsstruktur wie in Abbildung 8.7 vor. Für dieses konkrete Beispiel sind die Abhängigkeiten in Abbildung 8.8 dargestellt.

Aus den zusätzlich zum qualitativen Wissen auch noch vorliegenden statistischen Daten werden die folgenden bedingten Wahrscheinlichkeiten aufgestellt. Die erste Tabelle ist nicht bedingt und gibt die A-priori-Wahrscheinlichkeit für sonniges, wolkiges und regnerisches Wetter an:

$P(A)$	
so	0.5
wo	0.25
re	0.25

$P(B\|A)$	so	wo	re
an	1.0	0.8	0.3
aus	0	0.2	0.7

$P(C\|B)$	an	aus
wn	0.1	0.8
wh	0.9	0.2

$P(D\|B)$	an	aus
gj	0.6	0.5
gn	0.4	0.5

Wir werden im Folgenden zwei Vorgänge genauer untersuchen:

- In der *Initialisierungsphase* wird das A-priori-Wissen über das Wetter top-down zu den übrigen Knoten propagiert. Jeder Knoten, der eine Nachricht erhält, aktualisiert seinen eigenen Zustand und sendet eine Nachricht an diejenigen Nachbarn, die über die Veränderungen noch nicht informiert sind. Am Ende dieser Phase verfügt jeder Knoten über eine Wahrscheinlichkeitsverteilung seiner möglichen Werte.
- Ein Knoten wird bewertet, da beispielsweise eine bestimmte Beobachtung gemacht wird. Prinzipiell kann jeder Knoten auf diese Weise aktualisiert werden, wir wählen konkret den Blattknoten C: Wasserverbrauch zur Bottom-up-Propagierung.

Zu Beginn der Initialisierungsphase befindet sich der Knoten A in dem folgenden Zustand (vergleiche dazu auch die Struktur eines Knotens in Abbildung 8.6 (a)). Sowohl die π-Vektoren der Knoten als auch die π-Nachrichten sind hier Spaltenvektoren:

$$\pi(A) = [0.50, 0.25, 0.25]^\top$$
$$\lambda(A) = [1, 1, 1]$$

Gemäß Gleichung (8.32) gilt dann auch Bel$(A) = [0.50, 0.25, 0.25]$. Der Vektor $[1, 1, 1]$ repräsentiert eine Gleichverteilung – Werte müssen sich nicht notwendigerweise zu 1 aufsummieren, da Normierungen bei den Berechnungen vorgesehen sind. Da nur für den Knoten A A-priori-Wissen vorliegt, enthalten die π- und λ-Vektoren der übrigen Knoten Einsen.

Im ersten Schritt wird gemäß Gleichung (8.34) das Kind B von A informiert. Dies geschieht durch Versenden des Vektors

$$\pi_B(A) = \pi(A) = [0.50, 0.25, 0.25]^\top.$$

Knoten B empfängt die Nachricht von A und aktualisiert seinen π-Vektor (siehe Gleichung (8.31)):

$$\pi(B) = M_{B|A} \bullet \pi_B(A) = \begin{bmatrix} 1.0 & 0.8 & 0.3 \\ 0 & 0.2 & 0.7 \end{bmatrix} \bullet \begin{bmatrix} 0.50 \\ 0.25 \\ 0.25 \end{bmatrix} = \begin{bmatrix} 0.775 \\ 0.225 \end{bmatrix}$$

Dies führt zur Berechnung von

$$\text{Bel}(B) = \gamma \cdot \lambda(B) \times \pi(B)^\top = \gamma \cdot [1,1] \times [0.775, 0.225] = [0.775, 0.225],$$

wobei wieder Gleichung (8.32) zugrunde liegt.

Knoten B informiert seine Kinder C und D über die eingetroffene Nachricht durch das Versenden der Vektoren

$$\pi_C(B) = \pi_D(B) \quad = \quad \pi(B) = [0.775, 0.225]^\top.$$

Knoten C verwendet diese Information zur Aktualisierung seines π-Vektors (siehe Gleichung (8.31)) und seines Belief-Wertes $\text{Bel}(C)$ (siehe Gleichung (8.32)):

$$\pi(C) \quad = \quad M_{C|B} \bullet \pi_C(B) = \begin{bmatrix} 0.1 & 0.8 \\ 0.9 & 0.2 \end{bmatrix} \bullet \begin{bmatrix} 0.775 \\ 0.225 \end{bmatrix} = \begin{bmatrix} 0.2575 \\ 0.7425 \end{bmatrix}$$

$$\text{Bel}(C) \quad = \quad \gamma \cdot \lambda(C) \times \pi(C)^\top = [0.2575, 0.7425]$$

Auf analoge Weise wird $\text{Bel}(D) = [0.5775, 0.4225]$ berechnet. Der Zustand des gesamten Netzes nach dieser Initialisierungsphase ist in Abbildung 8.8 dargestellt – die Wahrscheinlichkeiten für die Merkmale B: Rasensprenger, C: Wasserverbrauch und D: grüner Rasen wurden aus den angegebenen Abhängigkeiten vollständig berechnet. Wie erwartet ist aufgrund des A-priori eher sonnigen Wetters der Rasensprenger häufig betrieben worden und hat zu einem eher hohen Wasserverbrauch geführt. Da bekannt ist, dass durch einen häufigen Betrieb eines Rasensprengers der Grünungsgrad des Rasens nur geringfügig positiv beeinflusst wird, ist auch hier das Ergebnis nicht überraschend.

In der nächsten Phase wird beobachtet, dass der Wasserverbrauch definitiv hoch ist – in Abbildung 8.9 ist diese Beobachtung in Form eines grau unterlegten Kastens markiert. Die im Blattknoten C vorhandenen Werte werden also verändert und die Veränderungen den Nachbarknoten in Form von Nachrichten mitgeteilt. Da hier ein Blattknoten betroffen ist, wird eine Nachricht bottom-up gesendet.

Die Beobachtung des hohen Wasserverbrauchs verändert den λ-Vektor und damit auch den Belief-Wert in Knoten C:

$$\lambda(C) \quad = \quad [0,1]$$

$$\text{Bel}(C) \quad = \quad \gamma \cdot \lambda(C) \times \pi(C)^\top = \gamma \cdot [0,1] \times [0.2575, 0.7425] = [0,1]$$

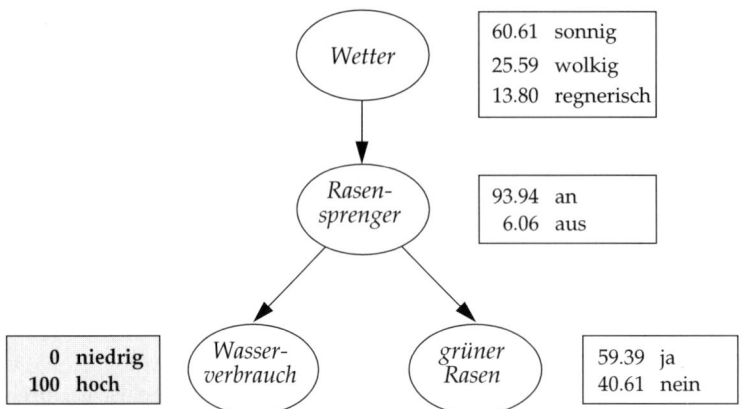

Abb. 8.9: Kleingärtner: Bewertung der Ereignisse nach einer konkreten Beobachtung

Diese Veränderung führt zu einer Nachricht an Vater B, die nach Gleichung (8.33) berechnet wird:

$$\lambda_C(B) = \lambda(C) \bullet M_{C|B} = [0,1] \bullet \begin{bmatrix} 0.1 & 0.8 \\ 0.9 & 0.2 \end{bmatrix} = [0.9, 0.2]$$

In Knoten B führt dies auf Basis des vorhandenen π-Vektors sowie des neuen λ-Vektors $\lambda(B) = \lambda_C(B)$ zu einer Neuberechnung des Belief-Vektors $\text{Bel}(B)$:

$$
\begin{aligned}
\text{Bel}(B) &= \gamma \cdot \lambda(B) \times \pi(B)^\top = \gamma \cdot [0.9, 0.2] \times [0.775, 0.225] \\
&= \gamma \cdot [0.6975, 0.045] = [0.9394, 0.0606]
\end{aligned}
$$

Im Folgenden werden vom Knoten B jeweils eine Top-down-Nachricht an das andere Kind D (siehe Gleichung (8.34))

$$
\begin{aligned}
\pi_D(B) &= \text{Bel}(B)^\top \\
\pi(D) &= M_{D|B} \bullet \pi_D(B) = \begin{bmatrix} 0.6 & 0.5 \\ 0.4 & 0.5 \end{bmatrix} \bullet \begin{bmatrix} 0.9394 \\ 0.0606 \end{bmatrix} = \begin{bmatrix} 0.5939 \\ 0.4061 \end{bmatrix} \\
\text{Bel}(D) &= \gamma \cdot \lambda(D) \times \pi(D)^\top = \pi(D)^\top
\end{aligned}
$$

sowie eine Bottom-up-Nachricht an den Vater A versendet (siehe Gleichung (8.33)):

$$
\begin{aligned}
\lambda_B(A) &= \lambda(B) \bullet M_{B|A} = [0.9, 0.2] \bullet \begin{bmatrix} 1.0 & 0.8 & 0.3 \\ 0 & 0.2 & 0.7 \end{bmatrix} = [0.9, 0.76, 0.41] \\
\lambda(A) &= \lambda_B(A) \\
\text{Bel}(A) &= \gamma \cdot \lambda(A) \times \pi(A)^\top = \gamma \cdot [0.9, 0.76, 0.41] \times [0.50, 0.25, 0.25] \\
&= [0.6061, 0.2559, 0.1380]
\end{aligned}
$$

Damit sind insgesamt

- die Wahrscheinlichkeit, dass der Rasensprenger in Betrieb war, wesentlich,
- die Wahrscheinlichkeit sonnigen Wetters leicht und
- die Wahrscheinlichkeit eines grünen Rasens minimal gestiegen.

Der Zustand des gesamten Netzes nach der Propagierung der Werte durch das Netz ist in Abbildung 8.9 dargestellt.   ■

Wir haben uns in den bisherigen Untersuchungen, Formeln und Beispielen auf *baumartige* Strukturen beschränkt. In direktem Zusammenhang damit steht die Tatsache, dass der Zustand *genau eines* Knotens, der des Vater-Knotens, die Zustände aller anderen Knoten begründen kann. Daher sind mit unseren bisherigen Berechnungen nicht diejenigen Netze erfassbar, in denen ein Knoten mehr als einen Vater hat, wie es beispielsweise in Abbildung 8.5 (c) dargestellt ist. Auch unser einführendes Beispiel 8.12 mit den in Abbildung 8.4 dargestellten Abhängigkeiten ist von dieser Art. Benötigt wird hier ein Formalismus, der unsere bisherigen Berechnungen erweitert und auf die sogenannten *einfach zusammenhängenden Netze* (engl. *singly connected networks*, *polytrees*) anwendbar ist.

Das nachfolgende Beispiel aus (Hugin 07) zeigt, auf welche Weise die neue Art der Abhängigkeiten leicht in Berechnungen berücksichtigt werden kann.

Beispiel 8.16 (Apfelbaum)
Dem Beispiel liegt die folgende Beobachtung zugrunde:

> Eines Tages beobachtet der Besitzer einer Apfelplantage, dass seine Bäume ihre Blätter verlieren. Er möchte feststellen, woran dies liegt. Er weiß, dass ein Grund für den Blätterverlust die Trockenheit sein kann: Ist es lange trocken, so trocknet auch der Baum aus und verliert dann seine Blätter. Jedoch kann der Blätterverlust auch durch eine Krankheit begründet sein.

Die Situation kann durch das in Abbildung 8.10 dargestellte Bayessche Netz modelliert werden. Insgesamt liegen drei Merkmale mit den folgende Wertebereichen vor:

Variable	Merkmal	Wertebereich
A	Baum ist krank	{krank, ¬krank}
B	Baum verliert Blätter	{ja, nein}
C	Baum ist trocken	{trocken, ¬trocken}

Quantitativ ist dieses Bayessche Netz durch die folgenden Tabellen bedingter Wahrscheinlichkeiten beschrieben:

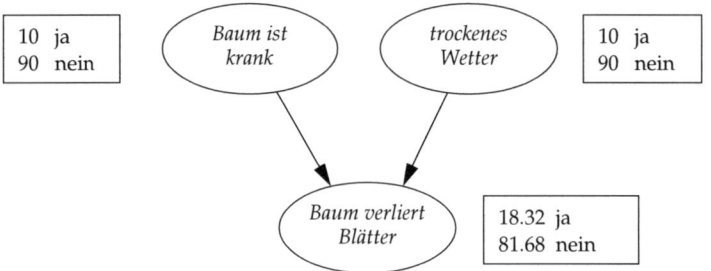

Abb. 8.10: Krankheitsbild von Apfelbäumen – Zustand nach Initialisierung

$P(A)$	
krank	0.1
¬krank	0.9

$P(C)$	
trocken	0.1
¬trocken	0.9

$P(B|A,C)$	trocken, krank	trocken, ¬krank	¬trocken, krank	¬trocken, ¬krank
ja	0.95	0.85	0.90	0.02
nein	0.05	0.15	0.10	0.98

Die ersten beiden Tabellen stellen A-priori-Wahrscheinlichkeiten dar, da sie keine Eltern-knoten haben und damit nicht bedingt sind. Da B zwei Väter hat, gibt die dritte Tabelle Wahrscheinlichkeiten $P(B|A,C)$ an, die mit Kombinationen der Werte von A und C bedingt sind. Wir werden im Folgenden aufzeigen,

- wie in der Initialisierungsphase die Wahrscheinlichkeiten von B berechnet werden,
- wie bei Beobachtung des Blätterverlustes A und C aktualisiert werden und
- wie bei *zusätzlicher* Beobachtung von C – B ist dann bereits festgelegt – eine weitere Veränderung der Wahrscheinlichkeiten von A beobachtet werden kann.

Insbesondere der letzte Schritt ist interessant, da er die Gültigkeit der Ungleichung (8.24) unterstreicht: Ist B instanziiert, so hängt A nicht nur von B, sondern auch von C ab.

Zu Beginn der Initialisierungsphase befinden sich die Knoten A und C in den folgenden Zuständen:

$$\pi(A) = \pi(C) = [0.1, 0.9]^\top$$
$$\lambda(A) = \lambda(C) = [1, 1]$$

Beide Knoten senden eine Nachricht an Kind B:

$$\pi_B(A) = \pi_B(C) = [0.1, 0.9]^\top$$

Knoten B empfängt die Nachrichten und aktualisiert seinen π-Vektor. Gleichung (8.31) wird dazu um den zweiten Vektor erweitert. Dies ist möglich, da A und C unabhängig sind und man die Produktwahrscheinlichkeit durch einfache Multiplikation erhält:

$$\pi(b_j) = \sum_{i,k=1}^{2} P(b_j|a_i, c_k) \cdot \pi_B(a_i) \cdot \pi_B(c_k)$$

$$\pi(B) = \begin{bmatrix} 0.95 & 0.85 & 0.90 & 0.02 \\ 0.05 & 0.15 & 0.10 & 0.98 \end{bmatrix} \bullet \left(\begin{bmatrix} 0.1 \\ 0.9 \\ 0.1 \\ 0.9 \end{bmatrix} \times \begin{bmatrix} 0.1 \\ 0.1 \\ 0.9 \\ 0.9 \end{bmatrix} \right)$$

$$= \begin{bmatrix} 0.1832 \\ 0.8168 \end{bmatrix}$$

Dies führt zur Bestimmung von $\text{Bel}(B) = [0.1832, 0.8168]$. Der Zustand des gesamten Netzes nach der Initialisierungsphase ist in Abbildung 8.10 dargestellt.

Es wird nun beobachtet, dass der Apfelbaum Blätter verliert. Diese Beobachtung bestimmt den neuen λ-Vektor $\lambda(B) = [1, 0]$ und damit auch den entsprechenden Belief-Wert $\text{Bel}(B) = [1, 0]$. Diese Veränderung führt zu Nachrichten an die Eltern A und C, wir wollen uns hier auf die Berechnung der Nachricht an A beschränken. Gleichung (8.33), die nur einen Vater-Knoten berücksichtigt, muss angepasst werden: Im Wesentlichen ist dies die Ergänzung der Nachricht an A um die Information über den Zustand von C, die durch dessen π-Vektor gegeben ist. Auf der Basis der vorhandenen Information

$$\lambda(B) = [1, 0]$$

$$M_{B|A,C} = \begin{bmatrix} 0.95 & 0.85 & 0.90 & 0.02 \\ 0.05 & 0.15 & 0.10 & 0.98 \end{bmatrix}$$

$$\pi_B(C) = \begin{bmatrix} 0.1 \\ 0.9 \end{bmatrix}$$

ergibt sich insgesamt für dieses einfache Beispiel zweier Eltern

$$\lambda_B(a_i) = \beta \cdot \sum_{j=1}^{2} \lambda(b_j) \cdot \sum_{k=1}^{2} P(b_j|a_i, c_k) \cdot \pi_B(c_k)$$

und damit

$$\lambda_B(a_1) = \beta \cdot (1 \cdot (0.95 \cdot 0.1 + 0.90 \cdot 0.9) + 0 \cdot (0.05 \cdot 0.1 + 0.10 \cdot 0.9)) = \beta \cdot 0.905$$

$$\lambda_B(a_2) = \beta \cdot (1 \cdot (0.85 \cdot 0.1 + 0.02 \cdot 0.9) + 0 \cdot (0.15 \cdot 0.1 + 0.98 \cdot 0.9)) = \beta \cdot 0.103.$$

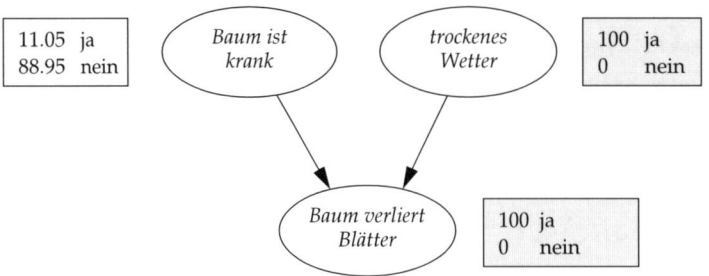

Abb. 8.11: Krankheitsbild von Apfelbäumen – Endzustand

Die komponentenweise Multiplikation dieser λ-Nachricht mit dem in A vorhandenen Vektor $\pi(A) = [0.1, 0.9]^\top$ liefert den Belief-Vektor

$$\text{Bel}(A) = [0.4940, 0.5060].$$

Auf analoge Weise erfolgt das Update von C, und man erhält die folgenden Wahrscheinlichkeiten für das gesamte Netz:

$P(A)$		$P(B)$		$P(C)$	
krank	0.4940	ja	1	trocken	0.4694
¬krank	0.5060	nein	0	¬trocken	0.5306

Die Wahrscheinlichkeiten für Erkrankung und Trockenheit sind also nach der Beobachtung des Blätterverlusts des Apfelbaumes entsprechend angestiegen.

Wir beobachten nun zusätzlich zu der bereits modellierten Beobachtung über den Blätterverlust, dass der Baum definitiv trocken ist. Entsprechend können wir eine Eingabe $\lambda(C) = [1, 0]$ am Knoten C vornehmen. Nach der sich anschließenden Phase der Propagierung der Nachrichten durch das Netz erhalten wir den folgenden abschließenden Zustand (siehe auch Abbildung 8.11):

$P(A)$		$P(B)$		$P(C)$	
krank	0.1105	ja	1	trocken	1
¬krank	0.8895	nein	0	¬trocken	0

Die Beobachtung der Trockenheit hat also die Wahrscheinlichkeit einer Erkrankung verringert – ist B bekannt, so hängt also A auch von C ab (siehe auch Ungleichung (8.24)). ∎

In einfach zusammenhängenden Netzen, in denen zwei Knoten durch genau einen Pfad verbunden sind, können wahrscheinlichkeitstheoretische Operationen also leicht durchgeführt werden. Da in allgemeinen Netzen ein Knoten nicht nur mehrere Kinder, sondern auch mehrere Eltern-Knoten haben kann, können jedoch auch *Zyklen* auftreten. Es ist offensichtlich, dass in einem Bayesschen Netz, in dem Zyklen vorhanden sind, die Kontrolle der verschickten Nachrichten problematisch ist: So kann beispielsweise eine Nachricht, die bottom-up verschickt wird, auf einem anderen Weg wieder zurückkommen. Es existieren aber Verfahren, die ein zyklenbehaftetes Netz wie das in Beispiel 8.12 in ein entsprechendes zyklenfreies Netz konvertieren, auf das dann die vorgestellten Verfahren wieder anwendbar sind.

Beispiel 8.17 (Fortsetzung von Beispiel 8.12)
Das in Abbildung 8.4 gezeigte zyklenbehaftete Netz lässt sich in folgenden Schritten in ein entsprechendes zyklenfreies Netz konvertieren:

- Zusammenfassen der Knoten B und C zu einem neuen Knoten Z.
- Berechnung der benötigten bedingten Wahrscheinlichkeiten

$$P(z|a) = P(b, c|a) = P(b|a) \cdot P(c|a)$$

  unter Ausnutzung der bedingten Unabhängigkeiten.
- Die bedingten Wahrscheinlichkeiten $P(d|z) = P(d|b, c)$ sind bereits bekannt.
- Die Wahrscheinlichkeiten $P(e|z)$ berechnet man durch einfaches Ignorieren der B-Komponente von Z:
$$P(e|z) = P(e|b, c) = P(e|c).$$
∎

Die in erster Linie auf Pearl zurückgehenden Arbeiten zu Bayesschen Netzen erlauben die Repräsentation und Verarbeitung unsicheren Wissen konsistent zu den Axiomen der Wahrscheinlichkeitstheorie. Aktuelle Arbeiten beschäftigen sich u. a. auch mit dem automatischen Erlernen Bayesscher Netze.

8.5 Vertrauensintervalle nach Dempster-Shafer

Nachfolgend sollen Vertrauensintervalle aus zwei Sichtweisen eingeführt werden:

- Aus Sichtweise der *Sensordatenverabeitung*, nach der ein oder mehrere Gruppen von (nicht perfekten) Sensoren auch voneinander abweichende Angaben machen und dadurch Unsicherheit induzieren, und
- aus Sichtweise *menschlicher Experten*, die sich zu möglichen Ereignissen äußern und sich in Bezug auf die Gültigkeit bzw. Wahrheit ihrer Aussage nicht sicher sind.

Mit der ersten Interpretation wollen wir das Modell von Dempster motivieren (Dempster 67), mit der zweiten das Modell von Shafer (Shafer 76).

8.5.1 Sensordaten-Fusion nach Dempster

Betrachten wir zur Motivation das folgende Szenario. Es geht um die Frage, auf welche Weise sich Daten eventuell unzuverlässiger Sensoren verarbeiten lassen.

Beispiel 8.18

Gegeben seien zwei Photosensoren, die im Folgenden als a und b bezeichnet werden. Die Sensoren sollen dazu verwendet werden, schwarz und weiß festzustellen, der Ereignisraum besteht damit aus zwei Möglichkeiten. In der Anwendung versucht ein mit solchen Photosensoren bestücktes autonomes mobiles System (AMS), einer schwarzen Linie zu folgen, die auf einem weißen Untergrund angebracht ist. Die Ausgabe schwarz eines Sensors bedeutet also, dass sich das AMS auf der Linie befindet, die Ausgabe weiß dagegen, dass sich das AMS bereits neben der Linie befindet.

Bekannt ist die ungenaue Arbeitsweise der Sensoren, so dass ihre Angaben voneinander abweichen können. Beide Sensoren gelten als gleich (un-)zuverlässig, so dass man beide hier mit 0.5 wichten könnte, sofern man von einer Gesamtzuverlässigkeit 1 ausgeht.

- Fall 1: Beide Sensoren geben „auf der Linie" an. In diesem Fall bestimmt man die Wahrscheinlichkeit für schwarz zu 1 (=sicher), da zwei Sensoren – beide mit 0.5 gewichtet – dieses Element nennen.
- Fall 2: Ein Sensor gibt „auf der Linie", der andere „neben der Linie" an. Als Wahrscheinlichkeiten kann man in diesem Fall die Zuverlässigkeiten verwenden:

$$P(\text{schwarz}) = 0.5 \quad , \quad P(\text{weiß}) = 0.5.$$

Eine Entscheidung darüber, ob sich das AMS auf oder neben der Linie befindet, kann hier nur schwer getroffen werden.

- Fall 3: Ein Sensor gibt weiterhin „auf der Linie" an, der andere gibt nun einen Grauwert aus, der sowohl als schwarz als auch als weiß interpretiert werden kann. Die Ausgabe des verrauschten Sensors entspricht hier der gesamten Ereignismenge {schwarz, weiß}. Man beachte, dass Mengen hier immer als Disjunktion ihrer Elemente interpretiert werden sollen. Berechnet man die Wahrscheinlichkeiten, so ergibt sich die (Mindest-)Wahrscheinlichkeit 0.5 für schwarz aus Angabe und Zuverlässigkeit des ersten Sensors.
  Die Zuverlässigkeit 0.5 des zweiten Sensors könnte gleichmäßig auf beide Ereignisse verteilt werden, was zu

$$P(\text{schwarz}) = 0.5 + 0.25 = 0.75 \quad , \quad P(\text{weiß}) = 0.25$$

führt. Diese präzisen Wahrscheinlichkeitswerte verdecken allerdings die Tatsache, dass sich ein Sensor nicht sicher war – die Verteilung seiner Wichtung auf die Bewertung der Ereignisse ist also eigentlich noch offen.

Eine angemessenere Repräsentation der Situation ist, die Wichtung 0.5 für die Angabe schwarz oder weiß des zweiten Sensors als „bewegliche Wahrscheinlichkeitsmasse" zu interpretieren, die sich zu schwarz oder weiß konkretisieren kann. Diese Entscheidung führt zu keinerlei A-priori-Einschränkungen und zu Wahrscheinlichkeitsintervallen:

$$P(\text{schwarz}) \in [0.5, 1] \quad , \quad P(\text{weiß}) \in [0, 0.5].$$

Eine spätere Konkretisierung und eine damit zusammenhängende Verkleinerung der Intervallbreiten bleibt in diesem Fall möglich.

∎

Daraus ergibt sich direkt die Motivation der Intervalle der sogenannten Dempster-Shafer-Theorie. Das Ziel ist die Suche nach einer Wahrscheinlichkeitsverteilung über dem Ereignisraum, damit nachfolgend auf dieser Basis Entscheidungen getroffen werden können.

Man beachte, dass sich die in dem Beispiel diskutierte Situation weiter verkomplizieren kann, wenn mehrere Sensor*typen* vorhanden sind, diese Sensoren in Bezug auf ihre Zuverlässigkeit oder Bedeutung unterschiedlich gewichtet sind und/oder größere Ereignismengen eine Rolle spielen. Zusätzlich zu der bereits im Beispiel aufgetretenen Ungenauigkeit von Sensoren – es werden dann mehrere mögliche Elementarereignisse genannt – kann ein Sensor auch defekt sein. In diesem Fall erfolgt die Ausgabe leere Menge.

In Dempsters Wahrscheinlichkeitsmodell wird dies folgendermaßen formalisiert: Gegeben ist eine endliche Menge O von Sensoren, die Zuverlässigkeit eines Sensors ist gegeben durch $\mu(o)$. Ω ist hier der Ereignisraum, über den die Sensoren Aussagen liefern.

Jeder Sensor nennt dabei eine *Menge* von Elementarereignissen aus Ω, die er für möglich hält, d. h., wir führen eine sogenannte *Beobachtungsfunktion* Γ ein:

$$\Gamma : O \to 2^{\Omega}$$

Beispiel 8.19

Sei $O = \{a, b, c, d\}$ eine Menge von vier Sensoren mit den Zuverlässigkeiten

$$\mu(a) = 0.4 \quad , \quad \mu(b) = \mu(c) = \mu(d) = 0.2.$$

μ sei weiterhin *additiv*, d. h., man kann die Zuverlässigkeit einer Gruppe von Sensoren durch einfache Addition der einzelnen elementaren Zuverlässigkeiten berechnen. So gilt beispielsweise

$$\mu(\{a, b\}) \quad = \quad \mu(a) + \mu(b) \quad = \quad 0.6$$

Wir stellen fest, dass sich die Wichtungen insgesamt zu 1 aufsummieren.

Sei weiterhin $\Omega = \{1, 2, 3\}$ der Ereignisraum mit der Interpretation, dass sich das AMS links der Linie, auf der Linie oder rechts der Linie befinden kann. Diese drei Elementarereignisse kürzen wir mit 1, 2 und 3 ab. Die Sensoren machen die folgenden Angaben (siehe auch Abbildung 8.12):

$$\Gamma : a \mapsto \{1\}, \ b \mapsto \{1, 2\}, \ c \mapsto \{2, 3\}, \ d \mapsto \{\}$$

Beobachtungsfunktion

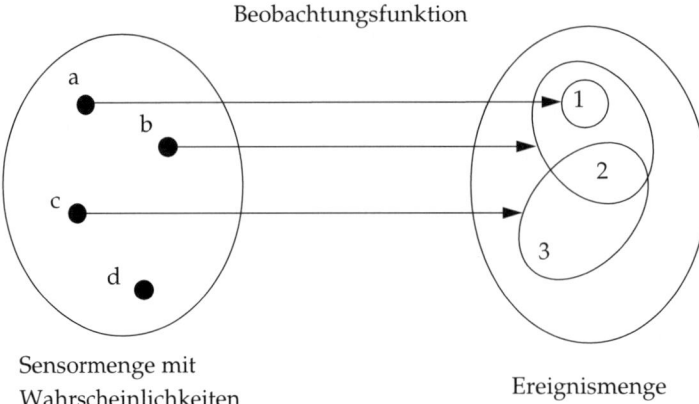

Sensormenge mit
Wahrscheinlichkeiten

Ereignismenge

Abb. 8.12: Sensor- und Ereignismenge in Dempsters Modell

Der Sensor a liefert danach die konkrete Ausgabe links der Linie. Die Angabe des Sensors b wird als links der Linie oder auf der Linie bzw. als nicht rechts der Linie interpretiert. Sensor d ist offensichtlich defekt, da er keine Angabe macht. Aufgrund der zugrunde liegenden Vollständigkeit des Ereignisraumes trifft aber eins der Elementarereignisse zu.

Man beachte insbesondere die Möglichkeit, die Teilmengen von Ω hierarchisch anordnen zu können. Abbildung 8.13 beschränkt sich dabei auf die Ereignisse, die für das Beispiel von Interesse sind.   ∎

Wie im Beispiel bereits informell eingeführt wurde, wird μ im Folgenden als ein *additives Wahrscheinlichkeitsmaß* aufgefasst. Man erhält dann den *Wahrscheinlichkeitsraum* $(O, 2^O, \mu)$.

Eigentlich sind für uns Bewertungen der *Ereignisse* von Interesse – in dem Beispiel ist dies die Angabe, wo in Bezug zur schwarzen Linie sich das AMS denn nun tatsächlich befindet. Es stellt sich daher die Frage, ob sich die Zuverlässigkeiten der Sensoren, also das Wahrscheinlichkeitsmaß μ, über die Beobachtungsfunktion Γ auf den Ereignisraum Ω

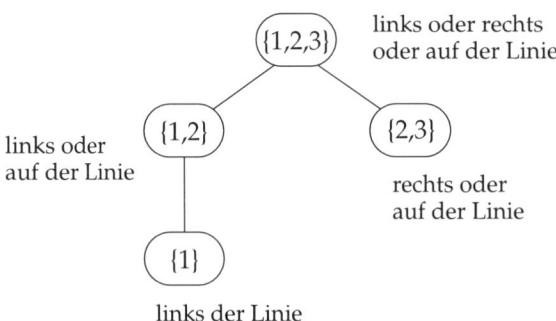

links oder rechts
oder auf der Linie

links oder
auf der Linie

rechts oder
auf der Linie

links der Linie

Abb. 8.13: Hierarchische Anordnung der interessanten Ereignisse

so abbilden lässt, dass wir die Ereignisse auf diese Weise indirekt bewerten können (siehe Abbildung 8.12). Um dies zu erreichen, definieren wir zunächt unterschiedliche Gruppen von Sensoren:

- Zum einen ist es die Menge von Sensoren, die ein bestimmtes Ereignis $A \subseteq \Omega$ für *möglich* halten. Es sind diejenigen Sensoren, die Elementarereignisse nennen, von denen mindestens eines in A enthalten ist.
- Zum anderen ist es die Menge von Sensoren, die ein bestimmtes Ereignis A für *sicher* halten. Es sind diejenigen Sensoren, die ausschließlich Elementarereignisse nennen, die in A enthalten sind.

Definition 8.7
Sei $A \subseteq \Omega$. Die Menge

$$\Gamma^*(A) \; = \; \{o \in O | \Gamma(o) \cap A \neq \emptyset\}$$

definiert die Sensoren, die es *für möglich halten*, dass das wahre Ereignis in A liegt (Plausibilität). Die Menge

$$\Gamma_*(A) \; = \; \{o \in O | \Gamma(o) \neq \emptyset, \Gamma(o) \subseteq A\}$$

definiert die Sensoren, für die es *sicher* ist, dass das wahre Ereignis in A liegt (Notwendigkeit). ◆

Beispiel 8.20 (Fortsetzung von Beispiel 8.19)
Die Mengen der Sensoren, die das Ereignis „links der Linie" für möglich bzw. sicher halten, sind a und b bzw. a, da

$$\Gamma^*(\{1\}) = \{a, b\} \quad \text{und} \quad \Gamma_*(\{1\}) = \{a\}.$$

■

Es ist offensichtlich, dass jeder Sensor, der ein Ereignis A für sicher hält, es erst recht für möglich hält. Es gilt also

$$\Gamma_*(A) \subseteq \Gamma^*(A).$$

Wir benötigen weiterhin die Menge der Sensoren, die überhaupt Informationen liefern, also nicht defekt sind:

$$\{o \in O | \Gamma(o) \neq \emptyset\} = \Gamma^*(\Omega) = \Gamma_*(\Omega).$$

Im Beispiel wird damit der defekte Sensor d ausgeschlossen. Die Zuverlässigkeit der übrigen Sensoren wird nun zur Normierung verwendet. In Beispiel 8.19 ergibt sich

$$\mu(\Gamma^*(\Omega)) = \mu(\Gamma_*(\Omega)) = \mu(\{a, b, c\}) = 0.8.$$

Eine Übertragung der Wichtungen der Sensoren auf den uns interessierenden Ereignisraum kann nun leicht definiert werden: Die Sicherheit eines Ereignisses wird aus den Wichtungen der Sensoren berechnet, die dieses Ereignis für möglich bzw. für sicher halten. Durch Normierung beschränkt man die Bewertungen auf die Sensoren, die nicht defekt sind. Da weiterhin zu jedem Ereignis A zwei Mengen von Sensoren existieren, $\Gamma^*(\{A\})$ und $\Gamma_*(\{A\})$, ergeben sich auch zwei Werte, die ein Intervall bilden:

Definition 8.8
Sei $A \subseteq \Omega$. Ist $\mu(\Gamma^*(\Omega)) > 0$, so heißen

$$P^*(A) \;=\; \frac{\mu(\Gamma^*(A))}{\mu(\Gamma^*(\Omega))}$$

obere Wahrscheinlichkeit von A und

$$P_*(A) \;=\; \frac{\mu(\Gamma_*(A))}{\mu(\Gamma^*(\Omega))}$$

untere Wahrscheinlichkeit von A bezüglich μ und Γ. ♦

Wenden wir nun die neuen Definitionen auf das bekannte Beispiel an:

Beispiel 8.21 (Fortsetzung von Beispiel 8.20)
Seien die Sensormenge, die Sensorwichtungen, die Ereignismenge und die Beobachtungsfunktion wie in Beispiel 8.19 definiert. Mit $\mu(\Gamma^*(\Omega)) = 0.8$ berechnet man

A	$\Gamma_*(A)$	$\Gamma^*(A)$	$P_*(A)$	$P^*(A)$
$\emptyset$	$\emptyset$	$\emptyset$	0	0
$\{1\}$	$\{a\}$	$\{a,b\}$	0.5	0.75
$\{2\}$	$\emptyset$	$\{b,c\}$	0	0.5
$\{3\}$	$\emptyset$	$\{c\}$	0	0.25
$\{1,2\}$	$\{a,b\}$	$\{a,b,c\}$	0.75	1
$\{1,3\}$	$\{a\}$	$\{a,b,c\}$	0.5	1
$\{2,3\}$	$\{c\}$	$\{b,c\}$	0.25	0.5
$\{1,2,3\}$	$\{a,b,c\}$	$\{a,b,c\}$	1	1

∎

Man kann P_* und P^* als untere und obere Grenzen einer unbekannten Wahrscheinlichkeitsfunktion P auffassen.

Die Gültigkeit der Beziehung

$$P_*(A) = 1 - P^*(\neg A)$$

lässt sich leicht an dem obigen Beispiel nachvollziehen, aber auch auf Basis der formalen Definitionen beweisen. Ist eine Intervallgrenze bekannt, so kann man danach leicht die andere Grenze berechnen.

Es lassen sich leicht die folgenden Eigenschaften von P_* und P^* beweisen, die sowohl Unterschiede als auch Ähnlichkeiten mit klassischen Wahrscheinlichkeiten verdeutlichen: Wie für Wahrscheinlichkeiten gilt für alle $A \subseteq \Omega$

$$P_*, P^* : 2^\Omega \to [0,1] \,,$$
$$P_*(\emptyset) = P^*(\emptyset) = 0 \,,$$
$$P_*(\Omega) = P^*(\Omega) = 1 \,.$$

Die Beziehungen

$$P_*(A) + P_*(\neg A) \leq 1 \,,$$
$$P_*(A \cup B) \geq P_*(A) + P_*(B) - P_*(A \cap B) \,, \tag{8.35}$$
$$P^*(A \cup B) \leq P^*(A) + P^*(B) - P^*(A \cap B) \tag{8.36}$$

verdeutlichen einige Unterschiede zur Wahrscheinlichkeitstheorie, die Additivitätseigenschaft gilt hier nicht. Fallen jedoch mit $P_* = P^*$ die untere und die obere Wahrscheinlichkeit zusammen, so werden die Intervalle zu Punkten, und es liegt ein klassisches Wahrscheinlichkeitsmaß vor. Die Ungleichungen (8.35) und (8.36) entsprechen in diesem Fall der Additivitätseigenschaft (8.2) der Wahrscheinlichkeitstheorie.

Mit dem oben eingeführten Modell haben wir einen Formalismus erhalten, auf dessen Basis die Beobachtungen gewichteter Sensoren so zusammengefasst werden können, dass man Vertrauensintervalle für die Ereignisse erhält. Auf dieser Basis lassen sich dann Entscheidungen treffen. In dem diskutierten AMS-Beispiel kann die Auswertung der Sensoren beispielsweise ergeben, dass sich das mobile System links von der schwarzen Linie befindet und die Fahrtrichtung entsprechend korrigiert. Je stärker die Angaben der Sensoren voneinander abweichen, desto breiter sind die berechneten Vertrauensintervalle, und umso größer ist die Unsicherheit bei der Entscheidungsfindung.

Benötigt wird nun noch ein Formalismus zur *Sensordatenfusion*, der es gestattet, mehrere (unabhängige) Informationsquellen zu integrieren. Bevor wir diesen Ansatz in Form von Dempsters Kombinationsregel einführen, stellen wir eine weitere Deutung des Modells vor: Shafer hat die Überlegungen von Dempster verallgemeinert und eine Theorie der *Belief-Funktionen* entwickelt (Shafer 76). Die Ausführungen des folgenden Abschnitts setzen somit den Dempster-Ansatz fort, führen aber eine weitere, ebenfalls mögliche Semantik ein: Die untere Wahrscheinlichkeit P_* wird nun auch als Mindestvertrauen *bel* (*belief*) bezeichnet, die obere Wahrscheinlichkeit P^* auch als Plausibilität *pl* (*plausibility*).

Wir definieren nun noch eine weitere Größe, die uns später den Zusammenhang zwischen den beiden Modellen verdeutlicht: $m'(A)$ bezeichne die normierte Zuverlässigkeit derjenigen Sensoren, die *exakt* die Menge A nennen:

$$m'(A) = \frac{\mu(\{o \in O | \Gamma(o) = A\})}{\mu(\{o \in O | \Gamma(o) \neq \emptyset\})} \tag{8.37}$$

8.5.2 Verarbeitung von Vertrauen und Plausibilität nach Shafer

Shafers Theorie basiert auf der Annahme, dass ein partielles (persönliches) Vertrauen (*belief*) in die Wahrheit einer Aussage, die als Teilmenge A von Ω repräsentierbar ist, durch eine reelle Zahl $bel(A) \in [0,1]$ modelliert werden kann. Diesen Überlegungen liegt die nachfolgende Definition zugrunde, die zunächst den Begriff der *Basiswahrscheinlichkeit* (engl. *basic probability assignment*) einführt. Man beachte, dass sich in Dempsters Modell Basiswahrscheinlichkeiten aus Sensordaten berechnen, während bei Shafer Basiswahrscheinlichkeiten direkt von Experten genannt werden können.

Definition 8.9 (Basiswahrscheinlichkeit)
Eine Funktion $m : 2^\Omega \to [0,1]$ heißt Basiswahrscheinlichkeit, wenn sie die Bedingungen

$$m(\emptyset) = 0, \tag{8.38}$$

$$\sum_{A:A\subseteq\Omega} m(A) = 1 \tag{8.39}$$

erfüllt.   ◆

Eine auf diese Weise definierte Quantität $m(A)$ wird als Basiswahrscheinlichkeit von A bezeichnet und als Maß des Basisvertrauens interpretiert, das *exakt A und keiner echten Teilmenge von A* zugewiesen werden kann. Bedingung (8.38) reflektiert, dass der leeren Menge kein Basisvertrauen zugeordnet werden kann, Bedingung (8.39) gibt an, dass sich das verfügbare Gesamtbasisvertrauen zu 1 aufsummiert.

Die Mengen A, für die $m(A) > 0$ gilt, werden als *Fokalelemente* (engl. *focal element*) bezeichnet. Sind alle Fokalelemente elementar, so entspricht die Basiswahrscheinlichkeit einem Wahrscheinlichkeitsmaß.

Beispiel 8.22

Man kann leicht zeigen, dass das in (8.37) definierte Maß m' beide Forderungen (8.38) und (8.39) erfüllt. Für Beispiel 8.19 erhalten wir die Angaben der folgenden Tabelle:

A	$m(A)$
$\emptyset$	0
$\{1\}$	0.5
$\{2\}$	0
$\{3\}$	0
$\{1,2\}$	0.25
$\{1,3\}$	0
$\{2,3\}$	0.25
$\{1,2,3\}$	0

∎

Das *Mindestvertrauen* in das Ereignis A erhält man dann durch Addition der den Teilmengen von A zugeordneten Basiswahrscheinlichkeiten, die entsprechende Funktion wird als *Belief-Funktion* (entspricht P_* in Dempsters Modell) bezeichnet:

Definition 8.10 (Belief-Funktion)

Sei $m : 2^\Omega \to [0,1]$ eine Basiswahrscheinlichkeit. Dann heißt die durch

$$bel_m : 2^\Omega \to [0,1] \quad , \quad bel_m(A) = \sum_{B:B\subseteq A} m(B) \tag{8.40}$$

für $A \subseteq \Omega$ definierte Funktion bel_m (im Folgenden auch kurz bel) *Belief-Funktion* von m. ◆

Belief-Funktionen haben einige wichtige Eigenschaften, die auch Unterschiede zu Wahrscheinlichkeitsmaßen aufzeigen. Die Ungleichungen

$$bel(A_1 \cup A_2) \geq bel(A_1) + bel(A_2) - bel(A_1 \cap A_2) \tag{8.41}$$
$$1 \geq bel(A) + bel(\overline{A}) \tag{8.42}$$

können direkt mit der spezielleren Additivitätseigenschaft (8.2) in der Wahrscheinlichkeitstheorie verglichen werden. Insbesondere Ungleichung (8.42) verdeutlicht die in Shafers Ansatz mögliche explizite Repräsentation von *Unwissenheit*. *Vertrauen* und *Zweifel* sind damit unabhängig, was die Modellierung von Aussagen menschlicher Experten vereinfacht.

Die zur Belief-Funktion duale *Plausibilitäts-Funktion* pl_m (oder kurz pl) ist durch

$$pl(A) = 1 - bel(\overline{A}) \tag{8.43}$$
$$= \sum_{B:A\cap B\neq\emptyset} m(B)$$

für alle $A \subseteq \Omega$ definiert. $pl(A)$ entspricht damit P^* in Dempsters Modell und misst das *Maximum an Vertrauen*, das A zugewiesen werden kann. Das durch Mindestvertrauen und Plausibilität bestimmte Intervall

$$[bel(A), pl(A)]$$

repräsentiert eine *partielle Unwissenheit* bezüglich des Vertrauenswertes, der A zugeordnet werden kann. Die Intervallgrenzen lassen sich dabei auch als pessimistischer bzw. optimistischer Wert interpretieren.

Je größer das Intervall wird, desto größer ist die Unwissenheit der Person, deren Aussagen modelliert werden. Im Fall absoluter Unwissenheit erhält man Intervalle $[0, 1]$ für alle Ereignisse $A \subset \Omega$.

Beispiel 8.23
Für die Basiswahrscheinlichkeien aus Beispiel 8.22 berechnen wir mithilfe von (8.40) und (8.43) die folgenden Vertrauensintervalle

A	$m'(A)$	$bel(A)$	$pl(A)$
$\emptyset$	0	0	0
$\{1\}$	0.5	0.5	0.75
$\{2\}$	0	0	0.5
$\{3\}$	0	0	0.25
$\{1, 2\}$	0.25	0.75	1
$\{1, 3\}$	0	0.5	1
$\{2, 3\}$	0.25	0.25	0.5
$\{1, 2, 3\}$	0	1	1

Man vergleiche dieses Ergebnis mit der Tabelle aus Beispiel 8.21   ∎

Man beachte, dass die drei Funktionen m, bel und pl die gleiche Information tragen, so dass ein Maß zur Berechnung der anderen beiden ausreicht. Jedes Maß unterliegt jedoch einer individuellen Interpretation.

In der aktuellen Forschung zur Unsicherheit von Wissen und bei der Entwicklung konkreter Systeme hat die Dempster-Shafer-Theorie eine wesentliche Rolle übernommen. Dies ist im Wesentlichen darauf zurückzuführen, dass Belief-Funktionen eine Modellierung von Vertrauen und Unwissenheit gestatten, ohne beispielsweise die Axiome der Wahrscheinlichkeitstheorie – insbesondere die Additivitätseigenschaft (8.2) – berücksichtigen zu müssen, und dass Beziehungen zu weiteren Unsicherheitskalkülen existieren.

Einige Beispiele für adäquate Modellierungen von Unsicherheit sind nachfolgend aufgeführt:

■ Den Extremfall absoluter Unwissenheit repräsentiert man durch die *leere Basiswahr-scheinlichkeit* (engl. *vacuous mass assignment*) m_v, die wie folgt definiert ist:

$$m_v(\Omega) = 1,$$
$$m_v(A) = 0 \text{ für } A \subseteq \Omega, A \neq \Omega.$$

Man erhält hier Intervalle $[0, 1]$ für alle $A \subset \Omega$.

■ Ist ω beispielsweise aufgrund einer Beobachtung als definitiv wahr bekannt, so verwendet man die Basiswahrscheinlichkeit

$$m(\{\omega\}) = 1,$$
$$m(A) = 0 \text{ sonst.}$$

Auf diese Weise lässt sich beispielsweise darstellen, dass ein bestimmtes konkretes Symptom definitiv vorliegt.

■ Sind Präferenzen bezüglich der *elementaren* Ereignisse $\omega \in \Omega$ bekannt, so verwendet man die *Bayessche Belief-Funktion*, die klassischen Wahrscheinlichkeiten entspricht. Die entsprechende Basiswahrscheinlichkeit hat die Eigenschaften

$$\sum_{\omega \in \Omega} m(\{\omega\}) = 1,$$
$$m(A) = 0 \text{ falls } |A| > 1.$$

In diesem Fall sind Sicherheitswerte definitiv bekannt, und eine Unwissenheit liegt nicht vor.

■ Ist bekannt, dass ein bestimmtes Ereignis $A \subset \Omega$ definitiv *nicht* zutrifft, verwendet man eine Basiswahrscheinlichkeit m, die der Belief-Funktion

$$bel_m(\overline{A}) = 1$$

bzw. der Plausibilitäts-Funktion $pl_m(A) = 0$ entspricht. Auf diese Weise ist beispielsweise darstellbar, dass eine bestimmte Gruppe von Symptomen definitiv nicht vorliegt.

Beispiel 8.24

Die Eigenschaften dieses neuen Werkzeugs zur Modellierung unsicheren Wissens sollen an den folgenden drei Beispielen weiter verdeutlicht werden. Die drei Angaben unterscheiden sich insbesondere in ihrer Präzision. Um das Beispiel universell sowohl in Dempsters als auch in Shafers Modell verwenden zu können, führen wir zunächst einen Sensorraum ein, über den dann unter Verwendung der Gleichung (8.37) die Basiswahrscheinlichkeiten berechnet werden. Die in den Tabellen verwendeten Bezeichnungen $bel(A)$ und $pl(A)$ sind in Dempsters Modell durch $P_*(A)$ und $P^*(A)$ zu ersetzen.

Sei $O = \{a, b, c, d\}$ die Sensormenge mit $\mu(a) = \mu(b) = \mu(c) = \mu(d) = 0.25$. $\Omega = \{1, 2, 3\}$ sei die Ereignismenge.

a) Sei $\Gamma : a \mapsto \{1\}, b \mapsto \{2\}, c \mapsto \{1,2,3\}, d \mapsto \{1\}$.

A	$m(A)$	$bel(A)$	$pl(A)$
$\emptyset$	0	0	0
$\{1\}$	0.5	0.5	0.75
$\{2\}$	0.25	0.25	0.5
$\{3\}$	0	0	0.25
$\{1,2\}$	0	0.75	1
$\{1,3\}$	0	0.5	0.75
$\{2,3\}$	0	0.25	0.5
$\{1,2,3\}$	0.25	1	1

Die Intervalle der Breite 0.25 entstehen dadurch, dass die auf $\{1,2,3\}$ entfallende Basiswahrscheinlichkeit 0.25 „beweglich" jedem enthaltenen Ereignis zufließen kann.

b) Sei $\Gamma : a \mapsto \{1\}, b \mapsto \{1\}, c \mapsto \{2\}, d \mapsto \{3\}$.

A	$m(A)$	$bel(A)$	$pl(A)$
$\emptyset$	0	0	0
$\{1\}$	0.5	0.5	0.5
$\{2\}$	0.25	0.25	0.25
$\{3\}$	0.25	0.25	0.25
$\{1,2\}$	0	0.75	0.75
$\{1,3\}$	0	0.75	0.75
$\{2,3\}$	0	0.5	0.5
$\{1,2,3\}$	0	1	1

Die Angaben der Sensoren sind hier präzise. Dies induziert eine Bayessche Belief-Funktion (diskrete Wahrscheinlichkeit) und erklärt die zusammenfallenden Intervallgrenzen.

c) Sei $\Gamma : a \mapsto \{3\}, b \mapsto \{3\}, c \mapsto \{3\}, d \mapsto \{3\}$.

A	$m(A)$	$bel(A)$	$pl(A)$
$\emptyset$	0	0	0
$\{1\}$	0	0	0
$\{2\}$	0	0	0
$\{3\}$	1	1	1
$\{1,2\}$	0	0	0
$\{1,3\}$	0	1	1
$\{2,3\}$	0	1	1
$\{1,2,3\}$	0	1	1

Ereignis $\{3\}$ ist hier sicher. Damit sind auch Ereignisse $\{1,3\}$, $\{2,3\}$ und $\{1,2,3\}$ sicher.

■

8.5.3 Dempsters Kombinationsregel

Ein charakteristisches Merkmal der Dempster-Shafer-Theorie ist, dass sie einen Formalismus zur Kombination voneinander unabhängiger Informationsquellen bietet, die sogenannte *Regel von Dempster* (Dempster 67). Je nach Interpretation können damit

- die *sicheren*, aber eventuell unpräzisen Ausgaben von Sensorgruppen oder
- *unsichere* Bewertungen von Ereignissen von Experten

kombiniert werden. Geht man von zwei Basiswahrscheinlichkeiten m_1 und m_2 aus, die aus zwei Informationsquellen bestimmt wurden, dann ist das Ergebnis dieser Kombination wieder eine Basiswahrscheinlichkeit. Wir wollen die Kombinationsregel zunächst anschaulich herleiten: Gegeben seien zwei aus unabhängigen Quellen stammende Informationen, die in Form von

$$m_1 : \quad 2^\Omega \to [0,1]$$
$$m_2 : \quad 2^\Omega \to [0,1]$$

kodiert sind. A_i und B_j seien die entsprechenden Fokalelemente. Diese Angaben trägt man zunächst in Matrixform auf:

$$
\begin{array}{c|ccc}
 & & A_i & \\
 & \cdots & m_1(A_i) & \cdots \\
\hline
\vdots & & \vdots & \\
B_j & & A_i \cap B_j & \\
m_2(B_j) & \cdots & m_1(A_i) \cdot m_2(B_j) & \cdots \\
\vdots & & \vdots & \\
\end{array}
$$

Dabei bedeuten

- $m_1(A_i)$ das Vertrauen in exakt A_i aus Quelle 1,
- $m_2(B_j)$ das Vertrauen in exakt B_j aus Quelle 2 und
- $m_1(A_i) \cdot m_2(B_j)$ das Vertrauen in exakt $A_i \cap B_j$.

Es kann sich in mehreren Feldern der Matrix derselbe Wert für den Durchschnitt $C = A_i \cap B_j$ ergeben. Das Vertrauen in ein Ereignis C berechnet sich daher aus der Summe der Vertrauenswerte in diese $A_i \cap B_j$:

$$
\sum_{A_i, B_j : A_i \cap B_j = C} m_1(A_i) \cdot m_2(B_j)
$$

Man beachte, dass $A_i \cap B_j = \emptyset$ möglich ist. Analog zum Vorgehen bei defekten Sensoren wird auch hier eine Normierung vorgenommen. Der *Konfliktgrad* beider Informationsquellen berechnet sich aus

$$
K \;=\; \sum_{A, B : A \cap B = \emptyset} m_1(A) \cdot m_2(B). \tag{8.44}
$$

$0 < K < 1$ beschreibt damit einen *partiellen Konflikt*, $K = 1$ dagegen einen *absoluten Konflikt*. Dieser Fall kann auch als echte *Inkonsistenz* bezeichnet werden und sollte zu einer Fehlermeldung führen.

Definition 8.11 (Dempsters Regel)
Seien m_1 und m_2 Basiswahrscheinlichkeiten über demselben Ereignisraum Ω und es gelte für den Konfliktgrad $K < 1$. Dann definiert m mit $m(\emptyset) = 0$ und

$$
m(C) \;=\; \frac{\displaystyle\sum_{A, B : A \cap B = C} m_1(A) \cdot m_2(B)}{1 - K} \tag{8.45}
$$

für $C \subseteq \Omega, C \neq \emptyset$ die Kombination der beiden Basiswahrscheinlichkeiten. Wir schreiben $m = m_1 \oplus m_2$. ◆

Die so definierte Funktion ist wieder eine Basiswahrscheinlichkeit.

Der Operator $\oplus$ ist kommutativ und assoziativ. Das heißt, das Ergebnis einer Kombination ist unabhängig von der Reihenfolge, in der die Informationsquellen zusammengefügt werden. Im Folgenden verwenden wir die Notation $bel_1 \oplus bel_2$ auch für die aus einer Kombination entstehende Belief-Funktion $bel_{m_1 \oplus m_2}$ sowie eine entsprechende Notation im Fall der Plausibilität.

Die Kombination der als absolute Unwissenheit interpretierbaren leeren Basiswahrscheinlichkeit mit einer beliebigen anderen Basiswahrscheinlichkeit m führt wieder zu m, es gilt also

$$m_v \oplus m = m \; .$$

Beispiel 8.25
Gegeben seien die bereits aus den früheren Beispielen bekannte Informationsquelle m_1 und eine neue Quelle m_2:

$$
\begin{aligned}
m_1(\{1\}) &= 0.5, & m_2(\{1\}) &= 0.8, \\
m_1(\{1,2\}) &= 0.25, & m_2(\{2,3\}) &= 0.2, \\
m_1(\{2,3\}) &= 0.25,
\end{aligned}
$$

0 sonst. Das zuvor beschriebene Aufstellen der Kombinationsmatrix führt zu

m_2 \ m_1	$\{1\}$ 0.5	$\{1,2\}$ 0.25	$\{2,3\}$ 0.25
$\{1\}$ 0.8	$\{1\}$ 0.4	$\{1\}$ 0.2	$\emptyset$ 0.2
$\{2,3\}$ 0.2	$\emptyset$ 0.1	$\{2\}$ 0.05	$\{2,3\}$ 0.05

Für den Konfliktgrad ergibt sich $K = 0.1 + 0.2 = 0.3 < 1$, so dass kein absoluter Konflikt vorliegt und die Kombination durchgeführt werden kann. Die neuen Fokalelemente sind $\{1\}$, $\{2\}$ und $\{2,3\}$.

Wir berechnen die neue Basiswahrscheinlichkeit $m = m_1 \oplus m_2$ mit

$$
\begin{aligned}
m(\{1\}) &= 6/7 \\
m(\{2\}) &= 1/14 \\
m(\{2,3\}) &= 1/14
\end{aligned}
$$

∎

Im Folgenden wollen wir zwei einfache Beispiele betrachten, die einen wesentlichen Vorteil der Dempster-Shafer-Theorie verdeutlichen: Eine Evidenzverstärkung muss nicht unbedingt auf direktem Weg erfolgen (wie nachfolgend in Fall 1), sondern kann auch indirekt vorliegen (wie in Fall 2).

Beispiel 8.26

Der Ereignisraum bestehe im Folgenden aus drei Elementarereignissen, $\Omega = \{h_1, h_2, h_3\}$.

- Fall 1: Direkte Verstärkung

$$m_1(\{h_1\}) \;=\; 0.4 \qquad m_2(\{h_1\}) \;=\; 0.7$$
$$m_1(\Omega) \;=\; 0.6 \qquad m_2(\Omega) \;=\; 0.3$$

Kombinations-Matrix:

m_2 \\ m_1	$\{h_1\}$ 0.7	Ω 0.3
$\{h_1\}$ 0.4	$\{h_1\}$ 0.28	$\{h_1\}$ 0.12
Ω 0.6	$\{h_1\}$ 0.42	Ω 0.18

Das Ergebnis ist $m_{12} = m_1 \oplus m_2$ mit

$$m_{12}(\{h_1\}) \;=\; 0.82$$
$$m_{12}(\Omega) \;=\; 0.18$$

Man kann in diesem Fall von einer direkten Verstärkung sprechen, da in beiden Informationsquellen die Aussage $\{h_1\}$ direkt gestützt wird. Aufgrund der Tatsache, dass beide Quellen h_1 für mehr oder weniger wahrscheinlich halten, erfolgt eine Verstärkung der Wahrscheinlichkeit.

- Fall 2: Indirekte Verstärkung

$$m_1(\{h_1\}) \;=\; 0.4 \qquad m_2(\overline{\{h_2\}}) \;=\; 0.7$$
$$m_1(\Omega) \;=\; 0.6 \qquad m_2(\Omega) \;=\; 0.3$$

Man beachte, dass $\{h_1\} \subseteq \overline{\{h_2\}}$ gilt. Diese Beziehung muss in vielen anderen Unsicherheitsmodellen explizit modelliert werden. In der Dempster-Shafer-Theorie ist sie implizit gegeben, da das Modell auf Potenzmengen basiert.

m_2 \\ m_1	$\{h_2\}$ 0.7	Ω 0.3
$\{h_1\}$ 0.4	$\{h_1\}$ 0.28	$\{h_1\}$ 0.12
Ω 0.6	$\overline{\{h_2\}}$ 0.42	Ω 0.18

Der Konfliktgrad ist $K = 0$. Man erhält das Ergebnis m_{12} mit

$$
\begin{aligned}
m_{12}(\{h_1\}) &= 0.40, \\
m_{12}(\overline{\{h_2\}}) &= 0.42, \\
m_{12}(\Omega) &= 0.18.
\end{aligned}
$$

Die Bedeutung der Basiswahrscheinlichkeit als „mobile" Vertrauensmasse veranschaulicht die folgende Tabelle, in der die Vertrauensintervalle für die beiden Ausgangsquellen sowie das Ergebnis der Kombination dargestellt sind:

	vorher :		nachher :
	Quelle 1 :	Quelle 2 :	
$\{h_1\}$	[0.4 , 1]	[0 , 1]	[0.40 , 1]
$\overline{\{h_2\}}$	[0.4 , 1]	[0.7 , 1]	[0.82 , 1]

Die in Quelle 1 nicht direkt bewertete Hypothese $\overline{\{h_2\}}$ wird indirekt durch $\{h_1\}$ verstärkt. Die Kombination mit Quelle 2 führt dann zu einer Evidenzverstärkung und zum Intervall $[0.82, 1]$.

∎

Ein sogenannter *Update-Vorgang* führt im Fall einer als wahr bekannten Aussage zu einer neuen Belief-Funktion. Als ein einfaches Beispiel für ein Update kann die Würfel-Domäne dienen: Sei *bel* eine Vertrauensverteilung bezüglich der möglichen Würfelergebnisse, der Zahlen 1 bis 6. Im einfachsten Fall wähle man die Wahrscheinlichkeitsverteilung, die allen Elementarereignissen $1/6$ zuweist. In diesem Fall erhält man die Bayessche Belief-Funktion. Zu einem Update führt beispielsweise die neue Kenntnis, eine gerade Zahl (i. e. $B = \{2, 4, 6\}$) gewürfelt zu haben.

In diesem Fall eines als wahr bekannten Ereignisses $B \subseteq \Omega$ wird im Rahmen der Dempster-Shafer-Theorie die folgende Definition verwendet:

Definition 8.12 (Update)
Sei *bel* eine über Ω definierte Belief-Funktion und *pl* die entsprechende Plausibilitäts-Funktion. Sei weiterhin $B \subseteq \Omega$ mit $pl(B) > 0$. Dann heißt die Belief-Funktion

$$
bel_B : 2^\Omega \to [0, 1],
$$
$$
bel_B(A) = \frac{bel(A \cup \overline{B}) - bel(\overline{B})}{1 - bel(\overline{B})}
$$

Update von bel durch das Ereignis B und entsprechend die Plausibilitäts-Funktion

$$
pl_B(A) = \frac{pl(A \cap B)}{pl(B)}
$$

Update von pl durch das Ereignis B. ◆

Man beachte den interessanten Zusammenhang zur Wahrscheinlichkeitstheorie – dem Konzept der bedingten Wahrscheinlichkeit (siehe Gleichung (8.46)) und der erweiterten logischen Implikation (Gleichung (8.47)):

$$P(A|B) \quad = \quad \frac{P(A \cap B)}{P(B)} \tag{8.46}$$

$$P(B \Rightarrow A) \quad = \quad P(A \cup \overline{B}) \tag{8.47}$$

Beispiel 8.27

Gegeben seien der Ereignisraum $\Omega = \{1,2,3\}$ sowie die Basiswahrscheinlichkeiten $m(\{1\}) = 0.5, m(\{2\}) = 0.25, m(\{3\}) = 0.25, 0$ sonst. Diese Bewertung kann beispielsweise aus Sensordaten berechnet worden sein. Eine weitere Messung führt zu der Erkenntnis, dass Ereignis $B = \{1,2\}$ als sicher angenommen werden kann. Es ist nun ein entsprechendes Update von *bel* durchzuführen.

Die folgende Tabelle zeigt das Ergebnis der Berechnung der Ausgangs-Vertrauensintervalle sowie die aktualisierten Werte zu $[bel_B, pl_B]$:

A	$m(A)$	$bel(A)$	$pl(A)$	$bel_B(A)$	$pl_B(A)$
$\emptyset$	0	0	0	0	0
$\{1\}$	0.5	0.5	0.5	2/3	2/3
$\{2\}$	0.25	0.25	0.25	1/3	1/3
$\{3\}$	0.25	0.25	0.25	0	0
$\{1,2\}$	0	0.75	0.75	1	1
$\{1,3\}$	0	0.75	0.75	2/3	2/3
$\{2,3\}$	0	0.5	0.5	1/3	1/3
$\{1,2,3\}$	0	1	1	1	1

Wie zu erwarten war, konzentriert sich nun die Vertrauensmasse auf die Menge $\{1,2\}$. Die relativen Wichtungen innerhalb dieser Menge werden beibehalten. ∎

Weitere mögliche Funktionen zur Durchführung von Update und Konditionierung im Rahmen der Dempster-Shafer-Theorie werden in (Halpern & Fagin 90) diskutiert.

8.5.4 Diskussion

Ein charakteristisches Merkmal der Dempster-Shafer-Theorie ist, dass das mathematische Modell auf Potenzmengen basiert und der Hypothesenraum damit hierarchisch angeordnet werden kann. Diese Eigenschaft wurde in vielen Systemen ausgenutzt: So wurden basierend auf den Arbeiten zum intuitiv begründeten System MYCIN Erweiterungen vorgestellt, die Belief-Funktionen im Rahmen *hierarchischer Hypothesenräume* einbeziehen (Gordon & Shortliffe 85).

Ein Problem, das spätestens bei der Betrachtung der Kombinationsregel von Dempster offensichtlich wird, ist die inhärente Komplexität der Dempster-Shafer-Theorie. Da Berechnungen auf Potenzmengen erfolgen, weisen die Algorithmen im Allgemeinen ein exponentielles Laufzeitverhalten auf.

Eine charakteristische Eigenschaft der Kombinationsregel wurde in (Zadeh 86) anhand des folgenden Beispiels diskutiert:

Beispiel 8.28

Es sei $r \in [0,1]$. Seien weiterhin m_1 und m_2 Basiswahrscheinlichkeiten mit

$$
\begin{array}{llll}
m_1(\{z1\}) & = & 0 & \quad m_2(\{z1\}) & = & 1 - r \\
m_1(\{z2\}) & = & r & \quad m_2(\{z2\}) & = & r \\
m_1(\{z3\}) & = & 1 - r & \quad m_2(\{z3\}) & = & 0
\end{array}
$$

$m_i(A) = 0$ für $A \in 2^\Omega$ mit $|A| > 1, i = 1, 2$.

Bei $r = 1$ liegen übereinstimmende Informationsquellen, bei $0 < r \ll 1$ stark abweichende Informationsquellen vor. Die Kombination $m = m_1 \oplus m_2$ führt jedoch in jedem Fall (d. h. für jedes $r \neq 0$) zu

$$
\begin{array}{lll}
m(\{z2\}) & = & 1 \\
m(A) & = & 0, \text{ sonst}
\end{array}
$$

so dass die Information über den Grad des Konflikts beider Quellen verloren geht. ∎

Betrachtet man ein realistisches Beispiel aus dem Leben, so geben regelmäßig fünf Wirtschaftsweisen ihre gemeinsame Prognose für das erwartete Wirtschaftswachstum der deutschen Industrie bekannt. Diese Angabe – in der Regel eine Prozentzahl – sagt jedoch nichts darüber aus, ob sich die Weisen hier einig waren oder die Zahl das Ergebnis eines Kompromisses darstellt, der auf der Basis stark abweichender Einzelprognosen zustande gekommen ist. Besser ist es hier, zusätzlich zu der Prognose auch die Varianz der Einzelangaben zu spezifizieren, beispielsweise in Form des Konfliktgrads.

Im Kontext der Dempster-Shafer-Theorie bietet die Verwendung des in (8.44) definierten Konfliktgrads K Abhilfe. Durch ein zusätzliches Anzeigen des Konfliktgrads bei jeder Kombination steigt der Informationsgehalt, und es kann beispielsweise entschieden werden, aufgrund zu starker Divergenzen der zu kombinierenden Quellen ein Ergebnis nicht zu berücksichtigen. Durch Verwendung einer Logarithmusfunktion wie in

$$
\text{conflict}(bel_1, bel_2) = -\log(1 - K)
$$

kann sichergestellt werden, dass geringfügige und „normale" Abweichungen nicht überbewertet werden.

Zussammenfassend ist festzuhalten, dass es für die Dempster-Shafer-Theorie vielseitige Interpretations- und Anwendungsmöglichkeiten gibt: Vorgestellt wurden die der Sensordatenfusion und Vertrauensintervalle. *bel* (bzw. P_*) und *pl* (bzw. P^*) sind Maße mit natürlicher Interpretation als Mindestvertrauen (bzw. untere Wahrscheinlichkeit) und Plausibilität (bzw. obere Wahrscheinlichkeit). Im Gegensatz beispielsweise zur Wahrscheinlichkeitstheorie ist die Unabhängigkeit von Vertrauen und Zweifel gesichert, und Unwissenheit ist über die Weite der Intervalle modellierbar. Wichtige Sonderfälle sind die *leere Belief-Funktion* zur Modellierung absoluter Unwissenheit und die *Bayessche Belief-Funktion* zur Modellierung elementaren Wissens.

Begriffshierarchien werden implizit durch die Verwendung von Potenzmengen modelliert, wodurch sich allerdings auch eine hohe Komplexität ergibt. Zu aktuellen Arbeiten gehören entsprechende Erweiterungen graphbasierter Modelle sowie Integrationen in klassische Verfahren der Wissensverarbeitung wie Logik, Abduktion, Planen etc. (Cooper & Moral 98).

8.6   Zusammenfassung

Das Gebiet der Unsicherheitsmodellierung – häufig auch unter dem Begriff des *Soft Computing* eingeführt – spielt in der Wissensverarbeitung eine wichtige Rolle. Während frühe Verfahren der Künstlichen Intelligenz und der Wissensverarbeitung sich häufig auf definitiv wahre oder falsche Aussagen beschränkt und damit zumeist einen wesentlichen Teil der Anwendung ignoriert haben, stellt der heutige Stand der Forschung und Entwicklung solide, in die Wahrscheinlichkeitstheorie eingebettete und benutzerfreundliche Verfahren zur Verfügung. Das wichtigste Modell zur Unsicherheitsmodellierung ist dabei das der *Bayesschen Netze*, deren Grundlagen wir eingeführt haben und für die es heute viele Tools und Werkzeuge gibt.

Ziel vieler probabilistischer Verfahren zur Handhabung von Unsicherheit ist es, *eine eindeutig bestimmte* Verteilung der Unsicherheitswerte (beispielsweise eine Wahrscheinlichkeitsverteilung) auf Basis der zur Verfügung stehenden Information abzuleiten. Eine andere Möglichkeit ist die Verwendung *intervallwertiger* Unsicherheitsmaße, wie sie für die Wahrscheinlichkeitstheorie beispielsweise in den Arbeiten (Dempster 67) und auch (Kyburg 88) diskutiert wurden: Reicht ein exakter Wahrscheinlichkeitswert nicht aus, einen individuellen Überzeugungsgrad adäquat zu modellieren, oder liegen keine exakten statistischen Daten vor, so besteht eine Möglichkeit der weiteren Vorgehensweise darin, die *Unwissenheit* direkt zu repräsentieren und in Form von *Wahrscheinlichkeitsintervallen* in Schlussfolgerungsverfahren einzubeziehen (Heinsohn 94). Entsprechend werden auch die Verfahren der Dempster-Shafer-Theorie, die ähnlich wie Klassen von Wahrscheinlichkeiten den Aspekt der *Unwissenheit* beschreiben, zunehmend angewendet.

Eine hier nicht weiter betrachtete Familie von Verfahren zur Handhabung von Unsicherheit bilden die sogenannten *mehrwertigen Logiken* (Bolc & Borowik 04; Rescher 69), als deren wichtigster Vertreter die von Nilsson entwickelte probabilistische Logik (Nilsson 86) angesehen werden kann. In vielen Fällen sind jedoch – aus Sicht der Handhabung von Unsicherheit – mehrwertige Logiken weniger ausdrucksstark als die in diesem Kapitel untersuchten „unendlich-wertigen" Verfahren.

Ebenfalls nicht betrachtet wurden *nicht numerische Verfahren* zu Unsicherheit, die sich aufgrund wesentlicher Nachteile gegenüber den numerischen Verfahren in Forschung und Anwendung nicht durchgesetzt haben (siehe auch Tabelle 8.1). Zwei wesentliche Nachteile sind die benötigten komplexen Verknüpfungstabellen, die, angewandt auf beispielsweise zwei Unsicherheitssymbole, ein Symbol als Ergebnis einer Schlussfolgerung bestimmen, und die bei der Erstellung solcher Tabellen zu erfolgenden Kompromisse, die aufgrund der geringen Granularität der Wertebereiche der Unsicherheitsmaße erforderlich sind. Lange Schlussfolgerungsketten können aufgrund des zweiten Aspekts auch zu Ergebnissen führen, die stark von dem durch eine Anwendungsdomäne vorgegebenen Wissen abweichen.

Die aktuelle Forschung zeigt, dass eine Verbindung von numerischen Unsicherheitsmodellen und Theorien und Schlussfolgerungsverfahren zur Modellierung anderer Wissensarten – genannt seien Logik und Wissensrepräsentation, Nichtmonotonie, Planungsverfahren, Abduktion – zu vielversprechenden und ausdrucksstarken integrierten Sprachen führen kann. Wie für die Informatik insgesamt gilt also auch für die Modelle der Unsicherheitsmodellierung, dass sie gerade in Verbindung mit oder eingebettet in andere Theorien oder Bereiche eine hohe Leistungsfähigkeit entwickeln.

8.7   Aufgaben

Aufgabe 8.1 (Wahrscheinlichkeiten)
Beweisen Sie die Gültigkeit von

$$P(A|A \cap B) \;\; = \;\; 1.$$

Aufgabe 8.2 (Wahrscheinlichkeiten)
Für zwei Ereignisse $A, B \in \Omega$ gelte:

$$P(A) \;\; = \;\; 0.3$$
$$P(B) \;\; = \;\; 0.5$$
$$P(A \cap B) \;\; = \;\; 0.0$$
$$P(A \cup B) \;\; = \;\; 0.6$$

Warum beschreibt P keine gültige Wahrscheinlichkeit? Lässt sich $P(A \cap B)$ so anpassen, dass man eine Wahrscheinlichkeit erhält?

Aufgabe 8.3 (Wahrscheinlichkeiten)

Im Rahmen eines studentischen Projekts soll ein autonomes mobiles System entwickelt werden, das Batterien als Energiequelle hat und mithilfe optischer Sensoren einer schwarzen Linie folgen soll. Die folgenden Wahrscheinlichkeiten wurden im Laufe des Projekts bestimmt:

	$Batterie\_voll$	$\neg Batterie\_voll$
folgt_Linie	0.30	0.05
¬folgt_Linie	0.20	0.45

Berechnen Sie auf der Basis dieser Produktwahrscheinlichkeiten die folgenden Werte:

- *die Randwahrscheinlichkeiten $P(Batterie\_voll)$ und $P(folgt\_Linie)$,*
- *die Wahrscheinlichkeit $P(Batterie\_voll \lor folgt\_Linie)$ der Aussage „Batterie_voll oder folgt_Linie" durch Betrachtung passender Tupel des Produktraums,*
- *die bedingte Wahrscheinlichkeit $P(folgt\_Linie|Batterie\_voll)$.*

Sind die Ereignisse unabhängig?

Aufgabe 8.4 (Wahrscheinlichkeiten)

Beweisen Sie

- *den folgenden Spezialfall der Verkettungsregel:*

$$P(A, B|C) \;=\; P(A|B, C) \cdot P(B|C)$$

- *den folgenden Spezialfall der Bayesschen Regel*

$$P(A|B, C) \;=\; \frac{P(B|A, C) \cdot P(A|C)}{P(B|C)}$$

Aufgabe 8.5 (Wahrscheinlichkeiten)

Beweisen Sie, dass aus der Gültigkeit der Gleichung (8.14)

$$P(A, B|C) \;=\; P(A|C) \cdot P(B|C)$$

die Gültigkeit der Gleichung

$$P(A|B, C) = P(A|C)$$

folgt.

Aufgabe 8.6 (Wahrscheinlichkeiten, aus (Nilsson 98))

Farbige Bälle sind wie folgt auf drei nicht unterscheidbare Kisten K_1, K_2 und K_3 verteilt:

	K_1	K_2	K_3
rot	2	4	3
weiß	3	2	4
blau	6	3	3

Eine Kiste wird zufällig ausgewählt, aus der dann zufällig ein Ball gezogen wird. Es ist ein roter Ball. Mit welcher Wahrscheinlichkeit handelt es sich bei der ausgewählten Kiste um Kiste K_i, $i = 1, 2, 3$?

Aufgabe 8.7 (Wahrscheinlichkeiten)

Gegeben seien die Variablen C und D, die Wahrscheinlichkeit $P(C)$ sowie die Abhängigkeiten $P(D|C)$ und $P(D|\neg C)$.

- *Geben Sie einen Ausdruck für $P(C \Rightarrow D)$ an.*
- *Wann sind $P(C \Rightarrow D)$ und $P(D|C)$ gleich?*
- *Nehmen wir nun an, dass die bedingten Wahrscheinlichkeiten unbekannt sind. Als einzige Werte sind $P(C)$ und $P(C \Rightarrow D)$ bekannt. Kann der Wert $P(D)$ bestimmt werden?*

Aufgabe 8.8 (Sicherheitsfaktoren)

Berechnen Sie die Ergebnisse der sequentiellen Kombination (8.19) für die Sonderfälle $CF(a|E) = 1$, $CF(a|E) = -1$, $CF(a|E) = 0$. Begründen Sie, warum die Ergebnisse sinnvoll sind.

Aufgabe 8.9 (Sicherheitsfaktoren)

Berechnen Sie die Ergebnisse der parallelen Kombination (8.21) für die folgenden Fälle:

$CF(h|E_1)$	$CF(h|E_2)$	$CF(h|E_1, E_2)$
0.5	0.6	
−0.5	−0.6	
0.8	−0.4	
1	−0.4	
0	0.8	
0	0	
1	−1	

Begründen Sie, warum die Ergebnisse sinnvoll sind.

Aufgabe 8.10 (Sicherheitsfaktoren)

a) *Häufig sind umfangreiche Prämissen auszuwerten, die logische Operatoren enthalten. Gegeben seien $MB(h1) = 0.6$, $MB(h2) = 0.4$, $MD(h1) = 0$, $MD(h2) = 0.5$. Geben Sie die Werte von $CF(h1 \wedge h2)$ und $CF(h1 \vee h2)$ an.*

b) *Gegeben sei die Regelbasis*

$$S_1 \vee S_2 \vee S_3 \quad \overset{0.8}{\to} \quad S_4$$

$$S_4 \quad \overset{1}{\to} \quad H$$

$$S_5 \wedge S_6 \quad \overset{0.6}{\to} \quad H$$

$$S_7 \quad \overset{1}{\to} \quad H$$

und die Eingaben $MB(S_1) = 0$, $MB(S_2) = 0.2$, $MB(S_3) = 0.5$, $MB(S_5) = 1$, $MB(S_6) = 0.5$, $MB(S_7) = 0$, alle MDs sind 0.

Stellen Sie den Und-Oder-Kombinationsgraphen dar.

c) *Berechnen Sie den Sicherheitsfaktor von H, geben Sie die einzelnen Rechenschritte an.*

Aufgabe 8.11 (Sicherheitsfaktoren)

Sei das Ergebnis einer parallelen Kombination (8.21) in der Form $CF(h|E_1, E_2) = \oplus(CF(h|E_1), CF(h|E_2))$ dargestellt. Beweisen Sie die folgenden Aussagen:

- *Für jeden Sicherheitsfaktor x gilt $\oplus(x, 0) = x$.*
- *$\oplus$ ist kommutativ.*
- *Für positive Sicherheitsfaktoren x, y und z gilt*

$$\oplus(x, \oplus(y, z)) = \oplus(\oplus(x, y), z).$$

- *Für positive Sicherheitsfaktoren x und y und den negativen Sicherheitsfaktor z gilt*

$$\oplus(x, \oplus(y, z)) = \oplus(\oplus(x, y), z).$$

Aufgabe 8.12 (Studenten, aus (Heinsohn & Socher 07))

Ist ein Student qualifiziert ($A = a$), so bekommt er im Allgemeinen eine gute Diplomnote ($B = b$). Absolventen mit guten Noten werden in dem untersuchten Unternehmen in nahezu jedem Fall eingestellt ($C = c$). Die folgenden Wahrscheinlichkeiten sind bekannt: $P(a) = 0.4$, $P(b|a) = 0.8$, $P(b|\neg a) = 0.5$, $P(c|b) = 0.9$ und $P(c|\neg b) = 0.2$.

- *Berechnen Sie die Wahrscheinlichkeit, dass ein Bewerber eingestellt wird (Initialisierungsphase).*
- *Es wird nun beobachtet, dass die Firma einen Bewerber nicht eingestellt hat. Was hat dies in Bezug auf die Qualifikation dieses Studenten zu bedeuten?*

Aufgabe 8.13 (Bayessche Netze, aus (Nilsson 98))

Eine Berufungskommission für einen neuen Kollegen versucht herauszufinden, mit welcher Wahrscheinlichkeit ein eingestellter Kollege tatsächlich qualifiziert ist. Das Bayessche Netz mit seinen Wahrscheinlichkeiten sieht wie folgt aus:

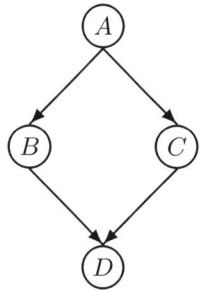

Es bedeuten dabei:

  A: Der Bewerber ist qualifiziert.

  B: Der Bewerber hat eine hohe Punktbewertung.

  C: Der Bewerber hat ausgezeichnete Empfehlungsschreiben.

  D: Der Bewerber wird eingestellt.

Die Aufgabe besteht in der Berechnung der Wahrscheinlichkeit $P(A|D)$. Die folgenden Wahrscheinlichkeiten sind bekannt:

$$P(A) = 0.5,$$
$$P(B|A) = 1, P(B|\neg A) = 0.5,$$
$$P(C|A) = 1, P(C|\neg A) = 0.5,$$
$$P(D|B, C) = 1, P(D|B, \neg C) = 0.5, P(D|\neg B, C) = 0.5, P(D|\neg B, \neg C) = 0.$$

Aufgabe 8.14 (Dempster-Shafer)

a) *Begründen Sie anhand von zwei Beispielen, warum und wie in Anwendungen Vertrauensintervalle entstehen können.*

b) *Gegeben ist eine Gruppe von drei Sensoren a, b, c. Die Sensoren sollen prüfen, welche von drei möglichen Farben F_1, F_2, F_3 ein konkreter Gegenstand annimmt und machen dazu die folgenden Angaben:*

$$\Gamma : a \;\mapsto\; \{F_3\}$$
$$b \;\mapsto\; \{F_2, F_3\}$$
$$c \;\mapsto\; \{F_1\}$$

Die Zuverlässigkeiten der drei Sensoren a, b, c betragen 0.25, 0.25 und 0.50. Berechnen Sie die Basiswahrscheinlichkeiten, die sich für Farben und Farbgruppen ergeben.

c) *Berechnen Sie die Vertrauensintervalle.*

d) *Begründen Sie anschaulich (mithilfe der Sensoren) die Lage und Breite des Intervalls für „F_2 oder F_3".*

e) *Wie müsste die Ausgabe der Sensoren (beispielsweise) aussehen, damit alle Intervalle zu einem Punkt zusammenfallen?*

Aufgabe 8.15 (Dempster-Shafer)

Eine zweite Gruppe von Sensoren b_1, b_2 mit Zuverlässigkeiten 0.5, 0.5 liefert Angaben zur Farbe: b_1 erkennt „F_2 oder F_3", b_2 ist leider defekt.

a) *Wie lauten die entsprechenden Basiswahrscheinlichkeiten?*

b) *Berechnen Sie den Konfliktgrad zwischen beiden Informationsquellen.*

c) *Berechnen Sie die Basiswahrscheinlichkeiten, die durch Kombination mit denen aus Aufgabe 8.14 entstehen, und die sich abschließend ergebenden Vertrauensintervalle. Wie erklärt sich die Veränderung des Vertrauensintervalls der Farbe F_3?*

d) *Wie ist die leere Basiswahrscheinlichkeit m_v definiert?*

Was ergibt sich durch Kombination einer leeren Basiswahrscheinlichkeit mit einer beliebigen anderen?

Aufgabe 8.16 (Dempster-Shafer)

Welches Ergebnis ergibt sich, wenn in Beispiel 8.25 die Kombination mit der Basiswahrscheinlichkeit m_2 durchgeführt wird, für die $m_2(\{1, 2, 3\}) = 1$, 0 sonst, gilt? Welche Meinung repräsentiert m_2? Welche bereits erwähnte allgemeinere Aussage verbirgt sich hinter der Kombination?

Aufgabe 8.17 (Dempster-Shafer)

Das Maß m kann aus dem Maß bel abgeleitet werden, wenn man die sogenannte Möbius-Transformation

$$m(A) \;=\; \sum_{B:B\subseteq A} (-1)^{|A\cap\overline{B}|} \cdot bel(B)$$

für Teilmengen $A \subseteq \Omega$ verwendet. Beweisen Sie die Gültigkeit dieser Beziehung.

Aufgabe 8.18 (Dempster-Shafer)

Die in Definition 8.11 eingeführte Kombinationsregel von Dempster kann dazu verwendet werden, ein Update einer Belief-Funktion als Konsequenz einer neu gelernten Evidenz durchzuführen und damit obige Dempster-Shafer-Konditionierung zu motivieren. So kann das Lernen eines Ereignisses $B \subseteq \Omega$ durch die durch

$$learn_B(A) \;=\; \begin{cases} 1 & \text{für } B \subseteq A \\ 0 & \text{sonst} \end{cases}$$

definierte Belief-Funktion repräsentiert werden, die den Vertrauenswert 1 den Obermengen von B zuordnet und die übrigen Teilmengen auf 0 abbildet. Diese Belief-Funktion entspricht der Basiswahrscheinlichkeit $m_{learn_B}(B) = 1$, 0 sonst. Man erhält durch Anwendung von Dempsters Kombinationsregel auf die neu gelernte Belief-Funktion $learn_B$ und die bereits bekannte Belief-Funktion bel die Identität

$$bel_B \;=\; bel \oplus learn_B,$$

die Definition 8.12 motiviert. Beweisen Sie diese Identität.

9 Vages Wissen

9.1 Einführung

In den vorangehenden Abschnitten haben wir Unsicherheitsphänomene betrachtet, die sich auf die Unsicherheit bezüglich der Wahrheit einer Aussage beziehen. Eine solche Unsicherheit kann beispielsweise durch ungenau oder unzuverlässig arbeitende Sensoren entstehen oder auch in Aussagen menschlicher Experten vorhanden sein. Unabhängig davon kann Unsicherheit aber auch aufgrund einer Ungenauigkeit bzw. *Vagheit* der Repräsentationssprache vorhanden sein: Die Aussage selbst oder Begriffe dieser Aussage können unpräzise oder vage sein. Die Bedeutung von Aussagen kann dann nicht exakt interpretiert und angegeben werden. Beispiele vager Begriffe sind „reich" und „groß", aber auch der oben betrachtete umgangssprachliche Begriff „wahrscheinlich" hat eine nicht exakte Semantik. Zur Modellierung von Vagheit wurde eine Reihe von Verfahren entwickelt (Dubois et al. 93), von denen die von Zadeh eingeführte *Fuzzy-Logik* grundlegend ist (Zadeh 65). Wir werden nachfolgend darauf eingehen.

Die heutige Berühmtheit der Fuzzy-Logik ist wesentlich darauf zurückzuführen, dass Ende der 80er-Jahre ihre Bedeutung für die Regelung von Systemen erkannt wurde. Insbesondere in Japan wurde die *Fuzzy-Regelung* (engl. *fuzzy control*) beispielsweise in vielen Geräten der Heim-Elektronik verwendet. Dazu gehören Kühlschränke, Staubsauger, Waschmaschinen und Wäschetrockner, Reiskocher, Klimaanlagen und Videorekorder. Das Jahr 1990 wird in Japan auch als „Fuzzy-Logik Jahr" bezeichnet. Heutige Anwendungen gehen weit über diesen Bereich hinaus, Beispiele sind die Optimierung der Beatmung beim akuten Lungenversagen (direkte Fuzzy-Regelung), die Fehlerklassifikation bei Verbrennungsmotoren (Fuzzy-Diagnose) und die Qualitätskontrolle in der Automobilindustrie (Fuzzy-Klassifikation) (Kruse et al. 95; Zimmermann 01).

9.2   Fuzzy-Logik

Den Begriff vagen oder unpräzisen Wissens wollen wir an folgendem Beispiel verdeutlichen, in dem unterschiedliche Angaben zur Körpergröße einer Person gemacht werden:

- Die Angabe „Helmut ist 190 cm groß" charakterisiert *präzises Wissen*.
- Die Angabe „Helmut ist zwischen 185 und 195 cm groß" kann bereits als *unpräzise* bezeichnet werden, allerdings sind die Bereichsgrenzen noch scharf angegeben.
- *Vages Wissen* (engl. *fuzzy knowledge*) wird durch die Angabe „Helmut ist groß" angegeben. Eine Zuordnung einer konkreten Größe, beispielsweise in Zentimetern, ist hier schwierig. Sicher kann man einige Zuordnungen (z. B. 150 cm) ausschließen und andere (z. B. 190 cm) für durchaus möglich halten. Bei anderen Werten ist die Zuordnung zum Begriff „groß" allerdings nicht eindeutig.

Viele Begriffe der natürlichen Sprache sind vage, d. h., ihre Interpretation kann nicht exakt angegeben werden. Da viele technische Anwendungen jedoch auch mit vagen und unpräzisen Begriffen beschrieben werden, wird ein mathematisches Modell benötigt, mit dem vage Begriffe maschinell verarbeitet werden können.

Die Idee von *Fuzzy-Mengen* (engl. *fuzzy sets*) basiert auf einer kontinuierlichen Festlegung des Grads der Zugehörigkeit von Elementen zu einer Menge bzw. einem Begriff. Wir wollen dies wieder am Beispiel der Körpergröße und der Beschreibung der Semantik des Begriffs „groß" verdeutlichen:

1) Zunächst erfolgt die Festlegung des Wertebereichs für die *linguistische Variable* „Körpergröße", z. B. als endliche Menge in Zentimetern

$$X = \{0, 1, 2, \ldots, 250\}.$$

2) Für den vagen Begriff „groß" bestimmen wir eine *Zugehörigkeitsfunktion* (engl. *membership function*) $\mu_{groß}$:

$$\mu_{groß} : X \to [0, 1].$$

$\mu_{groß}(x)$ gibt die Zugehörigkeit des Wertes $x \in X$ zum Begriff „groß" an. $\mu_{groß}(x) = 0$ bedeutet dabei „x gehört definitiv nicht dazu", $\mu_{groß}(x) = 1$ bedeutet „x gehört definitiv dazu", und $\mu_{groß}(x) = r$ mit $0 < r < 1$ bedeutet „x gehört dazu mit Grad r".

Diese Art der Modellierung ist nicht nur geeignet, vage Begriffe zu beschreiben, es lassen sich auch klassische *präzise* Begriffe und die ihnen entsprechenden scharfen Wertemengen modellieren. Untersuchen wir dies für das oben eingeführte Beispiel:

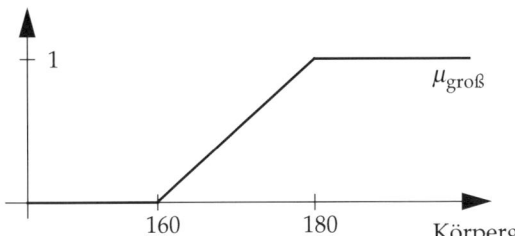

Abb. 9.1: Die Zugehörigkeitsfunktion des Begriffs „groß"

- Der präzise Begriff B=„190 cm groß" entspricht einer einelementigen Menge, die durch die Zugehörigkeitsfunktion

$$\mu_B(x) = \begin{cases} 1 & \text{falls } x = 190 \\ 0 & \text{sonst} \end{cases}$$

  beschrieben ist.
- Auch die Formulierung B=„zwischen 185 und 195 cm groß" entspricht einer klassischen, scharfen Menge und ist modelliert durch

$$\mu_B(x) = \begin{cases} 1 & \text{falls } 185 \leq x \leq 195 \\ 0 & \text{sonst.} \end{cases}$$

- Der vage Begriff B=„groß" kann beispielsweise durch die in Abbildung 9.1 gezeigte Zugehörigkeitsfunktion modelliert werden. Danach gehört der Wert 150 cm definitiv nicht zum Begriff „groß", der Wert 190 cm gehört definitiv dazu, und der Wert 170 cm gehört dazu zum Grad 0.5.

Prinzipiell sind alle Formen von Zugehörigkeitsfunktionen möglich. In der Praxis haben sich einfache *Dreiecksformen* (siehe Abbildung 9.4) oder *Trapezformen* bewährt. Diese haben wesentliche Vorteile in Bezug auf Speicherung und Verarbeitung beispielsweise in Fuzzy-Control-Anwendungen, bei denen es auf eine besonders effiziente und schnelle Verarbeitung eingehender Sensorsignale ankommt. Die Dreiecksform einer Fuzzy-Menge A der Breite $2d$ und Maximum bei x_0 ist durch die Zugehörigkeitsfunktion

$$\mu_A(x) \quad = \quad 1 - \min\left\{\frac{|x - x_0|}{d}, 1\right\} \tag{9.1}$$

gegeben.

Fuzzy-Mengen lassen sich häufig auch leicht als endliche Menge bzw. Liste der Form

$$((x_1, \mu_B(x_1)), \ldots, (x_m, \mu_B(x_m)))$$

mit Werten $x_i \in X$ angeben und speichern. X ist dabei der zugrunde liegende Wertebereich. Die in der Liste angegebenen Wertepaare definieren die markanten Eckpunkte der Fuzzy-Menge. Der in Abbildung 9.1 dargestellte Begriff „groß" beispielsweise kann durch die Liste

$$\mu_{groß} : \quad ((0,0), (160,0), (180,1), (250,1))$$

repräsentiert werden. Die Dreiecksform (9.1) kann als Liste

$$\mu_A : \quad ((x_0 - d, 0), (x_0, 1), (x_0 + d, 0))$$

dargestellt werden. In der Praxis werden für ein Merkmal häufig drei, fünf oder sieben Kategorien bzw. unscharfe Werte angegeben. Im Fall der Körpergröße können wir beispielsweise die fünf Begriffe sehr klein, klein, mittel, groß und sehr groß in Form von Fuzzy-Mengen beschreiben.

Die klassischen Mengenoperationen Komplement, Durchschnitt und Vereinigung lassen sich leicht auf Fuzzy-Mengen verallgemeinern. Auf Basis der Fuzzy-Mengen $\mu_A(x)$ und $\mu_B(x)$ mit $x \in X$ definieren wir

$$
\begin{aligned}
\text{Komplement:} \quad & \mu_{X \setminus A}(x) &=& \quad 1 - \mu_A(x), \\
\text{Vereinigung:} \quad & \mu_{A \cup B}(x) &=& \quad \max(\mu_A(x), \mu_B(x)), \\
\text{Durchschnitt:} \quad & \mu_{A \cap B}(x) &=& \quad \min(\mu_A(x), \mu_B(x)).
\end{aligned}
$$

Die *Fuzzy-Logik* kann als Erweiterung der klassischen Logik angesehen werden, die genannten Mengenoperationen werden dazu mit den Operatoren Komplement, Disjunktion und Konjunktion der Logik assoziiert. Abhängigkeiten zwischen Begriffen, die über unterschiedlichen Wertebereichen definiert sind, können über Operationen in *Produkträumen* eingeführt werden – dieses Thema war bereits Gegenstand von Abschnitt 8.2.3 im Kontext der Wahrscheinlichkeitstheorie.

9.3 Fuzzy Control

Der hohe Bekanntheitsgrad der Fuzzy-Logik ist auf ihre erfolgreichen Anwendungen im Bereich der Regelungstechnik zurückzuführen. Wichtige Meilensteine auf diesem Weg waren der Einsatz der Fuzzy-Logik beim Betrieb der U-Bahn in Sendai/Japan im Jahr 1987 und die Gründung des japanischen LIFE Instituts (Institut for Int. Fuzzy Engineering Research) im Jahr 1989.

Die grundlegende Idee des Fuzzy Control ist die Regelung von Prozessen auf der Basis menschlicher Expertenregeln, die vage Begriffe enthalten können. Während in der klassischen Regelungstechnik ein physikalisches Modell des Prozesses zugrunde liegt, basiert die Fuzzy-Regelung auf einem Modell des menschlichen Expertenverhaltens. Von der klassischen Regelung sind damit alle Anwendungen ausgeschlossen, in denen sich kein Modell des Prozesses – beispielsweise mithilfe von Differentialgleichungen – formulieren lässt. Für viele dieser Anwendungen lässt sich jedoch ein Fuzzy-Regler entwickeln, wenn Menschen die Anwendung beherrschen und entsprechende Regeln formulieren können.

Wir untersuchen zunächst die prinzipielle Vorgehensweise und die wichtigen Größen des Fuzzy Control. Wir verwenden dazu das Beispiel eines Aufzugs, der durch einen

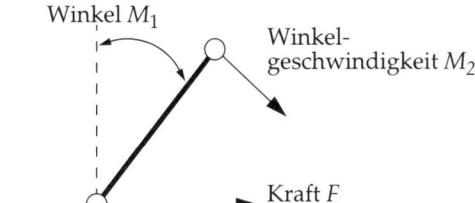

Abb. 9.2: Das inverse Pendel

Elektromotor angetrieben wird und unabhängig von der Beladung mit gleichbleibender Geschwindigkeit betrieben werden soll. Als *Stellgröße* bezeichnen wir die Größe, die wir regulieren können. Beim verwendeten Beispiel ist es die Stromzufuhr des Elektromotors. *Messgrößen* können sich im Laufe der Zeit verändern und sollen auf einen vorgegebenen Sollwert eingestellt werden, im Beispiel die Drehzahl des Elektromotors, der den Aufzug antreibt. Weiterhin können *Störgrößen* die zu regelnde Größe beeinflussen, im Fall des Aufzugs wird beispielsweise eine hohe Beladung zu einer Verringerung der Drehzahl führen, wenn die Stromzufuhr unverändert bleibt. Wir verwenden im Folgenden die Bezeichnungen $M_1, M_2, \ldots$ für Messgrößen und S für die Stellgröße.

Im Wesentlichen bedeutet die Lösung der regelungstechnischen Aufgabe die Angabe einer geeigneten *Kontrollfunktion*: Für die Wertebereiche $X_1, \ldots, X_n, Y$ bestimmt die Funktion

$$f : X_1 \times \ldots \times X_n \to Y$$

zu jedem Tupel $(x_1, \ldots, x_n) \in X_1 \times \ldots \times X_n$ von Messwerten einen Stellwert $y = f(x_1, \ldots, x_n)$.

Beispiel 9.1 (Inverses Pendel)

Das *Stabbalance-Problem*, auch unter dem Begriff *inverses Pendel* bekannt, ist ein häufig verwendetes Beispiel, mit dem sich die Vorgehensweise der Fuzzy-Regelung gut beschreiben lässt (Kruse et al. 95). Bei der Aufgabe handelt es sich um das vertikale Balancieren eines Stabes, wobei nur das untere Stabende bewegt werden darf (siehe Abbildung 9.2).

Die Stellgröße F gibt die Kraft auf den Fußpunkt des Stabs an und hängt von zwei Ausgangsgrößen ab, dem Winkel M_1 des Stabs zur vertikalen Achse und der Veränderung des Winkels in der Zeit, der Winkelgeschwindigkeit $M_2 = \frac{dM_1}{dt}$. Als Wertebereiche definieren wir für den Winkel den Bereich $X_1 = [-90, +90]$ gemessen in Grad, für die Winkelgeschwindigkeit $X_2 = [-45, +45]$ gemessen in Grad/sec und für die Kraft F: $Y = [-10, +10]$ gemessen in Newton.

Während die Lösung der klassischen Regelungstechnik die formale Beschreibung des technischen Systems beispielsweise durch Differentialgleichungen und die Angabe weiterer Größen erfordert, bedeutet die Lösung der Fuzzy-Regelung eine Modellierung des menschlichen Experten, der den Prozess regelt. Nach Befragung des Experten werden linguistische Regeln formuliert, z. B. die sehr einfache Regel

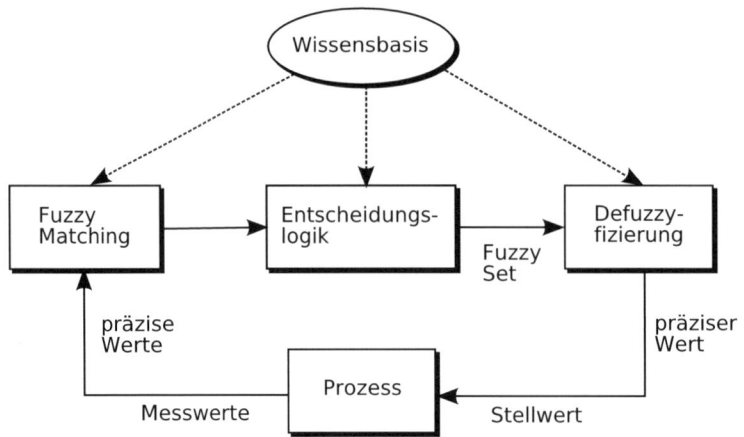

Abb. 9.3: Architektur eines Fuzzy-Reglers

> **Wenn** M_1 ist *etwa null* und M_2 ist *etwa null*,
>
> **dann** F ist *etwa null*.   ■

Regeln haben also dieselbe Struktur, wie wir sie bereits in Kapitel 6 kennengelernt haben: Die Regelprämisse beschreibt die Situation, in der die Regel angewendet werden kann. Die entsprechenden Werte der Messgrößen werden hier jedoch unscharf spezifiziert. Die Konklusion der Regel enthält ebenfalls eine unscharfe Angabe eines geeigneten Stellwertes für diese Situation. Im Beispiel muss der unscharfe Begriff „etwa null" im Kontext jeder der drei Größen Winkel, Winkelgeschwindigkeit und Kraft definiert werden.

Linguistische Regeln eignen sich zwar zur Beschreibung des Expertenverhaltens. Eine automatisierte Regelung erfordert aber, dass bei gegebenen *scharfen Werten* für die Messgrößen ein geeigneter scharfer Wert für die Stellgröße berechnet wird. Dies ist allein mit den linguistischen Regeln nicht zu erreichen.

Bei der Entwicklung eines Reglers für die skizzierte Aufgabe sind damit insgesamt die folgenden Schritte erforderlich:

a) Die Vervollständigung der *Regelbasis* durch Formulierung von Expertenregeln,

b) die Modellierung der verwendeten unscharfen linguistischen Terme wie beispielsweise „etwa null" durch *Fuzzy-Mengen*,

c) die Beschreibung des *Fuzzy-Matching*. Dadurch wird festgelegt, wie die scharfen Werte für Messgrößen zu den linguistischen Termen korrespondieren,

d) die Definition der *Propagierung*, die beschreibt, wie die Regeln die Messwerte verarbeiten, und

e) die Definition der *Defuzzifizierungskomponente*, die festlegt, wie aus dem Ergebnis einer Regelanwendung – dies ist eine Fuzzy-Menge – ein scharfer Stellwert bestimmt wird.

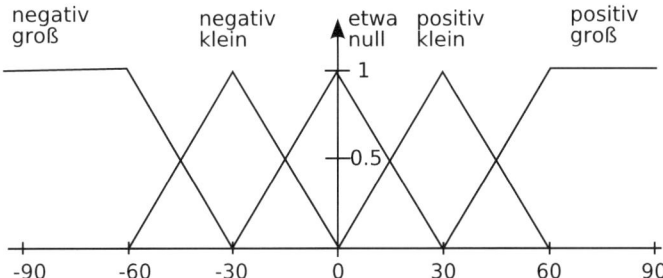

Abb. 9.4: Die Fuzzy-Mengen für das Beispiel des inversen Pendels

Abbildung 9.3 fasst die wesentlichen Komponenten eines Fuzzy-Reglers zusammen. Die *Wissensbasis* beinhaltet die Regelbasis, die Beschreibungen der mit den linguistischen Termen assoziierten Fuzzy-Mengen, Informationen über Wertebereiche, eventuelle Normierungen und Benutzerwünsche in Bezug auf die ausgewählten Verknüpfungsoperatoren. Die *Entscheidungslogik* führt für die eingehenden Messwerte die Anwendung einer oder mehrerer Regeln durch und berechnet als Ergebnis eine Fuzzy-Menge. Aus dieser kann dann der konkrete Stellwert berechnet werden. Die Art der von der Entscheidungslogik durchgeführten Operationen hängt stark von der Art des Reglers ab. Es wird hier der sogenannte Mamdami-Regler beschrieben.

Beispiel 9.2 (Fortsetzung)
Wir definieren zunächst die Fuzzy-Mengen für die Messgröße M_1, die den Winkel beschreibt. Die verwendeten Begriffe sind negativ groß (ng), negativ klein (nk), etwa null (nu), positiv klein (pk) und positiv groß (pg). Die Fuzzy-Mengen sind hier Dreiecksfunktionen, so dass sich Speicherung und spätere Berechnungen vereinfachen. Nur an den Rändern des Wertebereichs werden die beiden entsprechenden Zugehörigkeitsfunktionen so modifiziert, dass Messwerte nahe der Bereichsgrenzen noch gut erfasst werden (siehe Abbildung 9.4). Ähnliche Fuzzy-Mengen werden für die Winkelgeschwindigkeit M_2 und die Stellgröße F festgelegt.

Im nächsten Schritt erfolgt die Spezifikation der *Regelbasis*, die sich hier leicht in Form einer Matrix darstellen lässt: Für das Stabbalance-Problem verwenden wir die folgenden Regeln:

M_2 \ M_1	ng	nk	nu	pk	pg
ng			ng		
nk		nk	nk		
nu	ng	nk	nu	pk	pg
pk			pk	pk	
pg			pg		

Eine dieser insgesamt elf Regeln lautet beispielsweise

> **Wenn** M_1 ist *positiv groß* und M_2 ist *etwa null,*
>
> **dann** F ist *positiv groß.*

Die Tabelle ist nicht vollständig ausgefüllt, da

- Extremsituationen nicht realistisch oder aber nicht behandelbar sind und da
- Tabelleneinträge nicht notwendigerweise disjunkt sind.

So kann aus mechanischen Gründen bei einer hohen Fallgeschwindigkeit (pg) und einem bereits großen Winkel (pg) der Stab nicht mehr aufgerichtet werden. Ebenso muss die Situation, in der sich bei einem großen Winkel (pg) der Stab sehr schnell aufrichtet (ng), nicht durch Regeln abgedeckt werden. Die Tabelleneinträge sind nicht disjunkt, da die Begriffe durch Fuzzy-Mengen modelliert werden und sich diese überschneiden – in Abbildung 9.4 ist diese Überschneidung deutlich sichtbar. ∎

Wir wollen nun die Aufgaben der *Entscheidungslogik* skizzieren, die im Wesentlichen aus der Anwendung einer oder mehrer Regeln besteht und als Ergebnis eine Fuzzy-Menge hat. Gegeben sind Regeln

> $R_r:$ **Wenn** M_1 ist $A_r^{(1)}$ und M_2 ist $A_r^{(2)}$ und ... und M_n ist $A_r^{(n)}$
>
> **dann** S ist A_r

für $r = 1, \ldots, k$ sowie aktuelle Messwerte $(x_1, \ldots, x_n) \in X_1 \times \ldots \times X_n$. Als Erstes erfolgt die Bestimmung des Grades, zu dem die Prämisse einer jeden Regel erfüllt ist. Dazu wird für eine konkrete Regel R_r jeder Messwert $M_j = x_j$ für $j = 1, \ldots, n$ mit der Fuzzy-Menge $\mu_r^{(j)}$ verglichen, die dem in der Regel an entsprechender Stelle enthaltenen Term $A_r^{(j)}$ entspricht. Im Wesentlichen ist das die einfache Bestimmung der Werte

$$\mu_r^{(j)}(x_j), \quad j = 1, \ldots, n \tag{9.2}$$

der Regel R_r: Es wird der Wert abgelesen, den die Zugehörigkeitsfunktion $\mu_r^{(j)}$ an der Stelle x_j hat.

Da die Prämissenterme konjunktiv verknüpft sind, wird für jede Regel $R_r, r = 1, \ldots, k$ das Minimum dieser n Werte bestimmt.

$$\alpha_r = \min\{\mu_r^{(1)}(x_1), \ldots, \mu_r^{(n)}(x_n)\} \tag{9.3}$$

gibt den Erfüllungsgrad der Gesamtprämisse der Regel R_r an.

Die Ausgabe nach Anwendung einer konkreten Regel R_r ist die Fuzzy-Menge, die man durch Abschneiden der der Konklusion der Regel zugeordneten Fuzzy-Menge $\mu_r(y)$ in der Höhe α_r erhält:

$$\mu_r^{out}: \quad Y \to [0,1], \quad y \mapsto \min\{\alpha_r, \mu_r(y)\}. \tag{9.4}$$

Sollte die Prämisse einer Regel *vollständig erfüllt* sein, so erhalten wir auf diese Weise die vollständige Fuzzy-Menge der Konklusion als Ergebnis, es gilt $\mu_r^{out} = \mu_r$. Falls mindestens ein Element der Prämisse einer Regel überhaupt nicht zutrifft, so trifft die Gesamtprämisse nicht zu ($\alpha_r = 0$), und die Ergebnis-Menge ist 0. Man kann sich die Anwendung einer solchen Regel damit auch sparen.

Da sich die für einen Wertebereich definierten Fuzzy-Mengen überschneiden, kann es durchaus sein, dass mehrere Regeln einen Erfüllungsgrad ungleich null haben und damit angewendet werden können.

Die sich auf diese Weise aus der Anwendung jeder einzelnen Regel ergebenden Ergebnis-Mengen werden vereinigt – nach den Ausführungen von Kapitel 6 werden durch Mengen von Regeln Lösungsalternativen beschrieben und dies entspricht einer *Disjunktion*:

$$\mu_{1,\ldots,k}^{out} : \quad Y \to [0,1], \quad y \mapsto \max\{\mu_r^{out}(y) | r = 1, \ldots, k\} \tag{9.5}$$

Beispiel 9.3 (Fortsetzung)
Für das Stabbalance-Problem erhalten wir zu einem bestimmten Zeitpunkt die Messwerte $x_1 = 22.5$ Grad für den Winkel und $x_2 = 0$ Grad pro Sekunde für die Winkelgeschwindigkeit. Der Stab steht zwar nicht senkrecht, bewegt sich aber nicht. Dies kann daran liegen, dass unmittelbar zuvor bereits eine Ausgleichskraft auf den Fußpunkt des fallenden Stabes ausgeübt wurde.

Die Prämissen der folgenden beiden Regeln haben einen Erfüllungsgrad größer als null:

R_1: **Wenn** M_1 ist *etwa null* und M_2 ist *etwa null*,

dann F ist *etwa null*.

R_2: **Wenn** M_1 ist *positiv klein* und M_2 ist *etwa null*,

dann F ist *positiv klein*.

Die Fuzzy-Mengen beider Regeln sowie die nachfolgenden Berechnungen sind in Abbildung 9.5 dargestellt.

Für die Prämisse der Regel R_1 berechnen wir nach (9.2) die beiden Erfüllungsgrade $\mu_1^{(1)}(x_1) = \mu_{nu}(x_1) = 0.25$ und $\mu_1^{(2)}(x_2) = \mu_{nu}(x_2) = 1$. Für Regel R_2 erhalten wir die beiden Werte $\mu_2^{(1)}(x_1) = \mu_{pk}(x_1) = 0.75$ und $\mu_2^{(2)}(x_2) = \mu_{nu}(x_2) = 1$.

Da die Messwerte beide Prämissenterme einer Regel erfüllen müssen, berechnet sich der Gesamterfüllungsgrad aus dem Minimum der beiden Zahlen, und wir erhalten gemäß Definition (9.3)

$$\begin{aligned} \alpha_1 &= \min\{\mu_1^{(1)}(x_1), \mu_1^{(2)}(x_2)\} = 0.25, \\ \alpha_2 &= \min\{\mu_2^{(1)}(x_1), \mu_2^{(2)}(x_2)\} = 0.75 \end{aligned}$$

als Erfüllungsgrad der Gesamtprämissen beider Regeln.

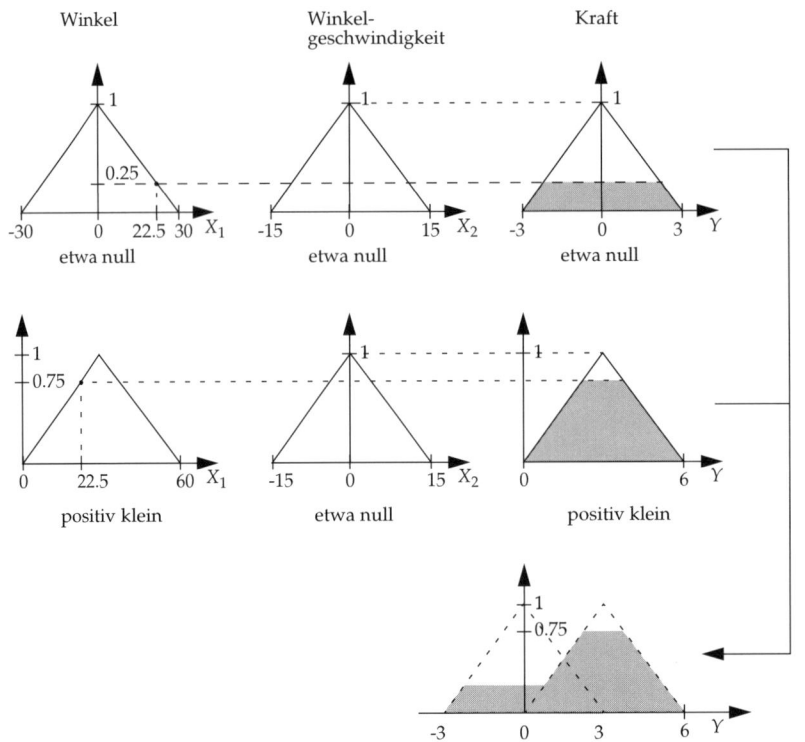

Abb. 9.5: Berechnungen des Fuzzy-Reglers für das Beispiel des inversen Pendels

Wie in (9.4) definiert, bildet die Ausgabe einer Regelanwendung die Fuzzy-Menge, die man durch Abschneiden von $\mu_r(y)$ in der Höhe α erhält: $\mu_{nu}(y)$ als Fuzzy-Menge der Konklusion der Regel R_1 wird also bei 0.25 abgeschnitten und $\mu_{pk}(y)$ als Fuzzy-Menge der Konklusion der Regel R_2 bei 0.75.

Die beiden Ergebnis-Mengen $\mu_1^{out}(y)$ und $\mu_2^{out}(y)$ werden abschließend gemäß (9.4) vereinigt:

$$\mu_{1,2}^{out}(y) \quad = \quad \max\{\mu_1^{out}(y), \mu_2^{out}(y)\}$$

Dieses Ergebnis ist in Abbildung 9.5 unten dargestellt.   ■

Jedes Tupel $(x_1, \ldots, x_n)$ von Messwerten liefert damit eine Fuzzy-Menge $\mu_{1,\ldots,k}^{out}$ für einen Stellwert Y. Zur Regelung des Prozesses wird aber i. A. ein *scharfer* Stellwert benötigt. Den entsprechenden Vorgang der Berechnung eines konkreten Wertes aus einer Fuzzy-Menge bezeichnet man auch als *Defuzzifizierung*.

In der Literatur wird eine Reihe von Methoden diskutiert, die wichtigste ist die sogenannte *Schwerpunktmethode* (engl. *center of area method*). Danach wird der Schwerpunkt der Fläche der Ergebnis-Menge $\mu_{1,\ldots,k}^{out}$ berechnet, und der Wert unterhalb dieses Schwerpunktes ist der aktuelle Stellwert. Eine wichtige Eigenschaft der Schwerpunktmethode ist ihr „glattes" Regelverhalten – Regeln werden entsprechend ihrer Erfüllungsgrade berücksichtigt. So liefert eine Regel, die gut zu den Messwerten passt und einen hohen Erfüllungsgrad hat, eine nahezu unveränderte Fuzzy-Menge, die dann auch die Berechnungen im Rahmen der Schwerpunktmethode dominiert. Der Einfluss einer wenig anwendbaren Regel ist dagegen gering.

Beispiel 9.4 (Fortsetzung)
Für das Stabbalance-Problem lesen wir für die Schwerpunktmethode aus der in Abbildung 9.5 unten dargestellten Fuzzy-Menge den ungefähren aktuellen Stellwert $F = 2$ Newton ab.   ∎

Sind für eine konkrete Anwendung die obigen Schritte durchgeführt, so ist nun die gesuchte Kontrollfunktion

$$f : X_1 \times \ldots \times X_n \to Y,$$

die zu jedem Tupel $(x_1, \ldots, x_n) \in X_1 \times \ldots \times X_n$ von Messwerten einen Stellwert $y = f(x_1, \ldots, x_n)$ berechnet, bekannt und kann in Form eines sogenannten *Kennfeldes* angezeigt werden. Das Verhalten eines Fuzzy-Reglers wird vollständig durch dieses Kennfeld beschrieben.

9.4 Zusammenfassung

Bei der Fuzzy-Regelung handelt es sich um ein Gebiet, das Methoden der Fuzzy-Logik einsetzt, um Prozesse zu regeln. Die Modellierung des Prozesses selber entfällt, und Wissen über die Art, auf die Menschen den Prozess regeln, wird maschinell verfügbar. Das Aufstellen der Regeln ist i. A. einfach, es schließt sich jedoch eine intensive Phase an, in der im Kontext des zu regelnden Prozesses Regeln und Fuzzy-Mengen verändert werden. Auf diese Weise entstandene Systeme sind schnell und robust und anwendbar auf komplexe Probleme. Der Einsatz von Fuzzy-Reglern bietet sich insbesondere dann an, wenn kein Modell des Prozesses existiert oder ein solches Modell nur mit zu hohem Aufwand erstellt werden kann, die Formulierung linguistischer Regeln jedoch einfacher ist.

Gegenstand aktueller Forschung sind verschiedene Formen hybrider Systeme, die Fuzzy-Logik beispielsweise mit *neuronalen Netzen* verbinden: Ziel neuronaler Fuzzy-Systeme ist das Erlernen einer optimalen Regelungsstrategie (Nauck et al. 03).

Auf dem Markt existiert inzwischen eine große Zahl von *Fuzzy-Entwicklungsumgebungen*. Sie ermöglichen die Erstellung von Fuzzy-Systemen unter Verwendung vollgrafischer Benutzeroberflächen, Kenntnisse von (Fuzzy-)Programmiersprachen sind nicht erforderlich.

9.5 Aufgaben

Aufgabe 9.1

Gegeben sei ein Fuzzy-Regler zur Regelung des Stabbalance-Problems mit folgender Regelbasis:

M_2 \ M_1	nk	nu	pk
nk	ng	nk	nu
nu	nk		pk
pk	nu	pk	pg

M_1 bezeichnet den Winkel und M_2 die Winkelgeschwindigkeit.

a) *Beschreiben und begründen Sie den zeitlichen Verlauf des Winkels, wenn dieser Regler angewendet wird. (Hinweis: Im Ausgangszustand ist der Stab leicht ausgelenkt.)*

b) *Wie lässt sich der Regler verbessern?*

Aufgabe 9.2

Gegeben sei der Wertebereich $[0, 200]$ für die Geschwindigkeit eines Fahrzeugs sowie der Wertebereich $[0, 10]$ für die Reifenabnutzung. Neben vielen anderen Regeln enthält das Systems eines Reifenherstellers die folgenden beiden:

> *Regel 1: Bei mittlerer oder schneller Fahrt ist die Reifenabnutzung groß.*
> *Regel 2: Bei langsamer Fahrt ist die Reifenabnutzung gering.*

a) *Modellieren Sie die Begriffe „langsam", „mittel" und „schnell" als Fuzzy-Mengen (Dreiecksfunktionen) der Breite 100 mit maximalen Zugehörigkeitswerten bei 50, 100 und 150.*

b) *Die Fuzzy-Mengen für „gering" und „groß" sind durch die beiden Listen*

$$((0, 1)(2.5, 1)(7.5, 0)) \text{ und } ((2.5, 0)(7.5, 1)(10, 1))$$

definiert. Stellen Sie die Zugehörigkeitsfunktionen grafisch dar.

c) *Skizzieren Sie die Fuzzy-Mengen für die neuen Begriffe „nicht langsam", „langsam und schnell" und „mittel oder schnell".*

d) *Die aktuell gemessene Geschwindigkeit betrage 90 km/h. Wie groß sind die Erfüllungsgrade der beiden Regeln?*
Skizzieren Sie die Fuzzy-Menge, die sich als Ergebnis der Regelanwendungen ergibt. Wie groß ist die aktuelle Reifenabnutzung nach Defuzzifizierung (geschätzt nach der Schwerpunktmethode)?

e) *Welche aktuelle Reifenabnutzung ergibt sich bei 75 km/h?*

10 Künstliche neuronale Netze

10.1   Einführung

Künstliche neuronale Netze umfassen eine Menge von netzartigen Modellen. Sie sind inspiriert durch das biologische Vorbild der Nervenzellen (Neuronen) und versuchen, bestimmte Aspekte der Informationsverarbeitung in Lebewesen nachzuvollziehen und im Computer nutzbar zu machen. Obwohl die kausalen Zusammenhänge zwischen neuronaler Aktivität und kognitiven Leistungen bis heute weitestgehend ungeklärt sind, haben die künstlichen neuronalen Netze aufgrund ihrer besonderen Eigenschaften eine breite Verwendung bei der Lösung praktischer Aufgaben gefunden. Hierbei spielt ihre *Lernfähigkeit* eine besondere Rolle. Wir geben einen kurzen Überblick über maschinelles Lernen sowie biologische und historische Aspekte der künstlichen neuronalen Netze. Danach werden die Netztypen Vorwärtsvermittlungsnetze und selbstorganisierende Karten mit ihrer Struktur, Lernregeln und Anwendbarkeit näher vorgestellt.

10.1.1   Maschinelles Lernen

Höher entwickelte Lebewesen haben die Fähigkeit, aus Erfahrungen zu lernen. Hierbei werden durch die erlebten Erfahrungen die Wissensrepräsentationen im lernenden System verändert. Als Folge kann das System sein Verhalten so ändern, dass es gewünschte Erfahrungen öfter und unangenehme seltener erlebt – also im Sinne eines Gütefunktionals besser reagiert. Dieses sich selbstständig verbessernde Verhalten ist auch bei Com-

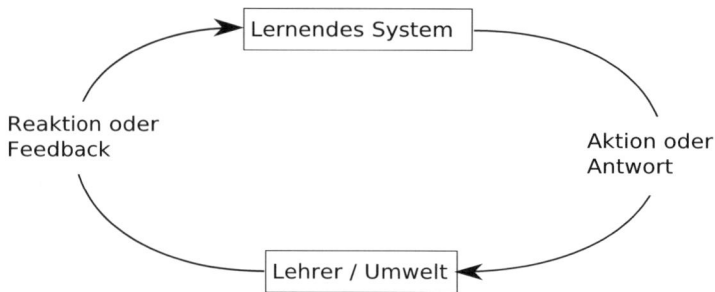

Abb. 10.1: Lernzyklus mit Feedback

putersystemen ein erstrebenswertes Ziel und wird in einem Teilgebiet der Künstlichen
Intelligenz, dem Maschinellen Lernen, näher untersucht.

Definition 10.1
Ein Computerprogramm lernt aus einer Erfahrung $\mathcal{E}$ bezüglich einer Aufgabenklasse
$\mathcal{T}$ und einer Bewertung $\mathcal{P}$, wenn sich durch $\mathcal{E}$ seine durch $\mathcal{P}$ gemessene Leistung bei
Aufgaben aus $\mathcal{T}$ verbessert. (Mitchell 97)   ◆

   Prinzipiell sind alle in diesem Buch vorgestellten Wissensrepräsentationen für Lernalgorithmen zugänglich, beispielsweise lassen sich Regelmengen, Bayessche Netze und
prädikatenlogische Formelmengen aus Fallbeispielen konstruieren und auf neue, unbekannte Fälle anwenden.

   Betrachten wir das Lernen unter dem Aspekt der Rückmeldung (Feedback) vom Lehrer
zum Lernenden: Ein lernendes System gibt eine Antwort oder führt eine Aktion aus und
bekommt dafür eine Reaktion oder ein Feedback von der Umwelt oder dem Lehrer (Abb.
10.1). Nach Art des Feedbacks unterscheiden wir drei Lernparadigmen:

- Überwachtes Lernen (engl. *supervised learning*)
- Bestärkendes Lernen (engl. *reinforcement learning*)
- Unüberwachtes Lernen (engl. *unsupervised learning*)

Überwachtes Lernen (supervised learning)

Beispiel 10.1 (Klassifikation von Bildern)
Die Bilder in Abb. 10.2 sind in drei Klassen L, M und R eingeteilt. Lässt sich herausfinden,
warum die Bilder zu diesen Klassen gehören, das heißt, welches Konzept sich hinter den
Klassen jeweils verbirgt?

   Durch Analyse der Gemeinsamkeiten der Bilder einer Klasse und der Unterschiede der
Bilder verschiedener Klassen sollte sich eine Hypothese bilden lassen, wodurch sich die
Klassen *unterscheiden*. Die Bilder lassen sich in einem hochdimensionalen Merkmalsraum
beschreiben, beispielsweise durch die Attribute

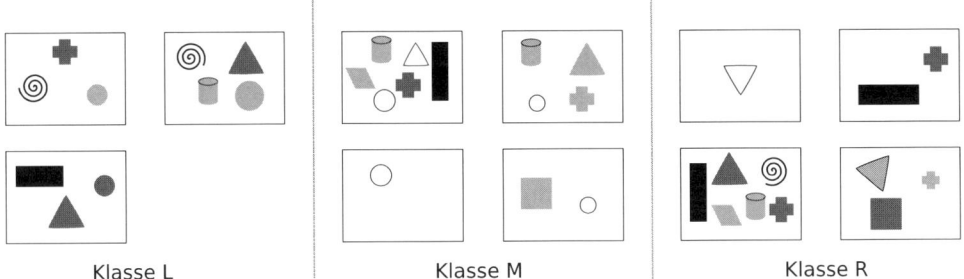

Abb. 10.2: Die drei gegebenen Bildklassen L, M und R

- Anzahl der Objekte
- Farbe der Objekte
- relative Lage der Objekte
- relative Lage der Bilder zueinander
- Intention des Autors beim Erzeugen
- u.v.a.

Dass bei der Wahrnehmung von Objekten durch einen Betrachter die entscheidende Merkmalskombination zur Klasseneinteilung überhaupt wahrnehmbar ist, ist nicht selbstverständlich, da im aufgenommenen Sinneseindruck vielleicht wesentliche Komponenten fehlen (wie später in Beispiel 10.9). Das ist in diesem Beispiel nicht so, für den Betrachter sollte es somit möglich sein, das bei der Erzeugung verwendete Konzept zu finden. *Eine* mögliche Lösung ist die folgende Zuordnungsvorschrift:

$$\textit{Wenn das Bild einen} \left\{ \begin{array}{c} \textit{gefüllten} \\ \textit{leeren} \\ \textit{keinen} \end{array} \right\} \textit{Kreis enthält, gehört es zur Klasse} \left\{ \begin{array}{c} L \\ M \\ R \end{array} \right\}.$$

∎

Dem lernenden System wird zu jedem Eingabevektor die gewünschte Klassenzuordnung übergeben. Somit steht eine klassifizierte Stichprobe zur Verfügung, wir nennen diese die *Trainingsmenge*. Die Trainingsmenge ist eine Menge von Ein- und Ausgabepaaren, für die als Lernaufgabe eine Zuordnungsvorschrift zu finden ist, die

a) jedem Eingabevektor der Trainingsmenge die richtige Klasse zuordnet und
b) den Vektoren des Diskursbereiches, die nicht in der Trainingsmenge enthalten sind, ebenfalls passende Klassen zuordnet (*Generalisierungsfähigkeit*)

In anderen Worten, wir wollen dem System eine Menge von Beispielen für Klassen zeigen und das System soll selbstständig die Kriterien entwickeln, mit denen die Klassen unterschieden werden können. Das Feedback ist für das lernende System sehr komfortabel

Tab. 10.1: Feedback-Schleife eines Roboters beim bestärkenden Lernen

Sender	Information	im Agenten
Umgebung	Sensor vorn links meldet schwaches Signal, Kodierung als Zustand 10	
Agent	Regelwerk wählt Aktion 5: Drehe nach links	
Umgebung	Aktion war schlecht gewählt, weil der Agent gegen die Wand gefahren ist. Wert für Reinforcement beträgt 0 (maximale Bestrafung).	$(10,5) \to$ schlecht
Umgebung	Sensor vorn links meldet starkes Signal, Kodierung als Zustand 11	
Agent	Regelwerk wählt Aktion 8: Fahre rückwärts	
Umgebung	Aktion war gut, Sensoren melden keine Hindernisse mehr. Wert für Reinforcement 1 (max. Belohnung)	$(11,8) \to$ gut
Umgebung	Keine Sensorsignale, Kodierung als Zustand 1	
Agent	Regelwerk wählt Aktion 8: Fahre rückwärts	
Umgebung	Aktion war gut, Sensoren melden keine Hindernisse. Wert für Reinforcement 1 (max. Belohnung)	$(1,8) \to$ gut
Umgebung	Keine Sensorsignale, Kodierung als Zustand 1	
Agent	Regelwerk wählt Aktion 2: Fahre rechts	usw. usf.

– die korrekte Klasse (oder die richtige Aktion) wird angegeben. Während Punkt a) bei geeigneter Trainingsmenge (eindeutige Abbildung) unproblematisch ist, stellt Punkt b) besondere Anforderungen an den Lernalgorithmus und die Trainingsmenge.

Ein Eingabevektor kann z. B. die Ausgabe eines Sensorsystems, ein Aktienkurs, eine Beschreibung eines Telefonkunden, ein Frequenzspektrum einer MP3-Datei, die IP-Adresse eines TCP-Pakets, die Farbfleckenverteilung eines Fotos, die Sonarmesswerte eines Roboters oder Ähnliches sein. Die Klasse kann eine Einteilung darstellen, sie könnte aber beispielsweise bei Robotern auch sofort eine Aktion auslösen.

Bei künstlichen neuronalen Netzen werden wir das überwachte Lernen im Abschnitt 10.3 bei Vorwärtsvermittlungsnetzen näher betrachten.

Bestärkendes Lernen (reinforcement learning)

Beispiel 10.2 (Lernender Roboter)
In Tabelle 10.1 probiert ein Roboter verschiedene Aktionen und verändert seine Repräsentation anhand des von der Umwelt erhaltenen Feedbacks. Im dritten und vierten Schritt reagiert der Roboter auf die gleiche Situation (Zustand 1) mit verschiedenen Aktionen – er probiert aktiv andere Verhaltensweisen und wirkt somit an seiner Trainingsmenge selbst mit. Für den Roboter schwierig zu erkennen, sind verzögerte Bewertungen. Beispielsweise ergab seine Reaktion „rückwärts" im zweiten Zyklus eine maximale Belohnung, könnte jedoch die Ursache für den einige Zyklen später auftretenden Absturz über eine Treppenkante sein, der eine sehr negative Beurteilung erhält.   ∎

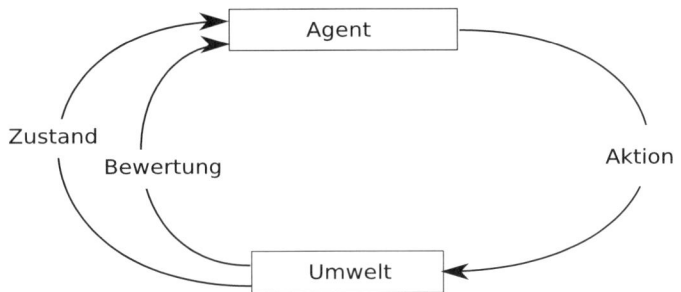

Abb. 10.3: Agent und Umwelt beim bestärkenden Lernen, nach (Sutton & Barto 98)

Wenn Systeme mit der realen Umwelt interagieren, wie beispielsweise Roboter oder Regler, entscheiden sie sich in einer bestimmten Situation für eine bestimmte Aktion. Hierbei ist die Bereitstellung der Information, welche Aktion richtig gewesen wäre (die korrekte Klasse) meist nicht möglich, und es steht dem lernenden System als Feedback über die Güte der Aktion nur eine Bewertung zur Verfügung (Abbildung 10.3). Fährt ein mobiler Wachschutzroboter gegen ein Hindernis, ist die Erzeugung eines Bewertungssignals („gar nicht gut") wesentlich einfacher als die Angabe des korrekten Bewegungsplanes. Die Lernaufgabe besteht darin, eine Strategie zu finden, die die zukünftigen erwarteten Bewertungen optimiert. Eine Strategie ist hierbei eine Vorschrift, die anhand der aktuellen Situation (Zustand des Systems und der Umwelt) eine Aktion auswählt. Schwierigkeiten entstehen insbesondere durch

- nicht deterministische, nicht stationäre, chaotische Reaktionen der Umwelt
- die eingeschränkte Wahrnehmbarkeit der Situation
- die Reichweite der Prognose
- die zeitliche Verzögerung der Bewertung

Im Anwendungsbereich muss das Ausprobieren von Aktionen möglich sein, man spricht auch vom *entdeckenden Lernen*. Das lernende System steht hierbei ständig vor der Entscheidung, ob es sein bisheriges Wissen zur Wahl einer optimalen Aktion ausnutzt oder ob es unbekannte Zustands-Aktionspaare erkundet: *Exploitation vs. Exploration*. Diese Entdeckerfreude bzw. deren Verlauf ist oft ein Parameter von Reinforcement-Lernalgorithmen. Evolutionäre Algorithmen gehören zu diesem Lernparadigma, das Feedback ist hierbei die Fitness-Funktion und die Entdeckerfreude die Mutationsrate (siehe Abschnitt 4.2.2).

Beispiel 10.3 (Exploitation vs. Exploration)
Vor Ihnen stehen zehn einarmige Banditen. Sie haben die ersten beiden jeweils fünfmal ausprobiert und am ersten einmal und am zweiten viermal gewonnen. Sie haben noch 100 Spiele vor sich – würden Sie eher die anderen Automaten probieren oder bis ans Ende

Abb. 10.4: Unüberwachtes Lernen: Ähnliche Symbole sind zu gruppieren.

mit Automat zwei weiterspielen? Würden Sie bei nur zwei verbleibenden Spielen anders entscheiden? Die Entscheidung hängt offensichtlich von

- den Erfahrungen (geschätzte Intervalle der Gewinnwahrscheinlichkeiten) und
- der verbleibenden Spielanzahl (Optimierungshorizont) ab.

■

Das bestärkende Lernen wurde im Bereich der neuronalen Netze 1983 durch Barto, Sutton und Anderson (Barto et al. 83) zur Regelung eines inversen Pendels eingeführt. In der Folge löste sich das Reinforcement-Lernen von dem Modell der neuronalen Verarbeitung, und es entstanden sehr erfolgreiche Methoden wie das Q-Lernen (Watkins 89), die insbesondere in der Robotik Einsatz finden. So bestand der Weltmeister im Roboterfußball 2006 in der Middle Size Liga aus mit bestärkendem Lernen trainierten Verhaltensmodulen (Riedmiller et al. 06), die Wertefunktionen der Verhaltensmodule wurden dabei übrigens durch Vorwärtsvermittlungsnetze repräsentiert. Einen umfassenden Einstieg in das Thema liefert das Online-Buch (Sutton & Barto 98), eine kompaktere Übersicht bietet ebenfalls online (Kaelbling et al. 96).

Unüberwachtes Lernen (Unsupervised learning)

Beim unüberwachten Lernen fehlt das Feedback des Lehrers zur Leistung des Lernenden.

Beispiel 10.4 (Gruppieren von Figuren)

Abbildung 10.4 listet eine Menge von Symbolen auf, die in Gruppen einzuteilen sind. Offensichtlich gibt es mehrere Möglichkeiten, die Einteilung vorzunehmen. Allgemein wird nur verlangt, dass ähnliche Objekte in die gleiche und unähnliche Objekte in verschiedene Klassen eingeordnet werden. Notwendig ist dazu die Definition einer Ähnlichkeitsfunktion, die Anzahl der Gruppen wird in der Regel nicht vorgegeben. Eine mögliche Lösung zeigt Abbildung 10.5. Als Gruppierungsmerkmal wurde hierbei die *Art der Füllung* gewählt. Dies ist nicht zwingend, andere Gruppierungsvarianten sind ebenfalls denkbar – bei Wahl der *Größe* als Gruppierungsmerkmal fände sich der kleine ungefüllte Kreis in der anderen Klasse.   ■

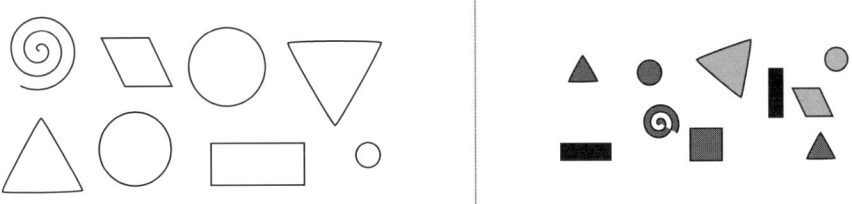

Abb. 10.5: Unüberwachtes Lernen – eine Lösung für Beispiel 10.4

Bei dieser Form des Lernens erhält das lernende System kein Feedback und versucht, selbstständig in der Häufigkeitsverteilung der Eingabevektoren Strukturen zu entdecken. Im Bereich der neuronalen Netze finden wir dieses Lernparadigma bei den selbstorganisierenden Karten im Abschnitt 10.4. Anwendung finden unüberwachte Lernverfahren beispielsweise in den frühen Stufen des Data Mining (Witten & Frank 05), in denen noch nicht bekannt ist, welche Gruppen sich in den Datenmengen verbergen oder bei der Visualisierung großer Datenmengen.

Beispiel 10.5 (Prüfungsfeedback)
Welches Feedback erhalten Sie nach der Prüfung vom Lehrer in den drei Lernparadigmen?

Beim *überwachten* Lernen teilt Ihnen der Lehrer die richtige Lösung mit, beim *bestärkenden* Lernen erhalten Sie eine Note, und beim *unüberwachten* Lernen hören Sie nie wieder etwas von Ihrem Lehrer.   ■

10.1.2   Motivation neuronaler Netze

Nach der Vorstellung Platons dienen die vielen Windungen des Gehirns dazu, das überhitzte Blut abzukühlen. Bei besonders heißblütigen Individuen (Männern) würde diese Kühlfunktion im Kopf oftmals nicht ausreichen, was zum Verwelken der Haare führe (Reichert 00). Der Gegenbeweis steht noch aus, wir schreiben dem Gehirn allerdings noch andere Funktionen zu. Erst um 1900 wurde entdeckt, dass Nervensysteme aus hochgradig vernetzten Neuronen (Abb. 10.6) bestehen. Neuronen sind auf Informationsverarbeitung spezialisierte Zellen, die im einfachsten Falle der direkten Kopplung (Reflex) von Sinneszellen mit Effektorzellen (Muskeln) dienen. Merkmale von Neuronen:

- ausgedehnte und verzweigte Fortsätze
- Zellmembran erzeugt und leitet elektrische Signale weiter
- über Synapsen können Signale zwischen Neuronen übertragen werden

Die Synapsen entstehen durch Wachstum des Axonausläufers eines Neurons in Richtung von Dendriten, Zellkörpern oder Axons anderer Nervenzellen. Die Zellen suchen und finden sich.

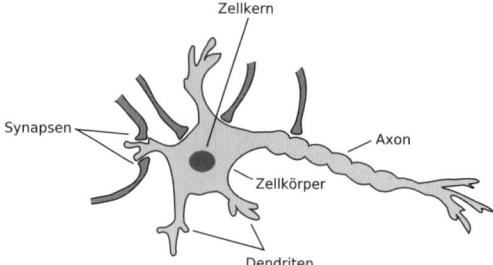

Abb. 10.6: Aufbau einer Nervenzelle

Aktivierung

Eine Nervenzelle kann sich in zwei Zuständen befinden:

- im *inaktiven Zustand* ist an der Oberfläche ein konstantes Ruhepotenzial messbar,
- im *angeregten Zustand* laufen Aktionspotenziale (kleine Spannungsspitzen) verlustfrei und gerichtet zum Axon und an diesem entlang.

Trifft ein Aktionspotenzial an einer Synapse ein, so kann die postsynaptische Zelle zu einem eigenen Aktionspotenzial angeregt (exitatorische Synapse) oder gehemmt (inhibitorische Synapse) werden. Die zeitliche und räumliche Aufsummierung der an den eingehenden Synapsen auftretenden Aktionspotenziale entscheidet über die Aktivierung der postsynaptischen Zelle. Überwiegen die Signale, die über exitatorische Synapsen eingehen, diejenigen, die über inhibitorische Synapsen anliegen, um einen Schwellwert, so feuert das Neuron und wechselt in den angeregten Zustand.

10.1.3   Geschichtliches – Wer hat's erfunden

Warren S. McCulloch und Walter Pitts schlugen 1943 ein erstes technisches Neuronenmodell vor, das in der Informatik bis heute die Grundlage der meisten Netzmodelle darstellt. Durch Vernetzung dieser Neuronen ließen sich alle binären Funktionen ausdrücken. Die Neurobiologie hat seitdem wesentlich differenziertere Neuronenmodelle entwickelt, die aber zur Lösung von Anwendungsproblemen keine wesentliche Verbesserung beitrugen. In der Informatik wird somit bewusst ein realitätsfernes Modell weiterverwendet. Dieses erste Modell der Informationsübertragung und Repräsentation erklärte noch nicht die Lernfähigkeit eines Netzes. Hierzu formulierte 1949 Donald O. Hebb die *Hebbsche These*:

> Bei gleichzeitiger Aktivität der präsynaptischen und postsynaptischen Zelle wird die Synapse verstärkt.

Häufig gleichzeitig auftretende Sinneseindrücke und Zwischenergebnisse bilden sich somit in der Neuronenstruktur ab. Die verantwortlichen neuronalen Mechanismen sind bis

heute nicht geklärt (Reichert 00). Die Hebbsche These stellt in verschiedenen Ausprä-
gungen die Grundlage fast aller Lernalgorithmen für künstliche neuronale Netze (kurz
KNN) dar. So entwarf Frank Rosenblatt 1958 das erste lernfähige neuronale Netz –
das *Perzeptron*. 1960 entwickelten Bernard Widrow und Hoff das sehr ähnliche Modell
ADALINE. Beide Modelle konnten zu Netzen (Multilayer-Perzeptron, MADALINE) ver-
schaltet werden und besaßen damit die Ausdruckskraft der McCulloch-Pitts-Neuronen,
darüber hinaus konnten aber einzelne Neuronen mit einem gewünschten Verhalten trainiert werden. Leider ließ sich die Lernregel nicht auf das gesamte Netz anwenden. Als
daher Minsky und Papert 1969 in ihrem Buch „Perceptrons" nachwiesen, dass Funktionen wie XOR nicht mit einer Neuronenschicht darstellbar sind, wohl aber mit zweien, für
die aber kein Lernverfahren bekannt war, brach das Interesse an künstlichen neuronalen
Netzen für lange Zeit ein.

Die Renaissance der KNN datiert auf 1982, als John Hopfield mit dem *Hopfield-Netz*
einen trainierbaren Musterassoziator bestehend aus einer vollvernetzten Neuronenschicht
entwickelte (Hopfield 82). Im gleichen Jahr veröffentlichte Teuvo Kohonen, inspiriert
durch Vorarbeiten von anderen Forschern wie Grossberg, Willshaw und van der Mals-
burg zu selbstorganisierenden Projektionen, sein Netzmodell der *selbstorganisierenden
Karte* (Kohonen 82), das eine topologieerhaltende Abbildung der Eingabedaten auf eine
Fläche vornahm. Seine selbstorganisierenden Karten und die Hopfield-Netze sind heute noch aktuelle Netze und in ihrer Anwendungsbreite noch lange nicht erschöpft. Der
Durchbruch für die mehrschichtigen vorwärtsverketteten Netze erfolgte 1986 durch Ru-
melhart, Hinton und Williams, die das schon 1974 von Paul Werbos in seiner Doktorar-
beit entwickelte Gradientenabstiegsverfahren unter dem Namen *Error-Backpropagation-
Verfahren* (Abschnitt 10.3.3) zum Training mehrschichtiger Netze nutzten. In der Folge
sind die Veröffentlichungen zu künstlichen neuronalen Netzen kaum mehr zu überblicken.
Nachdrucke der Originalartikel (fast) aller eben genannten Wissenschaftler finden sich in
(Anderson & Rosenfeld 88).

10.2 Modelle künstlicher neuronaler Systeme

Künstliche neuronale Netze sind Graphen mit gerichteten Kanten, deren Knoten einfachen Verarbeitungseinheiten entsprechen. Die Verarbeitungseinheiten werden als künstliche Neuronen (im Weiteren oft nur Neuronen) bezeichnet, arbeiten massiv parallel und
übertragen Informationen über die Kanten an andere Neuronen. Die Modelle der Neuronen und die Art und Weise der Vernetzung (Netztopologie) bestimmen das Netzmodell.

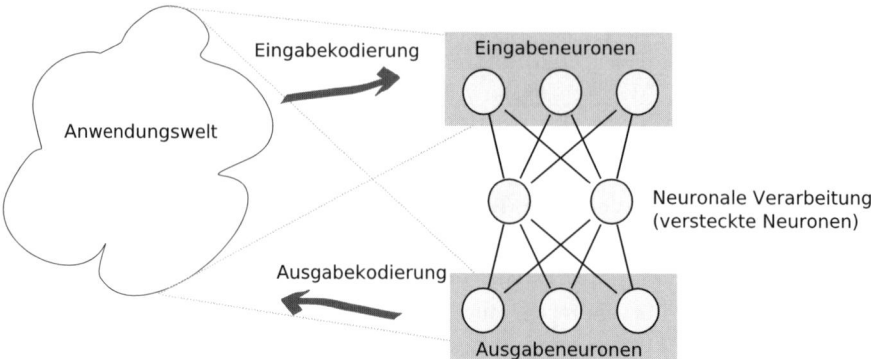

Abb. 10.7: Neuronen im Kontakt zur Umwelt, nach (Kratzer 90)

10.2.1 Modell eines Neurons

Bei den Verarbeitungseinheiten neuronaler Netze unterscheiden wir, je nach Verbindung zur Umwelt (siehe Abb. 10.7), drei Arten:

Eingabeneuronen nehmen Informationen aus der Umgebung auf und geben sie weiter (biologisch: Sinneszellen, z. B. Stäbchen der Retina).

Ausgabeneuronen stellen den Zustand des Netzes für die Umgebung dar (biologisch: Motoneurone kontrollieren die Aktivität von Muskelfasern).

Versteckte Neuronen dienen der internen Informationsverarbeitung.

Die Neuronen entsprechen hierbei einfachen Zustandsautomaten, die aus ihrem aktuellen Zustand mit der aktuellen Eingabe in einen nächsten Zustand wechseln. Oft spielt der aktuelle Zustand hierbei auch keine Rolle, sondern nur die aktuelle Eingabe. Wir verwenden das Neuronenmodell nach Abbildung 10.8. Es besteht aus den Komponen-

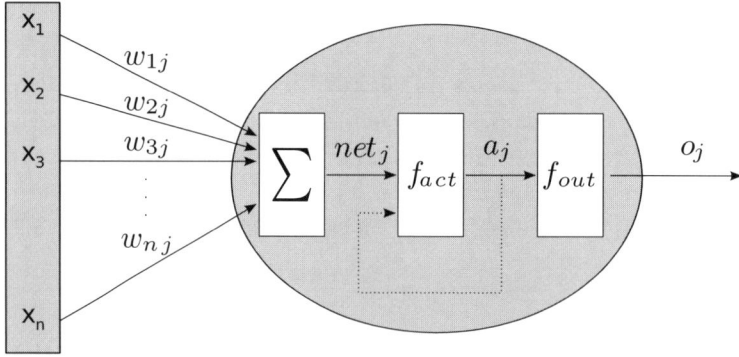

Abb. 10.8: Neuronenmodell: Neuron j

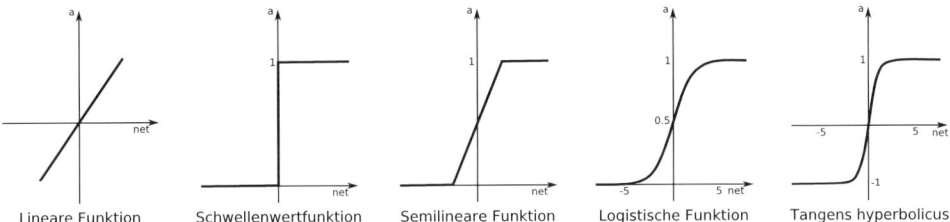

Lineare Funktion	Schwellenwertfunktion	Semilineare Funktion	Logistische Funktion	Tangens hyperbolicus

Abb. 10.9: Aktivierungsfunktionen

ten: Wichtungen w_{ij}, Netzaktivität net_j, Aktivierungszustand a_j, Aktivierungsfunktion f_{act}, Ausgabefunktion f_{out} und Ausgabewert o_j. Der Index j kann entfallen, wenn ein einzelnes Neuron besprochen wird. Wir stellen nun die genannten Komponenten vor.

Die *Wichtungen* modellieren die biologischen Synapsen, d. h. die Wirkung der Aktivierung eines Neurons auf ein anderes. Wichtungen sind gerichtet und stammen aus dem Bereich der reellen Zahlen. Wir bezeichnen die Wichtung vom Neuron i zum Neuron j mit w_{ij}. Bei $w_{ij} > 0$ sprechen wir von *exitatorischen*, bei $w_{ij} < 0$ von *inhibitorischen* Wichtungen.

Die *Netzaktivität* net_j fasst die am Neuron j eingehenden Signale zusammen. Signale können vom Ausgang o_i anderer Neuronen oder direkt von einem Eingabemuster $x = (x_1, ..., x_i, ..., x_n)$ kommen. Hierzu wird meist die mit den Wichtungen gewichtete Summe der eingehenden Signale verwendet:

$$net_j = \sum_i w_{ij} \cdot o_i \quad \text{bzw.} \quad net_j = \sum_i w_{ij} \cdot x_i.$$

Jedes Neuron j besitzt einen *Aktivierungszustand* a_j. Der Wertebereich des Aktivierungszustandes eines Neurons ist entweder

- eine diskrete Menge: $\{0, 1\}, \{-1, +1\}, \{-1, 0, +1\}$ oder
- ein Intervall: z. B. $(0, 1)$

Die *Aktivierungsfunktion* (Zustandsübergangsfunktion) beschreibt, wie aus der aktuellen Aktivierung und Netzaktivität die nächste Aktivierung bestimmt wird. Bei Unabhängigkeit von der aktuellen Aktivierung handelt es sich um eine einfache Funktion einer Variablen, die gestrichelte Verbindung in Abb. 10.8 entfällt dann. Meist wird eine der Aktivierungsfunktionen aus Abb. 10.9 verwendet.

Für Lernregeln nach dem Prinzip des Gradientenabstiegs, z. B. das Backpropagation-Verfahren, sind die *sigmoiden* (S-förmigen) Funktionen von Bedeutung. Sie erfüllen folgende Eigenschaften:

- stetig und differenzierbar (die Ableitung wird in der Lernregel verwendet)
- streng monoton (Punkte mit $f' = 0$ liefern keinen Hinweis über Abstiegsrichtung)
- oben und unten beschränkt (Vermeidung von unbegrenztem Wichtungswachstum)

Beispiele für sigmoide Aktivierungsfunktionen sind die logistische Funktion

$$a(net) = \frac{1}{1 + e^{-net}} \quad ,$$

der Tangens hyperbolicus und die auf den Anstieg beschränkte Sinusfunktion. Die Aktivierungsfunktion kann stochastische Anteile enthalten und berechnet dann nur die *Aktivierungswahrscheinlichkeit*. Diese Vorgehensweise findet man oft bei optimierenden Modellen, um den gefürchteten lokalen Fehlerminima zu entgehen, in denen sich Gradientenabstiegsmethoden (*Bergsteigerprinzip*, siehe auch S. 42) verfangen können.

Neuronen, bei denen der alte Aktivierungszustand Einfluss auf den nächsten Aktivierungszustand hat, kapseln ihre Aktivierung oft nach außen ab und geben sie nur über eine *Ausgabefunktion* f_{out} an nachfolgende Neuronen weiter. Bei den folgenden Netzmodellen (außer ADALINE) verwenden wir die *Identität*, so dass die Ausgabe o_j eines Neurons j gleich seiner Aktivierung a_j ist:

$$o_j = f_{out}(a_j) = a_j.$$

10.2.2 Netztopologie

Im menschlichen Gehirn finden sich als auffällige Vernetzungsstrukturen sogenannte Säulen und Karten. Säulen sind hintereinander geschaltete Neuronenschichten, beispielsweise im visuellen Kortex, in denen die Signale nur innerhalb der Neuronenschicht und zur nächsten übertragen werden. Die Vernetzung innerhalb der Neuronenschichten verbindet funktionell zusammengehörende Neuronen und bildet Karten (Abb. 10.27). In den Vernetzungsmodellen künstlicher Netze finden sich diese Strukturen wieder:

geschichtete Netze: In geschichteten Netzen werden Neuronen zu *Neuronenschichten* (engl. *layer*) zusammengefasst, und es sind nur bestimmte Verbindungen zugelassen. Besteht keine Verbindung von Neuronen einer Schicht untereinander und nur aufsteigende Verbindungen von einer Neuronenschicht zur nächsten, so spricht man von *vorwärts verketteten Netzen* (auch *Vorwärtsvermittlungsnetz*, engl. *feed forward net*, Abb. 10.10a). Die Menge der Wichtungen von einer Neuronenschicht zur nächsten werden als *Wichtungsschicht* bezeichnet. Netze mit einer Wichtungsschicht heißen *einstufige*, mit mehreren Wichtungsschichten *mehrstufige* (auch *mehrschichtige*) Netze.

Verbindungen, die Neuronenschichten überspringen, werden *Abkürzungen* (engl. *shortcuts*), Verbindungen, die rückwärts zur Hauptrichtung führen, *Rückkopplungen* genannt (Abb. 10.10b und c). Rückkopplungen dienen beispielsweise zur Modellierung eines Gedächtnisses, da vergangene Zustände so noch einen (abnehmenden) Einfluss auf die aktuelle Aktivierung haben können. Netze mit Rückkopplungen werden als *rekurrente Netze* bezeichnet und zur Vorhersage von Sequenzen angewendet. Beispiele sind Jordan- und Elman-Netze (Elman 90; Jordan 86).

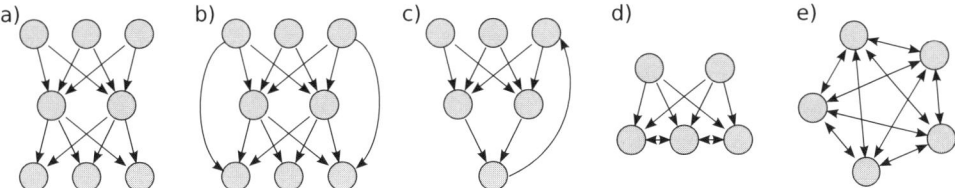

Abb. 10.10: Netztopologien: a) vorwärts verkettet b) mit Abkürzungen c) mit Rückkopplungen d) mit lateralen Verbindungen e) voll vernetzt

Netzmodelle, bei denen die Neuronen einer Schicht um eine Aktivierung konkurrieren und sich gegenseitig hemmen, erlauben die lokale Vernetzung der Neuronen einer Schicht untereinander durch *laterale Verbindungen* (Abb. 10.10d, siehe auch Kapitel 10.4).

vollvernetzte Struktur: Jedes Neuron ist mit jedem verbunden (Abb. 10.10e).

In den nächsten beiden Abschnitten wenden wir uns erst den einstufigen und dann den mehrstufigen Vorwärtsvermittlungsnetzen zu.

10.3 Vorwärtsvermittlungsnetze

Die folgenden Abschnitte stellen Vorwärtsvermittlungsnetze, deren Wissensrepräsentation, wichtige Lernverfahren und die Art und Weise der konkreten Anwendung vor. Der Schwerpunkt liegt dabei auf dem *Backpropagation-Verfahren*.

10.3.1 Perzeptron

Der Psychologe Frank Rosenblatt entwickelte Ende der 50er-Jahre eine Reihe von Netzmodellen, denen er den Namen Perzeptron gab. Die Modelle sollten erklären, wie einem visuellen Eindruck auf der Netzhaut des Auges die passende Interpretation zugeordnet wird. Das ursprüngliche Modell sieht hierzu Assoziatoren (Abb. 10.11) vor, deren Eingänge zufällig mit binären Sinneszellen der Netzhaut verknüpft sind. Die Assoziatoren zeigen an ihrem Ausgang mit 0 oder 1 das Vorhandensein eines bestimmten Musters in dem von ihnen beobachteten Bereich an. Die Ausgänge der Assoziatoren sind über gewichtete Verbindungen mit dem eigentlichen *Perzeptron* verbunden. Das Perzeptron summiert die eingehenden Signale und entscheidet anhand einer Schwelle Θ, ob es feuert oder nicht, und gibt dann entsprechend 1 oder 0 aus. Jedes einzelne Perzeptron steht hierbei für ein Konzept, z. B. einen konkreten Buchstaben, den es anhand des Netzhautmusters erkennt oder nicht.

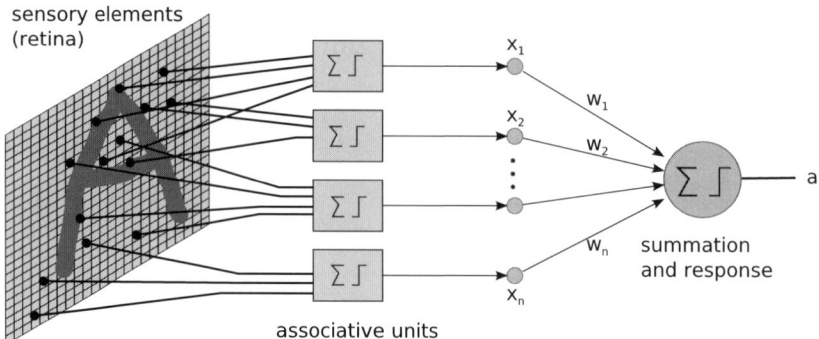

Abb. 10.11: Das Perzeptron, vereinfachte Darstellung

Zur Beschreibung des Verarbeitungsmodells nutzen wir die in Abschnitt 10.2 einge-führten Begriffe. Der *Aktivierungszustand* a und die möglichen Eingaben x_i sind diskrete Werte:

$$a \in \{0, 1\} \quad \text{und} \quad x_i \in \{0, 1\}.$$

Die *Wichtungen* w_i sind reelle Zahlen und werden mit den Eingaben x_i zur Netzaktivität *net* zusammengefasst:

$$net = \sum_{i=1}^{n} w_i x_i.$$

Als *Aktivierungsfunktion* wird eine Sprungfunktion verwendet:

$$a = f(net) = \begin{cases} 1 & \text{wenn} \quad net > \Theta \\ 0 & \text{sonst.} \end{cases} \tag{10.1}$$

Ausgabefunktion ist die Identität, der Aktivierungszustand a ist also bereits die Aus-gabe des Perzeptrons. Die Eingaben x_i kann man sich als Ausgaben einer Schicht von Eingabeneuronen vorstellen, so dass es sich beim Perzeptron um ein einstufiges Vorwärts-vermittlungsnetz handelt.

Wir führen nun eine verbreitete Darstellungsform ein, die den *Schwellwert als zusätz-liche Wichtung* interpretiert. Gleichung (10.1) ist äquivalent zu

$$a = f(net) = \begin{cases} 1 & \text{wenn} \quad net - \Theta > 0 \\ 0 & \text{sonst.} \end{cases}$$

Zur Summe *net* wird $-\Theta$ addiert. Den Summand $-\Theta$ können wir uns hierbei auch als das Resultat einer Wichtung mit dem Wert $-\Theta$ von einer stets mit 1 aktivierten neuen Eingabezelle, dem sogenannten *ON-Neuron*, vorstellen: $w_{n+1} = -\Theta$ und $x_{n+1} = 1$. Die Entscheidung über die Aktivierung wird dann nur noch durch Vergleich mit 0 getroffen. Diese Sichtweise des Schwellwertes als Wichtung und damit seine Aufnahme in die Netz-aktivität gilt meist stillschweigend in der Fachliteratur, wenn die Aktivierungsfunktion

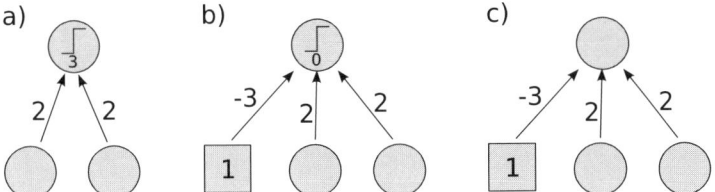

Abb. 10.12: Äquivalente Darstellungen eines UND-Perzeptrons

den Sprung bei der Stelle $net = 0$ ausführt (Abb. 10.12a–c). Die Formel für das Lernen von Θ kann dann entfallen. Wir werden beim Perzeptron den Schwellwert noch explizit mit darstellen, später beim Multilayer-Perzeptron zu der vereinfachten Darstellung übergehen.

Beispiel 10.6 (Perzeptron)
Gegeben sei ein Perzeptron mit zwei Wichtungen $w_1 = w_2 = 2$ und dem Schwellwert $\Theta = 3$ nach Abbildung 10.12. Bei Eingabe von $x = (x_1, x_2) = (1, 0)$ ergibt sich die Netzaktivität als

$$net = w_1 \cdot x_1 + w_2 \cdot x_2 = 2 \cdot 1 + 2 \cdot 0 = 2.$$

Die Netzaktivität 2 ist kleiner als der Schwellwert 3, das Neuron feuert nicht, und die Aktivität ergibt sich als $a = 0$. Abbildungen 10.12b und c stellen die vereinfachte Darstellung des Schwellwertes $\Theta = 3$ als zusätzliche Wichtung $w_3 = -3$ eines Eingabeneurons mit auf 1 festgelegter Aktivierung dar. Die Tabelle in Abbildung 10.13a listet die Netzaktivitäten und Ausgaben für die vier möglichen Eingabemuster.

Man sieht leicht, dass beide Eingänge mit 1 aktiviert werden müssen, um das Neuron zum Feuern zu bewegen. Werden die Zahlenwerte 0 und 1 als Wahrheitswerte *wahr* und *falsch* interpretiert, realisiert das Netz nach Abb. 10.12 das Boolesche Prädikat

$$a = \text{UND}(x_1, x_2) = x_1 \wedge x_2.$$

■

Aufteilung des Eingaberaumes

Die Eingaben $x_1, ..., x_n$ spannen einen n-dimensionalen Eingaberaum auf. Das Perzeptron ordnet jedem der Punkte $(x_1, ..., x_n)$ des Eingaberaumes den Wert 0 oder 1 zu. Welche Form hat die Grenzfläche zwischen den 0- und 1-Punkten? Der *Halbraum der 1-Punkte* ist beschrieben durch:

$$\sum_{i=1}^{n} w_i x_i > \Theta. \tag{10.2}$$

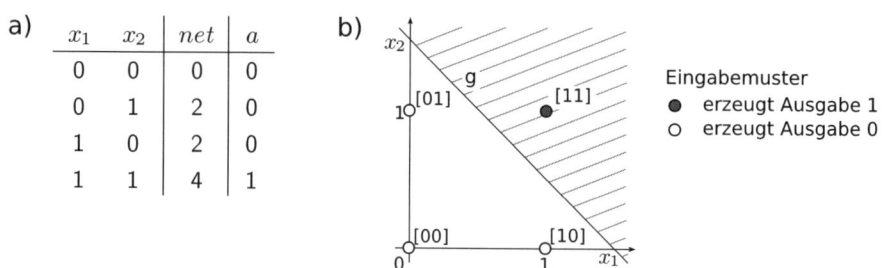

a)

x_1	x_2	net	a
0	0	0	0
0	1	2	0
1	0	2	0
1	1	4	1

Abb. 10.13: UND-Perzeptron aus Abb. 10.12 a) Wahrheitstabelle b) Trenngerade im Eingaberaum

Ersetzen wir in Gleichung (10.2) das Größerzeichen durch ein Gleichheitszeichen, so erhalten wir die Beschreibung der Grenzfläche zwischen den beiden Halbräumen. Wir lösen die Gleichung für den zweidimensionalen Fall ($n = 2$) nach x_2 auf:

$$x_2 = f(x_1) = -\frac{w_1}{w_2}x_1 + \frac{\Theta}{w_2} \qquad \text{mit } w_2 \neq 0.$$

Die Trennfläche für $n = 2$ ist demnach eine Gerade. Aus Ungleichung (10.2) folgt, dass bei $w_2 > 0$ der Halbraum der 1-Punkte *über* der Geraden und bei $w_2 < 0$ *darunter* liegt.

Beispiel 10.7 (Trennfläche)
Die Trennfläche des UND-Perzeptrons nach Abb. 10.12 mit $w_1 = w_2 = 2$ und $\Theta = 3$ ist die Gerade $g : x_2 = -x_1 + 1.5$. Die Aufteilung des Eingaberaumes zeigt Abbildung 10.13b. Wegen $w_2 > 0$ liegt die Menge aller Punkte, die das Perzeptron mit 1 (*wahr*) klassifiziert, *über* der Trenngeraden. Die Punkte darunter und die Punkte der Geraden selbst werden mit 0 (*falsch*) klassifiziert. Die zulässigen Eingaben des Perzeptrons sind die vier eingetragenen Binärworte.   ∎

Auch bei Erweiterung des 2-dimensionalen Falls auf n-elementige Eingabevektoren gilt: Die Wichtungen und der Schwellwert eines Perzeptrons bestimmen die Lage einer *linearen* Funktion (Gerade, Ebene, Hyperebene), die den Eingaberaum in zwei Klassen teilt.

Hierbei sind alle möglichen Lagen der linearen Funktion darstellbar, es ist aber in jedem Fall nur *eine einzige* Funktion. Eine einzelne lineare Funktion kann die Menge der Binärworte auf viele Arten in zwei Klassen trennen, aber nicht auf alle Arten. Abbildung 10.14 zeigt links das logische Prädikat *XOR* und rechts die *gerade Parität*. In beiden Fällen gibt es keine Gerade bzw. Ebene, die die Menge der 0-Punkte von der Menge der 1-Punkte trennt.

Satz 10.1
Die Ausdruckskraft linearer, einstufiger Klassifikatoren wie Perzeptron ist beschränkt auf linear separierbare Mustermengen.

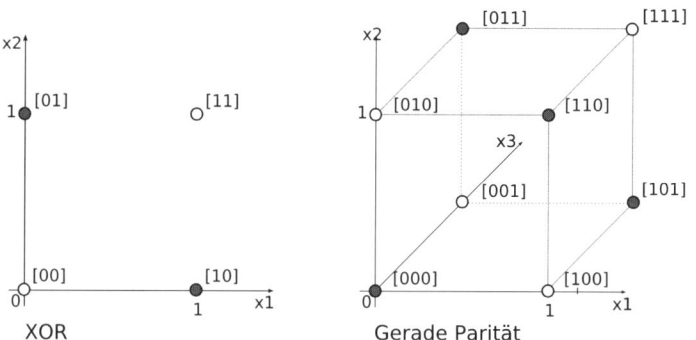

Abb. 10.14: Paritätsprädikate, z. B. XOR, sind nicht linear separierbar.

Die beschränkte Ausdruckskraft des Perzeptrons und verwandter Systeme (ein anderes Modell ist das ADALINE in Kap. 10.3.2) führte 1969 zu einer Phase der Ernüchterung auf dem Gebiet der künstlichen neuronalen Netze. Es war zwar bekannt, dass durch Verknüpfungen von Perzeptrons komplexe Funktionen darstellbar sind (siehe Abb. 10.15), aber es fehlte die Methode zum Trainieren des mehrschichtigen Netzes. Nur für ein einzelnes Perzeptron war die Lernregel bekannt und wird im nächsten Abschnitt erläutert.

Lernregel des Perzeptrons

Bestandteil des Perzeptron-Modells ist eine Lernregel zum überwachten Lernen. Gegeben sei eine Menge von Eingabevektoren $x \in X$ mit $x = (x_1, ..., x_n)$. Zu jedem Eingabevektor x ist die gewünschte Ausgabe $y \in \{0, 1\}$ bekannt. Die Menge der Paare $\mathcal{L} = \{(x, y)\}$ heißt *Lernaufgabe*. Die Perzeptron-Lernregel ändert anhand des Fehlers die Wichtungen und den Schwellwert des Perzeptrons. Die neue Wichtung zum Zeitpunkt $t+1$ berechnet sich aus der alten Wichtung zum Zeitpunkt t durch Addition eines Korrekturwertes:

$$w_i(t + 1) = w_i(t) + \Delta w_i.$$

Der Korrekturwert Δw_i wird als *Wichtungsänderung* bezeichnet und berechnet sich:

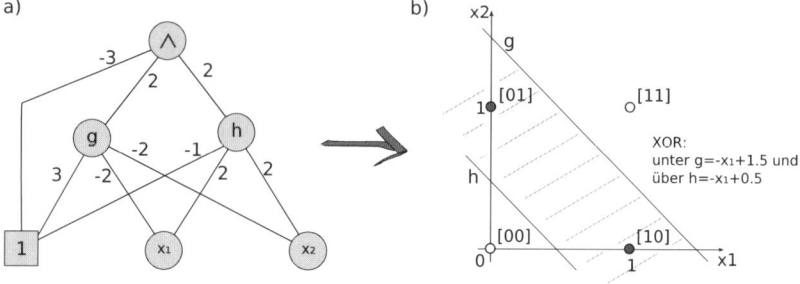

Abb. 10.15: a) XOR aus drei Perzeptrons b) Zugehörige Menge der 1-Punkte

$$\Delta w_i = \eta \cdot x_i \cdot \delta. \tag{10.3}$$

Der konstante Parameter $\eta \in \mathbb{R}$ wird als *Lernrate* bezeichnet. Der *Fehler* δ ist die Abweichung zwischen der gewünschten und der tatsächlichen Ausgabe:

$$\delta = y - a.$$

Der Schwellwert Θ wird analog trainiert, zu beachten ist das umgekehrte Vorzeichen:

$$\Delta\Theta = -\eta \cdot \delta. \tag{10.4}$$

Zusammengefasst lautet die *Lernregel des Perzeptrons*:

$$
\begin{aligned}
w_i(t+1) &= w_i(t) + \eta \cdot x_i \cdot (y - a)\,, \\
\Theta(t+1) &= \Theta(t) - \eta \cdot (y - a)\,.
\end{aligned}
$$

Das Training des Perzeptrons erfolgt nach folgendem Algorithmus:

Initialisiere alle Wichtungen und den Schwellwert mit beliebigen Werten, z. B. 0.
Wiederhole, bis alle Muster korrekt klassifiziert werden:

   Wähle den nächsten (oder einen zufälligen) Eingabevektor x.
   Berechne net und die Klassifikation a.
   Berechne den Fehler δ zur gewünschten Ausgabe.
   Modifiziere Wichtungen und Schwellwert nach Gleichung (10.3) und (10.4).

Da die Ausgabe des Perzeptrons auf die Werte 0 und 1 beschränkt ist, kann der Fehler δ nur die Werte $1, 0$ oder -1 annehmen. Wenn kein Fehler vorliegt ($\delta = 0$), findet auch keine Wichtungsänderung statt. Das Perzeptron lernt somit *nur aus seinen Fehlern und nicht aus seinen Erfolgen*. Wenn ein Fehler vorliegt ($\delta = +1$ oder $\delta = -1$), wird eine Wichtung nur dann verändert, wenn sie von einem aktiven Eingang kommt ($x_i = 1$). Wichtungen, die keine Gelegenheit hatten, zu dem Fehler beizutragen, da sie mit $x_i = 0$ multipliziert wurden, werden also nicht verändert. Der Schwellwert Θ lernt bei jedem Fehler. Änderung einer Wichtung oder des Schwellwertes bedeutet die Addition oder Subtraktion der Lernrate η zum alten Wert, je nachdem, ob der Fehler positiv oder negativ ausfiel. Die Perzeptron-Lernregel kann damit auch ausgedrückt werden als:

Tab. 10.2: Lernverlauf für das ODER-Prädikat

Zyklus	x_1	x_2	y	net	a	δ	Δw_1	Δw_2	$\Delta\Theta$	w_1	w_2	Θ
Init										0	0	0
1	0	0	0	0	0	0	0	0	0	0	0	0
	0	1	1	0	0	1	0	1	-1	0	1	-1
	1	0	1	0	1	0	0	0	0	0	1	-1
	1	1	1	1	1	0	0	0	0	0	1	-1
2	0	0	0	0	1	-1	0	0	1	0	1	0
	0	1	1	1	1	0	0	0	0	0	1	0
	1	0	1	0	0	1	1	0	-1	1	1	-1
	1	1	1	2	1	0	0	0	0	1	1	-1
3	0	0	0	0	1	-1	0	0	1	1	1	0
	0	1	1	1	1	0	0	0	0	1	1	0
	1	0	1	1	1	0	0	0	0	1	1	0
	1	1	1	2	1	0	0	0	0	1	1	0
4	0	0	0	0	0	0	0	0	0	1	1	0
	0	1	1	1	1	0	0	0	0	1	1	0
	1	0	1	1	1	0	0	0	0	1	1	0
	1	1	1	2	1	0	0	0	0	1	1	0

$$
w_i(t+1) \;=\; w_i(t) + \begin{cases} 0 & \text{falls Ausgabe korrekt oder } x_i = 0 \\ \eta & \text{falls Ausgabe 0 statt 1 und } x_i = 1 \\ -\eta & \text{falls Ausgabe 1 statt 0 und } x_i = 1 \end{cases}
$$

$$
\Theta(t+1) \;=\; \Theta(t) + \begin{cases} 0 & \text{falls Ausgabe korrekt} \\ -\eta & \text{falls Ausgabe 0 statt 1} \\ \eta & \text{falls Ausgabe 1 statt 0} \end{cases}
$$

Beispiel 10.8 (Lernen der ODER-Funktion)

Gegeben sei ein Perzeptron mit zwei Eingängen und initialisiert mit $w_1 = w_2 = \Theta = 0$. Die zu lernende Funktion sei das logische ODER, als Lernrate wird $\eta = 1$ gewählt. Alle Eingabemuster werden dem Netz nacheinander präsentiert und jeweils gelernt. Als Zyklus wird das einmalige Anlegen aller Eingabemuster bezeichnet. Es ergibt sich der Lernverlauf nach Tabelle 10.2.

Das erste Muster $(0,0)$ wird korrekt mit $a = 0$ klassifiziert, es findet keine Änderung der Wichtungen statt. Beim zweiten Muster $(0,1)$ ist die Netzaktivität $net = 0$ nicht größer als der Schwellwert $\Theta = 0$, die Ausgabe a damit 0 – korrekt wäre 1 gewesen. Es werden also die Wichtung w_2 und der Schwellwert Θ verändert. Im vierten Zyklus tritt kein Fehler mehr auf – das Netz ist konvergiert und wird sich nicht mehr ändern. Der konkrete Verlauf des Lernens hängt von der Initialisierung, der Lernrate und der Präsentationsreihenfolge der Muster ab. ∎

Konvergenz des Lernverfahrens

Rosenblatt vermutete die Konvergenz des Verfahrens für alle linear separierbaren Lern-
aufgaben und wurde durch Konvergenzbeweise bestätigt. Der Beweis beruht auf der
Vorstellung einer Fehlerfläche, die jeder Wichtungskonstellation einen Fehlerwert nach
Gleichung (10.8) zuordnet. Man zeigt, dass die Fehlerfläche eines Perzeptrons nur ein
Minimum besitzt (bildlich die Form einer „Schüssel") und dass sich das Lernverfahren
äquivalent zu einem Gradientenabstiegsverfahren in dieser Fehlerfläche nach unten tastet.
Das globale Minimum wird damit zwingend erreicht. Es gilt somit

Satz 10.2 (Konvergenz des Perzeptron-Lernverfahrens)
Der Perzeptron-Lernalgorithmus terminiert für linear separierbare Boolesche Funktionen.

Wird ein Perzeptron mit einer nicht separierbaren Lernaufgabe trainiert, so oszillieren
die Wichtungen beim Lernen zwischen verschiedenen Zuständen.

10.3.2   Delta-Regel und ADALINE

Die Perzeptron-Lernregel stimmt mit der von Bernhard Widrow und Marcian Hoff im
Jahre 1960 veröffentlichten *Delta-Regel* überein. Die Delta-Regel dient als Lernregel für
ein dem Perzeptron sehr ähnliches Netzmodell – das ADALINE (ADAptives LIneares
NEuron). Das ADALINE unterscheidet sich vom Perzeptron durch:

a) Eingabe $x_i \in \{-1, 1\}$
b) Aktivierungsfunktion ist Identität a = net (Perzeptron: Schwellenwertfunktion)
c) Ausgabefunktion ist Schwellenwertfunktion mit –1 oder +1 (Perzeptron: Identität)

Der Unterschied in Punkt b) und c) wird bedeutsam, wenn man beachtet, dass die
Lernregel die Wichtungsänderung anhand der Aktivierung und nicht anhand der Ausgabe des Neurons bestimmt – beim Perzeptron also *nach* der Schwellenwertfunktion, beim
ADALINE *davor*. Damit kann das ADALINE im Gegensatz zum Perzeptron auch aus
den Erfolgen lernen und konvergiert schneller. Die Beschränkung auf linear separierbare
Lernaufgaben besteht ebenfalls. Beim Erlernen einer nicht repräsentierbaren Lernaufgabe
verfällt das ADALINE jedoch nicht ins Oszillieren, sondern konvergiert zur Wichtungskonfiguration mit dem kleinsten Fehler, der dann größer null ist (Widrow & Lehr 03).
Wegen b) hat die Schwellenwertfunktion keinen Einfluss auf den Lernvorgang und kann
auch als Nachbearbeitung der Neuronenausgabe betrachtet werden.

Einschichtige Netze wie Perzeptron und Adaline können eine Mustereinteilung in zwei
Klassen repräsentieren. Allerdings sind nur Aufteilungen möglich, bei denen die Klassen
im Merkmalsraum linear separierbar sind. Wenn dies der Fall ist, ist die Konvergenz des
Perzeptrons zu einem fehlerlosen Musterklassifikator garantiert.

10.3.3 Multilayer-Perzeptron und Backpropagation

Einschichtige Netze können die logischen Funktionen $\wedge$ und $\neg$ ausdrücken, es sollten sich also durch Verknüpfen mehrerer Neuronen alle logischen Funktionen repräsentieren lassen (Schaltalgebra), beispielsweise die Funktion XOR$= \neg(x_1 \wedge x_2) \wedge \neg(\neg x_1 \wedge \neg x_2)$. Durch Hintereinander- und Parallelschalten von Perzeptrons entsteht ein *Multilayer-Perzeptron* (kurz *MLP*). Bei mehrschichtigen Netzen ist zwischen zwei Aspekten zu unterscheiden:

- *Ausdrucksmächtigkeit*: Existiert ein Netz, welches die Lernaufgabe löst?
- *Konstruierbarkeit*: Lässt sich das Netz konstruieren, berechnen oder erlernen?

Für jede Funktion $f : \mathbb{R}^n \to \mathbb{R}^m$ existiert ein mehrschichtiges Netz mit zwei Wichtungsschichten und $2n + 1$ Neuronen in der Zwischenschicht (Existenz-Theorem von Kolmogorov 1957, angewendet auf neuronale Netze von Hecht-Nielsen 1987). Allerdings wird hierbei keine Aussage zur Art der Aktivierungsfunktionen getroffen und auch kein Weg zur Bestimmung der Wichtungen gezeigt. Hornik, Stinchcombe and White (Hornik et al. 89) konnten zeigen, dass auch *bei Verwendung von sigmoiden Aktivierungsfunktionen zwei Wichtungsschichten ausreichen*, um alle Funktionen ausdrücken zu können. Allerdings bei „genügend" versteckten Neuronen und ohne Hinweise zur Konstruierbarkeit. Da wir im Folgenden MLPs mit sigmoider Aktivierung vorstellen, gilt für diese:

Satz 10.3
Ein Multilayer-Perzeptron mit einer Zwischenschicht und sigmoider Aktivierungsfunktion kann bei genügender Anzahl versteckter Neuronen jede stückweise stetige Funktion beliebig genau approximieren.

Der Freiheitsgrad der Größe der versteckten Neuronenschicht bewirkt in der Praxis, dass manchmal eine mit einem Netz mit zwei Wichtungsschichten aufwendig darstellbare Abbildung sehr einfach mit einem Netz mit drei Wichtungsschichten repräsentiert werden kann.

Der Einsatz des Netzes erfolgt in zwei Phasen:

a) *Lernphase*: Das Netz wird konstruiert, und die Wichtungen werden entsprechend der Lernaufgabe bestimmt (rechenintensiv, einmalig).
b) *Einsatz-Phase* (engl. *recall*): Das Netz wird in der Anwendung verwendet und ändert sich nicht mehr (geringer Rechenaufwand).

Backpropagation

Zum überwachten Einstellen der Wichtungen wird das *Backpropagation-Verfahren* (kurz: *BPV*) verwendet. Dieses Verfahren erlangte seine Verbreitung 1986 durch Rumelhart, Hinton und Williams, geht aber auf Arbeiten zum Gradientenabstieg von Bryson und

Ho in 1969 und die Dissertation von Werbos in 1974 zurück, historische Details in
(Russel & Norvig 04, 920 ff.). Das BPV erweitert die Delta-Regel auf mehrschichtige
Netze, indem es aus dem Fehler der Ausgabeneuronen den Fehler der versteckten Neuronen ableitet, so dass auch deren Eingangswichtungen lernen können. Das BPV wird
deshalb auch als *generalisierte Delta-Regel* bezeichnet, die Änderung der Wichtungen
erfolgt zunächst gemäß der Delta-Regel:

$$\Delta w_{ij} = \eta \cdot o_i \cdot \delta_j. \tag{10.5}$$

In die Änderung der Wichtung w_{ij} vom Neuron i zum Neuron j geht also die Lernrate
η, die Ausgabe o_i des Neurons i und der Fehler δ_j des Neurons j ein. Falls Neuron j ein
Ausgabeneuron ist, berechnet sich sein Fehler ähnlich wie bisher durch Soll-Ist-Vergleich:

$$\delta_j = f'_{act}(net_j) \cdot (y_j - o_j), \text{ wenn } j \text{ ein Ausgabeneuron ist.} \tag{10.6}$$

Liegt das Neuron j in einer versteckten Schicht, so berechnet sich sein Fehler δ_j als
gewichtete Summe der Fehler, zu denen es beigetragen hat:

$$\delta_j = f'_{act}(net_j) \cdot \sum_{k \in \mathcal{K}} w_{jk} \cdot \delta_k, \text{ wenn } j \text{ ein verstecktes Neuron ist.} \tag{10.7}$$

$\mathcal{K}$ ist die Menge der Neuronen, die vom Ausgang des Neurons j angesteuert werden.

Der Term $f'_{act}(net_j)$ ist die Ableitung der Aktivierungsfunktion des Neurons j an
der Stelle der aktuellen Netzaktivität net_j und stammt aus der Herleitung des BPV als
Gradientenabstiegsverfahren (Rumelhart et al. 86). Sein Wert ist bei monoton steigender
Aktivierungsfunktion nie kleiner als null und regelt die Stärke der Wichtungsänderung.
Wird als Aktivierungsfunktion die sigmoide logistische Funktion verwendet:

$$a = f_{act}(net) = \frac{1}{1 + e^{-net}},$$

so kann man leicht nachrechnen, dass für deren Ableitung gilt:

$$f'_{act}(net) = \frac{e^{-net}}{(1 + e^{-net})^2} = f_{act}(net) \cdot (1 - f_{act}(net)) = a \cdot (1 - a).$$

Versuchen wir, den Term $a \cdot (1 - a)$ zu interpretieren: Da die Aktivierung a eines Neurons bei der logistischen Funktion stets im Intervall $(0, 1)$ liegt, fällt der Term $a \cdot (1 - a)$
ebenfalls in dieses Intervall. Bei den Extremwerten $a = 0$ oder $a = 1$ erreicht der Term
sein Minimum 0. Sein Maximum 0.25 liegt bei der Aktivierung $a = 0.5$ (siehe Abb.
10.16). Das bedeutet, dass Neuronen, *die mit einer sehr hohen oder sehr niedrigen Aktivität reagieren*, weil sie mit einer sehr hohen oder sehr niedrigen Netzaktivität angesteuert
wurden, *nur sehr kleine Wichtungsänderungen vornehmen* – die Neuronen sind sich sicher. Unsichere Neuronen, die also eine Aktivität um 0.5 aufweisen, bekommen dagegen
die volle Härte ihres Fehlers als Wichtungsänderung zu spüren. Als Effekt werden nach
und nach alle Neuronen dazu gedrängt, sich bei den Eingabemustern für eine ausgeprägte
Reaktion zu entscheiden.

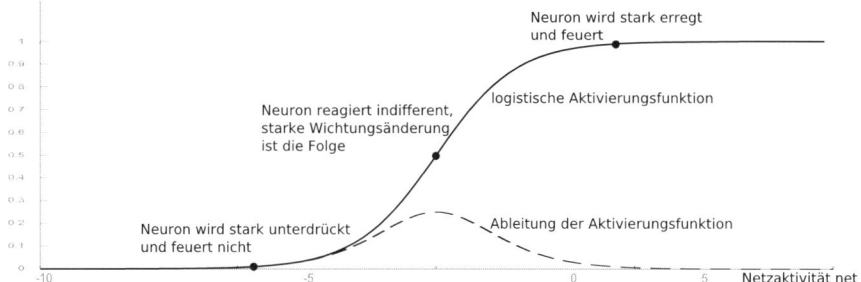

Abb. 10.16: Logistische Funktion und Ableitung – Lernfreudigkeit der Neuronen

Zu frühes Einfrieren der Wichtungen ist nicht immer erwünscht und kann durch einen kleinen Wert, z. B. 0.1, der zu der Ableitung addiert wird, verhindert werden – der Term läge dann statt in $[0, 0.25]$ in $[0.1, 0.35]$.

Auch die Neuronen des MLP haben jeweils einen Schwellwert, er wird bei dieser Vorgehensweise als Wichtung eines ON-Neurons angesehen (siehe Abschnitt 10.3.1) und nicht einzeln formuliert. Seine Bedeutung ist die Verschiebung der Aktivierungsfunktion nach links zu kleineren oder nach rechts zu größeren Netzaktivitäten. Die Änderung des Schwellwertes beim Lernen stellt also die Position der Sprungstelle der Aktivierungsfunktion ein.

Das Training des Multilayer-Perzeptrons erfolgt nach folgendem Algorithmus:

a) *Initialisiere alle Wichtungen und Schwellwerte mit zufälligen Werten.*

b) *Wiederhole, bis Netzfehler klein genug oder maximale Zyklenzahl erreicht ist:*

    c) *Wähle den nächsten Eingabevektor x.*

    d) *Vorwärtspropagierung der Aktivierung: Berechne die Aktivierungen der Schicht 1, 2 und folgender bis zur Ausgabeschicht.*

    e) *Rückwärtspropagierung des Fehlers: Berechne die Fehler δ_j der Ausgabeneuronen zur gewünschten Ausgabe nach Gleichung (10.6).*

    f) *Berechne die Fehler der Neuronen der vorderen Schichten nach Gleichung (10.7).*

    g) *Modifiziere Wichtungen nach Gleichung (10.5).*

    h) *Wenn ein Lernzyklus (Durchlauf durch alle Muster) beendet ist, aktualisiere den Netzfehler.*

Abbildung 10.17 stellt den Lernvorgang übersichtlich dar. Der im Algorithmus erwähnte Netzfehler ist der *Summed Squared Error (SSE)* und berechnet sich als die quadrierte Abweichung der gewünschten von der tatsächlichen Ausgabe, summiert über alle Ausgabeneuronen und über alle Muster:

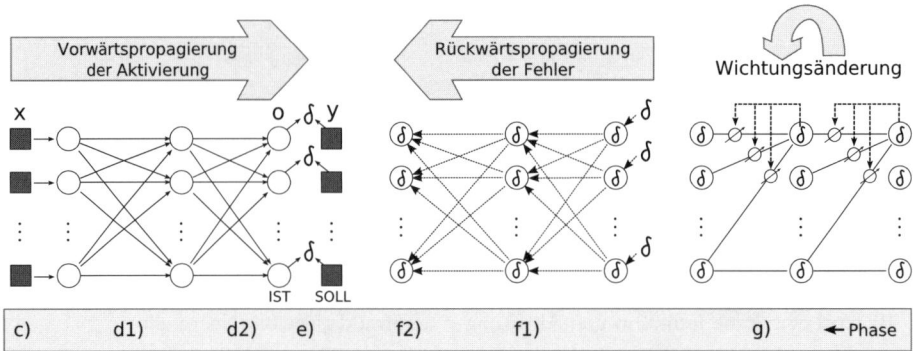

Abb. 10.17: Backpropagation-Lernalgorithmus, Phasen entsprechend Algorithmus im Kasten

$$SSE = \sum_{m=1}^{M} \sum_{j=1}^{J} (y_j^m - o_j^m)^2. \tag{10.8}$$

M ist hierbei die Anzahl der Muster und J die Anzahl der Ausgabeneuronen. Beim Vergleichen des Fehlerverlaufs verschieden großer Lernaufgaben wird der mittlere Fehler pro Muster, der *Mean Squared Error (MSE)*, verwendet:

$$MSE = \frac{SSE}{M}.$$

Zu jeder Wichtungskonfiguration eines MLP gehört bei gegebener Mustermenge genau ein SSE-Wert. Das BPV berechnet zu jeder Wichtungskonfiguration die Änderungen der einzelnen Wichtungen, die zur Verringerung des Fehlers führen – sinnbildlich bestimmt der Wanderer mit geschlossenen Augen die Neigung – den Gradienten – unter seinen Füßen und macht einen Schritt hangabwärts. Je steiler der Hang, desto größer der Schritt. Streng genommen gilt der garantierte Abstieg nur für die *Offline*-Variante des Verfahrens, in der die Fehler der Neuronen über alle Muster gesammelt werden und dann erst eine Wichtungsänderung erfolgt. In der Praxis hat sich die *Online*-Variante (obiger Algorithmus) etabliert, die nach jedem Muster die Wichtungen ändert. Sie konvergiert schneller und hat eine kleine Chance, aus flachen lokalen Minima zu entkommen.

10.3.4 Probleme und Details des BPV

Wenn alle Wichtungen einer Schicht mit dem gleichen Wert initialisiert werden, können sich diese Wichtungen nicht zu verschiedenen Werten entwickeln. Der Effekt kann unproblematisch vermieden werden, indem die Wichtungen mit *Zufallszahlen* initialisiert werden. Hierbei sollten *kleine* Zufallszahlen gewählt werden, damit sich die Neuronen überwiegend im indifferenten Aktivierungsbereich von f_{act} befinden und „lernfreudig" sind.

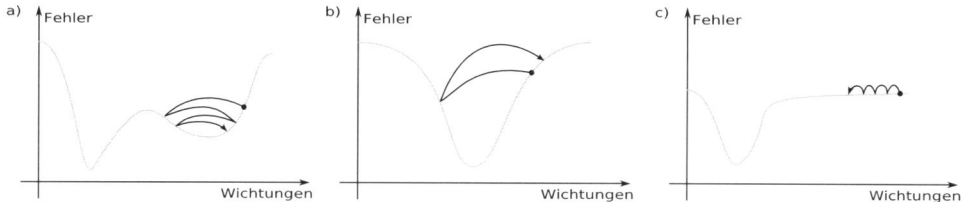

Abb. 10.18: Probleme des Gradientenabstiegs: a) gefangen im lokalen Minimum b) zu hohe Lernrate c) flaches Plateau

Lokale Minima, Lernrate und Plateaus

Das Hauptproblem aller Gradientenabstiegsverfahren besteht im Verfangen in lokalen Minima. Der Schritt über die Talsohle des Minimums führt zum gegenüberliegenden Hang, der nächste Schritt wieder zurück (Abb. 10.18a). Der Fehler oszilliert, und es werden keine anderen Minima mehr gefunden.

Ist die Lernrate zu hoch gewählt, kann das Oszillieren das Eintauchen in Minima verhindern (Abb. 10.18b). Bei den Fehlerkurven in Abb. 10.19 tritt Oszillieren erstmals bei $\eta = 4.0$ auf und verhindert das Finden besserer Minima bei $\eta >= 10.0$. Das Verringern der Lernrate oder Verrauschen der Wichtungen helfen hier weiter. Eine zu niedrige Lernrate bereitet Probleme bei ausgedehnten Plateaus des Fehlergebirges. Die Schrittweite ist proportional zur Steilheit, so dass das BPV bei annähernd ebenen Flächen kaum vorwärts kommt (Abb. 10.18c). Eine Verbesserung bringt *Backpropagation mit Momentum*:

$$\Delta w_{ij}(t) = \eta \cdot o_i \cdot \delta_j + \alpha \cdot \Delta w_{ij}(t-1).$$

Hierbei wird die Wichtungsänderung des vorigen Schrittes noch teilweise beibehalten. Der Momentum-Term (rechter Summand) beschleunigt auf Plateaus und bremst in zer-

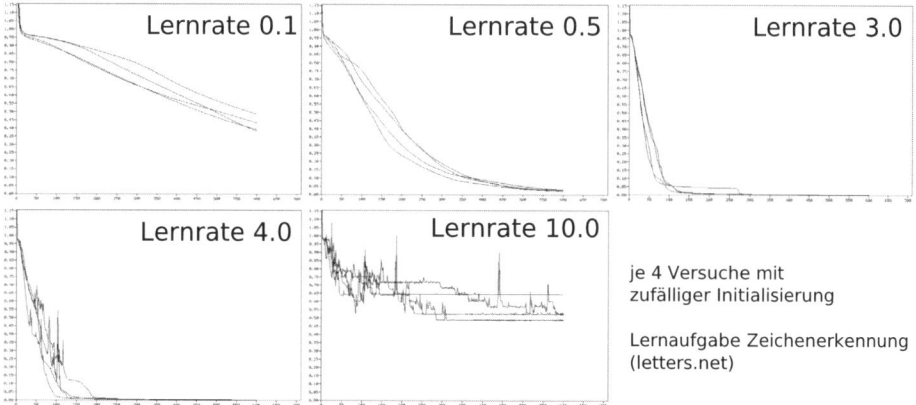

Abb. 10.19: Einfluss der Lernrate auf den Verlauf des Trainingsfehlers

klüfteten Fehlergebirgen. Weiterführende Ansätze mit gleicher Intention werden später in Kapitel 10.3.5 vorgestellt.

Schon die beiden vorgestellten MLP-Lernverfahren besitzen durch den Trainer einzustellende numerische Parameter (BPV: η, BPV mit Momentum: η, α). Die optimale Parametereinstellung eines Verfahrens ist anwendungsabhängig und in der Regel nicht bekannt, so dass hier ein nächstes Such- und Optimierungsproblem vorliegt. Die einfachste Methode ist Trial-and-Error, gestützt durch die Erfahrung des Trainers durch Beobachtung des Lernverlaufs. Optimierungsmethoden, wie Hill Climbing, sind theoretisch anwendbar, ebenso automatische Parametereinstellung aufgrund des Lernverlaufs (z. B. Lernratensteuerung). Viele Lernverfahren arbeiten jedoch auch in einem weiten Bereich nicht optimaler Parametereinstellungen ausreichend. Wenn sich das Finden geeigneter Parameter als schwierig erweist, sollte eher die Lernaufgabe geprüft werden.

Dimensionierung

Beim BPV nimmt die Stärke der Wichtungsänderungen von der Ausgabeschicht in Richtung Eingabeschicht ab. Dies führt zu langsamem Lernen bei hoher Schichtenanzahl. In der Praxis wird deshalb meist nur *eine* versteckte Neuronenschicht verwendet und nur, wenn diese (nach Variieren aller Parameter) nicht ausreicht, eine zweite. Einfache Kodieraufgaben können sogar ohne versteckte Schicht gelöst werden.

Netze mit n Eingabeneuronen, m versteckten Neuronen und k Ausgabeneuronen werden in der Form $n - m - k$ geschrieben. n und k sind meist aus der Anwendung bestimmbar, aber wie groß ist m zu wählen? Eine (zu) groß gewählte versteckte Schicht hat unerwünschte Folgen:

a) *Erhöhung der Speicherkapazität*: Das Netz ist in der Lage, die trainierten Muster genauer abzubilden, im Extremfall sogar fehlerlos. Dies ist jedoch nicht gewünscht, da das Netz in diesem Fall nur eine Auflistung der Muster gelernt hat und nicht zu einer platzsparenden Abstraktion (Regelbildung) gezwungen wurde. Eine schlechte Erkennungsleistung auf nicht gelernten Mustern des Diskursbereiches ist die Folge. Das Auswendiglernen von Trainingsmustern durch zu große Speicherkapazität wird (nicht nur bei neuronalen Netzen) als *Overfitting* bezeichnet (siehe Abschnitt 10.3.4).

b) *Verlangsamung des Lernens*: Pro Lernschritt müssen mehr Wichtungen verändert und insgesamt mehr Lernschritte vorgenommen werden.

c) *Mehr Minima*: Mit steigender Wichtungsanzahl steigt die Anzahl von Nebenminima im Fehlergebirge, die das Erreichen besserer Minima verhindern können.

Wird m zu klein gewählt, werden zwar Regeln aus den Lerndaten in den Wichtungen abgebildet, der erreichbare Fehler auf den Lern- und Testdaten bleibt aber groß (Abbildung 10.20). Es handelt sich damit bei m um einen numerischen Parameter des Lernverfahrens, der auf einen günstigen Wert eingestellt werden muss. Für die Wahl von m gibt es wenige Hinweise:

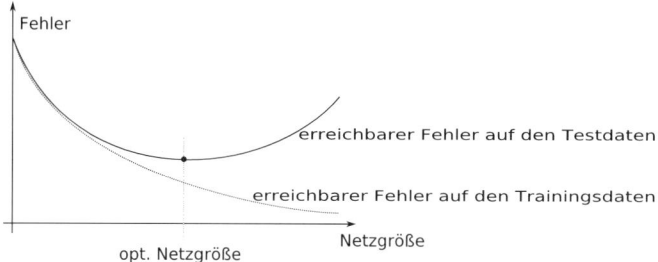

Abb. 10.20: Abhängigkeit des erreichbaren Fehlers von der Netzgröße

- Die Speicherkapazität eines Netzes sollte deutlich kleiner sein als die Anzahl der Musterklassen. Die Speicherkapazität ist hierbei die Anzahl fehlerlos speicherbarer zufälliger Muster (Lämmel & Cleve 04).
- Ein unterdimensioniertes Netz weist auf Trainings- und Testdaten ähnliche Fehler auf. Beim Erhöhen der Speicherkapazität wird ein optimaler Punkt erreicht, ab dem sich der Testfehler vom Trainingsfehler entfernt und ansteigt (Abbildung 10.20)

Automatische Verfahren stellen den Parameter m selbst ein, hierzu gehören beispielsweise die Optimierung der Netztopologie mit *Evolutionären Algorithmen* und die *Konstruktiven Verfahren*. Hierbei kann das Lernverfahren Neuronen oder Wichtungen hinzufügen (additive Verfahren) oder entfernen (pruning, subtraktive Verfahren).

Was soll gelernt werden

Beispiel 10.9 (Fliege in Borneo)

In Borneo gibt es ein Spiel, bei dem alle Mitspieler im Kreis sitzen und ihren Einsatz in die Mitte werfen. Jeder erhält vor sich eine Karte. Nach einer Weile entsteht ein Tumult, und ein Mitspieler gewinnt alles Geld, die Karten werden neu gemischt. Es war dem europäischen (sprachunkundigen) Gast auch nach langem Zusehen nicht möglich, die Regel zu erkennen, nach der die Gewinnerkarte bestimmt wurde. Keine Theorie hielt lange – rot vor schwarz, Bilder vor Zahlwerten ... Ein Gastgeber klärte ihn auf – es gewinnt die Karte, auf die sich als Erstes eine Fliege setzt (frei nach (Willemsen 06)). ∎

Das Beispiel verdeutlicht ein Problem des Maschinellen Lernens: die *Auswahl der Lerndaten*. Offensichtlich sind die für die korrekte Klassifikation notwendigen Informationen (Sitzplatz der Fliege) nicht in den vom Lerner in Betracht gezogenen Daten (Kartensortierung) enthalten, der trainierte Klassifikator könnte deshalb zwar die Trainingsdaten perfekt erlernen, *muss* jedoch auf den Testdaten versagen. Andererseits könnte die vorherzusagende Klasse in der Eingabe explizit enthalten sein. Zwischen diesen beiden Extremfällen liegen die realen Lernaufgaben.

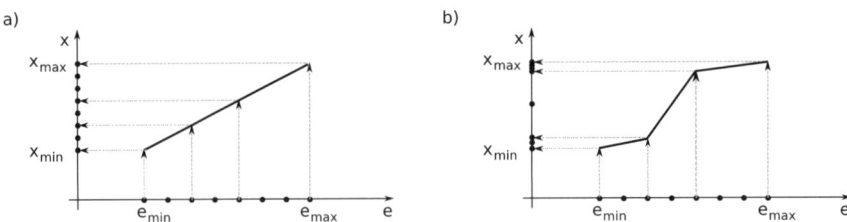

Abb. 10.21: Transformation numerischer Attribute a) linear b) stückweise linear

Attributauswahl Beim Lernverfahren BPV tendieren Wichtungen von Eingabezellen, die für die Klassifikation unwichtige Attribute repräsentieren, gegen null. Das Netz ist also in der Lage, die für die Klassifikation relevanten Attribute im Eingabevektor zu entdecken. Diese Fähigkeit sollte jedoch nicht überstrapaziert werden, da das Trennen relevanter von irrelevanter Information viel Trainingszeit verbraucht und insbesondere bei wenig Trainingsbeispielen zu falschen Konzepten führen kann. Gleiches gilt für das Zusammenfassen von Attributen, zu der das BPV durchaus in der Lage ist, (wenn z. B. die Klasse des Datensatzes von der Summe zweier Attribute abhängt), aber ebenso Speicher und Trainingszeit dafür verbraucht. Das Finden von Attributskompositionen, die zur Klassifikation besser geeignet sind als die ursprünglichen Attribute, ähnelt einer Hauptkomponentenanalyse.

Beispiel 10.10 (Buchstabenerkennung)
Für die Klassifikation eines Buchstabens ist seine Position im Eingabefeld (Netzhaut) irrelevant, seine Form dagegen jedoch wichtig. Durch eine Umkodierung in den Frequenzraum (Fouriertransformation) bleiben Informationen über die Form erhalten, die Darstellung wird jedoch invariant hinsichtlich der Verschiebung. Eine andere Variante der Vorverarbeitung wäre das Finden von Segmenten im Bild und das Berechnen geeigneter Kenngrößen der Segmente. Die Translationinvarianz wird hier durch die Segmentierung eingebracht.   ■

Generell ist dem Netz so viel Vorverarbeitung wie möglich abzunehmen, insbesondere:

- irrelevante Attribute entfernen, um nicht abzulenken
- Attribute sinnvoll aggregieren, um wesentliche Aspekte hervorzuheben

Dies ist eine der wenigen Möglichkeiten, Vorwissen in das BPV einzubringen.

Attributkodierung Ist die Menge der Attribute gewählt, stellt sich die Frage nach der Kodierung der Attributwerte. Wir unterscheiden hierbei drei Arten von Attributen: numerisch, nominal und ordinal.

Numerische Attribute sind Zahlen und können nach einer Transformation auf den Wertebereich der Aktivierung der Eingabeneuronen direkt ans Netz angelegt werden. Die Transformation kann bestimmte Intervalle durch relativ höhere Auflösung betonen (Vorwissen, Abb. 10.21b) oder einfach linear skalieren. Die lineare Skalierung (Abb. 10.21a) bildet einen Attributwert e aus dem Intervall $[e_{min}, e_{max}]$ auf einen Eingabewert x aus dem Intervall $[x_{min}, x_{max}]$ ab:

$$x = \frac{x_{max} - x_{min}}{e_{max} - e_{min}} \cdot (e - e_{min}) + x_{min}.$$

Dies führt für $x \in [0,1]$ zu:

$$x = \frac{e - e_{min}}{e_{max} - e_{min}}.$$

Um den Sättigungsbereich der Aktivierungsfunktion zu meiden, kann $x \in [0.1, 0.9]$ gewählt werden.

Beispiel 10.11 (Kodierung von Temperaturwerten)
Gegeben sind die Temperaturwerte $12°, 14°, 17°, 18°$. Als maximales Temperaturintervall wird $[10°, 20°]$ und als Aktivierungsintervall $[0.1, 0.9]$ gewählt. Die Skalierung ergibt dann $12° \rightarrow 0.26, 14° \rightarrow 0.42, 17° \rightarrow 0.66$ und $18° \rightarrow 0.74$. ∎

Der Wertebereich numerischer Attribute kann auch in Intervalle aufgeteilt und jedem Intervall ein Eingabeneuron zugeordnet werden – aus dem numerischen Attribut wird so ein ordinales Attribut. Die Intervalle können gleich groß oder so gewählt werden, dass in jedes Intervall die gleiche Anzahl von Trainingsbeispielen fällt.

Nominale Attribute drücken Kategorien aus und haben als Wertebereich eine Menge von Symbolen (auch Namen, daher nominal). Das nominale Attribut *Bundesland* hat als Wertebereich die Symbolmenge {Brandenburg, Niedersachsen, ...}. Zwischen den Symbolen ist keine Relation definiert. Nominale Attribute können in einer 1-aus-n-Kodierung verwendet werden, wobei jedem Symbol ein Eingabeneuron zugeordnet wird. Allerdings erhöht sich hierbei die Anzahl der Wichtungen beträchtlich, so dass auch die Kodierung als Zahl oder Binärcode verwandt wird. Hierbei wird den Symbolen aber eine Metrik unterstellt (und eventuell vom Netz gelernt), die nicht vorhanden ist.

Ordinale Attribute drücken Kategorien aus und haben als Wertebereich eine Menge von *geordneten* Symbolen. Beispielsweise ist beim Attribut Temperatur mit den Werten *{heiß, warm, kalt}* die Sortierung *heiß>warm>kalt* gegeben. Die Werte werden üblicherweise als numerische (z. B. *heiß=0.9, warm=0.5, kalt=0.1*) oder seltener als nominale Werte ans Netz übergeben.

Die *Ausgabe eines MLP* ist bei der numerischen Vorhersage eine Zahl (numerische Größe) oder bei der Musterklassifikation eine Klasse (nominale Größe). Auch im zweiten Fall kann die Klasse in einem einzigen Neuron als Aktivierung dargestellt werden, besser ist es jedoch, für jede Klasse ein Ausgabeneuron vorzusehen. Damit lässt sich die Ausgabeschicht als eine Aussage über die Wahrscheinlichkeit einer Klasse unter der Bedingung des aktuellen Eingabemusters interpretieren. Gleichzeitig ist auch eine Zurückweisung der Entscheidung durch das Netz möglich, indem es sich nicht klar für eine einzige Ausgabeklasse entscheidet.

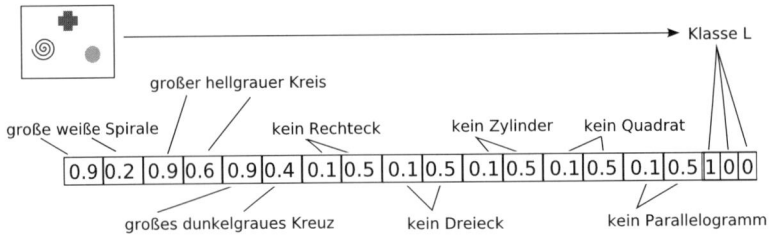

Abb. 10.22: Kodierung des ersten Bildes aus Abb. 10.2 als Trainingsvektor

In realen Datenmengen finden sich unvollständige Datensätze mit *fehlenden Attribut-werten*. Oft ist der Aufwand der Datenbeschaffung so hoch, dass auch diese Datensätze zum Training genutzt werden sollen. Fehlende Attributwerte werden auf zwei Arten behandelt:

- explizit als fehlend kodieren,
- durch den häufigsten oder einen geschätzten Wert ersetzen.

Beispiel 10.12 (Kodierung der überwachten Lernaufgabe aus Beispiel 10.1)
In den Bildern kommen acht verschiedene Figuren in vier *Grauwerten* (schwarz, dun-kelgrau, hellgrau, weiß) und zwei *Größen* (klein, groß) vor. Jede Figur tritt höchstens einmal pro Bild auf. Das Nicht-Vorhandensein einer Figur im Bild wird als Wert „nicht vorhanden" dem Attribut *Größe* zugeordnet, bei *Grauwert* wird der dann fehlende Wert als Mittelwert der anderen Attributwerte kodiert. *Größe* und *Grauwert* sind ordinale At-tribute und werden im Intervall $[0.1, 0.9]$ bzw. $[0.2, 0.8]$ kodiert. Die *Lage* der Figuren wird als unwichtig für die Klassifizierung angesehen. Der Eingaberaum ist damit

$$X = F^8 \quad \text{mit } F = \text{Größe} \times \text{Grauwert},$$

$$\text{Größe} = \{0.1, 0.5, 0.9\} \quad \text{und} \quad \text{Grauwert} = \{0.2, 0.4, 0.6, 0.8\}.$$

Die Ausgabe ist ein nominales Attribut und wird durch eine *1-aus-n-Kodierung* um-gesetzt. Die Kodierung ist in Abb. 10.22 für das erste Bild dargestellt, die gesamte Trai-ningsmenge zeigt Tabelle 10.3.   ■

Auswahl der Trainingsbeispiele Offensichtlich kann ein Netz keine Zusammenhänge entdecken, die nicht in den Beispielen enthalten sind. Das gilt für alle Verfahren des Maschinellen Lernens und scheint nicht weiter störend. Tatsächlich ergibt sich daraus jedoch zusammen mit einer anderen Eigenschaft der (meisten) neuronalen Netze eine Gefahr bei ihrem Einsatz. Die zweite Eigenschaft ist die fehlende *Transparenz* der neu-ronalen Wissensrepräsentation. Ein trainiertes Netz kann mit vielen Beispielen trainiert und mit noch mehr getestet werden – in der Regel ist es bei realistischen Aufgaben-stellungen nicht möglich, die Schlussfolgerungen des Netzes, die zu seiner Entscheidung

Tab. 10.3: Beispiel 10.1 kodiert als Trainingsmenge für ein neuronales Netz

Eingabe x																Ausgabe y		
Spirale		Kreis		Kreuz		Rechteck		Dreieck		Zylinder		Quadrat		Parall.		L	M	R
.9	.2	.9	.6	.9	.4	.1	.5	.1	.5	.1	.5	.1	.5	.1	.5	1	0	0
.9	.2	.9	.6	.1	.5	.1	.5	.9	.4	.5	.6	.1	.5	.1	.5	1	0	0
.1	.5	.9	.4	.1	.5	.5	.2	.9	.4	.1	.5	.1	.5	.1	.5	1	0	0
.1	.5	.9	.8	.9	.4	.9	.2	.5	.8	.5	.6	.1	.5	.5	.6	0	1	0
.1	.5	.5	.8	.9	.6	.1	.5	.1	.5	.5	.6	.1	.5	.1	.5	0	1	0
.1	.5	.9	.8	.1	.5	.1	.5	.9	.6	.1	.5	.1	.5	.1	.5	0	1	0
.1	.5	.5	.8	.1	.5	.1	.5	.1	.5	.1	.5	.9	.6	.1	.5	0	1	0
.1	.5	.1	.5	.1	.5	.1	.5	.9	.8	.1	.5	.1	.5	.1	.5	0	0	1
.1	.5	.1	.5	.9	.4	.9	.2	.1	.5	.1	.5	.1	.5	.1	.5	0	0	1
.9	.2	.1	.5	.9	.4	.9	.2	.9	.4	.5	.6	.1	.5	.5	.6	0	0	1
.1	.5	.1	.5	.5	.6	.1	.5	.1	.5	.1	.5	.9	.4	.1	.5	0	0	1

führen, nachzuvollziehen. In der Praxis kann das dazu führen, das ein erfolgreiches Netz bei Eingabemustern aus Bereichen des Diskursbereiches, die selten in den Trainingsdaten auftraten, *unerwartet* versagt. In sensiblen Anwendungsbereichen sollte künstlichen neuronalen Netzen daher stets eine Kontrollinstanz nachgeschaltet werden.

Daraus folgt die Forderung nach *Repräsentativität der Trainingsdaten*. Alle wesentlichen Fälle sollten in der richtigen Häufigkeit in der Trainingsmenge enthalten sein. Die Repräsentativität bedingt eine ausreichende Anzahl von Trainingsbeispielen, deren Erzeugung, beispielsweise durch manuelle Klassifikation, überaus kostenintensiv sein kann. Die Trainingsbeispiele sollten keine Widersprüche enthalten, bei denen zu einem Eingabevektor verschiedene Ausgabevektoren auftreten. Von der Trainingsdatenmenge wollen wir also fordern: *Repräsentativität, Größe und Konsistenz*. Das Vorliegen einer derartigen Datenmenge in der Praxis kann durchaus als Glücksfall gewertet werden.

Ausreißer In realen Datenmengen treten *Ausreißer* in Attributwerten auf. Sollten diese vorm Training entfernt werden? Für ihre Entfernung sprechen zwei Gründe: Zum Ersten kann so Vorwissen in den Lernprozess eingebracht werden, und zum Zweiten lenken Ausreißer vom wesentlichen (zu lernenden) Zusammenhang ab. Andererseits gibt es auch Gründe dafür, die Ausreißer in der Trainingsmenge zu lassen, denn die Ausreißer können zwar überraschende, aber dennoch korrekte Werte sein. Außerdem lernt das neuronale Netz die Zuverlässigkeit von Attributen einzuschätzen, denn die Ausreißer werden auch in der Recall-Phase auftreten.

Ausreißer können wertvolle Hinweise auf unbekannte systematische Fehler (Denkfehler) liefern und sollten in der Regel nur entfernt werden, wenn eine Erklärung für ihre Quelle vorliegt, denn: *Des einen Ausreißer ist des anderen Datenpunkt.*

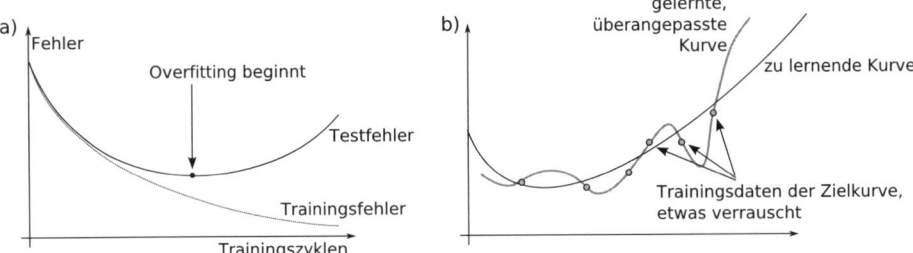

Abb. 10.23: Overfitting a) Zeitpunkt des Auftretens b) überangepasstes Lernergebnis

Overfitting – Frühes Stoppen

Im Lernprozess sinkt der Fehler (MSE) des Netzes auf den Trainingsdaten, das Netz lernt immer besser, entsprechend der vorgelegten Beispiele zu reagieren. Bei zu *großer Speicherkapazität* oder zu *langem Lernen* wird das Netz jedoch so stark an die Beispiele angepasst, dass sich seine Reaktion auf nicht trainierte Datensätze des Anwendungsbereiches wieder verschlechtert. Informell spricht man vom „Auswendiglernen der Trainingsmuster" oder auch *Overfitting* (Abb. 10.23). Um diesen Zeitpunkt im Lernverlauf zu erkennen, wird ein Teil der ursprünglichen Datenmenge nicht zum Training verwendet, sondern nur zum Testen. Bei der erfolgreichen Methode *Frühes Stoppen* wird beim Ansteigen des *Testfehlers* das Training abgebrochen. Auch überdimensionierte Netze können so erfolgreich trainiert werden.

Schätzung des Generalisierungsfehlers

Der erreichte Fehler (MSE) auf den Trainingsdaten sagt wenig über die tatsächliche Klassifikationsleistung des Netzes in der Anwendungsdomäne aus, eine Güteaussage ist nur anhand der Reaktion auf beim Training nicht verwendete Datensätze möglich. Verfahren zur Schätzung des zu erwartenden Generalisierungsfehlers sind:

- Auslassungsmethode,
- Kreuzvalidierung und
- Bootstrap-Methode.

Bei der *Auslassungsmethode* (engl. *Holdout*) wird ein Teil der Daten zum Training, ein anderer nur zum Testen verwendet. Hierbei sollten beide Mengen ähnliche Häufigkeiten der Klassen aufweisen (Repräsentativität der Trainingsdaten). Der so ermittelte Testfehler ist eine erste Schätzung des Generalisierungsfehlers.

Eine bessere Schätzung liefert die *Kreuzvalidierung*. Hierbei wird die Menge der Datensätze in n ungefähr gleich große Partitionen geteilt, von denen jede einzelne nacheinander als Testmenge gewählt und das Netz mit allen $n-1$ anderen trainiert wird. Die n erreichten Testfehler ergeben gemittelt einen guten Schätzwert für den Genera-

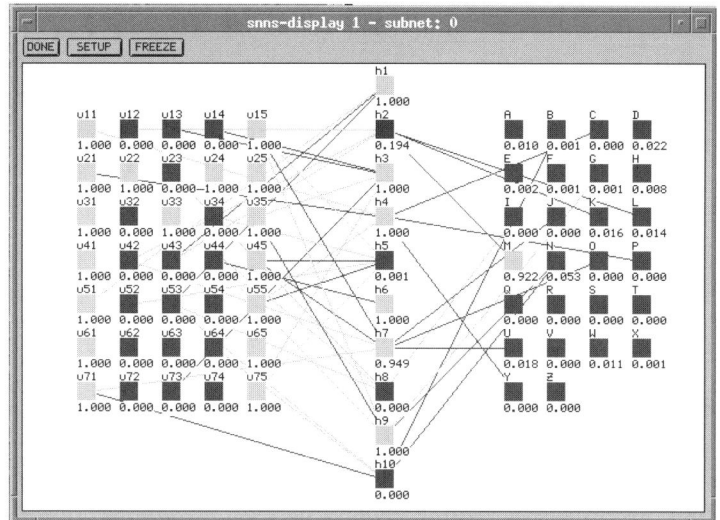

Abb. 10.24: *letters* – ein trainiertes Beispiel-Netz aus SNNS

lisierungsfehler. Man spricht dann von einer *n-fachen Kreuzvalidierung* und, wenn auf die Repräsentativität der einzelnen Partitionen geachtet wurde, von der *stratifizierten n-fachen Kreuzvalidierung*. Übliche Werte für n sind 3 und 10.

Bei kleinen Datenmengen kann der deterministische Spezialfall *leave-one-out* der Kreuzvalidierung mit der Partitionsgröße 1 verwendet werden.

Die *Bootstrap-Methode* erzeugt die Trainingsdaten wie folgt: Aus der Gesamtdatenmenge mit n Beispielen wird n-mal zufällig eine Instanz gewählt und in die Trainingsmenge kopiert. Hierbei gelangen einige Datensätze mehrfach in die Trainingsmenge, andere gar nicht. Die Letzteren bilden die Testmenge. Das Verfahren wird mehrmals wiederholt und der gemittelte Testfehler ist eine (meist pessimistische) Schätzung des Generalisierungsfehlers.

Transparenz

Angesichts der gewaltigen Menge von Wichtungen, die die Wissensrepräsentation eines neuronalen Netzes darstellen, stellt sich die Frage nach der Transparenz (siehe auch S. 4). Kann man aus den Wichtungen die Vorgehensweise des Netzes bei der Klassifikation von Datensätzen ablesen, z. B. wenn eine Entscheidung des Netzes nicht mit unserer Intuition übereinstimmt? Oder anders gefragt, kann die Wichtungsstruktur eines trainierten neuronalen Netzes in eine für den Menschen leicht verständliche Wissensrepräsentationsform, wie Regelmenge oder Entscheidungsbaum, gewandelt werden? Prinzipiell ist das möglich, aber die resultierende Darstellung ist weiterhin komplex, bestimmte Netztypen erleichtern dabei die Wandlung.

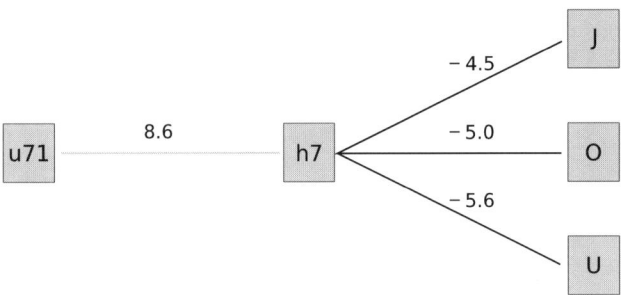

Abb. 10.25: Eine auffällige Wichtungskonstellation im trainierten Netz

Beispiel 10.13 (Interpretation einer Wichtungsstruktur)
Betrachten wir einen Ausschnitt aus dem dreischichtigen Beispiel-Netz *letters* des SNNS
(Zell et al. 92) (Abb. 10.24). Das Netz ordnet einer 35×7-Pixelmatrix eine Buchstaben-
klasse A bis Z zu. Im trainierten Zustand können wir die auffällige Wichtungsstruktur
in Abb. 10.25 extrahieren. Das Neuron $u71$ befindet sich in der Pixelmatrix links unten,
tritt hier eine Aktivierung (schwarzer Pixel) auf, so trägt sie über die starke exitatorische Wichtung zu einer Aktivierung des versteckten Neurons $h7$ bei. Die Aktivierung
von $h7$ wirkt über starke inhibitorische Wichtungen hemmend auf die Ausprägung von
Aktivierung in den Ausgabeneuronen J, O und U. In Regelform lautet die Interpretation:
  Wenn sich im Eingabemuster links unten ein schwarzer Pixel befindet, so handelt es
sich nicht um die Buchstaben J, U oder O.   ■

Diese Regel wirkt nicht in „harter" Form wie bei den Regelsystemen, sondern über-
lagert sich gewichtet mit einer Vielzahl anderer im Netz gespeicherter Regeln. Erst das
Zusammenwirken aller Regeln führt zum Aktivierungsmuster der Ausgabeneuronen. Ein
neuronales Netz ist so als *unscharfe Regelmenge* vorstellbar. Das Extrahieren der Regeln
und das Aufdecken der Konzepte der versteckten Neuronen würde es erlauben, die Arbeitsweise des Netzes nachzuvollziehen (Transparenz), ist aber wegen der Komplexität
nur selten möglich.
  Die Interpretation als unscharfes Inferenzsystem führt zu erfolgreichen hybriden
Ansätzen, bei denen die Vorteile von neuronalen Netzen (Lernfähigkeit) und Fuzzy-
Systemen (Transparenz, Einbringen von Vorwissen) verbunden werden. Die initialen
Fuzzy-Regeln werden hierbei als Wichtungsstruktur einem Netz aufmodelliert, der Ad-
aptionsvorgang verschiebt und verformt dann die Fuzzy-Sets und ändert die Regelmen-
ge. Das Ergebnis ist eine aus dem Netz ablesbare unscharfe Regelmenge. Weiter führen
(Nauck et al. 03; Rügheimer et al. 06).

10.3.5 Modifikationen des BPV

Die langsame Konvergenz des BPV führte zur Entwicklung vieler Modifikationen. Der Vergleich dieser Lernverfahren ist schwierig, da es bei zwei Verfahren immer Lernaufgaben gibt, die das eine oder andere besser löst (ist dies nicht der Fall, so ist ein Verfahren ein Spezialfall des anderen). Ebenso hängt die Leistungsfähigkeit von den Parametern, Dimensionierung, Lerndauer, Initialisierung, vielen anderen Einflussfaktoren und natürlich von der Definition und Messung der „Leistungsfähigkeit" ab. Im Abschnitt 10.3.4 wurde schon die Variante *BPV mit Momentum* vorgestellt, wir beschränken uns hier auf eine kurze, nicht wertende Darstellung weiterer Verfahren mit ihren Parametern, die z. B. im SNNS verfügbar sind.

Weight Decay Zu große Wichtungen sind biologisch unplausibel, da die Stärke von Synapsen beschränkt ist. Zur Umsetzung der Beschränkung wird eine ständiger Zerfall (engl. *decay*) der Wichtungen eingeführt: Der Netzfehler besteht aus dem Klassifikationsfehler (SSE) und einem Strafterm für große Wichtungen – der mit λ parametrisierten Summe aller Wichtungen. Die Herleitung der Lernregel, die diesen Fehler minimiert, führt zu:

$$\Delta w_{ij} = \eta \cdot o_i \cdot \delta_j - \lambda \cdot w_{ij} \qquad \text{mit} \quad \lambda < 1.$$

Der Subtrahend führt zur laufenden Abnahme der Wichtung in einer geometrischen Reihe. Typische Werte für λ liegen im Intervall $[0.005, 0.03]$. Aus einer empirischen Studie (Thrun et al. 91) an der CMU ging das Verfahren von 25 Lernverfahren als Sieger hervor.

Quickprop geht von der Annahme aus, dass der Netzfehler in einer lokalen Umgebung durch eine Normalparabel approximiert werden kann. Statt nur einen Schritt bergab zu gehen, versucht Quickprop, mit einer Wichtungsänderung direkt den tiefsten Punkt (Scheitelpunkt mit Anstieg = 0) der vermuteten Parabel zu erreichen. Dazu merkt sich das Verfahren den Anstieg der Fehlerfunktion (engl. *slope*, partielle Ableitung nach der Wichtung) im vorigen Schritt $S(t-1)$ und berechnet die *neue Wichtungsänderung aus der alten* wie folgt:

$$\Delta w_{ij}(t) = \frac{S(t)}{S(t-1) - S(t)} \cdot \Delta w_{ij}(t-1). \tag{10.9}$$

Der Anstieg $S(t)$ der Fehlerkurve bezüglich einer Wichtung w_{ij} im Schritt t ist:

$$S(t) = -o_i \cdot \delta_j.$$

Mit dieser Änderung wäre der tiefste Punkt der Parabel getroffen – wenn es denn eine Parabel wäre und sich die Wichtungen unabhängig optimieren ließen. Diese Annahmen sind oft nicht erfüllt, so dass vereinbart wird:

a) Bei flacher Fehlerkurve ($S(t) \approx S(t-1)$) kann der erste Faktor in Gleichung (10.9) sehr groß werden und wird deshalb auf einen vorzugebenden Wert μ begrenzt.

b) Die Wichtungsänderung wird rekursiv berechnet, bei $\Delta w_{ij}(t) = 0$ änderte sich die Wichtung nie wieder. Deshalb wird zu jeder Änderung nach Gleichung (10.9) ein Backpropagation-Term $\eta \cdot S(t)$ mit kleiner Lernrate addiert. Allerdings stört der Term den Abstieg in ein Fehlerminimum und wird deshalb bei verschiedenen Vorzeichen von $S(t)$ und $S(t-1)$ weggelassen.

c) Trotzdem ergaben sich große Wichtungen, deshalb wird der Backpropagation-Term aus b) noch um einen Weight-Decay-Term $\lambda \cdot w_{ij}(t-1)$ erweitert.

Das Verfahren (Fahlman 88) benötigt drei heuristisch einzustellende Parameter mit folgenden in (Zell 03, 123 f.) vorgeschlagenen Intervallen: Lernrate $\eta \in [0,2]$ für den Backpropagation-Term, Weight-Decay-Anteil $\lambda \approx 0.0001$ und Wachstumsbegrenzung $\mu \in [1.75, 2.25]$. In der Praxis wird die Offline-Variante verwendet, bei der Wichtungsänderung und Slope über alle Muster kumuliert werden.

Resilient Propagation (Rprop) Die „federnde" Propagierung versucht, durch eine Schrittweitensteuerung mit dem Problem der flachen Plateaus und engen Täler umzugehen. Jede Wichtung w_{ij} erhält einen Zustandsparameter – die Schrittweite Δ_{ij}. Zur Anpassung der Schrittweite werden nur die Richtung (das Vorzeichen) des aktuellen Fehlergradienten $S(t)$ und die des vorigen Gradienten $S(t-1)$ verwendet: Stimmen die beiden Richtungen überein, so wird die Schrittweite exponentiell erhöht. Stimmen die Vorzeichen nicht überein, so wurde gerade ein Minimum übersprungen und die Schrittweite wird exponentiell verringert.

$$\Delta_{ij}(t) = \begin{cases} \Delta_{ij}(t-1) \cdot \eta^+ & \text{falls } S(t-1) \cdot S(t) > 0 \\ \Delta_{ij}(t-1) \cdot \eta^- & \text{falls } S(t-1) \cdot S(t) < 0 \\ \Delta_{ij}(t-1) & \text{sonst} \end{cases} \qquad (10.10)$$

Hierbei gilt $0 < \eta^- < 1 < \eta^+$. Nach Neuberechnung der Schrittweite wird je nach Vorzeichen des aktuellen Fehlergradienten die Wichtung w_{ij} um die Schrittweite vergrößert oder verkleinert:

$$\Delta w_{ij}(t) = \begin{cases} -\Delta_{ij}(t) & \text{falls } S(t) > 0 \\ +\Delta_{ij}(t) & \text{falls } S(t) < 0 \\ 0 & \text{sonst} \end{cases} \qquad (10.11)$$

Die Eleganz des Verfahrens wird durch folgende Ausnahme von Gleichung (10.11) getrübt: Wird ein Minimum übersprungen (Vorzeichenwechsel des Anstiegs), verringert sich wie üblich die Schrittweite nach Fall 2 in Gleichung (10.10), aber es wird mit der *alten* Schrittweite zurückgesprungen:

$$\Delta w_{ij}(t) = -\Delta w_{ij}(t-1), \text{ wenn } S(t) \cdot S(t-1) < 0.$$

Der letzte Sprung wird somit rückgängig gemacht. Da sich hierbei wieder ein Vorzeichenwechsel (Fall 2 in Gleichung (10.10)) vollzieht, würde eine zweite, unnötige Schrittweitenverringerung folgen. Um dies zu vermeiden, wird nach Ausführung des Falles 2 in Gleichung (10.10) der Gradient $S(t-1) := 0$ gesetzt und so im nächsten Schritt Fall 3 in Gleichung (10.10) erreicht. Die Anpassung der Wichtungen erfolgt nach einem Zyklus (Offline-Lernen). Ein Codebeispiel findet sich in (Riedmiller & Braun 93) und wurde vom Entwickler im SNNS umgesetzt. Rprop erweist sich als schnelles Verfahren und robust bei der Wahl der Parameter. Typische Werte sind $\eta^- = 0.5$ und $\eta^+ = 1.2$.

10.3.6 Anwendung

Fassen wir die Vorteile und Nachteile beim Einsatz von mehrschichtigen Vorwärtsvermittlungsnetzen in einer (nicht disjunkten) Liste zusammen, zuerst die Vorteile:

Adaptivität:	Problemlösung durch Präsentation von Beispielen, KNN werden trainiert und nicht programmiert
Generalisierungsfähigkeit:	Auch Eingaben außerhalb der Beispiele werden erkannt
Ausdrucksmächtigkeit:	Universelle Approximatoren für hochdimensionale nicht lineare Abbildungen
Fehlertoleranz:	Auch mit leichten Fehlern behaftete Eingaben können befriedigend bearbeitet werden
Robustheit (Hardware):	Störungen führen bei verteilter Realisierung nicht zum Totalausfall, sondern nur zu größerem Fehler
Robustheit (Rauschen):	Störungen in Lerndaten werden berücksichtigt
Domänenunabhängigkeit:	Anwendbarkeit auf verschiedenste Diskursbereiche
Performance:	Lernvorgang parallelisierbar
Geschwindigkeit:	Kurze Ausführungszeit in der Recall-Phase
Anytime-Algorithmus:	Lösung ist stets verfügbar, schrittweise Verbesserung

Folgende Probleme bestehen beim Einsatz:

Datenqualität:	Qualität der Daten ist entscheidend (Konsistenz, Repräsentativität), Vor- und Nachbearbeitung der Daten nötig
Datenmenge:	Klassifizierte Stichprobe oft kostenintensiv
Konfiguration:	Heuristiken für Parameter und Dimensionierung
Zeitaufwand:	Lange Lernphase: Konfiguration und Training
Transparenz:	Wissensrepräsentation ist schwer interpretierbar
Vorwissen:	Vorwissen über die Lösung schwer einzubringen
Verifizierbarkeit:	Unsicher in Grenzfällen, fehlertolerante Domäne nötig
Alternativen:	Oft einfachere, günstigere Lösungen möglich

Anwendungsfelder

„Backpropagation has been perhaps the most diversely used adaptive architecture, especially in technological applications." (Arbib 03)

Mehrschichtige Vorwärtsvermittlungsnetze eignen sich zum Erlernen einer Abbildung reeller Eingabevektoren auf reelle Ausgabevektoren bei vorhandenen Beispielen. Zur Strukturierung der Vielzahl der Anwendungsfelder derartiger Abbildungen betrachten wir die Verwendung der Ausgabevektoren etwas näher. Diese können als Klassen, Wertung, Muster, Vorhersagen, auszuführende Aktionen u. a. interpretiert werden (die Einteilung ist naturgemäß unscharf):

Klassifikation – Ausgabevektor entspricht einer Klasse

- Mustererkennung: Postleitzahlen, Handschrift
- Objekterkennung: Gesichter, Sprache
- Diagnose: Krankheiten, Motorfehler

Beurteilung – Ausgabevektor ist eine Wertung, z. B. *{exzellent, ..., problematisch}*

- Entscheidungsunterstützung: Ausfallrisiko von Krediten, Bonitätsprüfung
- Beurteilung von Unternehmenskennziffern
- Aufklärung von Kreditkartenbetrug
- Situationsbewertung in Computerspielen

Assoziation – Ausgabevektor entspricht einem Muster

- Musterrekonstruktion und -bereinigung
- Assoziativer Speicher

Prognose – Ausgabevektor ist eine Vorhersage

- Zeitreihenprognose: Aktienkurse, Bevölkerungsentwicklung, Sonnenaktivität
- Abverkaufsprognose im Supermarkt
- Weltmodell eines Roboters, Vorhersage der auf eine Aktion folgenden Situation
- Interpolation

Regelung – Ausgabevektor ist eine Aktion

- Robotik, Hindernisvermeidung
- Regelung chemischer Prozesse

Datenkompression Durch die Verkleinerung der versteckten Schicht bei identischem Ein- und Ausgabevektor können relevante und irrelevante Attribute sowie die Dimensionalität des Musterraumes (Komprimierbarkeit) bestimmt werden.

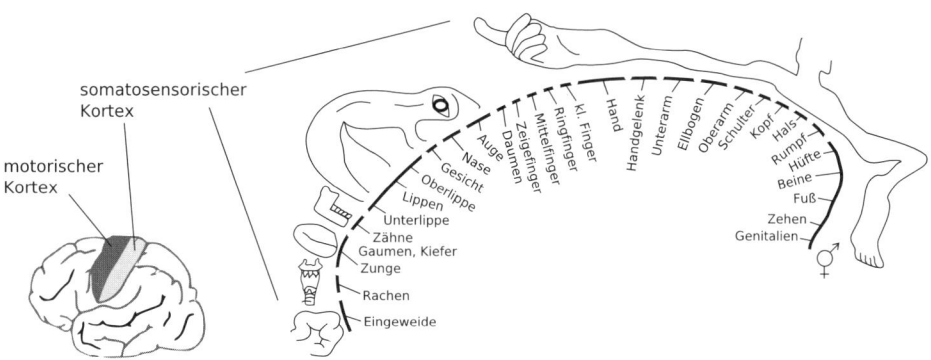

Abb. 10.26: Penfield-Männchen: Kartografische Repräsentation der somatosensorischen Felder im Kortex des Menschen, (Penfield & Rasmussen 50) nach (Reichert 00)

Mehrschichtige Vorwärtsvermittlungsnetze werden häufig und vielfältig eingesetzt und gehören inzwischen zum Standardrepertoire der heutigen Informatik. Backpropagation ist vor ART, Hopfield-, RBF- und Kohonen-Netzen das meist verwendete Lernverfahren. Die Umsetzung erfolgt oft in C/C++ oder mit kommerziellen Tools wie Matlab (Neural Network Toolbox), NeuralWorks Professional oder dem für eigene Versuche geeigneten SNNS der Universität Stuttgart (Zell et al. 92). Datenmengen zum überwachten Lernen finden sich online im UCI Machine learning repository (Newman et al. 98).

10.4 Selbstorganisierende Karten

Im Kortex des menschlichen Gehirns finden sich abgrenzbare Neuronengebiete, die beim Auftreten bestimmter Sinnesreize aktiviert werden – sogenannte *somatosensorische Felder*. Felder, die benachbarten Sinnesorganen entsprechen, liegen hierbei auch auf der Hirnrinde nebeneinander (Abb. 10.26). Entsprechendes gilt für die motorischen Felder. Diese topologieerhaltende Abbildung (von Topologie = Nachbarschaft) auf wenige Dimensionen, hier eine Fläche, wird als *Karte* bezeichnet. Die Karten im Gehirn kommen bei allen Säugetieren vor und sind dynamisch. Beim Verlust von Körperteilen wird der Platz des entsprechenden Feldes mit der Zeit von anderen Feldern eingenommen (Abb. 10.27). Die andauernde Stimulation von Sinnesorganen führt zur Vergrößerung der entsprechenden Felder.

Das Netzmodell der selbstorganisierenden Karten (kurz *SOM* von engl. *self-organizing maps*, auch *Kohonen-Karten*) nach (Kohonen 82) bildet diese Art der Repräsentation nach. Der Lernprozess erfolgt unüberwacht und versucht, *ähnliche* Eingabevektoren *benachbart* im Ausgaberaum abzubilden. Hierbei hat der Ausgaberaum meist weniger Dimensionen als der Eingaberaum, das Verfahren führt so zu einer *Dimensionsreduktion der Daten*.

a)   b)   c)

Abb. 10.27: Dynamik der rezeptorischen Felder a) Schema einer Affenhand b) Repräsentation der Hand im Kortex c) 2 Monate nach Amputation von Finger D3, (Merzenich et al. 84) nach (Reichert 00)

Beispiel 10.14 (Karte von Tieren)
Ein Datensatz beschreibe ein Tier durch viele Merkmale wie Größe, Beinanzahl, Fell oder Federn usw. Die Trainingsdatenmenge enthält die Beschreibung von 15 Tieren wie Bär, Taube, Hamster, Hering und anderen. Das Netzmodell SOM ordnet die Tiere mit ähnlichen Merkmalen in einer zweidimensionalen Karte benachbart an, in Abb. 10.28 haben sich die Gruppen Vögel, Säugetiere und Fische gebildet.   ∎

10.4.1   Aufbau

Eine SOM besteht aus einer Eingabe- und einer Ausgabeschicht, jedes Eingabeneuron ist dabei mit jedem Ausgabeneuron über eine Wichtung w_{ij} verbunden. Die Wichtungen w_{ij} eines Ausgabeneurons j bilden den Wichtungsvektor w_j. Innerhalb der Ausgabeschicht ist für jedes Neuron ein *Ort* definiert und davon abgeleitet zwischen zwei Neuronen ein *Abstand*. Als Ortsdefinition wird meist ein m-dimensionales quadratisches Gitter verwandt, üblich ist die eigentliche Kartenform mit $m = 2$ (Abb. 10.29a), aber auch $m = 1$

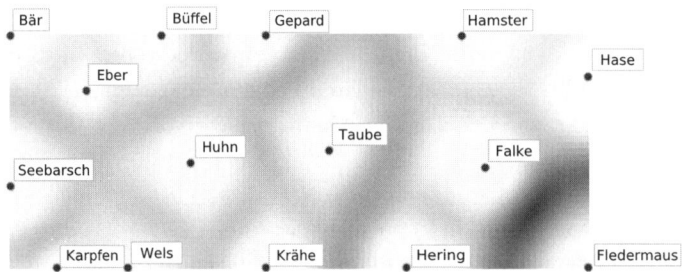

Abb. 10.28: Verteilung der Erregungszentren in einer mit Tierarten trainierten selbstorganisierenden Karte

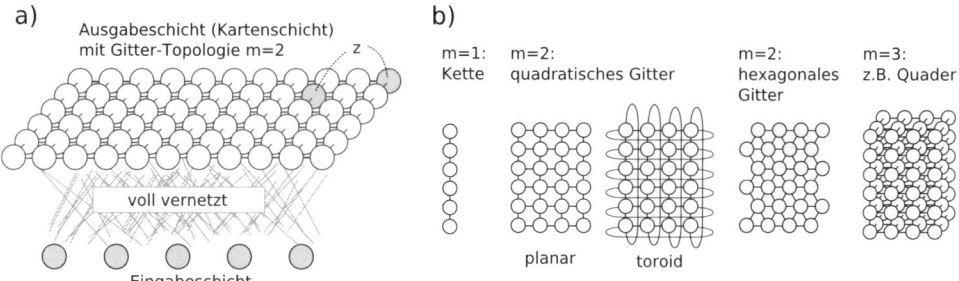

Abb. 10.29: Aufbau eines Kohonennetzes a) Struktur aus zwei Schichten b) Beispiele für Topologien der Ausgabeschicht

(eindimensionale Kette) und $m = 3$ (Abb. 10.29b). Die Wahl von m hängt von der vermuteten Dimension der Eingangsdaten ab. Um Randeffekte zu vermeiden, kann die Karte durch Verbinden der Ränder in einen Torus gewandelt werden. Ein hexagonales Gitter kann durch die kreisähnliche Nachbarschaft die Visualisierung vereinfachen. Die Wahl der Topologie der Ausgabeschicht ist ein wesentlicher Parameter des Verfahrens.

Beim Anlegen eines Musters x an die Eingabeschicht erregen sich die Ausgabeneuronen entsprechend ihrer Wichtungen. Bei biologischen Neuronen hemmen sich dabei benachbarte Neuronen gegenseitig (laterale Inhibition), so dass sich ein einzelnes Erregungszentrum um ein maximal erregtes Neuron ausbildet. Bei der SOM wird dieser Einschwingprozess stark vereinfacht dadurch abgebildet, dass das *Gewinnerneuron mit dem Index c* direkt durch Vergleich aller Wichtungsvektoren w_j mit dem Eingabevektor x bestimmt wird:

$$c = \arg\min_j(\|x - w_j\|) = \arg\min_j \sqrt{\sum_{i=1}^{n}(x_i - w_{ij})^2} = \arg\min_j \sum_{i=1}^{n}(x_i - w_{ij})^2. \quad (10.12)$$

Es gewinnt somit das Neuron, dessen Wichtungsvektor den kleinsten euklidischen Abstand zum Eingabevektor aufweist. Alternativ kann auch das Skalarprodukt verwendet werden, das wir schon als Netzaktivität kennen:

$$c = \arg\max_j(x \cdot w_j) = \arg\max_j \sum_i x_i \cdot w_{ij} = \arg\max_j(net_j). \quad (10.13)$$

Sind die Eingabevektoren x und Wichtungsvektoren w_j normiert, so gewinnt bei den Gleichungen (10.12) und (10.13) dasselbe Neuron. Als Abstandsmaß im Eingaberaum können nicht nur euklidischer Abstand oder Skalarprodukt, sondern *beliebige* Metriken in Vektorräumen benutzt werden (z. B. Manhattan-Abstand).

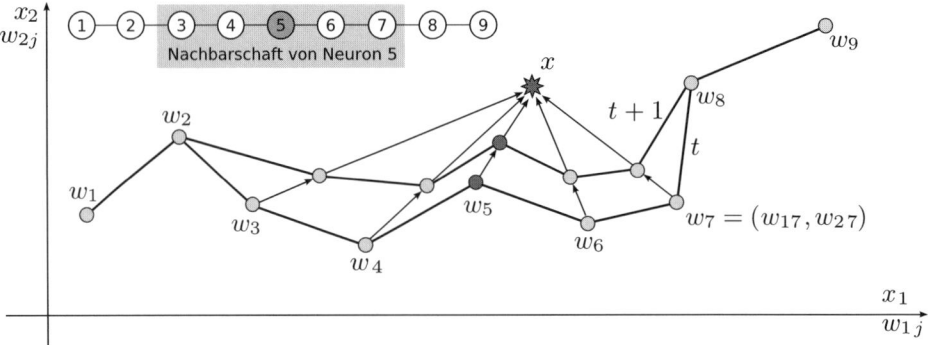

Abb. 10.30: Lernvorgang in einer SOM mit $n = 2$ und $m = 1$, Visualisierungsart *Karte im Eingaberaum*, nach (Zell 03)

10.4.2 Training

Die Wichtungen werden mit Zufallszahlen initialisiert, die Eingabemuster zyklisch präsentiert und jeweils das Gewinnerneuron bestimmt. Die Wichtungsänderung verringert den Abstand des Wichtungsvektors w_c des Gewinnerneurons c zum Eingabevektor x:

$$\Delta w_c = \eta \cdot (x - w_c). \tag{10.14}$$

Dies bewirkt eine Verschiebung von w_c in Richtung x. Bei $\eta = 1$ würde der Wichtungsvektor w_c durch den Eingabevektor x ersetzt, es gilt also $0 < \eta < 1$. Die Nachbarn des Gewinnerneurons lernen ebenfalls, und zwar umso stärker, je näher sie sich am Gewinnerneuron befinden:

$$\Delta w_j = \eta \cdot h_{cj} \cdot (x - w_j). \tag{10.15}$$

Beispiel 10.15 (Lernen in einer SOM)
Bei einer Karte mit zwei Eingabeneuronen ($n = 2$) lässt sich der zweidimensionale Eingaberaum und die Position der Wichtungsvektoren (Ausgabeneuronen) visualisieren. Abbildung 10.30 zeigt eine eindimensionale Karte ($m = 1$, Kette) aus neun Kartenneuronen. Beim Anlegen des Mustervektors x wird Neuron 5 als Sieger ermittelt. Zur Nachbarschaft von Neuron 5 gehören die Neuronen 3, 4, 6 und 7. Somit wird die Wichtung w_5 stark, w_4 und w_6 mittel sowie w_3 und w_7 schwach in Richtung x verändert (Pfeile). Obwohl der Wichtungsvektor w_8 sehr nah an x liegt, wird er nicht verändert, da Neuron 8 in der Kette kein Nachbar des Gewinnerneurons ist. ∎

Die *Nachbarschaftsfunktion* h_{cj} in Gleichung (10.15) drückt aus, wie stark das Neuron j mitlernen soll, wenn Neuron c gewinnt. Sie wird meist als Funktion des Abstandes z der Orte der beiden Neuronen geschrieben. Kohonen schlug als h_{cj} die Gaußglocke oder einen Zylinder (dort *bubble*) vor (Kohonen 01), aber auch andere sind möglich (Abb. 10.31):

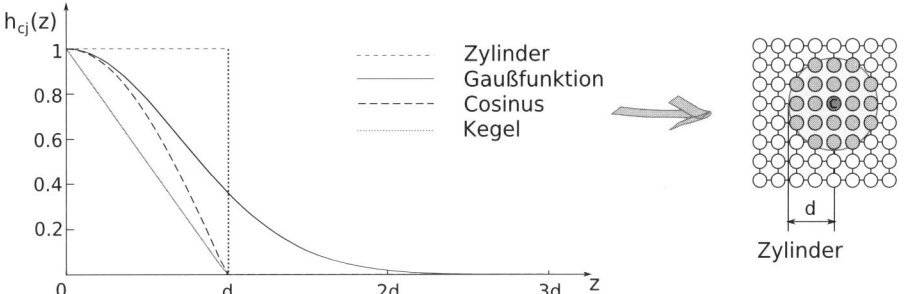

Abb. 10.31: Nachbarschaftsfunktionen

$$\text{Gaußfunktion:} \quad h_{cj}(z) = e^{-(z/d)^2}$$

$$\text{Zylinder:} \quad h_{cj}(z) = \begin{cases} 1 \text{ falls } z < d \\ 0 \text{ sonst} \end{cases}$$

$$\text{Kegel:} \quad h_{cj}(z) = \begin{cases} 1 - z/d \text{ falls } z < d \\ 0 \text{ sonst} \end{cases}$$

$$\text{Cosinus:} \quad h_{cj}(z) = \begin{cases} \cos(\pi z/2d) \text{ falls } z < d \\ 0 \text{ sonst} \end{cases}$$

Der Wert d stellt den *Lernradius* (auch Steifheit) um das Gewinnerneuron dar. Hierbei wird mit einem großen Lernradius d_0, der oft die ganze Karte erfasst, begonnen, um die Grobstruktur der Karte zu bilden. Im Lernverlauf wird d langsam auf 0 abgesenkt, so dass am Ende nur noch das Gewinnerneuron lernt und sich Details herausbilden. Ebenso wird die Lernrate η von η_0 auf 0 verringert, so dass sich zu Beginn des Trainings die Wichtungen stark und zum Ende nur noch wenig ändern. Das Zusammenspiel der beiden Parameterkurven bestimmt wesentlich die entstehende Karte. Die Parameter können mit zunehmendem t linear

$$\eta(t) = \eta_0 - t \cdot \eta_1 \text{ und } d(t) = d_0 - t \cdot d_1$$

oder exponentiell fallen:

$$\eta(t) = \eta_0 \cdot \eta_1^t \text{ und } d(t) = d_0 \cdot d_1^t \text{ mit } 0 < \eta_1, d_1 < 1.$$

Problematisch ist hierbei ein zu frühes Absenken des Lernradius, wobei die Karte schon versteift (einfriert), ohne eine Grobordnung erreicht zu haben. η_0, η_1, d_0 und d_1 sowie die Wahl *exponentielle oder lineare* Absenkung sind damit weitere Parameter des Verfahrens.

Bei SOM ist also immer von *zwei* Abständen bzw. Nachbarschaften die Rede:

a) benachbart im Eingaberaum (Metrik wie Skalarprodukt oder euklidischer Abstand)
b) benachbart in der Kartenschicht (Topologie und Nachbarschaftsfunktion)

Verlauf des Lernens

Durch die fortlaufende Präsentation von Trainingsdatensätzen ordnen sich die Wichtungsvektoren und damit die Ausgabeneuronen bestimmten Teilräumen im Eingaberaum zu – *sie wandern im Eingaberaum umher*. Teilräume mit vielen Trainingsmustern ziehen hierbei eine größere Menge von Kartenneuronen an als dünn besetzte Teilräume. Durch das gleichzeitige Lernen von benachbarten Neuronen finden sich diese auch in benachbarten Gebieten des Eingaberaumes wieder. Die Kartenneuronen versuchen somit,

a) die Verteilung der Trainingsdaten im Eingaberaum möglichst gut anzunähern (d. h. das gleiche Gebiet/Teilraum abzudecken) und dabei

b) den Abstand zu ihren Nachbarn klein zu halten (d. h. die vorgegebene Topologie zu erhalten).

Quantisierungsfehler   Ob eine Karte einen Eingabevektor x gut repräsentiert, zeigt der *Quantisierungsfehler des Musters*: $||x - w_c||$. Der *mittlere Quantisierungsfehler* wird über alle Mustervektoren berechnet und als Qualitätsmaß einer SOM und Abbruchkriterium des Lernvorgangs verwendet:

$$e_{quant} = \frac{1}{M} \sum_{p=1}^{M} ||x_p - w_{c,p}||.$$

x_p ist das p-te Muster, M die Anzahl aller Muster und $w_{c,p}$ der Wichtungsvektor des entsprechenden Gewinnerneurons. Mit dem mittleren Quantisierungsfehler kann von mehreren SOM die am besten zu den Daten passende ausgewählt werden.

Veranschaulichung Lernradius, Lernrate und Nachbarschaftsfunktion

Der Lernvorgang einer selbstorganisierenden Karte weist Ähnlichkeiten zur Arbeitsweise eines Kupferschmiedes auf, das Anlegen von Eingabevektoren und Ändern der Wichtungen entspricht dem Hämmern auf einer Metallplatte. Hierbei bestimmt

- *der Mustervektor x*, wohin
- *die Lernrate η*, wie stark
- *der Lernradius d*, mit welcher Hammergröße und
- *die Nachbarschaftsfunktion h_{cj}*, mit welcher Hammerform geschlagen wird.

Abb. 10.32 veranschaulicht die Metapher. Die Karte besteht hierbei aus einem quadratischen Gitter mit 70×60 Neuronen und wird mit 102 Mustervektoren trainiert. Bei zu kleinem Lernradius ($d = 2$ und $d = 5$) ist die Karte überdimensioniert, da sich die Muster nicht gegenseitig beeinflussen müssen.

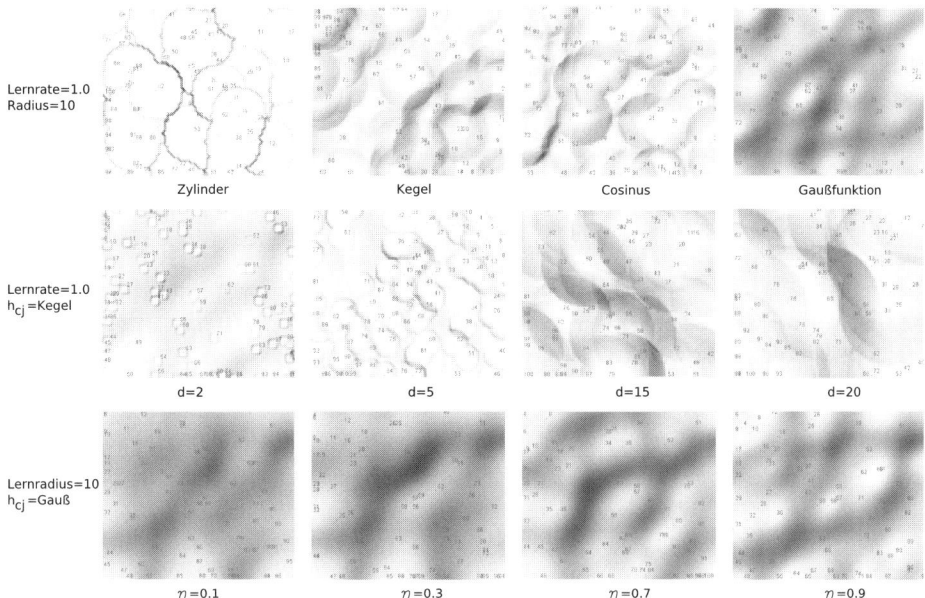

Abb. 10.32: Wirkung strategischer und numerischer Parameter, Visualisierungsart U-Matrix, Programm SOMARFF

10.4.3 Visualisierung von SOM

Trainierte Karten können auf verschiedene Weisen visualisiert werden, um die Vielzahl von Wichtungsvektoren darzustellen und indirekt Information über die Verteilung der Eingabedaten zu erlangen. Wir unterscheiden drei Arten von Visualisierungen:

Art	Beispielmethoden
Musterunabhängig	Wichtungsmatrix, Komponentenmatrix, Wichtungsvektormatrix, U-Matrix, Karte im Eingaberaum
Abhängig von einem Muster	Distanzmatrix, Gewinnermatrix
Abhängig von allen Mustern	P-Matrix, U^*-Matrix, Gewinnhistogramm, Kalibrierte Karte

Die musterunabhängigen Visualisierungen zeigen nur die Wichtungsstruktur der Karte, bei der zweiten Form wird ein Eingabemuster an die trainierte Karte angelegt und die Reaktion der Kartenneuronen visualisiert. Die dritte Art stellt Eigenschaften aller Datensätze zusammen mit der trainierten Karte dar.

Die meisten Visualisierungen zeigen die Ausgabeneuronen in ihrer topologischen Anordnung (Gitter, Kette usw.) und färben die Neuronen und Neuronenzwischenräume ein

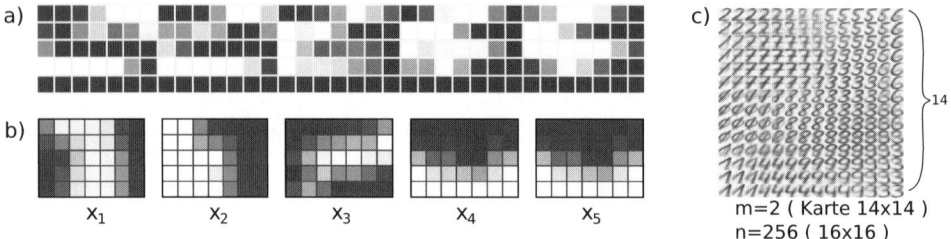

a)

b)

x_1 x_2 x_3 x_4 x_5

c)

}14

m=2 (Karte 14x14)
n=256 (16x16)

Abb. 10.33: Musterunabhängige Visualisierungen einer 5x7-Karte mit 5 Eingabeneuronen a) Wichtungsmatrix b) Komponentenmatrizen der einzelnen Eingabeneuronen c) Wichtungsvektormatrix einer SOM zur Zeichenerkennung

oder stellen sie mit Symbolen und verschiedenen Größen oder Höhen dar. Handelt es sich um diese topologische Darstellung, wollen wir das im Folgenden nicht extra erwähnen. Die Einfärbung ist in der Regel dynamisch und bildet den aktuell vorhandenen Wertebereich auf einen Grauwert- oder Farbbereich ab. Die lineare Abbildung führt zu Problemen, wenn der Wertebereich groß und die Werte überwiegend an einem Ende konzentriert sind – Strukturen sind dann nicht zu erkennen. Wir stellen kurz die wesentlichen Visualisierungen vor: Die *Wichtungsmatrix* (auch *Hinton-Diagramm*) stellt alle Wichtungen w_{ij} als gefärbte Punkte oder Rechtecke dar. Hierbei werden Ein- und Ausgabeneuronen jeweils durchnummeriert und auf eine Achse abgebildet (Abb. 10.33a). Die topologische Anordnung spielt dabei keine Rolle.

Die *Komponentenmatrix* stellt nur die Wichtungen eines speziellen Eingabeneurons durch Einfärbung der Ausgabeneuronen dar. Attribute, deren Eingabeneuronen sehr ähnliche Komponentenmatrizen aufweisen, sind redundant, beispielsweise x_4 und x_5 in Abb. 10.33b. Können die Eingabevektoren als Vektor oder Matrix dargestellt werden, so können zur Visualisierung aller Wichtungen alle Komponentenmatrizen gleichzeitig nebeneinander entsprechend angeordnet werden.

Die *Wichtungsvektormatrix* stellt alle Wichtungsvektoren der Kartenneuronen in der Kartentopologie dar. Dies ist anschaulich, wenn ein einzelner Wichtungsvektor sinnvoll visualisiert werden kann. Ein Beispiel, bei dem die Eingabevektoren (und damit die Wichtungsvektoren) als Matrix darstellbar sind, zeigt Abbildung 10.33c, eine Darstellung der Wichtungsvektoren als Zeiger in Messinstrumenten Abbildung 10.36.

Die *U-Matrix* (auch *unified distance matrix*) färbt die Ausgabeneuronen mit der Summe der Abstände ihres Wichtungsvektors zu den Wichtungsvektoren ihrer direkten Nachbarneuronen. Ein Neuron mit einem hohen U-Wert ist somit sehr verschieden von seinen Nachbarn. Die U-Matrix verdeutlicht Clustergrenzen in der Karte (Abb. 10.32).

Die *Karte im Eingaberaum* (auch *virtual net*) ist eine Darstellung der Ausgabeneuronen und ihrer topologischen Verbindungen im Eingaberaum. Hierzu wird der Wichtungsvektor eines Ausgabeneurons als Koordinatenangabe im Eingaberaum verwendet. Sei m die Dimension der Ausgabeschicht und n die Anzahl der Eingabeneuronen, so ergeben

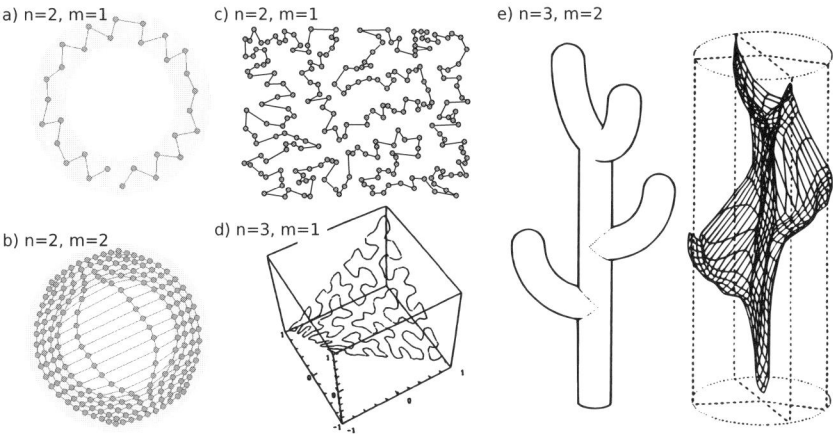

Abb. 10.34: Karte im Eingaberaum für verschiedene Dimensionen a) und b) Eingabemuster nur in grauen Bereichen, Applet DemoGNG c) Lösung eines TSPs mit 230 Städten d) Kette mit drei Eingabeneuronen (Ritter 03) e) Kaktus aus (Kohonen 01): links die 3-D-Verteilung der Eingabemuster, rechts die erzeugte 2-D-Karte

sich beispielsweise die Darstellungen nach Abb. 10.34. Die Trainingsdatensätze (Punkte im Eingaberaum) können ebenfalls mit in diese Darstellungsform eingezeichnet werden. Bei dieser Visualisierung ist die Tendenz der Karte zu erkennen, sich wie ein elastisches Gitternetz an die Dichteverteilung der Trainingsdaten anzupassen.

Bei der *Distanzmatrix* werden die Aktivierungen der Ausgabeneuronen als Reaktion auf ein bestimmtes Eingabemuster berechnet und zur Einfärbung der Neuronen benutzt (Abb. 10.35a). Sichtbar wird die Lage des Eingabemusters in der Karte und die Stärke und Form des Erregungsgebietes. Muster aus der Trainingsmenge rufen eine ausgeprägte Reaktion hervor. Diese Karte wird zusammen mit dem Quantisierungsfehler (siehe unten) für die Anomaliedetektion genutzt.

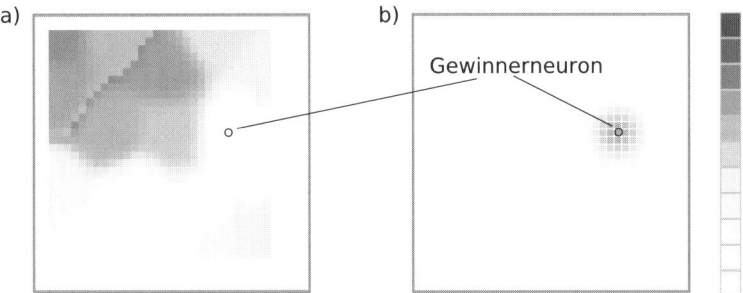

Abb. 10.35: Musterabhängige Visualisierungen a) Distanzmatrix b) Gewinnermatrix

a)   b)   c)

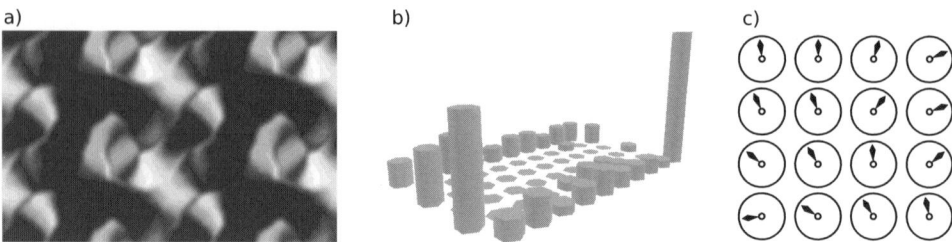

Abb. 10.36: Weitere SOM-Visualisierungen a) P-Matrix, Programm ESOM Analyzer b) Gewinnhistogramm, Programm NENET c) Wichtungsvektormatrix, nach (Kohonen 01)

Die *Gewinnermatrix* bestimmt das Gewinnerneuron bezüglich des angelegten Eingabemusters und färbt die Ausgabeneuronen mit der Nachbarschaftsfunktion h_{cj} ein (Abb. 10.35b). Während des Lernvorgangs wird die Hammerschlag-Metapher sichtbar.

Die *P-Matrix* (Pareto-Dichte-Matrix) färbt die Ausgabeneuronen nach der Anzahl der Trainingsmuster ein, die dem Wichtungsvektor des Ausgabeneurons ähnlich sind. Diese Anzahl ist eine Schätzung für die Dichte der Trainingsdatenwolke an dieser Stelle. Ähnlich bedeutet hierbei, dass der Abstand des Trainingsvektors vom Wichtungsvektor kleiner als ein Parameter ist. Der Parameter steuert die Sichtbarkeit von Strukturen in der Karte und soll nach (Ultsch 03) so liegen, dass im Schnitt 20 % der Trainingsmuster zu einem Ausgabeneuron ähnlich sind (Abb. 10.36a).

Die *U*-Matrix* ist eine Kombination aus U- und P-Matrix und soll Cluster noch deutlicher als die U-Matrix darstellen. Sie beruht auf der Annahme, dass sich Clustergrenzen durch eine *kleine Datendichte* (P-Matrix) und *hohe Distanzen* (U-Matrix) auszeichnen. Der u^*-Wert eines Ausgabeneurons berechnet sich aus dem Wert des Neurons aus der U-Matrix u, dem Wert des Neurons aus der P-Matrix p, dem Maximalwert der P-Matrix p_{max} und dem Mittelwert der P-Matrix $\overline{p}$ als:

$$u^* = u \cdot (p_{max} - p)/(p_{max} - \overline{p})$$

Ein *Gewinnhistogramm* (auch *hit histogram*) zeigt die Aufteilung der Trainingsmuster auf die Ausgabeneuronen: Die Einfärbung entspricht der Anzahl von Trainingsmustern, von denen das entsprechende Ausgabeneuron als Gewinnerneuron gewählt wird. Statt der Einfärbung wird auch oft die Höhe einer Säule dargestellt (Abb. 10.36b). Eine Variante stellt am Kartenneuron die Trefferzahlen *pro Klasse* dar.

Die *Kalibrierte Karte* kann erstellt werden, wenn die Trainingsdatensätze über einen Namen oder ein Klasse verfügen. Hierzu wird für jedes Trainingsmuster das Gewinnerneuron bestimmt und dieses mit der Klasse des Trainingsmusters benannt – in Abb. 10.28 z. B. mit Tiernamen.

Vielfältige andere Visualisierungen sind bekannt, ebenso Mischformen und Kombinationen (Vesanto 99).

10.4.4 Anwendungsfelder

■ *Datenvorverarbeitung:* Für überwachte Lernverfahren (z. B. BPV, Entscheidungs-baumlernen) ist es schwierig, in Trainingsdatenmengen mit vielen Merkmalen (hoch-dimensionaler Eingaberaum) die Merkmalskombinationen zu identifizieren, die für die Klassifikation wichtig sind. Mit selbstorganisierenden Karten kann die Daten-menge auf eine Karte mit wenigen Dimensionen abgebildet werden. Das überwach-te Lernverfahren verwendet dann als Eingabemuster den Ort des Gewinnerneurons in der SOM. Eine Netz bestehend aus einer Kohonen-Schicht mit nachgeschalteter Backpropagation-Schicht wird in (Rojas 96, Kap. 16.2) gezeigt.

■ *Optimierung:* Für das Problem des Handlungsreisenden können mit Kohonen-Karten suboptimale Lösungen für hunderte Städte gefunden werden, indem die Koordinaten der Städte als zweidimensionale Eingabemuster kodiert und eine eindimensionale, geschlossene Topologie (Ring) verwendet wird. Der Ring sollte mehr Neuronen als Städte aufweisen und wird als Kreis initialisiert. Ein Ergebnis zeigt Abb. 10.34c. Für Straßenkarten mit Entfernungsangabe (Kostenmatrix) ist das Verfahren so nicht anwendbar.

■ *Data Mining – Cluster:* Beim Finden von Strukturen in großen Datenmengen ist anfangs oft nicht klar, in wie viele und welche Klassen eine Objektmenge (z. B. Tele-fonkunden) sinnvoll zerlegt werden kann. Die *Clusteranalyse* findet geeignete Klassen, beschreibt sie und ordnet die Daten den Klassen zu. Durch die Dimensionsreduktion und Visualisierungsmöglichkeiten können selbstorganisierende Karten das Auffinden von Clustern unterstützen. Sie sind zudem relativ robust gegenüber fehlenden Attri-butwerten.

■ *Data Mining – Regeln:* Sind die Klassengebiete innerhalb der Karte bekannt (z. B. durch Analyse einer kalibrierten U-Matrix), so sind diejenigen Komponenten (Merk-male im Eingabevektor) besonders zur Beschreibung einer Klasse geeignet, deren Komponentenmatrix innerhalb des Klassengebietes wenig und außerhalb stark va-riiert. Somit lässt sich eine Menge kompakter Fuzzy-Regeln zur Klassifikation ab-leiten, ein Beispiel zur Schwelbrandklassifikation mit Gassensoren ist beschrieben in (Rühl 01).

■ *Überwachung und Anomaliedetektion:* Komplexe Systeme wie Netzwerke oder Pro-duktionsanlagen verfügen über eine Vielzahl von verteilten Sensoren. Die aktuellen Werte der Sensorik zeigen ein Bild des Systemzustandes. Eine mit den normalen Systemzuständen trainierte und kalibrierte Karte kann die aktuelle Verfassung des Gesamtsystems als Punkt oder Weg in der Karte darstellen. Ein großer Quantisie-rungsfehler deutet auf einen ungewöhnlichen Zustand hin, der nicht beim Training auftrat, und dient damit zum Erkennen von Anomalien und Fehlerzuständen.

■ *Kontextkarten* (engl. *contextual maps*): Wird statt eines Eingabevektors dessen Kon-text (beispielsweise Vorgänger und Nachfolger) als Trainingsvektor einer Clustera-lyse verwendet, so erfolgt die Gruppierung der Muster nach Ähnlichkeit der Kontexte.

In einer Kohonen-Karte sind dann solche Muster benachbart, die oft in gleicher Umgebung auftreten, sie müssen sich dabei nicht ähneln. Bei Anwendung auf einfache englische Sätze entstehen so Kartenbereiche mit Verben, Substantiven und Adverbien.

Diese Beispiele deuten die Vielfalt der Anwendungsmöglichkeiten der SOM nur an. Als freie Programme zum Einstieg in das Thema sind zu empfehlen: SOMPAK (Gruppe um T. Kohonen), ESOM Analyzer (Gruppe um A. Ultsch), SNNS (Gruppe um A. Zell) und Nenet (etwas älter). Varianten der SOM sind Karten mit variabler Topologie (z. B. wachsende neuronale Gase), analoger Darstellung (z. B. Parametrisierte SOM) und hierarchischer Anordnung (HSOM).

10.5 Zusammenfassung

Wir haben in diesem Kapitel ein kurze Einführung zum Maschinellen Lernen und den drei Lernparadigmen vorgenommen. Über eine einfache Darstellung der biologischen Nervenzelle wurde das Modell eines künstlichen Neurons eingeführt. Durch Vernetzung einfacher Neuronen entstehen neuronale Netze unterschiedlicher Topologien, drei Netze wurden näher vorgestellt:

- das Perzeptron als einstufiges Vorwärtsvermittlungsnetz mit Lernregel und der Beschränkung auf linear separierbare Funktionen,
- das Multilayer-Perzeptron mit dem Backpropagation-Verfahren dargestellt mit anwendungsrelevanten Aspekten, z. B. Attributvorbereitung, Dimensionierung, Overfitting, Generalisierungsfehler und Erweiterungen,
- sowie die selbstorganisierenden Karten von Kohonen als biologisch plausible Modellierung mit vielen überraschenden Anwendungsmöglichkeiten.

Aktuelle Forschungsthemen sind die Verbindung von neuronalen Netzen mit anderen Ansätzen zu hybriden Systemen, wie Fuzzy-Logik, Bayesschen Netzen und Evolutionären Algorithmen und die Erweiterungen in Richtung des Strukturlernens und des bestärkenden Lernens.

10.6 Aufgaben

Aufgabe 10.1 (Maschinelles Lernen)
a) *Was versteht im Zusammenhang mit Programmen unter Lernen?*
b) *Erläutern Sie die drei Lernparadigmen.*
c) *Bei welchem Lernparadigma tritt der Konflikt „Exploitation vs. Exploration" auf? Was bedeutet er?*

Aufgabe 10.2 (Nervenzelle)

a) *Skizzieren Sie Aufbau und Funktionsweise eines natürlichen Neurons mit seinen wichtigsten Bestandteilen. Was kann man sich in Bezug auf Existenz und Verbindungen von Neuronen unter menschlichem Lernen vorstellen?*

b) *Wie lautet und was besagt die Hebbsche These?*

Aufgabe 10.3 (Neuronenmodell)

a) *Skizzieren und erläutern Sie das Modell eines künstlichen Neurons. Beschreiben Sie die Berechnung der Ausgabe a eines künstlichen Neurons aus den Eingabewerten $x_1, ..., x_n$. Bezeichnen Sie alle verwendeten Größen.*

b) *Wie berechnet sich die Netzaktivität eines Neurons?*

c) *Nennen und skizzieren Sie drei Beispiele für Aktivierungsfunktionen.*

Aufgabe 10.4 (Perzeptron)

a) *Welche Aktivierung kann ein Perzeptron annehmen?*

b) *Wann feuert ein Perzeptron?*

c) *Was ist ein ON-Neuron? In welchem Zusammenhang steht der Schwellwert Θ zur Wichtung w_{n+1} des ON-Neurons?*

d) *Leiten Sie die Gleichung der Trenngerade eines Perzeptrons mit zwei Eingängen her.*

e) *Skizzieren und erläutern Sie das Modell eines künstlichen Neurons, das das logische NAND realisiert. Stellen Sie dazu die Wahrheitstafel auf und geben Sie die dazu nötigen Wichtungen, Schwellwert und Aktivierungsfunktion an.*

Aufgabe 10.5 (Perzeptron mit unbekannter Funktion)

Gegeben sei ein Perzeptron mit $w_1 = w_2 = 3$ und $\Theta = 4$.

a) *Skizzieren Sie das Netz.*

b) *Bestimmen Sie die Wahrheitstafel, wenn wir 1 als WAHR und 0 als FALSCH interpretieren.*

c) *Welche Boolesche Funktion wird realisiert?*

d) *Wie lautet die Funktion der Trenngeraden im Eingaberaum?*

e) *Skizzieren Sie die Trenngerade und schraffieren den Bereich der 1-erzeugenden Punkte*

Aufgabe 10.6 (Perzeptron-Lernen)

a) *Welchem Lernparadigma wird das Perzeptron zugeordnet?*

b) *Wie lautet die Lernregel des Perzeptrons?*

c) *Wann konvergiert das Lernverfahren?*

d) *Welchen wesentlichen Nachteil, der in den 70er-Jahren zu einer Reduktion der Forschung geführt hat, haben einstufige neuronale Netze?*

Aufgabe 10.7 (Netztopologien)

a) *Welche Struktur haben vorwärts verkettete Netze?*

b) *Welches besondere Strukturmerkmal haben rekurrente Netze?*

c) *Wie viele Wichtungen enthält ein Vorwärtsvermittlungsnetz aus vier Layern mit 10, 14, 5, 8 Neuronen?*

Aufgabe 10.8 (Multilayer-Perzeptron)

Gegeben ist ein künstliches neuronales Netz mit Schwellenwertfunktion als Aktivierungsfunktion und folgender Struktur, die Eingabewerte liegen beide im Intervall [0,1]:

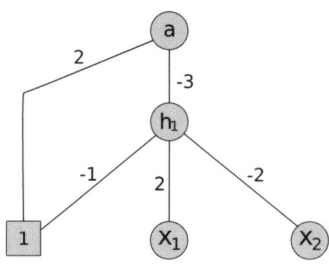

a) *Geben Sie die Wahrheitstafeln für h_1 und a an.*
b) *Welche logische Funktion wird durch das Netz abgebildet, wenn wir den Wert 1 als WAHR und den Wert 0 als FALSCH interpretieren?*

Aufgabe 10.9 (Backpropagation-Algorithmus)

a) *Charakterisieren Sie die beiden Phasen zur Anwendung mehrschichtiger Netze (Ablauf, Rechenaufwand).*
b) *Wie berechnet sich der Fehler eines Ausgabeneurons?*
c) *Wie berechnet sich der Fehler eines versteckten Neurons?*
d) *Wie berechnen sich bei Backpropagation-Netzen die Korrekturwerte für die Wichtungen? (Hinweis: Bei Netzen mit zwei Wichtungsschichten werden die Korrekturwerte der Schichten unterschiedlich berechnet.)*
e) *Nennen Sie eine übliche Aktivierungsfunktion beim Backpropagation-Verfahren und ihre Formel. Skizzieren Sie die Funktion und ihre Ableitung.*

Aufgabe 10.10 (Backpropagation-Anwendung)

a) *Wozu dient der MSE und wie lautet seine Definitionsgleichung?*
b) *Was versteht man unter Offline- und Online-Lernen beim BPV?*
c) *Nennen Sie zwei Gründe, warum Wichtungen beim BPV mit kleinen Zufallszahlen (und nicht großen Konstanten) initialisiert werden.*
d) *Was ist das Hauptproblem von Gradientenabstiegsverfahren wie Backpropagation?*
e) *Wie wirkt eine zu hohe Lernrate?*
f) *Wie hängt der erreichbare Fehler auf Test- und Trainingsdaten von der Netzgröße ab? (Skizze)*
g) *Wie erkennen Sie mit der obigen Skizze ein unterdimensioniertes Netz?*
h) *Welche drei Probleme verursacht ein überdimensioniertes Netz?*

Aufgabe 10.11 (Trainingsmenge)

a) *Nennen Sie zwei Wege, um dem neuronalen Netz unnötigen Lernaufwand zu ersparen.*

b) *Welche drei Arten von Attributen gibt es, nennen Sie je ein Beispiel.*

c) *Wie können numerische Attribute in Netz eingegeben werden?*

d) *Nenne Sie zwei Varianten, um nominale Attribute für ein neuronales Netz zu kodieren.*

e) *Wie werden fehlende Attributwerte behandelt?*

f) *Erläutern Sie die Anforderungen Konsistenz und Repräsentativität an die Trainings-datenmenge.*

g) *Formulieren Sie das zu lernenden Konzept aus Beispiel 10.12, d. h. welchem Einga-bevektor x soll welcher Ausgabevektor y zugeordnet werden.*

Aufgabe 10.12 (Fehler und Overfitting)

a) *Erläutern Sie grafisch den Begriff Overfitting. Welche negativen Folgen hat es?*

b) *Was versteht man unter der Methode „Frühes Stoppen"?*

c) *Nennen Sie drei Methoden zur Schätzung des erwarteten Generalisierungsfehlers.*

d) *Erläutern Sie das Vorgehen bei der n-fachen Kreuzvalidierung und ihrem determinis-tischen Spezialfall.*

e) *Darf des Testset des „Frühen Stoppens" zur Schätzung des Generalisierungsfehlers verwendet werden?*

Aufgabe 10.13 (Backpropagation-Erweiterungen)

a) *Welcher Zusammenhang besteht zwischen BP-Netzen und Fuzzy-Regelmengen?*

b) *Erläutern Sie die Grundidee der BPV-Erweiterungen Weight Decay, Quickprop und Resilient Propagation.*

Aufgabe 10.14 (Backpropagation-Anwendungsgebiete)

a) *Nennen Sie fünf Anwendungsbeispiele bzw. -Gebiete neuronaler Netze. Welche Vor-aussetzungen müssen vorliegen, damit neuronale Netze eingesetzt werden können?*

b) *Nennen Sie Vorteile und Probleme des Einsatzes von neuronalen Netzen.*

c) *Was kann die Ausgabe eines Vorwärtsvermittlungsnetzes repräsentieren?*

Aufgabe 10.15 (SOM)

a) *Welchem Lernparadigma werden SOM zugeordnet?*

b) *Was sind somatosensorische Felder im Gehirn?*

c) *Nennen Sie Eigenschaften einer Abbildung, so dass eine Karte entsteht.*

d) *Stellen Sie den Aufbau einer SOM dar und benennen Sie alle Bestandteile.*

e) *Nennen Sie drei Topologien von selbstorganisierenden Karten.*

Aufgabe 10.16 (SOM-Lernvorgang)

a) *Wie wird das Gewinnerneuron bestimmt?*

b) *Wie werden die Wichtungen verändert? (Hinweis: kleiner Unterschied zwischen dem Gewinnerneuron und anderen Neuronen)*

c) *Welche Rolle spielt die Nachbarschaftsfunktion beim Lernen?*

d) *Welche zwei Parameter steuern den Lernprozess?*

e) *Der Lernprozess kann als Wanderung der Kartenneuronen im Eingaberaum interpretiert werden – diese ist aber nicht ziellos, sondern?*

f) *Wie ist der Quantisierungsfehler einer Karte bezüglich eines Musters definiert und was drückt er aus?*

g) *Erläutern Sie die Kupferschmied-Metapher.*

Aufgabe 10.17 (SOM-Visualisierung)

a) *Nennen Sie drei Arten von Visualisierungen von SOM mit je einer Beispielmethode.*

b) *Was stellt die Komponentenmatrix dar?*

c) *Wie funktioniert die Darstellungsform „Karte im Eingaberaum"?*

d) *Wie berechnet sich ein Element der U-Matrix?*

e) *Was versteht man unter Kalibrierung einer Karte?*

Aufgabe 10.18 (SOM-Anwendung)

a) *Nennen Sie Anwendungsfelder von SOM.*

b) *Wie können SOM das Backpropagation-Verfahren unterstützen?*

c) *Erläutern Sie die Grundidee der SOM-Anwendung Kontextkarten.*

d) *Wie kann eine SOM zur Anomaliedetektion verwendet werden?*

11 Zeitliches Wissen

11.1 Einführung

Für viele Bereiche der Wissensverarbeitung reicht es aus, das Wissen über die Anwendung statisch zu repräsentieren. Beispiele sind Datenbanken, regelbasierte Diagnose und Bayessche Netze zur Modellierung von Unsicherheit. In vielen Anwendungen wollen wir jedoch auch etwas über Ereignisse aussagen, die in der *Zeit* stattfinden. So ist es beim Handeln eines autonomen mobilen Roboters wichtig, zu wissen, in welcher zeitlichen Reihenfolge welche Aktionen auszuführen sind, so dass das Ziel erreicht wird. Im Verlauf eines Studiums können Immatrikulation, Scheinerwerb, Praxissemester und Abschlussarbeit nicht in beliebiger Reihenfolge absolviert werden.

Es ist also wichtig, zeitliche Beziehungen zwischen bestimmten Ereignissen modellieren zu können. Leider sind im Allgemeinen nicht alle Beziehungen zwischen Ereignissen explizit bekannt. Vermutlich sind viele aber *implizit* vorhanden – man ist also an Verfahren interessiert, die unbekannte zeitliche Beziehungen zwischen Ereignissen berechnen. Es ist auch möglich, dass unser zeitliches Wissen in sich widersprüchlich ist. Ein Verfahren zur Berechnung unbekannter Beziehungen muss also auch Inkonsistenzen erkennen können.

Beispiel 11.1 (Inkonsistentes zeitliches Wissen)
Betrachten wir die folgende Wissensbasis:

- Das Masterstudium schließt sich (direkt) an das Bachelorstudium an.
- Das Bachelorstudium wird durch die Bachelorprüfung abgeschlossen.
- Die Masterarbeit findet im Masterstudium statt.
- Klaus hat seine Bachelorprüfung nach der Masterarbeit gemacht.

Es ist offenbar unmöglich, den einzelnen Studienabschnitten in Klaus' Studium konkrete Zeitintervalle zuzuordnen. Die Wissensbasis ist also inkonsistent.   ■

Wir werden im Folgenden mit der Zeitlogik von Allen ((Allen 83), siehe auch (Brachman & Levesque 85)) einen Ansatz einführen, der die genannten Forderungen erfüllt. Da in diesem Ansatz die Propagierung von zeitlichen Constraints als wesentliches Schlussfolgerungsverfahren eingesetzt wird, kann das Folgende auch als ein praktisches Beispiel für die in Kapitel 3 vorgestellten Verfahren angesehen werden.

11.2   Allens Temporallogik

Intervalle und Basisrelationen

Beispiel 11.2 (Hausbau)

Vor Beginn eines Hauskaufs erklärt der Vertreter einer Hausfirma:

> ...Die Bemusterung kann zwar bereits vor Ende der Bauantragsphase beginnen, wird aber erst nach der Bauantragsphase mit einer Unterschrift abgeschlossen. Irgendwann nach der Bemusterung beginnt dann der Hausbau. Vor Bauabnahme muss das Grundstück aber bereits voll erschlossen sein. Mit vollzogener Bauabnahme gilt der Bau als beendet.

Nach dem Besuch des Vertreters fragt sich der Hausinteressent, ob er das Grundstück zeitgleich mit der Bemusterungsphase erschließen lassen kann. Wir haben es in diesem Beispiel mit Ereignissen zu tun, die zu einer bestimmten, jedoch nicht genau spezifizierten Zeit stattfinden:

Abkürzung	Ereignis
M	Hausbemusterungsphase
MU	Unterschrift zur Bemusterung
B	Bauphase
BA	Bauabnahme
A	Bauantragsphase
E	Erschließungsphase

Unser Wissen umfasst auch Aussagen über temporale Beziehungen zwischen diesen Ereignissen. Wir stellen insgesamt die folgenden Beziehungen fest, die explizit angegeben werden:

- MU beendet M
- MU nach A
- B nach M
- E vor BA
- BA beendet B
- Frage: M zeitgleich E?

∎

Auf der Grundlage dieses Wissens möchte man nun Schlussfolgerungen ziehen können, um auf diese Weise Fragen wie die des Hausinteressenten beantworten zu können. Bei solchen Fragen geht es etwa darum, ob eine bestimmte zeitliche Beziehung möglich bzw. unmöglich ist oder ob sie notwendigerweise wahr ist.

Zur Modellierung zeitlichen Wissens kann man sowohl *Zeitpunkte* als auch *Zeitintervalle* als grundlegende Einheit verwenden. Für beide Interpretationen sind entsprechende Verfahren zur Wissensverarbeitung entwickelt worden. Da aber auch scheinbar punktförmige Ereignisse eine zeitliche Ausdehnung haben – im obigen Beispiel wird selbst die Unterschrift am Ende der Bemusterungsphase einige Sekunden dauern –, gibt es in Allens Ansatz nur *Zeitintervalle* (Nebel 97).

Definition 11.1 (Zeitintervall)

Das grundlegende Element der Allenschen Zeitlogik ist das *Zeitintervall.* Wir bezeichnen Intervalle mit den Buchstaben $X, Y, \ldots$ Eine (Intervall-)*Interpretation* ist eine Abbildung $\mathcal{I}$, die dem Intervall X ein Paar reeller Zahlen (X^-, X^+) zuordnet mit $X^- < X^+$.   ◆

Mit anderen Worten: Ein Zeitintervall ist eine Variable, und eine Interpretation ordnet jeder Variablen ein nicht punktförmiges Intervall auf der reellen Zahlengeraden zu. Absolute Zeitwerte lassen sich in dieser Logik nicht repräsentieren, sondern nur die relative Lage von Zeitintervallen zueinander. Diese lässt sich, wie man am obigen Beispiel vom Hausbau sieht, mithilfe von einigen elementaren Relationen beschreiben.

Beispiel 11.3

Die Relation „beendet" soll alle Paare von Zeitintervallen (X, Y) beschreiben, für die $Y^- < X^-$ und $X^+ = Y^+$, beispielsweise das Paar

$$X = (30, 35),\ Y = (15, 35).$$

Das Ereignis X beendet das Ereignis Y, da X später als Y beginnt, beide jedoch zum selben Zeitpunkt beendet sind.   ∎

Es zeigt sich, dass eine Menge von dreizehn Relationen zwischen Zeitintervallen ausreicht, um alle möglichen Beziehungen zwischen Intervallen zu beschreiben. Wie im obigen Beispiel kann die Semantik dieser Relationen durch die Beziehungen zwischen den jeweiligen Anfangs- und Endpunkten X^-, X^+, Y^- und Y^+ definiert werden. Die in Allens

Tab. 11.1: Die Basisrelationen der Allenschen Zeitlogik

Basisrelation	Grafik	Symbol	Inv.	Endpunktrelation
X vor Y		$\prec$	$\succ$	$X^- < X^+ < Y^- < Y^+$
X trifft Y		m	$\mathrm{m^i}$	$X^- < X^+ = Y^- < Y^+$
X überlappt Y		o	$\mathrm{o^i}$	$X^- < Y^- < X^+ < Y^+$
X startet Y		s	$\mathrm{s^i}$	$X^- = Y^- < X^+ < Y^+$
X innerhalb Y		d	$\mathrm{d^i}$	$Y^- < X^- < X^+ < Y^+$
X beendet Y		f	$\mathrm{f^i}$	$Y^- < X^- < X^+ = Y^+$
X gleich Y		$\equiv$	$\equiv$	$Y^- = X^- < X^+ = Y^+$

Zeitlogik verwendeten dreizehn *Basisrelationen* und ihre jeweilige Interpretation sind in Tabelle 11.1 dargestellt. Für die Basisrelationen verwenden wir die Originalabkürzungen der englischsprachigen Literatur (*meets, overlaps, starts, during, finishes*). Zu jeder Basisrelation B kommt dann noch die *inverse* Relation dazu, die wir mit $B^\mathbf{i}$ abkürzen: X und Y stehen genau dann in der Relation B, wenn Y und X in der Relation $B^\mathbf{i}$ zueinander stehen. Die zu $\prec$ (vor) inverse Relation ist $\succ$ (nach), die Gleichheit $\equiv$ entspricht ihrer Inversen. Insgesamt erhalten wir also $(2 \times 7) - 1$ mögliche Basisrelationen, die *erschöpfend* und *disjunkt* sind: Sind zwei konkrete Zeitintervalle gegeben, so kann ihre relative Lage zueinander durch exakt ein Element der Menge $\mathcal{B}$ der insgesamt 13 Basisrelationen beschrieben werden.

Diese Basisrelationen lassen sich leicht über der Zeitachse interpretieren: Ist B eine der Basisrelationen, so ist $\mathcal{I}(X\,B\,Y) = 1$ genau dann, wenn X^-, X^+, Y^- und Y^+ die entsprechenden Endpunktrelationen erfüllen. Wir sagen: Die Intervallinterpretation $\mathcal{I}$ *erfüllt* die Formel $X\,B\,Y$, oder auch $\mathcal{I}$ ist ein *Modell* von $X\,B\,Y$. Wie in der Prädikatenlogik heißen zwei Formeln F und G *äquivalent*, in Zeichen $F \equiv G$, wenn F und G dieselben Modelle haben. Wir verwenden dasselbe Symbol für die Äquivalenz wie für die Gleichheitsrelation zwischen Intervallen. Aus dem Kontext geht jedoch stets eindeutig hervor, welche Bedeutung gemeint ist.

Beispiel 11.4 (Fortsetzung)

Die in Beispiel 11.2 angegebenen Zeitrelationen lassen sich unter Verwendung der Basisrelationen folgendermaßen formulieren:

$$MU \mathsf{f} M, MU \succ A, B \succ M, E \prec BA, BA \mathsf{f} B.$$

Die Frage lautet: Kann M zeitgleich mit E stattfinden, das heißt, gibt es ein Modell der obigen Formeln, in dem $M \equiv E$ gilt? Die folgende Interpretation zeigt, dass dies möglich ist:

$$A \mapsto (0,2), M \mapsto (1,4), MU \mapsto (3,4), B \mapsto (5,9), BA \mapsto (8,9), E \mapsto (1,4).$$

∎

Allgemeine Zeitrelationen

Unvollständige Information kann leicht durch Mengen von Basisrelationen modelliert werden. So bedeutet beispielsweise

$$X\{\equiv, \mathsf{d}\}Y,$$

dass X gleich Y ist oder aber innerhalb von Y liegt. Die Formel

$$X\{\mathsf{s}, \mathsf{d}, \mathsf{f}\}Y$$

bedeutet, dass X Y startet oder X innerhalb von Y liegt oder X Y beendet. Diese drei disjunktiv verbundenen Aussagen können auch zu X *während* Y zusammengefasst werden.

Da es insgesamt 13 atomare Relationen gibt, existieren 2^{13} verschiedene Mengen von Basisrelationen. Diese bilden die Gesamtmenge $\mathcal{A} = 2^{\mathcal{B}}$ aller binären Intervallrelationen. Die Menge $\mathcal{B}$ selbst ist dabei eine spezielle Relation, die *absolute Unwissenheit* in Bezug auf die vorhandene zeitliche Beziehung zweier Intervalle kennzeichnet. Wir bezeichnen im Folgenden Basisrelationen mit den Buchstaben B_i, beliebige Relationen (also Mengen von Basisrelationen) mit den Buchstaben $R, S, \ldots$. Wir unterscheiden außerdem nicht zwischen der Basisrelation B und der Relation $\{B\}$.

Die Intervallinterpretation $\mathcal{I}$ ist genau dann ein Modell von $X\,R\,Y$, wenn sie ein Modell von $X\,B\,Y$ ist für ein $B \in R$.

Zu einer Relation $R \in \mathcal{A}$ ist die *inverse Relation* $R^{\mathbf{i}}$ definiert durch:

$$R^{\mathbf{i}} = \{B^{\mathbf{i}} | \ B \in R\}.$$

Beispielsweise ist also $\{\mathsf{d}, \mathsf{s}\}^{\mathbf{i}} = \{\mathsf{d}^{\mathbf{i}}, \mathsf{s}^{\mathbf{i}}\}$. Es lässt sich leicht nachprüfen, dass $X\,R^{\mathbf{i}}\,Y$ äquivalent ist zu $Y\,R\,X$.

Auf ähnliche Weise lässt sich auch leicht sehen, dass eine Interpretation $\mathcal{I}$ die beiden Formeln $X\, R\, Y$ und $X\, S\, Y$ genau dann erfüllt, wenn sie auch die Formel $X\,(R \cap S)\,Y$ erfüllt.

Es gilt also:

$$X\,(R \cap S)\,Y \quad \equiv \quad X\,R\,Y \wedge X\,S\,Y \tag{11.1}$$

$$X\,R^{\mathsf{i}}\,Y \quad \equiv \quad Y\,R\,X \tag{11.2}$$

Komposition von Relationen

Aus einer Menge von Zeitrelationen lassen sich auf ähnliche Weise wie bei ganzen Zahlen Schlussfolgerungen durch „Kettenbildung" ziehen. Beispielsweise kann man aus den Formeln $n > m$, $m > k$ ableiten, dass $n > k$ ist. Entsprechend kann man aus den Formeln $X\,\mathsf{s}\,Y$ und $Y\,\mathsf{m}\,Z$ schließen, dass $X \prec Z$ gilt. Wir bezeichnen diese Verkettung als *Komposition von Relationen*.

Definition 11.2 (Komposition von Basisrelationen)
Die Komposition $B_1 \circ B_2$ zweier Basisrelationen ist definiert durch

$$X\,(B_1 \circ B_2)\,Y \text{ gdw. } \exists Z\,(X\,B_1\,Z \wedge Z\,B_2\,Y).$$

$\blacklozenge$

Beispiel 11.5 (Komposition von Basisrelationen)
a) Ist $X\,\mathsf{f}\,Y$ und $Y \prec Z$, so gilt $X \prec Z$:

b) Ist $X\,\mathsf{o}\,Y$ und $Y\,\mathsf{f}\,Z$, so gilt $X\{\mathsf{o},\mathsf{s},\mathsf{d}\}Z$. Die folgende Abbildung zeigt alle drei Möglichkeiten.

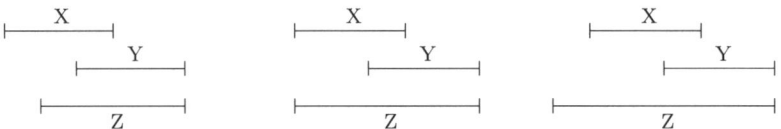

c) Aus $X\,\mathsf{o}\,Y$ und $Y \equiv Z$ folgt $X\,\mathsf{o}\,Z$. Offenbar gilt ganz allgemein

$$B \quad = \quad (B \circ \{\equiv\}) = (\{\equiv\} \circ B) \tag{11.3}$$

für beliebige Basisrelationen B.

$\blacksquare$

Tab. 11.2: Die Kompositionstabelle der Allenschen Zeitlogik (ohne $\equiv$)

R_1 \ R_2	≺	≻	d	d^i	o	o^i	m	m^i	s	s^i	f	f^i
≺	≺	$\mathcal{B}$	≺ o m d s	≺	≺	≺ o m d s	≺	≺ o m d s	≺	≺	≺ o m d s	≺
≻	$\mathcal{B}$	≻	≻ o^i m^i d f	≻	≻ o^i m^i d f	≻	≻ o^i m^i d f	≻	≻ o^i m^i d f	≻	≻	≻
d	≺	≻	d	$\mathcal{B}$	≺ o m d s	≻ o^i m^i d f	≺	≻	d	≻ o^i m^i d f	d	≺ o m d s
d^i	≺ o m d^i f^i	≻ o^i m^i d^i s^i	M_1	d^i	o d^i f^i	o^i d^i s^i	o d^i f^i	o^i d^i s^i	o d^i f^i	d^i	o^i d^i s^i	d^i
o	≺	≻ o^i d^i m^i s^i	o d s	≺ o m d^i f^i	≺ o m	M_1	≺	o^i d^i s^i	o	d^i f^i o	d s o	≺ o m
o^i	≺ o m d^i f^i	≻	o^i d f	≻ o^i m^i d^i s^i	M_1	≻ o^i m^i	o d^i f^i	≻	o^i d f	o^i ≻ m^i	o^i	o^i d^i s^i
m	≺	≻ o^i m^i d s^i	o d s	≺	≺	o d s	≺	f f^i $\equiv$	m	m	d s o	≺
m^i	≺ o m d^i f^i	≻	o^i d f	≻	o^i d f	≻	s s^i $\equiv$	≻	d f o^i	≻	m^i	m^i
s	≺	≻	d	≺ o m d^i f^i	≺ o m	o^i d f	≺	m^i	s	s s^i $\equiv$	d	≺ m o
s^i	≺ o m d^i f^i	≻	o^i d f	d^i	o d^i f^i	o^i	o d^i f^i	m^i	s s^i $\equiv$	s^i	o^i	d^i
f	≺	≻	d	≻ o^i m^i d^i s^i	o d s	≻ o^i m^i	m	≻	d	≻ o^i m^i	f	f f^i $\equiv$
f^i	≺	≻ o^i m^i d^i s^i	o d s	d^i	o	o^i d^i s^i	m	s^i o^i d^i	o	d^i	f f^i $\equiv$	f^i

$\mathcal{B}$: Alle 13 Basisrelationen

M_1: $\{o, o^i, \equiv, d, d^i, f, s, s^i, f^i\}$

Die Kompositionen aller 13 Basisrelationen sind in Tabelle 11.2 dargestellt. Auf die Einbeziehung der Gleichheit kann dabei wegen Gleichung (11.3) verzichtet werden.

Die Komposition von Basisrelationen lässt sich ohne Schwierigkeiten auf beliebige Relationen übertragen. Wir berechnen beispielsweise $\{\prec, \mathsf{m}\} \circ \{\mathsf{s}\}$. Aus

$$X \{\prec, \mathsf{m}\} Y \wedge Y \mathsf{s} Z,$$

folgt

$$(X \prec Y \vee X \mathsf{m} Y) \wedge Y \mathsf{s} Z,$$

und dies ist äquivalent zu

$$(X \prec Y \wedge Y \mathsf{s} Z) \vee (X \mathsf{m} Y \wedge Y \mathsf{s} Z).$$

Jetzt brauchen wir nur noch in der Kompositionstabelle nachzusehen, um die einzelnen Verknüpfungen zu bestimmen. Daraus ergibt sich

$$X \prec Z \vee X \mathsf{m} Z,$$

also

$$X \{\prec, \mathsf{m}\} Z.$$

Allgemein gilt dann:

$$R_1 \circ R_2 = \{B_1 \circ B_2 \mid B_1 \in R_1, B_2 \in R_2\}$$

für alle $R_1, R_2 \in \mathcal{A}$. Die Menge $\mathcal{A}$ zusammen mit den Operationen $\circ, \cap$ und der Inversenbildung i bildet die sogenannte *Allensche Intervallalgebra*.

Die qualitative Modellierung einer Intervallkonfiguration kann als Menge von solchen Formeln formuliert werden. Grafisch lässt sich eine Menge von Temporalformeln durch ein *temporales Constraintnetz* (engl. *temporal constraint net*) darstellen, dessen Knoten Zeitintervalle angeben und dessen gerichtete Kanten mit Intervallbeziehungen – den Constraints – versehen sind. Häufig ist ein solcher Graph als Matrix M dargestellt, wobei das Element $M_{i,j} \in \mathcal{A}$ die Beschränkung zwischen dem $i$ten und dem $j$ten Intervall angibt. Es gelten $M_{i,i} = \{\equiv\}$ und $M_{i,j} = M_{j,i}{}^{\mathbf{i}}$.

Beispiel 11.6 (Fortsetzung)
Das temporale Constraintnetz zu den Angaben in Beispiel 11.4 zeigt Abbildung 11.1. Die den Angaben dieser Abbildung entsprechende Matrix ist nachfolgend angegeben:

	M	MU	B	BA	A	E
M	$\equiv$	$\mathsf{f}^{\mathbf{i}}$	$\prec$	$\mathcal{B}$	$\mathcal{B}$	$\mathcal{B}$
MU	f	$\equiv$	$\mathcal{B}$	$\mathcal{B}$	$\succ$	$\mathcal{B}$
B	$\succ$	$\mathcal{B}$	$\equiv$	$\mathsf{f}^{\mathbf{i}}$	$\mathcal{B}$	$\mathcal{B}$
BA	$\mathcal{B}$	$\mathcal{B}$	f	$\equiv$	$\mathcal{B}$	$\succ$
A	$\mathcal{B}$	$\prec$	$\mathcal{B}$	$\mathcal{B}$	$\equiv$	$\mathcal{B}$
E	$\mathcal{B}$	$\mathcal{B}$	$\mathcal{B}$	$\prec$	$\mathcal{B}$	$\equiv$

∎

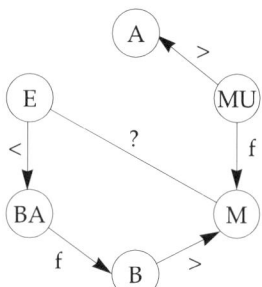

Abb. 11.1: Das temporale Constraintnetz für das Hausbau-Beispiel 11.2

11.3 Constraintpropagierung in temporalen Constraintnetzen

Die Pfadkonsistenzmethode

Das grundlegende Problem im Kontext der Zeitlogik ist die Frage, ob eine gegebene qualitative Beschreibung einer Intervallkonfiguration *erfüllbar* ist: Gibt es ein Modell für diese Formelmenge, das heißt eine Abbildung der Intervallvariablen auf reelle Zahlenintervalle, so dass alle Constraints erfüllt werden? Die übrigen durch praktische Anwendungen motivierten Fragen, die bereits oben genannt wurden, können auf das Problem der Erfüllbarkeit zurückgeführt werden. Dies geschieht auf die gleiche Weise wie die Zurückführung der Folgerbarkeit auf die Unerfüllbarkeit bei der Prädikatenlogik (siehe Kapitel 5). Gibt es für eine gegebene Formelmenge ein Modell, so lassen sich daraus auch leicht die unbekannten Kanten im Graphen der Intervallkonfigurationen bestimmen.

Eine sehr einfache Methode, die Erfüllbarkeit einer Formelmenge zu testen, besteht darin, wiederholt die Komposition von Relationen zu berechnen, um auf diese Weise implizite Relationen explizit zu machen und Widersprüche aufzudecken. Als einfaches Beispiel kann die sicherlich unerfüllbare Formelmenge $\{X \prec Y, Y \prec Z, Z \prec X\}$ dienen. Aus $X \prec Y$ und $Y \prec Z$ lässt sich durch Relationskomposition $X \prec Z$, also $Z \succ X$ ableiten. Aus den beiden Formeln $Z \prec X$ und $Z \succ X$ lässt sich direkt der Widerspruch erkennen.

Beispiel 11.7 (Fortsetzung von Beispiel 11.1)
Das Beispiel lässt sich durch folgende Formeln beschreiben (B = Bachelorstudium, M = Masterstudium, BP = Bachelorprüfung, MA = Masterarbeit):

a) $B \{\mathsf{m}, \prec\} M$
b) $B \mathsf{f}^{\mathsf{i}} BP$
c) $MA \mathsf{d} M$
d) $BP \succ MA$

Es gibt mehrere Möglichkeiten zur Verkettung von Relationen. Beispielsweise erhalten wir aus Tabelle 11.2:

$$(B \, \mathsf{f^i} \, BP) \wedge (BP \succ MA) \quad \longrightarrow \quad B \, \{\succ, \mathsf{o^i}, \mathsf{m^i}, \mathsf{d^i}, \mathsf{s^i}\} \, MA$$

$$(B \, \{\succ, \mathsf{o^i}, \mathsf{m^i}, \mathsf{d^i}, \mathsf{s^i}\} \, MA) \wedge (MA \, \mathsf{d} \, M) \quad \longrightarrow \quad B \, \{\succ, \mathsf{m^i}, \mathsf{o}, \mathsf{o^i}, \equiv, \mathsf{d}, \mathsf{d^i}, \mathsf{f}, \mathsf{s}, \mathsf{s^i}, \mathsf{f^i}\} \, M$$

Andererseits wissen wir, dass $B \, \{\mathsf{m}, \prec\} \, M$ gilt. Aus Gleichung (11.1) folgt:

$$B \, \{\succ, \mathsf{m^i}, \mathsf{o}, \mathsf{o^i}, \equiv, \mathsf{d}, \mathsf{d^i}, \mathsf{f}, \mathsf{s}, \mathsf{s^i}, \mathsf{f^i}\} \cap \{\mathsf{m}, \prec\} \, M$$

Wegen $\{\succ, \mathsf{m^i}, \mathsf{o}, \mathsf{o^i}, \equiv, \mathsf{d}, \mathsf{d^i}, \mathsf{f}, \mathsf{s}, \mathsf{s^i}, \mathsf{f^i}\} \cap \{\mathsf{m}, \prec\} = \emptyset$ ist somit der Widerspruch aufgedeckt. ∎

Die sogenannte *Pfadkonsistenzmethode*, die wir im Folgenden vorstellen wollen, beruht also auf der Verkettung von Relationen mittels Tabelle 11.2 und auf der Schnittbildung, also der Anwendung von Gleichung (11.1). Sind die Relationen in Form einer Matrix M dargestellt, so wendet man

$$M_{i,j} \quad \longleftarrow \quad M_{i,j} \cap (M_{i,k} \circ M_{k,j}) \tag{11.4}$$

für alle i, j, k an, so lange, bis die Matrix sich nicht mehr verändert.

Die Berechnung (11.4) entfernt offensichtlich keine möglichen Belegungen, entfernt aber atomare Beziehungen, die nicht erfüllbar sind. Gilt für ein Element der Ergebnismatrix $M_{i,j} = \emptyset$, so ist die Ausgangsformel unerfüllbar. Sind dagegen alle Einträge der Ergebnismatrix nicht leer, so wird diese Matrix auch als *pfadkonsistent* bezeichnet.

Beispiel 11.8 (Fortsetzung)

Man kann nun die Pfadkonsistenzmethode auf die Matrix in Beispiel 11.6 anwenden (siehe auch Abbildung 11.1). Die Gesamtmenge der einzelnen Operationen zeigt Tabelle 11.3. Jeweils zwei Zeilen fassen die Anwendung der Formel (11.4) zusammen. So bedeuten die ersten zwei Zeilen der Tabelle die Operation

$$
\begin{aligned}
M_{6,3} \quad &\longleftarrow \quad M_{6,3} \cap (M_{6,4} \circ M_{4,3}) \\
&= \quad \mathcal{B} \cap (\{\prec\} \circ \{\mathsf{f}\}) \\
&= \quad \mathcal{B} \cap \{\prec, \mathsf{d}, \mathsf{o}, \mathsf{m}, \mathsf{s}\} \\
&= \quad \{\prec, \mathsf{d}, \mathsf{o}, \mathsf{m}, \mathsf{s}\}
\end{aligned}
$$

Tab. 11.3: Propagierung temporaler Constraints in Beispiel 11.2

aus	$[6,4] = \{\prec\}$	und	$[4,3] = \{f\}$
und	$[6,3] = \mathcal{B}$	$\longrightarrow$	$[6,3] = \{\prec, d, o, m, s\}$
aus	$[5,2] = \{\prec\}$	und	$[2,1] = \{f\}$
und	$[5,1] = \mathcal{B}$	$\longrightarrow$	$[5,1] = \{\prec, d, o, m, s\}$
aus	$[5,1] = \{\prec, d, o, m, s\}$	und	$[1,3] = \{\prec\}$
und	$[5,3] = \mathcal{B}$	$\longrightarrow$	$[5,3] = \{\prec\}$
aus	$[5,3] = \{\prec\}$	und	$[3,4] = \{f^{i}\}$
und	$[5,4] = \mathcal{B}$	$\longrightarrow$	$[5,4] = \{\prec\}$
aus	$[4,3] = \{f\}$	und	$[3,1] = \{\succ\}$
und	$[4,1] = \mathcal{B}$	$\longrightarrow$	$[4,1] = \{\succ\}$
aus	$[4,1] = \{\succ\}$	und	$[1,2] = \{f^{i}\}$
und	$[4,2] = \mathcal{B}$	$\longrightarrow$	$[4,2] = \{\succ\}$
aus	$[4,2] = \{\succ\}$	und	$[2,5] = \{\succ\}$
und	$[4,5] = \mathcal{B}$	$\longrightarrow$	$[4,5] = \{\succ\}$
aus	$[3,4] = \{f^{i}\}$	und	$[4,2] = \{\succ\}$
und	$[3,2] = \mathcal{B}$	$\longrightarrow$	$[3,2] = \{\succ, d^{i}, o^{i}, m^{i}, s^{i}\}$
aus	$[3,2] = \{\succ, d^{i}, o^{i}, m^{i}, s^{i}\}$	und	$[2,5] = \{\succ\}$
und	$[3,5] = \mathcal{B}$	$\longrightarrow$	$[3,5] = \{\succ, d^{i}, o^{i}, m^{i}, s^{i}\}$
aus	$[3,1] = \{\succ\}$	und	$[1,2] = \{f^{i}\}$
und	$[3,2] = \{\succ, d^{i}, o^{i}, m^{i}, s^{i}\}$	$\longrightarrow$	$[3,2] = \{\succ\}$
aus	$[3,2] = \{\succ\}$	und	$[2,5] = \{\succ\}$
und	$[3,5] = \{\succ, d^{i}, o^{i}, m^{i}, s^{i}\}$	$\longrightarrow$	$[3,5] = \{\succ\}$
aus	$[2,1] = \{f\}$	und	$[1,3] = \{\prec\}$
und	$[2,3] = \mathcal{B}$	$\longrightarrow$	$[2,3] = \{\prec\}$
aus	$[2,3] = \{\prec\}$	und	$[3,4] = \{f^{i}\}$
und	$[2,4] = \mathcal{B}$	$\longrightarrow$	$[2,4] = \{\prec\}$
aus	$[1,2] = \{f^{i}\}$	und	$[2,4] = \{\prec\}$
und	$[1,4] = \mathcal{B}$	$\longrightarrow$	$[1,4] = \{\prec\}$
aus	$[3,4] = \{f^{i}\}$	und	$[4,6] = \{\succ\}$
und	$[3,6] = \mathcal{B}$	$\longrightarrow$	$[3,6] = \{\succ, d^{i}, o^{i}, m^{i}, s^{i}\}$
aus	$[1,2] = \{f^{i}\}$	und	$[2,5] = \{\succ\}$
und	$[1,5] = \mathcal{B}$	$\longrightarrow$	$[1,5] = \{\succ, d^{i}, o^{i}, m^{i}, s^{i}\}$

Algorithmus 11.1 (Programm zur Pfadkonsistenzmethode)

```
global n, M.
function pfadkons()
    agenda := [(i,j)|i,j = 1,...,n,i ≠ j];
    while agenda ≠ []
        (i,j) := delete_first(agenda);
        for k := 1 to n
            m := (M[i,j] ∘ M[j,k]) ∩ M[i,k];
            if m ≠ M[i,k] then
                if m = [] then return false ;
                M[i,k] := m;
                M[k,i] := inv(m);
                agenda := append(agenda , [(i,k),(k,i)]);
    return true .
```

Insgesamt erhält man als Ergebnis die Menge der Zeitrelationen, die in der folgenden Tabelle zusammengefasst ist. Durch Anwendung der Pfadkonsistenzmethode wird also eine große Menge an Zeitrelationen explizit gemacht.

	M	MU	B	BA	A	E
M	$\equiv$	$\mathsf{f^i}$	$\prec$	$\prec$	K^i	$\mathcal{B}$
MU	f	$\equiv$	$\prec$	$\prec$	$\succ$	$\mathcal{B}$
B	$\succ$	$\succ$	$\equiv$	$\mathsf{f^i}$	$\succ$	K^i
BA	$\succ$	$\succ$	f	$\equiv$	$\succ$	$\succ$
A	K	$\prec$	$\prec$	$\prec$	$\equiv$	$\mathcal{B}$
E	$\mathcal{B}$	$\mathcal{B}$	K	$\prec$	$\mathcal{B}$	$\equiv$

Hierbei ist $K = \{\prec, \mathsf{d}, \mathsf{o}, \mathsf{m}, \mathsf{s}\}$. Auf der Basis dieser Tabelle lässt sich u. a. auch die Frage des Hausinteressenten beantworten: Die Beziehung zwischen Bemusterungsphase und Erschließungsphase – dargestellt durch Matrixeintrag $M_{E,M}$ bzw. $M_{M,E}$ – ist nicht weiter eingeschränkt. Alle 13 Basisrelationen sind möglich, daher auch die Zeitgleichheit.

∎

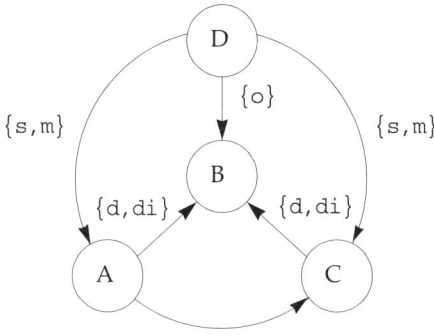

Abb. 11.2: Ein Beispiel zur Unvollständigkeit der Pfadkonsistenzmethode

Die Implementierung

Algorithmus 11.1 führt die Pfadkonsistenzmethode durch. Gegeben ist die $n \times n$-Matrix M als globale Größe. Die Agenda wird mit den Matrixeinträgen initialisiert, in denen die bekannten Einträge gespeichert sind. Die übrigen Matrixeinträge, für die also keine Information vorliegt, sind mit $\mathcal{B}$ belegt. Die Funktion pfadkons gibt genau dann true zurück, wenn die aktuelle Matrix M pfadkonsistent ist.

In (Shoham 94) wird eine Implementierung von Algorithmus 11.1 in Prolog angegeben.

Eigenschaften des Algorithmus

Der oben angegebene Algorithmus *terminiert* offenbar bei beliebiger Eingabe (siehe Aufgabe 11.8). Er ist auch *korrekt*, das heißt, falls die Funktion pfadkons den Wert false liefert, dann ist die ursprüngliche Formelmenge unerfüllbar.

Die Pfadkonsistenzmethode ist jedoch nicht vollständig, das heißt, ein pfadkonsistentes Netz kann trotzdem unerfüllbar sein, wie das folgende Beispiel aus (Allen 83) zeigt.

Beispiel 11.9 (Unvollständigkeit)
Gegeben sei das in Abbildung 11.2 dargestellte Wissen. Vier Intervallvariablen A, B, C und D sind durch gerichtete Kanten verbunden, es sind die angegebenen Relationen zwischen den Intervallen bekannt. Mit der Pfadkonsistenzmethode lässt sich leicht zeigen, dass das Netz pfadkonsistent ist. Tatsächlich ist das Netz jedoch unerfüllbar. Dies lässt sich folgendermaßen erkennen.

Aus $(A \, \mathtt{f} \, C) \vee (C \, \mathtt{f} \, A)$ folgt in jedem Fall, dass A und C *gleiche Endzeitpunkte*, aber *verschiedene Anfangszeitpunkte* haben müssen. Wir unterscheiden nun vier Fälle in Bezug auf die Relationen zwischen D und A sowie zwischen D und C.

Fall 1: Es gilt $D \, \mathtt{s} \, A$ und $D \, \mathtt{s} \, C$. Dies bedeutet, dass A und C dieselbe Anfangszeit haben, im Widerspruch zu dem eben Gesagten.

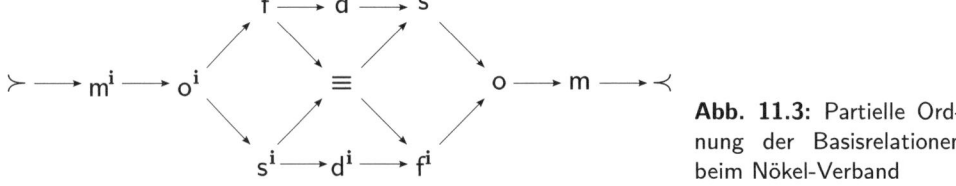

Abb. 11.3: Partielle Ordnung der Basisrelationen beim Nökel-Verband

Fall 2: Es gilt $D\,\mathsf{m}\,A$ und $D\,\mathsf{m}\,C$. Dieser Fall führt genauso wie Fall 1 zum Widerspruch.

Fall 3: Es gilt $D\,\mathsf{m}\,A$ und $D\,\mathsf{s}\,C$. Die Beziehungen zwischen A, C und D lassen sich durch folgende Grafik wiedergeben:

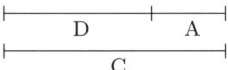

Für die Lage des Intervalls B gibt es wegen $D\,\mathsf{o}\,B$ drei Möglichkeiten, die in der folgenden Abbildung gezeigt werden. Die ersten beiden Möglichkeiten verletzen beide die Bedingung $A\{\mathsf{d},\mathsf{d^i}\}B$, die dritte verletzt die Bedingung $C\{\mathsf{d},\mathsf{d^i}\}B$.

Fall 4: Es gilt $D\,\mathsf{s}\,A$ und $D\,\mathsf{m}\,C$. Dies entspricht Fall 3, nur mit vertauschten Rollen von A und C.

∎

Eine effiziente Implementierung des Pfadkonsistenzalgorithmus hat eine Laufzeit von $O(n^3)$, wobei n die Anzahl der Intervallvariablen bezeichnet.

Die Unvollständigkeit der Pfadkonsistenzmethode führt in der Praxis nur selten zu Problemen (Allen et al. 90b, Seite 16).

Benötigt man ein vollständiges Verfahren, so kann man dies dadurch erreichen, dass man die Pfadkonsistenzmethode mit einer anschließenden ausschöpfenden Fallunterscheidung, das heißt also einer vollständigen Suche, verbindet (vgl. dazu Kapitel 3). Diese Methode ist zwar aufgrund der Menge der Fallunterscheidungen von exponentieller Komplexität, – und dies ist nicht verwunderlich, denn das zugrundeliegende Problem ist NP-vollständig – jedoch lässt sich durch die vorhergehende Propagierung der zeitlichen Constraints i. A. eine deutliche Vorabreduktion des Suchraums erreichen.

Eine andere Möglichkeit ist die Beschränkung auf eine *Teilmenge der Allenschen Basisrelationen*, denn die Gesamtmenge aller $2^{13} = 8192$ Möglichkeiten für Zeitrelationen wird in keiner Anwendung erforderlich sein. Ein Beispiel einer solchen Teilmenge, die 83 Elemente einschließlich der Nullrelationen $\emptyset$ enthält, ist der sog. *Nökel-Verband*, für den das Pfadkonsistenzverfahren vollständig ist (Nökel 89): Seien B_1 und B_2 zwei Basisrelationen. Dann gehört die Relation R zum Nökel-Verband, die aus B_1, B_2 und allen Basisrelationen besteht, die in der in Abbildung 11.3 dargestellten partiellen Ordnung *zwischen* B_1 und B_2 liegen. So ist beispielsweise die Menge $\{\mathsf{s}, \mathsf{d}, \mathsf{f}\}$ enthalten, die wir als *während* bezeichnet hatten.

Weitere Möglichkeiten für Mengen, für die die Pfadkonsistenzmethode korrekt und vollständig ist,– darunter eine, die mehr als 10 % der Gesamtmenge $\mathcal{A}$ enthält — werden in (Nebel 97) angegeben.

11.4 Aufgaben

Aufgabe 11.1

Warum stellt die durch folgende Matrix gegebene Situation einen inkonsistenten Zustand dar?

$$
\begin{pmatrix}
\equiv & \mathsf{d} & \mathcal{B} & \mathcal{B} \\
\mathsf{d^i} & \equiv & \succ & \prec \\
\mathcal{B} & \prec & \equiv & \prec \\
\mathcal{B} & \succ & \prec & \equiv
\end{pmatrix}
$$

Aufgabe 11.2

Modellieren Sie die folgenden Aussagen unter Angabe der temporalen Relationen. Verwenden Sie dabei als Abkürzungen für Zeitintervalle A: Arbeitsphase, B: Freundschaft mit Marion, C: Motorradzeit, D: 4. Semester.

Peter erinnert sich:

■ *Seit irgendwann im 4. Semester war ich mit Marion befreundet.*

■ *Seit Beginn des 4. oder 5. Semesters habe ich richtig angefangen, zu arbeiten.*

■ *Seit Beginn des 4. oder 5. Semesters fahre ich Motorrad.*

■ *Innerhalb des Zeitraum, in dem ich richtig arbeite, war ich mit Marion befreundet. Oder war das umgekehrt?*

■ *Innerhalb des Zeitraum, in dem ich Motorrad fahre, war ich mit Marion befreundet. Oder war das umgekehrt?*

Gibt es einen Zeitpunkt zwischen A und C?

Aufgabe 11.3

Ergänzen Sie Ihr Modell aus Aufgabe 11.2 um die zusätzliche Aussage von Peter:

■ *Mit dem Ende der Arbeitsphase endete auch meine Motorradzeit. Beide Zeiträume waren nicht gleich lang.*

a) *Welches Ergebnis liefert der Algorithmus nun?*

b) *Überlegen Sie, ob die berechneten Angaben global konsistent sind.*

Aufgabe 11.4

Modellieren Sie die beiden folgenden Aussagen:

> *Die Vorlesung begann, während Student Müller nicht im Raum war.*

> *Als die Vorlesung endete, war Müller jedoch im Raum.*

Verwenden Sie S (das Vorlesungs-Beginn-Intervall), V (das Vorlesungs-Intervall) und M (das Müller-im-Raum-Intervall).
    Wann genau war Müller im Raum? Wie sieht die Ergebnis-Matrix aus?

Aufgabe 11.5

Beweisen Sie folgende Gleichung:

$$(R_1 \circ R_2)^{\mathbf{i}} = R_2{}^{\mathbf{i}} \circ R_1{}^{\mathbf{i}}$$

für alle $R_1, R_2 \in \mathcal{A}$.

Aufgabe 11.6

Beweisen Sie: Für alle $B_1, B_2 \in \mathcal{B}$ gilt folgende Gleichung:

$$\{\equiv\} \subseteq (B_1 \circ B_2) \ gdw. \ B_2 = B_1{}^{\mathbf{i}}.$$

Aufgabe 11.7

Zeigen Sie, dass ein zyklenfreier temporaler Constraintgraph stets erfüllbar ist.

Aufgabe 11.8

Zeigen Sie, dass Algorithmus 11.1 stets terminiert.

12 Wissen über Situationen, Aktionen und Pläne

12.1 Einführung

Rationales Handeln, also die Fähigkeit, angemessene Entscheidungen zu treffen, um bestimmte Ziele zu erreichen, ist ein wesentlicher Aspekt menschlicher Intelligenz. Dazu gehört auch die Fähigkeit, komplexe Folgen von Handlungen zu planen und deren Auswirkungen auf die Umwelt abzuschätzen. Erschwerend kommt dabei dazu, dass unser Wissen über diese Umwelt meistens höchst unvollständig ist. Planungsfähigkeit ist demzufolge auch ein wesentlicher Bestandteil intelligenter Systeme.

Im Gegensatz zu analytischen Problemen wie der medizinischen oder technischen Diagnostik handelt es sich bei der Planung offenbar um ein Syntheseproblem: Man versucht, aus einem Vorrat an Basisaktionen eine komplexe Aktionsfolge zu konstruieren, die ein gegebenes Ziel erreicht. Die Menge der möglichen Pläne und damit auch die Komplexität der Planungsaufgabe kann dabei sehr groß sein.

Zusammenfassend sind die folgenden Aufgaben, die zu den grundlegenden Merkmalen menschlicher Intelligenz gehören, zu behandeln:

■ Eine Analyse der Situation, in der sich ein System befindet. Diese umfasst die Beschreibung der wesentlichen Eigenschaften der Situation (z. B. Position von Objekten im Straßenverkehr, Art von Verkehrsschildern etc.).

■ Die Entwicklung einer Strategie und die Erstellung von *Plänen*, mit denen gegebene Ziele unter Berücksichtigung der aktuellen Möglichkeiten erreicht werden können (z. B. Planung des Fahrweges, Planen eines Studiums).

Der erste Ansatz zur Situationsmodellierung in der Forschung zur Künstlichen Intelligenz ist der *Situationskalkül* (McCarthy & Hayes 69), der von McCarthy und Hayes auf der Grundlage der Prädikatenlogik entwickelt wurde und den Ausgangspunkt vieler heutiger Planungssysteme darstellt. Der Situationskalkül ist Gegenstand des folgenden Abschnitts, wobei wir im Wesentlichen den Ausführungen in (Genesereth & Nilsson 89) folgen. In Abschnitt 12.3 stellen wir eine Variante des klassischen STRIPS-Planers (Fikes & Nilsson 71; Ginsberg 93) als Beispiel für ein konkretes Planungssystem vor.

12.2 Der Situationskalkül

Grundvoraussetzung für eine Situationsbeschreibung ist zunächst eine formale Sprache, mit der wir beschreiben können, welche Eigenschaften die Objekte unserer Anwendungswelt haben und welche Beziehungen zwischen ihnen bestehen. Mit dieser Sprache werden wir dann auch die Aktionen beschreiben, indem wir angeben, unter welchen Voraussetzungen eine Aktion anwendbar ist und welche Auswirkungen ihre Anwendung hat.

In einer solchen Sprache können wir dann Axiome zur Modellierung allgemeiner Gesetzmäßigkeiten der Anwendungsdomäne formulieren und *Schlussfolgerungen* durchführen. Beispiele für mögliche Arten von Schlussfolgerungen sind

■ *Erklären*: Gegeben ist eine Weltbeschreibung und eine Menge von Regeln gesetzmäßiger Änderungen. Wie kam es zu dem gegenwärtigen Zustand?

■ *Voraussagen*: Gegeben ist eine Weltbeschreibung und eine Menge von Regeln. Wie könnten zukünftige Zustände aussehen?

■ *Planen*: Gegeben ist eine Weltbeschreibung, ein Zielzustand und eine Menge von Aktionen. Auf welche Weise lässt sich der Zielzustand erreichen?

Wir untersuchen zunächst die notwendigen Voraussetzungen zur Modellierung von Situationen auf Basis einer formalen Sprache.

Beim *Situationskalkül* gibt es spezielle eingeschränkte Variablen- und Konstantensymbole, dies sind

■ Individuenvariablen $x, y, \ldots$ und -konstanten $A, B, \ldots$,

■ Situationsvariablen $s_1, s_2, \ldots$ und -konstanten $S_1, S_2, \ldots$

Eine *Situation* (oft auch *Zustand* genannt) ist ein Schnappschuss der repräsentierten Welt zu einem bestimmten Zeitpunkt. Zur Beschreibung der Eigenschaften und Relationen benötigen wir keine spezielle Logik, sondern verwenden im Wesentlichen die Prädikatenlogik erster Stufe (siehe dazu auch Abschnitt 5.3).

Abb. 12.1: Zwei mögliche Situationen in der Klötzchenwelt

Beispiel 12.1
Zwei mögliche Situationen für die *Klötzchenwelt* mit drei Klötzchen A, B und C und einem Tisch zeigt Abbildung 12.1. So befindet sich in der Situation S_1 Klötzchen C direkt auf Klötzchen A, die Klötzchen C und B sind frei bewegbar, und die Klötzchen A und B liegen direkt auf dem Tisch.

Die Menge aller möglichen Zustände für das Beispiel der aus drei Klötzchen bestehenden Welt, der vollständige Zustandsraum, ist in Abbildung 12.2 dargestellt. ■

Um eine Konfiguration in unserer Welt zu beschreiben, benutzen wir die folgenden Prädikate:

- $On(x, y)$: Klötzchen x liegt (direkt) auf Klötzchen y.
- $Clear(x)$: Auf Klötzchen x liegt kein anderes Klötzchen.
- $Table(x)$: Klötzchen x liegt auf dem Tisch.

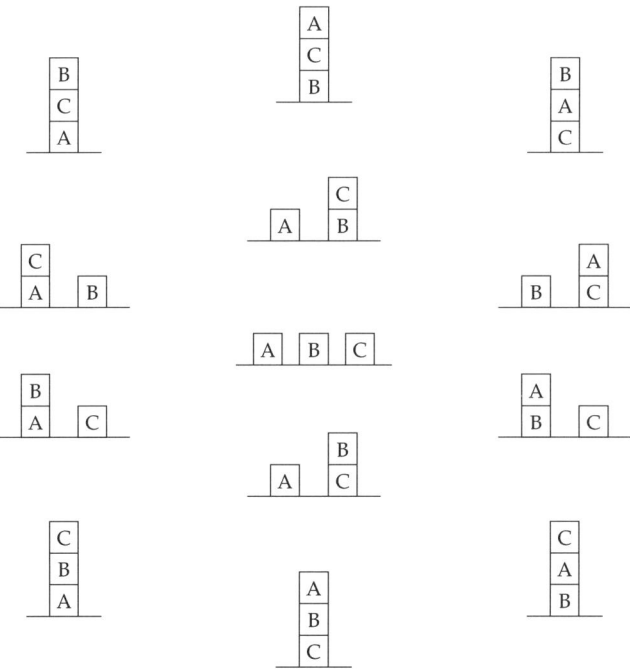

Abb. 12.2: Der vollständige Zustandsraum der aus drei Klötzchen bestehenden Klötzchenwelt

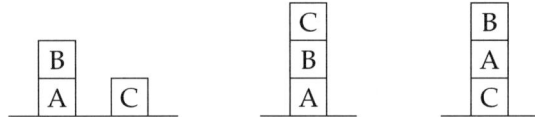

Abb. 12.3: In diesen drei Situationen gilt $\mathsf{On}(B, A)$.

Die Aussage, dass es sich bei x um ein Klötzchen handelt, könnte durch Klötzchen(x) modelliert werden. Wir werden im Folgenden auf diese Angabe verzichten, da wir von einer abgeschlossenen und ausschließlich aus Klötzchen bestehenden Welt ausgehen.

12.2.1 Repräsentation von Situationen

Eine einfache Möglichkeit, eine Situation zu repräsentieren, ist ihre Beschreibung durch die Angabe der Eigenschaften, die in ihr gelten. Diese Verbindung wird durch eine Relation holds hergestellt. Die beiden in Abbildung 12.1 gezeigten Situationen S_1 und S_2 können dann folgendermaßen modelliert werden:

$$\text{holds}(\mathsf{On}(C, A), S_1) \qquad \text{holds}(\mathsf{On}(A, B), S_2)$$
$$\text{holds}(\mathsf{Clear}(C), S_1) \qquad \text{holds}(\mathsf{On}(B, C), S_2)$$
$$\text{holds}(\mathsf{Clear}(B), S_1) \qquad \text{holds}(\mathsf{Clear}(A), S_2)$$
$$\text{holds}(\mathsf{Table}(A), S_1) \qquad \text{holds}(\mathsf{Table}(C), S_2)$$
$$\text{holds}(\mathsf{Table}(B), S_1)$$

Wir fassen Aussagen wie $\mathsf{On}(C, A)$ also als Situationsbeschreibung auf und sichern mit der Aussage holds(d, s) zu, dass d – der *Situationsdeskriptor* – tatsächlich einen Aspekt der Situation s beschreibt.

$$\text{holds}(\mathsf{On}(C, A), S_1)$$

bedeutet damit „in der Situation S_1 gilt $\mathsf{On}(C, A)$".

Formal ist On eigentlich kein zweistelliges Prädikat, sondern eine zweistellige Funktion, die jedem Paar (x, y) von Klötzchen die Menge aller Situationen zuordnet, in denen x auf y liegt. Ist $\mathcal{I}$ die Menge der Individuen, $\mathcal{S}$ die Menge der Situationen, so gilt also

$$\mathsf{On} : \mathcal{I} \times \mathcal{I} \to 2^{\mathcal{S}}.$$

So beschreibt beispielsweise $\mathsf{On}(B, A)$ die Menge der drei in Abbildung 12.3 dargestellten Situationen. Die Beschreibung holds(d, s) bedeutet damit $s \in d$.

Auf diese Weise lassen sich in unserem einfachen Weltmodell Situationen beschreiben. Dass dies nicht in jeden Fall zu einem sinnvollen bzw. konfliktfreien Modell führt, zeigen die beiden folgenden Beispiele:

- $\text{holds}(\mathsf{Table}(A), S_1) \wedge \text{holds}(\mathsf{On}(A, B), S_1)$
- $\text{holds}(\mathsf{On}(A, B), S_2) \wedge \text{holds}(\mathsf{Clear}(B), S_2)$

Jede Zeile beschreibt eine inkonsistente Welt: So kann ein auf dem Tisch stehendes Klötzchen auf keinem anderen Klötzchen stehen, und auf einem frei beweglichen Klötzchen kann sich kein anderes Klötzchen befinden.

Wir müssen also neben der Beschreibung von individuellen Situationen auch noch *allgemeine Gesetze* (engl. *state constraints*) angeben. So hängen On, Clear und Table eng zusammen:

$$\forall x \forall s : (\text{holds}(\mathsf{Table}(x), s) \quad \Leftrightarrow \quad \neg \exists y : \text{holds}(\mathsf{On}(x, y), s))$$

$$\forall y \forall s : (\text{holds}(\mathsf{Clear}(y), s) \quad \Leftrightarrow \quad \neg \exists x : \text{holds}(\mathsf{On}(x, y), s)) \tag{12.1}$$

$$\forall x \forall y \forall z \forall s : (\text{holds}(\mathsf{On}(x, y), s) \wedge \text{holds}(\mathsf{On}(x, z), s) \Rightarrow (y = z))$$

Die Gültigkeit dieser und weiterer Beschränkungen, die allgemein in Kapitel 3 unter dem Begriff *Constraints* eingeführt wurden, sollte ein System zur Situationsmodellierung automatisch überprüfen. Weitere zusätzliche Einschränkungen, auf die an dieser Stelle nur hingewiesen werden soll, sind u. a.:

- Verschiedene Konstanten, im Beispiel die drei genannten Klötzchen, sollen verschiedene Individuen beschreiben. Diese Vereinbarung ist auch unter dem Begriff *unique name axiom* (UNA) bekannt.
- Es gibt nur die beschriebenen Objekte. Wir gehen also von der Abgeschlossenheit der modellierten Welt aus (*domain closure axiom*, DCA).

12.2.2 Operationen und Aktionen

In unserer Klötzchenwelt können wir nun Aktionen durchführen, beispielsweise Klötzchen A vom Tisch nehmen und auf Klötzchen B stapeln. Solche Aktionen bewirken Zustandsänderungen, d. h. Übergänge von einer Situation in eine andere. Während Aktionen konkrete Dinge beschreiben und sich auf reale Objekte beziehen, sind *Operationen generische Aktionen*. Die drei Operationen, auf die wir uns im Rahmen unserer Klötzchenwelt beschränken wollen, sind Move, Unstack und Stack:

- $\mathsf{Move}(x, y, z)$: Bewege x von y auf z.
- $\mathsf{Unstack}(x, y)$: Nimm x von y und lege ihn auf den Tisch.
- $\mathsf{Stack}(x, y)$: Hebe x vom Tisch auf und lege ihn auf y.

Aus einer abstrakten *Operation* erhält man durch Instantiierung eine konkrete *Aktion*, die Variablen werden an Konstanten gebunden. Wird in einer gegebenen Situation s eine Aktion a ausgeführt, so ergibt sich eine neue Situation $s' = \text{apply}(a, s)$. Es gilt also

$$\text{apply} : \mathcal{A} \times \mathcal{S} \quad \rightarrow \quad \mathcal{S}.$$

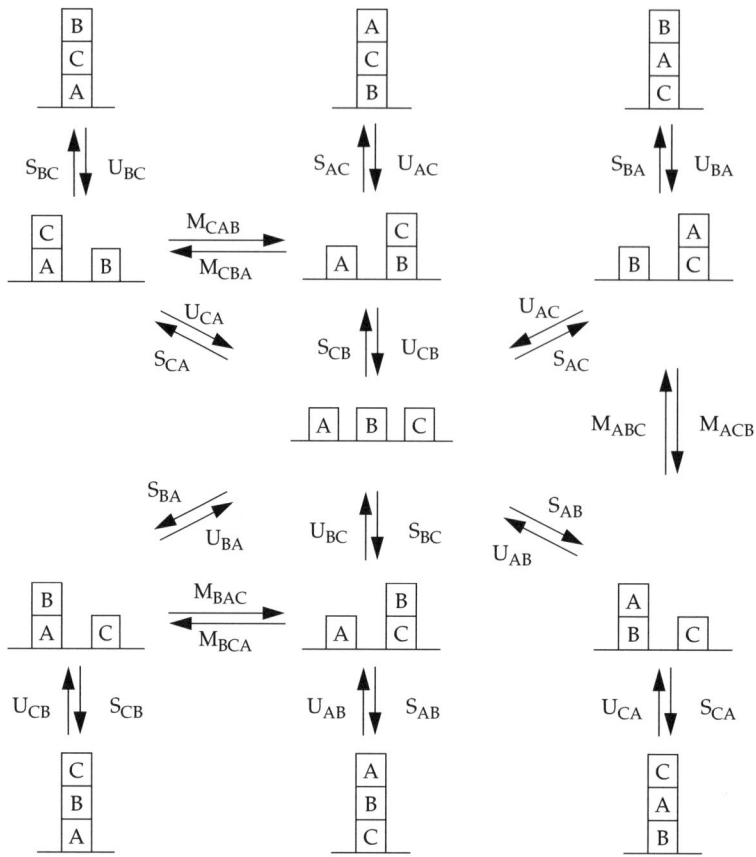

Abb. 12.4: Die Gesamtmenge aller Aktionen in unserer Klötzchenwelt

Dabei ist $\mathcal{A}$ die Menge aller Aktionen.

Nimmt man beispielsweise die in Abbildung 12.3 links dargestellte Situation als Ausgangssituation an und bezeichnet sie mit S_l, so lässt sich u. a. die Aktion Stack(C, B) ausführen. Als Ergebnis erhalten wir die in Abbildung 12.3 in der Mitte dargestellte Situation S_m:

$$S_m = \text{apply}(\text{Stack}(C, B), S_l).$$

Die Menge aller möglichen Aktionen in unserer Klötzchenwelt ist in Abbildung 12.4 dargestellt. Aus Platzgründen verwenden wir die Abkürzungen M für Move, U für Unstack und S für Stack.

Es stellt sich nun die Frage, auf welche Weise in einer konkreten Situation feststellbar ist, ob eine oder sogar mehrere Aktionen anwendbar sind. So ist beispielsweise Unstack(A, B) nur dann ausführbar, wenn A frei beweglich ist (Clear(A)) und A auf B steht (On(A, B)). Für jede Aktion gibt es also *Vorbedingungen*, die erfüllt sein müssen, damit sie ausführbar ist. Nach Anwenden dieser Aktion hat sich die Welt geändert. Beispielsweise gilt nun, dass A auf dem Tisch steht (Table(A)). Benötigt werden also Axiome, die die Vorbedingungen und Effekte von Operationen bzw. Aktionen festlegen.

Beispiel 12.2

Soll in einer Situation s ein Klötzchen x von y auf z bewegt werden, so muss in s als Voraussetzung x auf y liegen. Außerdem müssen sowohl x als auch z frei sein. Die Forderung $x \neq z$ stellt sicher, dass ein Klötzchen nicht auf sich selbst gestellt wird. Gemäß Definition beschreibt apply(Move(x, y, z), s) die sich durch die Anwendung ergebende neue Situation s', in der sowohl On(x, z) als auch Clear(y) gelten:

$$\mathrm{holds}(\mathsf{On}(x, y), s) \wedge \mathrm{holds}(\mathsf{Clear}(x), s)$$
$$\wedge\, \mathrm{holds}(\mathsf{Clear}(z), s) \wedge x \neq z \wedge s' = \mathrm{apply}(\mathsf{Move}(x, y, z), s)$$
$$\Rightarrow \quad \mathrm{holds}(\mathsf{On}(x, z), s') \wedge \mathrm{holds}(\mathsf{Clear}(y), s').$$

Analog kann das zweite *Effektaxiom* gelesen werden: Gelten in einer Situation s On(x, y) und Clear(x), so gelten in der durch apply(Unstack(x, y), s) denotierten Nachfolgesituation Table(x) und Clear(y):

$$\mathrm{holds}(\mathsf{On}(x, y), s) \wedge \mathrm{holds}(\mathsf{Clear}(x), s) \wedge s' = \mathrm{apply}(\mathsf{Unstack}(x, y), s)$$
$$\Rightarrow \quad \mathrm{holds}(\mathsf{Table}(x), s') \wedge \mathrm{holds}(\mathsf{Clear}(y), s').$$

∎

Schlussfolgerungen im Situationskalkül beruhen also auf

- allgemeinen Gesetzmäßigkeiten – dies sind Axiome, die die verwendeten Prädikate und deren Beziehungen untereinander beschreiben,
- einigen weiteren Einschränkungen wie der *unique name assumption* – dies ist implizites Hintergrundwissen,
- den obigen *Effektaxiomen* – dies sind Axiome, die die Vorbedingungen und Effekte von Operationen beschreiben – und
- einer initialen Situation (Anfangskonfiguration).

Was können wir auf dieser Basis erschließen? Da einige Beziehungen nicht explizit, sondern nur implizit vorhanden sind, kann man zunächst nach der Gültigkeit weiterer Beziehungen in einer Situation fragen. Wichtig zu wissen ist außerdem, was nach einer Sequenz von Aktionen gilt. Letzteres ist unter dem Namen der *(temporalen) Projektion* bekannt. Das nachfolgende Beispiel charakterisiert jeweils einen Fall.

Beispiel 12.3

Gegeben sei in unserer aus drei Klötzchen bestehenden Welt die Ausgangssituation S_1 mit

$$\mathrm{holds}(\mathsf{On}(C, A), S_1) \wedge \mathrm{holds}(\mathsf{Table}(B), S_1) \wedge \mathrm{holds}(\mathsf{Table}(A), S_1).$$

Daraus können wir beispielsweise schließen, dass innerhalb der Ausgangssituation auch

$$\text{holds}(\text{Clear}(B), S_1) \wedge \text{holds}(\text{Clear}(C), S_1)$$

gilt. Zur Anwendung kommen hier das DCA (neben den drei genannten Klötzchen existiert kein weiteres) sowie die allgemeine Gesetzmäßigkeit (12.1).

Ebenfalls lässt sich schließen, dass im Rahmen der Projektion aus unserer Theorie beispielsweise

$$\text{holds}(\text{On}(C, B), \text{apply}(\text{Move}(C, A, B), S_1))$$

folgt. Die Vorbedingungen für die Anwendung des Effektaxioms der Operation Move sind erfüllt und $\text{On}(C, B)$ ist als Effekt explizit angegeben (siehe oben). ■

Wir können also bei vollständiger Information über die Anfangskonfiguration die Effekte von Aktionen erschließen. Es stellt sich die Frage, ob dies in jedem Fall zu einer vollständigen Situationsbeschreibung führt. Untersuchen wir diese Frage wieder anhand eines einfachen Beispiels:

Beispiel 12.4
Als Anfangskonfiguration sei

$$\text{holds}(\text{On}(C, A), S_1) \qquad \text{holds}(\text{Table}(B), S_1)$$
$$\text{holds}(\text{Clear}(B), S_1) \qquad \text{holds}(\text{Table}(A), S_1)$$
$$\text{holds}(\text{Clear}(C), S_1)$$

gegeben. Gilt dann beispielsweise $\text{holds}(\text{Table}(B), \text{apply}(\text{Move}(C, A, B), S_1))$?

Dies ist nicht beweisbar, da $\text{Table}(B)$ als Effekt nicht explizit angegeben ist. ■

Die Effektaxiome beschreiben also präzise, was sich durch die Ausführung von Aktionen verändert, jedoch nicht, welche Eigenschaften unverändert bleiben: So ist in dem Beispiel unklar, ob beispielsweise das Klötzchen B in der sich ergebenden Situation weiterhin auf dem Tisch steht.

Das Problem, zu erschließen, was sich bei der Ausführung einer Aktion nicht ändert, ist unter dem Begriff *Frameproblem* bekannt: Welche Aussagen über eine Situation gelten nach Ausführung einer Aktion auch in der Nachfolgesituation?

Im Prinzip kann man das Frameproblem dadurch lösen, dass man in den Effektaxiomen einer Aktion auch genau diejenigen Eigenschaften angibt, die sich bei Ausführung dieser Aktion nicht ändern – im Fall der Move-Operation sind dies beispielsweise die Festlegungen, dass

- alle Klötzchen frei bleiben, mit Ausnahme des Klötzchens, auf das bewegt wird,
- alle Klötzchen, die auf dem Tisch liegen, auch nach der Aktion dort liegen,
- die Klötzchen, auf die Move nicht angewendet wird, gestapelt bleiben.

Dies lässt sich mit den folgenden Axiomen definieren:

$$\text{holds}(\text{Clear}(u), s) \wedge u \neq z \;\; \Rightarrow \;\; \text{holds}(\text{Clear}(u), s')$$
$$\text{holds}(\text{Table}(u), s) \;\; \Rightarrow \;\; \text{holds}(\text{Table}(u), s')$$
$$\text{holds}(\text{On}(u, v), s) \wedge u \neq x \;\; \Rightarrow \;\; \text{holds}(\text{On}(u, v), s')$$

Dabei ist $s' = \text{apply}(\text{Move}(x, y, z), s)$. Ähnliche Axiome lassen sich für Stack und Unstack formulieren.

Diese Vorgehensweise hat jedoch einen gravierenden Nachteil. Im Allgemeinen kann man davon ausgehen, dass sich bei der Ausführung einer Aktion nur sehr wenige Eigenschaften der Situation ändern, während der Großteil der Situationsbeschreibung nach wie vor gilt. Dies führt dazu, dass die vollständige Angabe der entsprechenden Effektaxiome bereits für einfache Domänen sehr komplex wird – benötigt wird eine Anzahl von Frameaxiomen, die proportional zu dem Produkt |Relationen| × |Operationen| ist.

Eine nahe liegende und sehr einfache Lösung des Frameproblems besteht darin, anstatt einer vollständigen Beschreibung der Situation, die durch die Anwendung einer Aktion entsteht, nur diejenigen Eigenschaften anzugeben, die sich verändern. Angegeben werden also diejenigen Eigenschaften, die im Vergleich zur Ausgangssituation neu hinzukommen, und diejenigen, die in der neuen Situation nicht mehr gültig sind. Man nimmt also an, dass nur diejenigen Eigenschaften, die in den Effektaxiomen erwähnt sind, sich ändern, während alle anderen gleichbleiben. Diese Vorgehensweise wird im nächsten Abschnitt am Beispiel des STRIPS-Systems näher erläutert.

Ähnliche Überlegungen wie beim Frameproblem führen zu weiteren Problemen:

- Das *Qualifikationsproblem*: Während sich das Frameproblem auf die ökonomische Beschreibung der Effekte von Aktionen bezieht, handelt es sich beim Qualifikationsproblem um die vollständige Beschreibung der Vorbedingungen. Im Allgemeinen kann man nicht alle Vorbedingungen einer Aktion spezifizieren. Man möchte nur die relevanten nennen und schließen, dass die Aktion im Normalfall erfolgreich ist.
  Im Fall $\text{Move}(x, y, z)$ ist beispielsweise $x \neq z$ eine weitere Vorbedingung, da ein Klötzchen unmöglich auf sich selbst gestellt werden kann. Wir möchten jedoch vermeiden, solche nahezu selbstverständlichen Vorbedingungen als weitere explizite Vorbedingung der Move-Aktion aufzunehmen. Stattdessen kann dies als weitere allgemeine Gesetzmäßigkeit angesehen werden:

$$\forall x \forall s \; \neg\text{holds}(\text{On}(x, x), s).$$

Eine Aktion kann damit fehlschlagen, da ihr Erfolg einer allgemeinen Gesetzmäßigkeit widersprechen würde.
Das Qualifikationsproblem hat auch damit zu tun, dass unser Wissen von der Welt unvollständig ist. So könnte es beispielsweise sein, dass eine Aktion deshalb scheitert, weil wir dazu ein Klötzchen vom Tisch aufheben müssen, das viel zu schwer ist. Das

Klötzchen könnte auch am Tisch festgeklebt sein oder beim Aufheben aus unserer Hand fallen. Alle diese Bedingungen in der Vorbedingung der entsprechenden Aktion aufzuführen, wäre zum einen sehr unökonomisch und zum anderen auch gar nicht möglich, da wir meist gar nicht alle Ursachen kennen, warum Aktionen scheitern können.

■ Das *Ramifikationsproblem*: Bei der Änderung eines Zustands (z. B. Ort eines Klötzchens ändert sich) will man wissen, was sich noch alles ändert. So reicht es beispielsweise beim Bewegen des Klötzchens A vom Klötzchen B auf Klötzchen C nicht aus, die neue Position von A anzugeben, sondern es ist eigentlich auch nötig, zu beschreiben, dass A **nicht** mehr an der initialen Position ist.

Damit ergeben sich Fragen, die im Folgenden mit der Einführung eines konkreten Systems zur Situationsmodellierung und zur Lösung von Planungsaufgaben beantwortet werden. Fassen wir jedoch zunächst die wichtigen Eigenschaften des Situationskalküls zusammen.

■ Der Situationskalkül beruht auf der Prädikatenlogik erster Ordnung. Mit ihm lässt sich beschreiben, wie man aus einer gegebenen Situation S und einer Aktion, die in S ausgeführt werden kann, die Nachfolgesituation von S erreicht.

■ Situationen sind vollständige Schnappschüsse der Welt zu einem bestimmten Zeitpunkt. Der Situationskalkül ist damit beschränkt auf Situationswechsel. Aktionsausführungen haben keine Dauer.

■ Aktionen sind instantiierte Operationen und führen zu Situationsübergängen.

■ Gesetzmäßigkeiten der modellierten Welt werden durch Constraints beschrieben.

■ Es gibt Randbedingungen, die in konkreten Systemen berücksichtigt werden müssen. Dazu gehören u. a. das Frameproblem, das Ramifikationsproblem sowie das Qualifikationsproblem.

Praktisch umgesetzt wird der Situationskalkül im STRIPS-Planer, der im nachfolgenden Abschnitt in einer vom Original leicht abweichenden Variante vorgestellt wird.

12.3   Der STRIPS-Planer

STRIPS (STanford Research Institute Problem Solver) ist ein Planungssystem, das 1971 von Fikes und Nilsson entwickelt wurde (Fikes & Nilsson 71; Fikes & Nilsson 93). Planen bedeutet Arbeiten im Situationskalkül, die Konzepte *Situation* und *Aktion* sind um eine formale Rechenvorschrift ergänzt. STRIPS

■ modelliert *Situationen*, die durch prädikatenlogische Ausdrücke beschrieben sind,

■ findet Sequenzen von Aktionen, die eine vorgegebene *Ausgangssituation* in eine *Zielsituation* überführen, und

Tab. 12.1: Beschreibung der Operationen move, stack und unstack

a	$\text{Pre}(a)$	$\text{Del}(a)$	$\text{Add}(a)$
$\text{Move}(x, y, z)$	$\text{Clear}(z), \text{Clear}(x), \text{On}(x, y)$	$\text{On}(x, y), \text{Clear}(z)$	$\text{On}(x, z), \text{Clear}(y)$
$\text{Unstack}(x, y)$	$\text{Clear}(x), \text{On}(x, y)$	$\text{On}(x, y)$	$\text{Clear}(y), \text{Table}(x)$
$\text{Stack}(x, y)$	$\text{Clear}(x), \text{Clear}(y), \text{Table}(x)$	$\text{Clear}(y), \text{Table}(x)$	$\text{On}(x, y)$

■ löst das Frame- und das Ramifikationsproblem dadurch, dass das, was sich in einer Situation bei Anwendung einer Aktion verändert, explizit genannt wird. Verwendet werden dazu sogenannte *Add-* und *Delete-Listen*, die neu aufzunehmende bzw. nicht mehr gültige Fakten enthalten. Nicht genannte Eigenschaften werden als unverändert gültig angenommen.

Der in STRIPS umgesetzte Planungsansatz wurde im Laufe der vergangenen Jahre ständig erweitert. Wir werden hier eine anschauliche und praktisch anwendbare Variante vorstellen, die u. a. von Ginsberg in seinem Lehrbuch „Essentials of Artificial Intelligence" verwendet wird (Ginsberg 93).

Eine *Aktion a* ist definiert durch die drei Bestandteile

■ **Pre**(a) als Liste der Vorbedingungen (engl. *precondition list*), die in einer aktuellen Situation gelten müssen, damit die Aktion ausführbar ist,

■ **Del**(a) als Liste der Fakten (engl. *delete list*), die nach Ausführung der Aktionen nicht mehr gültig sind und daher aus der Situationsbeschreibung zu entfernen sind, und

■ **Add**(a) als Liste der Fakten (engl. *add list*), die nach Ausführung der Aktionen gültig werden und daher der Situationsbeschreibung hinzuzufügen sind.

Situationen sind dabei formal durch Mengen von Fakten beschrieben. Die Menge

$$S = \{\text{Table}(A), \text{Table}(B), \text{Clear}(A), \text{Clear}(B)\}$$

beschreibt beispielsweise die Situation, in der die Klötzchen A und B auf dem Tisch liegen und sich kein anderes Klötzchen auf ihnen befindet.

Beispiel 12.5
In unserer bekannten Klötzchenwelt sehen die formalen Beschreibungen der Operationen Move, Stack und Unstack wie in Tabelle 12.1 angegeben aus.

Man beachte hier die Unterschiede zwischen $\text{Move}(x, y, z)$ und $\text{Unstack}(x, y)$: Eine Besonderheit und der Grund für die explizite Existenz der Operation Unstack ist die Tatsache, dass der Tisch immer frei (Clear) ist, so dass jederzeit und beliebig viele Klötzchen auf dem Tisch Platz finden. Auf einem Klötzchen findet dagegen höchstens ein anderes Klötzchen Platz.   ■

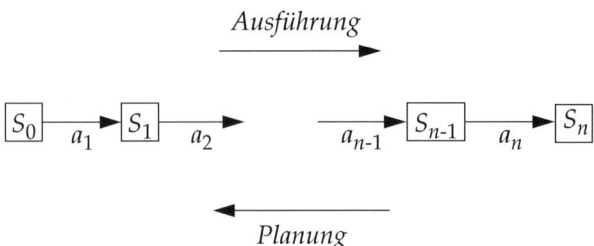

Abb. 12.5: Ausführen und Planen einer Aktionssequenz

Wann eine Aktion ausführbar ist und was sich in Bezug auf eine Situationsbeschreibung bei Ausführung einer Aktion ändert, ist einfach: Alle Vorbedingungen – also alle Elemente von $\mathrm{Pre}(a)$ – müssen in der konkreten Situation Gültigkeit haben. Was bei Ausführung der Aktion ungültig wird – dies sind die Elemente von $\mathrm{Del}(a)$ –, ist aus der Situationsbeschreibung zu entfernen. Was von nun an gültig wird und damit in $\mathrm{Add}(a)$ enthalten ist, wird in die Situationsbeschreibung neu aufgenommen. Daraus ergibt sich direkt die folgende Definition (siehe auch Abbildung 12.5).

Definition 12.1 (Anwendbarkeit und Ausführung einer Aktionssequenz)

a) Gegeben sei eine Situation S und eine Aktion a. Die Aktion a ist in der Situation S genau dann *anwendbar*, wenn

$$\mathrm{Pre}(a) \subseteq S,$$

d. h. wenn jede Vorbedingung dieser Aktion in der Situation S gilt. Ist die Aktion in S anwendbar, so ist das Ergebnis der Aktionsausführung durch die Situation

$$\mathrm{result}(a, S) = (S - \mathrm{Del}(a)) \cup \mathrm{Add}(a)$$

definiert.

b) Gegeben seien eine initiale Situation S_0 und eine Aktionssequenz $a_1, \ldots, a_n$. Die Aktionssequenz heißt *anwendbar* in S_0, wenn für $i = 1, \ldots, n$ die Aktion a_i im Zustand S_{i-1} anwendbar ist. Es gilt dann $S_i = \mathrm{result}(a_i, S_{i-1})$ für $i = 1, \ldots, n$. Wir sagen, die Aktionssequenz *erreicht* die Zielsituation G, wenn $G \subseteq S_n$ gilt. ◆

Ein *Planungsproblem* besteht darin, auf der Basis einer gegebenen Anfangssituation S_0, einer Menge $\mathcal{A}$ zulässiger Aktionen und einer Zielsituation G eine *Aktionssequenz* zu entwickeln, mit der das Ziel erreicht werden kann. Eine solche Aktionssequenz wird auch als *Plan* bezeichnet.

Wir definieren zunächst den *Suchraum*, der mit dem Planungsproblem assoziiert ist. Dieser Suchraum kann dann mit einem der bekannten Verfahren (Tiefensuche, Breitensuche, heuristische Suche) bearbeitet werden.

Die zugrunde liegende Idee ist, die Aktionssequenz rückwärts, d. h. beginnend mit der letzten anzuwendenden Aktion, zu konstruieren (siehe auch Abbildung 12.5). Weitere Aktionen werden vorne hinzugefügt, wenn sie den Abstand zum verbleibenden Ziel verkleinern. So verkleinert eine Aktion genau dann den Abstand von der Startsituation zum aktuellen Zwischenziel, wenn sie in ihrer Add-Liste Prädikate enthält, die noch zu erreichen sind. Allerdings kann eine solche Aktion Vorbedingungen enthalten, die neu zu erfüllen sind und daher als neue Zwischenziele aufgenommen werden müssen. Diese Vorgehensweise kann durch ein einfaches Beispiel verdeutlicht werden:

Gehört zur Zielbeschreibung, dass Klötzchen A auf Klötzchen B liegen soll ($\mathsf{On}(A, B)$), so kann die Aktion $\mathsf{Stack}(A, B)$ zu diesem Ziel führen, da sie $\mathsf{On}(A, B)$ zur Situationsbeschreibung hinzufügt (siehe Tabelle 12.1). $\mathsf{Stack}(A, B)$ hat die Vorbedingungen $\mathsf{Clear}(A), \mathsf{Clear}(B)$ und $\mathsf{Table}(A)$, die nicht alle in der Zwischensituation gültig sein müssen und von anderen (zuvor auszuführenden) Aktionen erst noch hergestellt werden müssen. Der gesuchte Plan ist dann gefunden, wenn das erreichte Zwischenziel in der initialen Situation gültig ist.

Jeder Knoten des Suchbaumes ist entsprechend markiert mit einem Paar (α, Z). Dabei ist

- α eine Aktionssequenz, die den bisherigen Teilplan beschreibt und
- Z eine Situation, die die noch zu erreichenden Ziele beschreibt.

Wir schreiben $m(k)$ für die Markierung des Knotens k.

Gegeben seien ein Planungsproblem durch eine initiale Situation S_0, eine Aktionenmenge $\mathcal{A}$ und eine Zielsituation G. Der *Suchbaum* für das Planungsproblem ist dann wie folgt definiert:

Definition 12.2 (STRIPS Suchbaum Nr.1)

a) Der *Wurzelknoten* des Baumes ist markiert mit $([], G)$. Zu Beginn ist also die Aktionssequenz leer, da noch keine Aktionen gefunden wurden.

b) Ein Knoten k mit $m(k) = (\alpha, Z)$ ist ein *Zielknoten*, wenn $Z \subseteq S_0$. Damit gelten alle verbliebenen Ziele in der initialen Situation S_0, und eine Aktionssequenz ist gefunden.

c) Sei k ein Knoten des Suchbaums mit $m(k) = ([a_1, \ldots, a_n], Z)$. Der Knoten k' mit Markierung

$$m(k') = ([a, a_1, \ldots, a_n], (Z - \mathrm{Add}(a)) \cup \mathrm{Pre}(a)) \qquad (12.2)$$

ist genau dann ein Nachfolger von k, wenn für die Aktion $a \in \mathcal{A}$

$$\mathrm{Add}(a) \cap Z \neq \emptyset \qquad (12.3)$$

gilt, das heißt, a erreicht ein in Z gültiges Faktum.

♦

Abb. 12.6: Von S_0 nach G als Aufgabe für den STRIPS-Planer

Beispiel 12.6

Die Vorgehensweise beim Aufbau des Suchbaumes soll an dem einfachen Beispiel gezeigt werden, das in Abbildung 12.6 grafisch dargestellt ist. Die initiale Situation S_0 und die Zielsituation G sind wie folgt definiert:

$$S_0 = \{\mathsf{Table}(A), \mathsf{Clear}(A), \mathsf{Table}(B), \mathsf{Clear}(B), \mathsf{Table}(C), \mathsf{Clear}(C)\},$$
$$G = \{\mathsf{On}(A,B), \mathsf{On}(B,C), \mathsf{Clear}(A), \mathsf{Table}(C)\}.$$

Der Wurzelknoten des Suchbaumes ist markiert mit

$$([], \{\mathsf{On}(A,B), \mathsf{On}(B,C), \mathsf{Clear}(A), \mathsf{Table}(C)\}).$$

Die Aktion $\mathsf{Stack}(A,B)$ enthält in ihrer Add-Liste $\mathsf{On}(A,B)$, bietet sich also als Aktion an, die zu diesem Zielzustand führt. Die Bedingung (12.3) ist damit erfüllt. Wir erhalten somit einen Nachfolgerknoten k_1, der markiert ist mit

$$([\mathsf{Stack}(A,B)], \{\mathsf{On}(B,C), \mathsf{Clear}(A), \mathsf{Table}(C), \mathsf{Clear}(B), \mathsf{Table}(A)\}).$$

$\mathsf{On}(A,B)$ wurde dabei aus Z entfernt, da es in der Add-Liste von $\mathsf{Stack}(A,B)$ enthalten ist. Da $\mathsf{Clear}(B)$ und $\mathsf{Table}(A)$ zu den Vorbedingungen von $\mathsf{Stack}(A,B)$ gehören, werden sie gemäß Bedingung (12.2) in dem neuen Zwischenknoten als weitere noch zu erreichende Zwischenziele aufgenommen.

Die Aktion $\mathsf{Stack}(B,C)$ enthält $\mathsf{On}(B,C)$ in ihrer Add-Liste. Dies führt zu einem Nachfolger k_2 von k_1. In der Markierung von k_2 wird $\mathsf{On}(B,C)$ aus der Zustandsmenge gelöscht und die Vorbedingungen von $\mathsf{Stack}(B,C)$, nämlich $\mathsf{Clear}(C)$ sowie $\mathsf{Table}(B)$, neu aufgenommen. Damit erhält der Knoten k_2 die Markierung:

$$([\mathsf{Stack}(B,C), \mathsf{Stack}(A,B)],$$
$$\{\mathsf{Clear}(A), \mathsf{Table}(C), \mathsf{Clear}(B), \mathsf{Table}(A), \mathsf{Clear}(C), \mathsf{Table}(B)\}).$$

Der Knoten k_2 ist Zielknoten, da die Abbruchbedingung $Z \subseteq S_0$ erfüllt ist. Man erhält damit insgesamt den in Abbildung 12.7 dargestellten Suchbaum, der als linken Zweig die oben entwickelte Lösung enthält. Aus Gründen der Übersichtlichkeit sind an den Knoten ausschließlich die Aktionssequenzen angegeben, auf die Angabe der Zwischenziele wurde verzichtet.   ∎

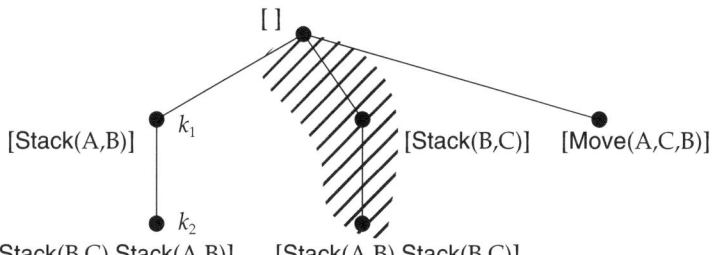

Abb. 12.7: Suchbaum für das Problem aus Abbildung 12.6

Man kann zeigen, dass unter Anwendung der Definition 12.2 ebenfalls der mittlere, in Abbildung 12.7 schraffiert unterlegte Zweig als Lösungsweg berechnet werden kann (siehe Aufgabe 12.3). Denn während im obigen Beispiel zufällig $\mathsf{On}(A, B)$ als erstes Teilziel und damit $\mathsf{Stack}(A, B)$ als erste Aktion bestimmt wurde, hätte auch $\mathsf{On}(B, C)$ als erstes Ziel ausgewählt werden können. Dieses Ziel wird durch die Aktion $\mathsf{Stack}(B, C)$ hergestellt. Tatsächlich stellt die in Abbildung 12.7 schraffiert unterlegte Aktionssequenz $[\mathsf{Stack}(A, B), \mathsf{Stack}(B, C)]$ jedoch *keinen* ausführbaren Plan dar, denn nach Ausführung von $\mathsf{Stack}(A, B)$ ist $\mathsf{Clear}(B)$ nicht mehr gültig, und damit ist die Vorbedingung für $\mathsf{Stack}(B, C)$ nicht mehr erfüllt.

Die aufgeführte Definition 12.2 schränkt die Lösungsmenge also zu wenig ein. Der Grund für den falschen Lösungsweg ist offensichtlich darin zu sehen, dass die Tatsache nicht berücksichtigt wurde, dass Aktionen auch Fakten löschen können. Wir müssen demnach in Teil c) der obigen Definition zusätzlich fordern, dass durch eine Aktion a, die als Präfix einer Aktionssequenz hinzugefügt werden soll, kein Ziel in Z gelöscht werden darf. Diese Forderung führt zu einer geringfügigen Erweiterung der obigen Definition (siehe auch Aufgabe 12.4):

Definition 12.3 (STRIPS Suchbaum Nr. 2)

a) und b) seien wie in Definition 12.2 definiert.

c') Sei k ein Knoten des Suchbaumes mit $m(k) = ([a_1, \ldots, a_n], Z)$. Der Knoten k' mit Markierung

$$m(k') = ([a, a_1, \ldots, a_n], (Z - \mathrm{Add}(a)) \cup \mathrm{Pre}(a))$$

ist genau dann ein Nachfolger von k, wenn für die Aktion $a \in \mathcal{A}$ die Bedingungen

$$\mathrm{Add}(a) \cap Z \neq \emptyset, \qquad \mathrm{Del}(a) \cap Z = \emptyset$$

erfüllt sind, das heißt, a erreicht ein in Z gültiges Faktum **und** löscht keines der noch verbleibenden Ziele.

Wir haben nun gesehen, wie sich ein Suchbaum für ein gegebenes Planungsproblem definieren lässt. Dieser Suchbaum kann nun mit den in Kapitel 2 dargestellten Methoden durchsucht werden. Bei Verwendung der heuristischen Suche stellt sich natürlich das Problem, eine geeignete heuristische Funktion zu finden, die die Distanz einer Situation zur Zielsituation beschreibt. Eine solche Heuristik beruht auf einem Maß des Unterschiedes zweier Situationen. In unserer Klötzchenwelt lässt sich der Unterschied $\Delta(S_1, S_2)$ zwischen zwei Situationen S_1 und S_2 durch die Positionen und Eigenschaften der einzelnen Klötzchen beschreiben. Für jedes Klötzchen x, das in S_1 und S_2 auf verschiedenen Positionen liegt, zählen wir einen Wert von eins zu $\Delta(S_1, S_2)$, ebenso für jedes Klötzchen, das in einem Zustand frei ist, im anderen nicht. Als Beispiel betrachten wir die in Abbildung 12.6 dargestellten Situationen

$$S_0 = \{\mathsf{Clear}(A), \mathsf{Clear}(B), \mathsf{Clear}(C), \mathsf{Table}(A), \mathsf{Table}(B), \mathsf{Table}(C)\}$$
$$G = \{\mathsf{Clear}(A), \mathsf{On}(A, B), \mathsf{On}(B, C), \mathsf{Table}(C)\}$$

Für Klötzchen A erhalten wir einen Differenzwert von 1, denn es gilt zwar in beiden Situationen $\mathsf{Clear}(A)$, aber nur in Situation G gilt $\mathsf{On}(A, B)$. Entsprechend erhalten wir für B den Wert 2 und für C den Wert 1, insgesamt also die Gesamtdifferenz 4.

Die hier gewählte Vorgehensweise, den Plan rückwärts zu generieren, ist nicht zwingend. Es ist ebenfalls möglich, den Plan vorwärts, d. h. ausgehend von der initialen Situation S_0 aufzubauen, wie es beispielsweise in (Shoham 94) in Form eines Prolog-Programms umgesetzt ist. Grundlegende Unterschiede zwischen den beiden möglichen Richtungen und ihren zu erfüllenden Bedingungen existieren jedoch nicht.

Der hier vorgestellte STRIPS-Planer kann für einfache Anwendungen wie die Klötzchenwelt ausreichend gut funktionieren. In realen und komplexen Anwendungsdomänen gibt es jedoch Anforderungen an ein Planungssystem, die mit den einfachen, hier dargestellten Mitteln nicht immer befriedigt werden können.

Da es sich bei Planungssystemen um eine wichtige Komponente intelligenter Systeme handelt, wird ein entsprechend hoher Forschungs- und Entwicklungsaufwand betrieben, der seit der Entwicklung des STRIPS-Systems zu vielen neuen und praktisch angewandten Ergebnissen geführt hat. Im Folgenden soll kurz auf einige Entwicklungen im Bereich der Planungssysteme eingegangen werden. Eine tief gehende Analyse und Darstellung bleibt der einschlägigen Literatur vorbehalten. Einen guten Ausgangspunkt dafür bilden (Allen et al. 90a; Allen et al. 90b).

12.4 Erweiterungen

Hierarchisches Planen

Aus einer sehr abstrakten Sicht können Pläne sehr einfach und kurz sein, wie das Beispiel des Studierens verdeutlicht: Nach dem Einschreiben ist das Grundstudium zu bewältigen,

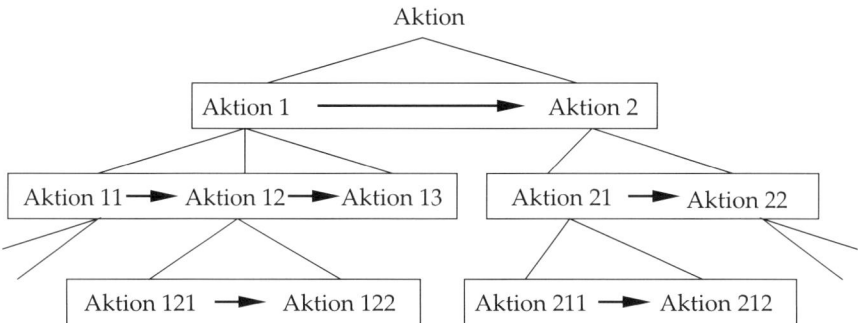

Abb. 12.8: Dekomposition von Aktionssequenzen

danach das Hauptstudium, dem sich die Abschlussprüfung anschließt. Dieser einfache und abstrakte Plan besteht nur aus wenigen Aktionen, von denen jede jedoch – wie jeder (ehemalige) Student gut weiß – in weitere detailliertere Aktionssequenzen zerlegt werden kann und muss. So sind im Hauptstudium Leistungsnachweise zu erbringen, Projekte zu belegen, evtl. ein Praxissemester zu absolvieren, und auch jede dieser Aktionen lässt sich weiter zerlegen. Insgesamt ergibt sich eine *Dekompositionshierarchie*, wie sie allgemein in Abbildung 12.8 dargestellt ist.

Bezogen auf den Prozess des Planfindens lassen sich Dekompositionshierarchien leichter handhaben, als wenn bereits am Anfang mit einem großen Detaillierungsgrad gearbeitet würde. So kann beispielsweise der kurze und abstrakte Plan des Studierens schnell verworfen werden, wenn gewisse Vorbedingungen des Einschreibens (z. B. die allgemeine Hochschulreife) nicht gegeben sind. In diesem Fall kann auf eine Feinplanung des Studiums verzichtet werden. Menschen gehen bei der Planung ähnlich vor. Oft kann die Komplexität des Planens auf diese Weise deutlich verringert werden.

Anordnen von Zwischenzielen und nichtlineares Planen

Betrachtet man die in Abbildung 12.6 dargestellte Zielsituation, so existieren zwei Teilziele, die zu erreichen sind:

a) On(A, B) wird durch Anwendung von Stack(A, B) erreicht und
b) On(B, C) erhält man durch Anwendung von Stack(B, C).

In welcher Reihenfolge die beiden Aktionen anzuwenden sind, ist zunächst nicht bestimmt. Da ein menschlicher Planer weiß, dass Türme von unten nach oben aufgebaut sind, beginnt ein Mensch mit dem Schritt b), um danach a) auszuführen. Automatische Planer verfügen nicht über allgemeines Weltwissen, so dass eventuell Aktionen ausgeführt werden, die später wieder rückgängig gemacht werden müssen.

Ein intelligentes Anordnen von Zwischenzielen ist insbesondere dann wichtig, wenn die Komplexität der Aufgabenstellung groß ist: Sind beispielsweise n nebeneinander lie-

Abb. 12.9: Die Sussman-Anomalie

gende Klötzchen in einer vorgegebenen Konfiguration aufeinander zu stapeln, so ergeben sich insgesamt $(n-1)!$ Möglichkeiten, zwei bestimmte Klötzchen aufeinander zu legen. Beispielsweise gibt es im Fall der vier Klötzchen A, B, C und D insgesamt $3 \cdot 2 \cdot 1 = 6$ verschiedene Konfigurationen, in denen C auf D liegt. Da dies aber nur eins von mehreren Zwischenzielen ist, ist ein frühes Anordnen der Zwischenziele sinnvoll.

Der Ansatz, die Zwischenziele nicht unabhängig und entkoppelt zu betrachten, führt zum *nichtlinearen Planen*. Während zuvor ein Plan als eine geordnete Sequenz von Aktionen gesehen wurde, sind die Aktionen hier *partiell geordnet*: Aktionen bleiben so lange ungeordnet, bis eine Ordnung erzwungen wird. Für das oben diskutierte Beispiel der beiden unter a) und b) genannten Aktionen Stack(A, B) und Stack(B, C) bedeutet dies: Sobald erkannt wird, dass der Erfolg der Aktion Stack(A, B) eine Vorbedingung von Stack(B, C) zerstört – hier gilt Clear$(B) \in$ Pre(Stack(B, C)) –, so wird ein entsprechendes *temporales Constraint* hinzugefügt: Stack$(B, C) \succ$ Stack(A, B). Das Symbol $\succ$ ist hier die aus Kapitel 11 bekannte *after*-Relation.

Interaktion von Zwischenzielen (subgoal interaction)

Häufig ist ein einfaches lineares Anordnen der Teilziele und ihrer Aktionssequenzen – sei es während der Planungs- oder auch der Ausführungsphase – nicht angemessen. Dies zeigt die in Abbildung 12.9 skizzierte Aufgabe (die sogenannte *Sussman-Anomalie*), die die beiden Teilziele On(A, B) und On(B, C) enthält:

■ On(A, B) kann direkt durch die Aktionssequenz

$$[\text{Unstack}(C, A), \text{Stack}(A, B)]$$

    erreicht werden,

■ On(B, C) erhält man direkt durch die Aktion [Stack(B, C)].

Tatsächlich kann jedoch keines der Teilziele als Erstes erreicht werden: Das Ausführen der Aktionssequenz [Unstack(C, A), Stack(A, B)] führt zu einer Anordnung der Klötzchen, die eine spätere Ausführung der Aktion Stack(B, C) nicht mehr zulässt – das Klötzchen A muss dazu wieder vom Klötzchen B entfernt werden. Wird auf der anderen Seite zunächst Stack(B, C) durchgeführt, so ist Unstack(C, A) und damit die erste Aktionssequenz nicht mehr ausführbar. Auch hier muss eine Aktion rückgängig gemacht werden.

Der Grund für die Probleme ist die Interaktion der Zwischenziele, die zu einer Verflechtung von Aktionssequenzen führen sollte. Im obigen Beispiel sollte der ideale Plan

$$[\text{Unstack}(C, A), \text{Stack}(B, C), \text{Stack}(A, B)]$$

von einem automatischen Planer generiert werden.

Reaktives Planen und Nichtmonotonie

Eine wichtige Rolle spielen die Reaktionsfähigkeit eines automatischen Planers auf unerwartete Änderungen in der realen Welt und die damit zusammenhängende *Dynamik der Wissensbasis*. Ein klassisches Beispiel ist die Wegplanung eines autonomen mobilen Systems: Ein generierter Plan beruht zunächst auf der Annahme, dass das zugrunde gelegte Weltmodell vollständig und keinen Änderungen unterworfen ist. Beispielsweise werden über Sensoren Informationen über die Umwelt gewonnen und ihre Verträglichkeit mit dem Plan überprüft.

Aufgrund der Komplexität realer Anwendungen, nicht berechenbarer äußerer Einflüsse oder anderer mobiler, evtl. nicht kooperativer Systeme können jedoch Planänderungen erforderlich werden.

Reaktives Planen bedeutet eine Verbindung *sensorbasierter* mit *klassischer Planung* und hat den wesentlichen Vorteil, *Unsicherheiten* der Domäne bei Ausführung eines Plans abfangen zu können. Da die zugrunde liegende klassische Planung Ausnahmen zunächst unberücksichtigt lässt, sind getroffene Annahmen unter Umständen zu revidieren, was als *Nichtmonotonie* bezeichnet wird.

12.5 Aufgaben

Aufgabe 12.1
Bestimmen Sie analog zur Vorgehensweise in Beispiel 12.2 die Effektaxiome für Stack(x, y). *Gilt nach Anwendung von* Stack(A, B) *weiterhin* Clear(A)?

Aufgabe 12.2
Wie muss die in Beipiel 12.3 gestellte Frage beantwortet werden, falls DCA nicht zu unserer Theorie gehört oder die Anfangskonfiguration nur durch holds$(\text{On}(C, A), S_1)$ *gegeben ist?*

Aufgabe 12.3
Zeigen Sie, dass unter Anwendung der Definition 12.2 ebenfalls der mittlere, in Abbildung 12.7 schraffiert unterlegte Zweig als Lösungsweg berechnet werden kann. Wenden Sie die Definitionen entsprechend an.

Aufgabe 12.4

Zeigen Sie, dass unter Anwendung der erweiterten Definition 12.3 der mittlere, in Abbildung 12.7 schraffiert unterlegte Zweig als Lösungsweg nicht mehr berechnet wird. Wenden Sie dazu die neue Definition entsprechend an.

Aufgabe 12.5

Beschreiben Sie die Klötzchenwelt und ihre Operatoren (siehe Abb. 12.4) mit den in Kapitel 2 eingeführten Begriffen der Zustände und Zustandsübergangsoperatoren. Welche Vorteile bietet demgegenüber die Formulierung in der Sprache des STRIPS-Planungssystems?

Aufgabe 12.6 (Das Missionare-Kannibalen-Problem)

In dieser Aufgabe geht es um das Missionare-Kannibalen-Problem (Beispiel 1.1, siehe auch Aufgabe 2.2).

a) *Formulieren Sie die Zustandsbeschreibung für das Problem.*

b) *Formulieren Sie die Operatoren und für jeden Operator a die Listen Pre(a), Add(a) und Del(a).*

Anhang: Der Pseudocode

Für die meisten im Buch vorkommenden Algorithmen verwenden wir einen an Pascal angelehnten Pseudocode, der im Folgenden kurz beschrieben werden soll. Anstatt die Struktur der einzelnen Anweisungen mit `begin`/`end`- oder analogen Klammerpaaren zu kennzeichnen, wie das in den meisten Programmiersprachen üblich ist, sind die Programme in diesem Buch nur durch Einrückung strukturiert.

Die in diesem Buch vorgestellten Programme dienen in erster Linie dazu, Algorithmen präzise und ökonomisch zu beschreiben. Die meisten dieser Algorithmen lassen sich sicherlich effizienter machen, aber dies geht oft auf Kosten der Einfachheit und der klar erkennbaren Struktur.

Kontrollstrukturen

Die folgenden Kontrollstrukturen sind selbsterklärend.

- While-Schleife:
  `while <bed> <aktion>`
- Bedingte Anweisung:
  `if <bed> then <aktion> [else <else-Teil>]`
- Mehrfachverzweigung:

  ```
  if <bed1> then <aktion1>
      elseif <bed2> then <aktion2>
      ...
      else <aktion>
  ```

- For-Schleife:
  `for <var> in <liste> <aktion(var)>`
- Rückgabe des Funktionswerts:
  `return <val>`
- Deklaration von globalen Variablen
  `global x1,x2,...,xn`

Konstanten und Operatoren

`true` , `false` , `and` , `or` , `not`

Strukturen

Eine Struktur ist eine Datenstruktur, die den Records in Pascal entspricht. Eine Struktur besitzt benannte Komponenten. Beispiel: Die Datenstruktur `rational` besitzt die Komponenten `zaehler` und `nenner`. Ist `p` eine Variable vom Typ `rational`, so können wir auf die Komponenten von `p` zugreifen mit `p.zaehler` und `p.nenner`. Die Konstruktorfunktion wird mit dem Präfix `cons_` vor dem Strukturnamen bezeichnet: Der Funktionsaufruf `cons_rational()` erzeugt ein Objekt des Typs `rational`.

Listen

Listen werden mit eckigen Klammern dargestellt. Beispiel: `[1,4,9,16]` ist die Liste der ersten vier Quadratzahlen, `[]` ist die leere Liste.

- **function** first(L) => x
  x ist das erste Element von L. Beispiel:
  first([1,2,3,4]) => 1.
- **function** rest(L) => RL
  RL ist die Restliste von L. Beispiel:
  rest([1,2,3,4]) => [2,3,4].
- **function** insert(x,L) => M
  M ist die Liste mit erstem Element x und Restliste L. Beispiel:
  insert(0,[1,2,3,4]) => [0,1,2,3,4].
- **function** delete_first(L) => x
  x ist das erste Element von L. Nebeneffekt: x wird aus L gelöscht.
- **function** append(L1,L2) => L
  L ist die Liste, die durch Zusammenhängen von L1 und L2 entsteht. Beispiel:
  append([1,2,3],[a,b,c]) => [1,2,3,a,b,c].
- **function** [x **in** L | P(x)] => M
  M ist die Liste aller x aus L, die P(x) erfüllen. Beispiel:
  [x **in** [1,4,9,16] | x > 5] => [9,16].
- **function** [f(x) | x **in** L] => M
  f ist eine Funktion und M ist die Liste aller Werte f(x), wobei x alle Elemente von L durchläuft. Beispiel:
  [square(x) | x **in** [1,2,3,4]] => [1,4,9,16].
- **function** forall x **in** L: P(x) => B
  B ist true , wenn P(x) true liefert für alle x in L. Beispiel:
  forall x **in** [1,4,9,16]: x < 20 => true .
- **function** exists x **in** L: P(x) => B
  B ist true , wenn P(x) true liefert für mindestens ein x in L. Beispiel:
  exists x **in** [1,4,9,16]: x > 20 => false .

Literaturverzeichnis

[ACM 95] *Communications of the ACM: Special Issue on Bayesian Networks*, Band 38(3). ACM Press, 1995.

[Alcalá et al. 06] R. **Alcalá**, J. **Alcalá-Fdez**, M. J. **Gacto** und F. **Herrera**. *Obtaining Compact and still Accurate Linguistic Fuzzy Rule-Based Systems by Using Multi-objective Genetic Algorithms*. In: (Hüllermeier et al. 06), pp. 53–62, 2006.

[Allen et al. 90a] J. F. **Allen**, J. **Hendler** und A. **Tate** (Hrsg.). *Readings in Planning*. San Mateo, California: Morgan Kaufmann, 1990.

[Allen et al. 90b] J. F. **Allen**, H. A. **Kautz**, R. **Pelavin** und J. **Tenenberg** (Hrsg.). *Reasoning about Plans*. San Mateo, California: Morgan Kaufmann, 1990.

[Allen 83] J. F. **Allen**. *Maintaining knowledge about temporal intervals*. Communications of the ACM, 26(11):832–843, 1983.

[Anderson & Rosenfeld 88] J. A. **Anderson** und E. **Rosenfeld** (Hrsg.). *Neurocomputing: Foundations of Research*. The MIT Press, Mai 1988.

[Arbib 03] M. A. **Arbib**. *Backpropagation: General Principles*. In: M. A. Arbib (Hrsg.), The Handbook of Brain Theory and Neural Networks, pp. 144–147. Cambridge, Massachusetts: The MIT Press, 2. Auflage, 2003.

[AUAI 07] **AUAI**. *Association for Uncertainty in Artificial Intelligence*. Startseite, 2007. http://www.auai.org, Stand 02/2007.

[Bäck et al. 97] T. **Bäck**, U. **Hammel** und H.-P. **Schwefel**. *Evolutionary computation: comments on the history and current state*. IEEE Transactions on Evolutionary Computation, 1(1):3–17, April 1997.

[Banzhaf et al. 98] W. **Banzhaf**, P. **Nordin**, R. E. **Keller** und F. D. **Francone**. *Genetic Programming – An Introduction; On the Automatic Evolution of Computer Programs and its Applications*. San Francisco, CA, USA: Morgan Kaufmann, Januar 1998.

[Barto et al. 83] A. G. **Barto**, R. S. **Sutton** und C. W. **Anderson**. *Neuronlike Adaptive Elements That Can Solve Difficult Learning Control Problems*. IEEE Transactions on Systems, Man and Cybernetics, SMC-13(5):834–846, 1983. In (Anderson & Rosenfeld 88).

[Bauer 94] F. L. **Bauer**. *Kryptologie. Methoden und Maximen*. Berlin: Springer, 1994.

[Beckstein 96] C. **Beckstein**. *Begründungsverwaltung*. Stuttgart: Teubner, 1996.

[Beierle & Kern-Isberner 06] C. **Beierle** und G. **Kern-Isberner**. *Methoden wissensbasierter Systeme*. Vieweg, 2006.

[Bolc & Borowik 04] L. **Bolc** und P. **Borowik**. *Many-Valued Logics 1: Theoretical Foundations*. Berlin: Springer, 2004.

[Brachman & Levesque 85] R. J. **Brachman** und H. J. **Levesque** (Hrsg.). *Readings in Knowledge Representation*. San Mateo, California: Morgan Kaufmann, 1985.

[Brameier & Banzhaf 07] M. F. **Brameier** und W. **Banzhaf**. *Linear Genetic Programming*. Genetic and Evolutionary Computation Series. Springer, 2007.

[Brauer & Münch 96] W. **Brauer** und S. **Münch**. *Studien- und Forschungsführer Informatik, 3. Auflage*. Berlin: Springer, 1996.

[Brooks 86] R. A. **Brooks**. *A robust layered control system for a mobile robot*. IEEE Journal of Robotics and Automation, 2:14–23, 1986.

[Charniak & McDermott 85] E. **Charniak** und D. **McDermott**. *Introduction to Artificial Intelligence*. Reading, Mass.: Addison-Wesley, 1985.

[Cheeseman 85] P. **Cheeseman**. *In Defense of Probability*. In: Proceedings of the 9th International Joint Conference on Artificial Intelligence, pp. 1002–1009, Los Angeles, Cal., August 1985.

[Cook 71] S. A. **Cook**. *The complexity of theorem-proving procedures*. In: Proceedings of the 3rd Annual ACM Symposium on Theory of Computing, pp. 151–158, New York, 1971.

[Cooper & Moral 98] G. F. **Cooper** und S. **Moral** (Hrsg.). *Proceedings of the Fourteenth Conference on Uncertainty in Artificial Intelligence (UAI–98)*, San Francisco, CA, 1998. Morgan Kaufmann Publishers.

[Dawkins 86] R. **Dawkins**. *The Blind Watchmaker: Why the Evidence of Evolution Reveals a Universe Without Design*. Harlow Longman, 1986.

[De Jong 75] K. A. **De Jong**. *An Analysis of the Behavior of a Class of Genetic Adaptive Systems*. Dissertation, University of Michigan, Ann Arbor, 1975.

[de Kleer 86] J. **de Kleer**. *An assumption-based TMS*. Artificial Intelligence, 28(2):127–162, März 1986.

[Dempster 67] A. P. **Dempster**. *Upper and Lower Probabilities Induced by a Multivalued Mapping*. Ann. Math. Statist., 38:325–339, 1967.

[Dorigo et al. 96] M. **Dorigo**, V. **Maniezzo** und A. **Colorni**. *The Ant System: Optimization by a colony of cooperating agents*. IEEE Transactions on Systems, Man, and Cybernetics Part B: Cybernetics, 26(1):29–41, 1996.

[Doyle 79] J. **Doyle**. *A Truth Maintenance System*. Artificial Intelligence, 12(3):231–272, 1979.

[Dubois et al. 93] D. **Dubois**, H. **Prade** und R. R. **Yager** (Hrsg.). *Readings in Fuzzy Sets for Intelligent Systems*. Los Altos, Cal.: Morgan Kaufmann, 1993.

[Duda et al. 76] R. O. **Duda**, P. E. **Hart** und N. J. **Nilsson**. *Subjective Bayesian Methods for Rule-Based Inference Systems*. In: Proc. of National Computer Conference. AFIPS, Vol.45, pp. 1075–1082, 1976.

[Duda et al. 81] R. O. **Duda**, J. **Gaschnig** und P. E. **Hart**. *Model Design in the PROSPECTOR Consultant System for Mineral Exploration*. In: D. Michie (Hrsg.), Expert Systems in the Microelectronic Age, pp. 153–167. Edinburgh, Scotland: Edinburgh University Press, 1981.

[Dueck et al. 93] G. **Dueck**, T. **Scheuer** und H. **Wallmeier**. *Toleranzschwelle und Sintflut: neue Ideen zur Optimierung*. Spektrum der Wissenschaft, pp. 42–51, März 1993.

[Elman 90] J. L. **Elman**. *Finding Structure in Time*. Cognitive Science, 14(2):179–211, 1990.

[Fahlman 88] S. E. **Fahlman**. *An empirical study of learning speed in back-propagation networks*. Computer Science Technical Report CMU-CS-88-162, Carnegie-Mellon University, 1988. http://citeseer.ist.psu.edu/340970.html, Stand 02/2007.

[Fikes & Nilsson 71] R. E. **Fikes** und N. J. **Nilsson**. *STRIPS: a new approach to the application of theorem proving to problem solving*. Artificial Intelligence, 2(3–4):189–208, 1971.

[Fikes & Nilsson 93] R. E. **Fikes** und N. J. **Nilsson**. *STRIPS, a retrospective*. Artificial Intelligence Journal, 59(1–2):227–232, 1993.

[Fonseca & Fleming 95] C. M. **Fonseca** und P. J. **Fleming**. *An Overview of Evolutionary Algorithms in Multiobjective Optimization*. Evolutionary Computation, 3(1):1–16, 1995.

[Frowd & Hancock 07] C. **Frowd** und P. **Hancock**. *Evolving human faces*. In: P. Machado und J. Romero (Hrsg.), Art and Artificial Evolution. 2007. to appear.

[Frühwirth & Abdennadher 97] T. **Frühwirth** und S. **Abdennadher**. *Constraint-Programmierung*. Berlin: Springer, 1997.

[Genesereth & Nilsson 89] M. R. **Genesereth** und N. J. **Nilsson**. *Logische Grundlagen der Künstlichen Intelligenz*. Braunschweig: Vieweg, 1989.

[Gerdes et al. 04] I. **Gerdes**, F. **Klawonn** und R. **Kruse**. *Evolutionäre Algorithmen*. Wiesbaden: Vieweg Verlag, 1. Auflage, 2004.

[Ginsberg 93] M. **Ginsberg**. *Essentials of Artificial Intelligence*. San Mateo, California: Morgan Kaufmann, 1993.

[Gordon & Shortliffe 85] J. **Gordon** und E. H. **Shortliffe**. *A Method for Managing Evidential Reasoning in a Hierarchical Hypothesis Space*. Artificial Intelligence Journal, 26:323–357, 1985.

[Görz et al. 03] G. **Görz**, C.-R. **Rollinger** und J. **Schneeberger** (Hrsg.). *Handbuch der Künstlichen Intelligenz*. München: Oldenbourg Wissenschaftsverlag, 4., korr. Auflage, 2003.

[Greguss 76] F. **Greguss**. *Patente der Natur. Unterhaltsames aus der Bionik*. Verlag Neues Leben Berlin, 1976.

[Halpern & Fagin 90] J. Y. **Halpern** und R. **Fagin**. *Two Views of Belief: Belief as Generalized Probability and Belief as Evidence*. In: Proceedings of the 8th National Conference of the American Association for Artificial Intelligence, pp. 112–119, Boston, Mass., 1990.

[Hart et al. 68] P. E. **Hart**, N. J. **Nilsson** und B. **Raphael**. *A formal basis for the heuristic determination of minimum cost paths*. IEEE Transactions on Systems Science and Cybernetics, SSC-4(2):100–107, 1968.

[Haupt & Haupt 04] R. L. **Haupt** und S. E. **Haupt**. *Practical Genetic Algorithms*. John Wiley & Sons Inc, 2. Auflage, 2004.

[Heckerman 86] D. **Heckerman**. *Probabilistic Interpretations for MYCIN's Certainty Factors*. In: L. N. Kanal und J. F. Lemmer (Hrsg.), Uncertainty in Artificial Intelligence, pp. 167–196. Amsterdam: North-Holland, 1986.

[Heinsohn & Kruse 96] J. **Heinsohn** und R. **Kruse**. *Soft Computing – Modellierung von Unsicherheit und Vagheit*. In: Kursunterlagen 14. Frühjahrsschule Künstliche Intelligenz (KIFS-96). Günne/Möhnesee, März 1996.

[Heinsohn & Socher 07] J. **Heinsohn** und R. **Socher**. *Wissensverarbeitung*. In: Schneider und Werner (Schneider & Werner 07).

[Heinsohn et al. 94] J. **Heinsohn**, D. **Kudenko**, B. **Nebel** und H.-J. **Profitlich**. *An Empirical Analysis of Terminological Representation Systems*. Artificial Intelligence Journal, 68(2):367–397, 1994.

[Heinsohn 94] J. **Heinsohn**. *Probabilistic Description Logics*. In: Proceedings of the 10th Conference on Uncertainty in Artificial Intelligence, Seattle, Washington, Juli 1994.

[Hüllermeier et al. 06] E. **Hüllermeier**, R. **Kruse**, A. **Nürnberger** und J. **Strackeljan** (Hrsg.). *FSCS 2006. Symposium on Fuzzy Systems in Computer Science 2006*. Otto-von-Guericke-Universität Magdeburg, 2006. `http://fuzzy.cs.uni-magdeburg.de/fscs2006/docs/FSCS2006_Proceedings.pdf`, Stand 02/2007.

[Holland 75] J. **Holland**. *Adaptation In Natural and Artificial Systems*. The University of Michigan Press, 1975. Reprint 1992.

[Hopfield 82] J. J. **Hopfield**. *Neural networks and physical systems with emergent collective computational abilities*. Proc. NatL Acad. Sci. USA, 79:2554–2558, 1982. In (Anderson & Rosenfeld 88).

[Horn & Kerner 97] C. **Horn** und I. O. **Kerner**. *Lehr- und Übungsbuch Informatik*, Band 3: Praktische Informatik. Fachbuchverlag Leipzig, 1997.

[Hornby & Pollack 01] G. S. **Hornby** und J. B. **Pollack**. *The Advantages of Generative Grammatical Encodings for Physical Design*. In: Proceedings of the 2001 Congress on Evolutionary Computation CEC2001, pp. 600–607. IEEE Press, 2001.

[Hornik et al. 89] K. **Hornik**, M. **Stinchcombe** und H. **White**. *Multilayer feedforward networks are universal approximators*. Neural Netw., 2(5):359–366, 1989.

[Hugin 07] **Hugin**. *Hugin Expert A/S*. Startseite, 2007. http://www.hugin.com, Stand 02/2007.

[Jensen 02] F. V. **Jensen**. *Bayesian Networks and Decision Graphs*. New York: Springer-Verlag, 2. Auflage, 2002.

[Jordan 86] M. **Jordan**. *Attractor Dynamics and Parallelism in a Connectionist Sequential Machine*. In: Proceedings of the Eighth Annual Conference of the Cognitive Science Society, pp. 531–546, Hillsdale, 1986. (Amherst 1986), Erlbaum.

[Kaelbling et al. 96] L. P. **Kaelbling**, M. L. **Littman** und A. P. **Moore**. *Reinforcement Learning: A Survey*. Journal of Artificial Intelligence Research, 4:237–285, 1996. http://www.cs.cmu.edu/afs/cs/project/jair/pub/volume4/kaelbling96a.pdf, Stand 02/2007.

[Keith & Martin 94] M. J. **Keith** und M. C. **Martin**. *Genetic Programming in C++: Implementation Issues*. In: K. E. Kinnear, Jr. (Hrsg.), Advances in Genetic Programming, Kapitel 13, pp. 285–310. MIT Press, 1994.

[Kirkpatrick et al. 83] S. **Kirkpatrick**, C. D. **Gelatt** und M. P. **Vecchi**. *Optimization by simulated annealing*. Science, 220:671–680, 1983.

[Kohonen 82] T. **Kohonen**. *Self-Organized Formation of Topologically Correct Feature Maps*. Biological Cybernetics, 43:59–69, 1982.

[Kohonen 01] T. **Kohonen**. *Self-Organizing Maps*. Springer, 3. Auflage, 2001.

[Koza et al. 05] J. R. **Koza**, L. W. **Jones**, M. A. **Keane**, M. J. **Streeter** und S. H. **Al-Sakran**. *Toward Automated Design of Industrial-Strength Analog Circuits by Means of Genetic Programming*. In: U.-M. O'Reilly, T. Yu, R. Riolo, und B. Worzel (Hrsg.), Genetic Programming Theory and Practice II, Kapitel 8, pp. 121–142. Springer, 2005.

[Koza 92] J. R. **Koza**. *Genetic Programming: On the Programming of Computers by Means of Natural Selection*. Cambridge, MA, USA: MIT Press, 1992.

[Kratzer 90] K. P. **Kratzer**. *Neuronale Netze. Grundlagen und Anwendungen*. Hanser Fachbuch, 2. Auflage, 1990.

[Kruse et al. 91] R. **Kruse**, E. **Schwecke** und J. **Heinsohn**. *Uncertainty and Vagueness in Knowledge Based Systems: Numerical Methods*. Series Artificial Intelligence. Berlin: Springer, 1991.

[Kruse et al. 95] R. **Kruse**, J. **Gebhardt** und F. **Klawonn**. *Fuzzy Systeme, 2. Auflage*. Leitfäden und Monographien der Informatik. Stuttgart: Teubner, 1995.

[Kyburg 88] H. E. **Kyburg**, Jr. *Higher order probabilities and intervals.* International Journal of Approximate Reasoning, 2:195–208, 1988.

[Lämmel & Cleve 04] U. **Lämmel** und J. **Cleve**. *Lehr- und Übungsbuch Künstliche Intelligenz.* Fachbuchverlag Leipzig, 2. Auflage, 2004.

[Lauritzen & Spiegelhalter 88] S. L. **Lauritzen** und D. J. **Spiegelhalter**. *Local Computations with Probabilities on Graphical Structures and their Application to Expert Systems.* Journal of the Royal Statistical Society Series B, 50:157–224, 1988.

[Lem 73] S. **Lem**. *Robotermärchen.* Frankfurt: Suhrkamp, 1973.

[Lindsay et al. 80] R. K. **Lindsay**, B. G. **Buchanan**, E. A. **Feigenbaum** und J. **Lederberg**. *Applications of Artificial Intelligence for Organic Chemistry: The DENDRAL Project.* New York: McGraw-Hill, 1980.

[Maybury & Wahlster 98] M. **Maybury** und W. **Wahlster** (Hrsg.). *Readings in Intelligent User Interfaces.* Los Altos, Cal.: Morgan Kaufmann, 1998.

[McCarthy & Hayes 69] J. **McCarthy** und P. J. **Hayes**. *Some philosophical problems from the standpoint of artificial intelligence.* In: B. Meltzer, D. Michie, und M. Swann (Hrsg.), Machine Intelligence 4, pp. 463–502. Edinburgh, Scotland: Edinburgh University Press, 1969.

[McDermott 82] J. **McDermott**. *R1: A rule-based configurer of computer systems.* Artificial Intelligence, 19(1):39–88, 1982.

[Merzenich et al. 84] M. M. **Merzenich**, R. J. **Nelson**, M. P. **Stryker**, M. S. **Cynader**, A. **Schoppmann** und J. M. **Zook**. *Somatosensory cortical map changes following digit amputation in adult monkeys.* The Journal of Comparative Neurology, 224(4):591–605, 1984.

[Mitchell 97] T. **Mitchell**. *Machine Learning.* McGraw-Hill Education (ISE Editions), Oktober 1997.

[MSBNx 07] **MSBNx**. *MSBNx - Bayesian Network Editor and Toolkit.* Webseite Mircrosoft Research, 2007. `http://research.microsoft.com/adapt/MSBNx`, Stand 02/2007.

[Nauck et al. 03] D. **Nauck**, C. **Borgelt**, F. **Klawonn** und R. **Kruse**. *Neuro-Fuzzy-Systeme Von den Grundlagen künstlicher Neuronaler Netze zur Kopplung mit Fuzzy-Systemen.* Wiesbaden: Vieweg-Verlag, 3. Auflage, 2003.

[Nebel 97] B. **Nebel**. *Solving Hard Qualitative Temporal Reasoning Problems: Evaluating the Efficiency of Using the ORD-Horn Class.* CONSTRAINTS, 1(3):175–190, 1997.

[Newell & Simon 61] A. **Newell** und H. A. **Simon**. *GPS, a program that simulates human thought.* In: H. Billing (Hrsg.), Lernende Automaten, pp. 109–124. München: R. Oldenbourg, 1961.

[Newman et al. 98] D. **Newman**, S. **Hettich**, C. **Blake** und C. **Merz**. *UCI Repository of machine learning databases*, 1998. `http://www.ics.uci.edu/~mlearn/MLRepository.html`, Stand 02/2007.

[Nilsson 86] N. J. **Nilsson**. *Probabilistic Logic.* Artificial Intelligence Journal, 28:71–87, 1986.

[Nilsson 98] N. J. **Nilsson**. *Artificial Intelligence: A New Synthesis.* Los Altos, Cal.: Morgan Kaufmann, 1998.

[Nökel 89] K. **Nökel**. *Convex Relations between Time Intervalls.* In: J. Retti und K. Leidlmair (Hrsg.), ÖGAI, Band 208: Informatik-Fachberichte, pp. 298–302. Springer, 1989.

[Owsnicki-Klewe et al. 03] B. **Owsnicki-Klewe**, K. v. **Luck** und B. **Nebel**. *Wissensrepräsentation und Logik – Eine Einführung*. In: Görz et al. (Görz et al. 03), pp. 153–197.

[Parsopoulos & Vrahatis 02] K. E. **Parsopoulos** und M. N. **Vrahatis**. *Recent approaches to global optimization problems through Particle Swarm Optimization*. Natural Computing, V1(2):235–306, Juni 2002.

[Pearl 88] J. **Pearl**. *Probabilistic Reasoning in Intelligent Systems: Networks of Plausible Inference*. San Mateo, Cal.: Morgan Kaufmann, 1988.

[Penfield & Rasmussen 50] W. **Penfield** und T. **Rasmussen**. *The Cerebral Cortex of Man. A Clinical Study of Localization of Function*. New York: Macmillan, 1950.

[Poole et al. 06] D. **Poole**, A. **Mackworth** und R. **Goebel**. *Computational Intelligence – A Logical Approach*. Oxford, England: Oxford University Press, 2006.

[Reichert 00] H. **Reichert**. *Neurobiologie*. Stuttgart: Thieme, 2. Auflage, 2000.

[Rescher 69] N. **Rescher**. *Many-valued Logic*. New York, N.Y.: McGraw-Hill, 1969.

[Rügheimer et al. 06] F. **Rügheimer**, D. **Nauck** und R. **Kruse**. *Informationsfusion in Neuro-Fuzzy-Systemen*. In: J. Beyerer, F. P. León, und K.-D. Sommer (Hrsg.), Expertenforum Informationsfusion in der Mess- und Sensortechnik, 113–125, Eisenach, 2006.06.21-22 2006. Universitätsverlag Karlsruhe.

[Rühl 01] T. **Rühl**. *Studien zur verbesserten Ausnutzung des Informationsgehaltes von Multisensorsystemen*. Dissertation, Justus-Liebig-Universität Gießen, Oktober 2001.

[Rich & Knight 91] E. **Rich** und K. **Knight**. *Artificial Intelligence*. New York: McGraw-Hill, 2. Auflage, 1991.

[Richter 96] M. **Richter**. *Prinzipien der Künstlichen Intelligenz. Wissensrepräsentation, Inferenz und Expertensysteme*. Stuttgart: Teubner, 1996.

[Riedmiller & Braun 93] M. **Riedmiller** und H. **Braun**. *A Direct Adaptive Method for Faster Backpropagation Learning: The RPROP algorithm*. In: Proc. of the IEEE Intl. Conf. on Neural Networks, pp. 586–591, San Francisco, CA, 1993.

[Riedmiller et al. 06] M. A. **Riedmiller**, T. **Gabel**, R. **Hafner**, S. **Lange** und M. **Lauer**. *Die Brainstormers: Entwurfsprinzipien lernfähiger autonomer Roboter*. Informatik Spektrum, 29(3):175–190, 2006.

[Ritter 03] H. **Ritter**. *Self-Organizing Feature Maps*. In: M. A. Arbib (Hrsg.), The Handbook of Brain Theory and Neural Networks, pp. 1005–1010. Cambridge, Massachusetts: The MIT Press, 2. Auflage, 2003.

[Rojas 96] R. **Rojas**. *Theorie der neuronalen Netze. Eine systematische Einführung*. Berlin: Springer, 1996.

[Rumelhart et al. 86] D. E. **Rumelhart**, G. E. **Hinton** und R. J. **Williams**. *Learning internal representations by error propagation*. In: D. E. Rumelhart und J. McClelland (Hrsg.), Parallel distributed processing: explorations in the microstructure of cognition, vol. 1: foundations, pp. 318–362. Cambridge, MA, USA: MIT Press, 1986. In (Anderson & Rosenfeld 88).

[Russel & Norvig 04] S. **Russel** und P. **Norvig**. *Künstliche Intelligenz. Ein moderner Ansatz*. Pearson Education Deutschland, 2. Auflage, 2004.

[Schneider & Werner 07] U. **Schneider** und D. **Werner** (Hrsg.). *Taschenbuch der Informatik*. Leipzig: Hanser Fachbuchverlag, 6. Auflage, 2007.

[Schnupp & Huu 87] P. **Schnupp** und C. N. **Huu**. *Expertensystem-Praktikum*. Berlin: Springer, 1987.

[Schöning 00] U. **Schöning**. *Logik für Informatiker*. Heidelberg: Spektrum Akademischer Verlag, 5. Auflage, 2000.

[Shafer & Pearl 90] G. **Shafer** und J. **Pearl** (Hrsg.). *Readings in Uncertain Reasoning*. San Mateo, California: Morgan Kaufmann, 1990.

[Shafer 76] G. **Shafer**. *A Mathematical Theory of Evidence*. Princeton, New Jersey: Princeton University Press, 1976.

[Shoham 94] Y. **Shoham**. *Artificial Intelligence Techniques in Prolog*. Los Altos, Cal.: Morgan Kaufmann, 1994.

[Shortliffe 76] E. H. **Shortliffe**. *Computer Based Medical Consultations: MYCIN*. New York: Elsevier, 1976.

[Socher-Ambrosius & Johann 96] R. **Socher-Ambrosius** und P. **Johann**. *Deduction Systems*. New York: Springer, 1996.

[Spies 93] M. **Spies**. *Unsicheres Wissen*. Heidelberg: Spektrum Akademischer Verlag, 1993.

[Sterling & Shapiro 94] L. **Sterling** und E. **Shapiro**. *The Art of Prolog*. Cambridge: MIT Press, 2. Auflage, 1994.

[Sutton & Barto 98] R. S. **Sutton** und A. G. **Barto**. *Reinforcement Learning I: An Introduction*. Cambridge: MIT Press, 1998. `http://www.cs.ualberta.ca/~sutton/book/the-book.html`, Stand 02/2007.

[Thrun et al. 91] S. B. **Thrun**, J. **Bala**, E. **Bloedorn**, I. **Bratko**, B. **Cestnik**, J. **Cheng**, K. D. **Jong**, S. **Džeroski**, S. E. **Fahlman**, D. **Fisher**, R. **Hamann**, K. **Kaufman**, S. **Keller**, I. **Kononenko**, J. **Kreuziger**, R. S. **Michalski**, T. **Mitchell**, P. **Pachowicz**, Y. **Reich**, H. **Vafaie**, W. V. **de Welde**, W. **Wenzel**, J. **Wnek** und J. **Zhang**. *The MONK's Problems: A Performance Comparison of Different Learning Algorithms*. Technical Report CS-91-197, Carnegie Mellon University, Pittsburgh, PA, 1991. `http://citeseer.ist.psu.edu/thrun91monks.html`, Stand 02/2007.

[Tsang 93] E. **Tsang**. *Foundations of Constraint Satisfaction*. London: Academic Press, 1993.

[Ultsch 03] A. **Ultsch**. *U*-Matrix: a Tool to visualize Clusters in high dimensional Data*. Technical report, University of Marburg, 2003. `http://www.mathematik.uni-marburg.de/~databionics/en/downloads/papers/ultsch03ustar.pdf`, Stand 02/2007.

[Vesanto 99] J. **Vesanto**. *SOM-based data visualization methods*. Intelligent-Data-Analysis, 3:111–26, 1999.

[Waltz 75] D. **Waltz**. *Understanding line drawings of scenes with shadows*. In: P. H. Winston (Hrsg.), The Psychology of Computer Vision. New York: McGraw-Hill, 1975.

[Watkins 89] C. J. C. H. **Watkins**. *Learning from Delayed Rewards*. Dissertation, Cambridge University, Psychology Department, Cambridge, UK, 1989.

[Widrow & Lehr 03] B. **Widrow** und M. A. **Lehr**. *Perceptrons, Adalines, and Backpropagation*. In: M. A. Arbib (Hrsg.), The Handbook of Brain Theory and Neural Networks, pp. 871–877. Cambridge, Massachusetts: The MIT Press, 2. Auflage, 2003.

[Willemsen 06] R. **Willemsen**. *... und Du so?* Soloprogramm, September 2006.

[Witten & Frank 05] I. H. **Witten** und E. **Frank**. *Data Mining: Practical Machine Learning Tools and Techniques*. San Francisco: Morgan Kaufmann, 2 Auflage, 2005.

[Zadeh 65] L. A. **Zadeh**. *Fuzzy Sets.* Information and Control, 8:338–353, 1965.

[Zadeh 86] L. A. **Zadeh**. *A Simple View of the Dempster-Shafer Theory of Evidence and its Implication for the Rule of Combination.* The AI Magazine, 7:85–90, 1986.

[Zell et al. 92] A. **Zell**, N. **Mache**, R. **Huebner**, M. **Schmalzl**, T. **Sommer** und T. **Korb**. *SNNS: Stuttgart Neural Network Simulator.* Technical report, Universität Stuttgart, Stuttgart, 1992. `citeseer.ist.psu.edu/zell93snns.html`, Stand 02/2007.

[Zell 03] A. **Zell**. *Simulation neuronaler Netze.* Oldenbourg Wissenschaftsverlag, 4. Auflage, 2003.

[Zimmermann 01] H.-J. **Zimmermann**. *Fuzzy Set Theory - and its Applications.* Boston: Kluwer Academic Publishers, 4. Auflage, 2001.

Index